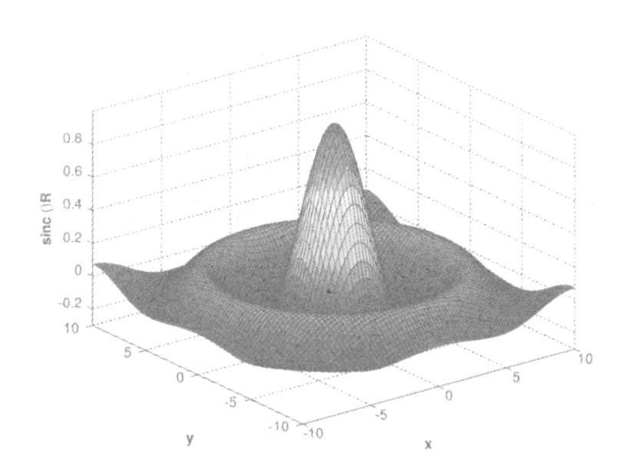

MATLAB R2015A DIGITAL IMAGE PROCESSING

MATLAB R2015a数字图像处理

丁伟雄◎编著
Ding Weixiong

清華大學出版社
北京

内容简介

本书以 MATLAB R2015a 为平台，全面、系统地介绍 MATLAB 在数字图像处理中的各种应用，重点给出 MATLAB 在图像处理中的实现方法，并给出相应的实例。

全书共 10 章，分别介绍了 MATLAB R2015a 的基础知识、数字图像的基本概念、图像的运算、图像的变换、图像的增强、图像的复原、图像的分割、图像的编码、图像的形态学处理及图像的小波变换等内容。编写力求系统性、实用性与先进性相结合，理论与实践相交融，使读者快速掌握 MATLAB 软件的同时，学习利用 MATLAB 解决数字图像的处理问题。

本书主要面向广大从事数字图像处理的工程设计人员、从事高等教育的教师、高等院校的在读学生及相关领域的广大科研人员。

图书在版编目(CIP)数据

MATLAB R2015a 数字图像处理/丁伟雄编著. —北京：清华大学出版社，2016
(精通 MATLAB)
ISBN 978-7-302-42924-1

Ⅰ. ①M…　Ⅱ. ①丁…　Ⅲ. ①数字图像处理－Matlab 软件　Ⅳ. ①TN911.73

中国版本图书馆 CIP 数据核字(2016)第 030884 号

责任编辑：刘　星
封面设计：李召霞
责任校对：梁　毅
责任印制：何　芊

出版发行：清华大学出版社
网　　址：http://www.tup.com.cn，http://www.wqbook.com
地　　址：北京清华大学学研大厦 A 座　　**邮　　编**：100084
社 总 机：010-62770175　　**邮　　购**：010-62786544
投稿与读者服务：010-62776969，c-service@tup.tsinghua.edu.cn
质量反馈：010-62772015，zhiliang@tup.tsinghua.edu.cn
课件下载：http://www.tup.com.cn，010-62795954
印 刷 者：清华大学印刷厂
装 订 者：三河市新茂装订有限公司
经　　销：全国新华书店
开　　本：185mm×260mm　　**印　张**：22.5　　**字　　数**：564 千字
版　　次：2016 年 4 月第 1 版　　**印　　次**：2016 年 4 月第 1 次印刷
印　　数：1～2000
定　　价：59.00 元

产品编号：067724-01

前言

图像是客观对象的相似性、生动性的描述或写真，是人类社会活动中最常用的信息载体，或者说图像是客观对象的一种表示，包含被描述对象的有关信息，是人们最主要的信息源。据统计，一个人获取的信息大约有75%来自视觉。图像作为有效的信息载体，是人类获取和交换信息的主要来源，其直观性和易解性显而易见，是其他类信息所无法比拟的。

数字图像，又称数码图像或数位图像，是二维图像用有限数字数值像素的表示，由数组或矩阵表示，其光照位置和强度都是离散的。数字图像是由模拟图像数字化得到的，以像素为基本元素的，可以用数字计算机或数字电路存储和处理的图像。

随着计算机科学技术的不断发展以及人们在日常生活中对图像信息的需求不断增长，数字图像处理技术在近年来得到了迅速的发展，成为当代科学研究和应用开发中一道亮丽的风景线。数字图像处理技术以其信息量大、处理和传输方便、应用范围广等一系列优点，成为人类获取信息的重要来源和利用信息的重要手段，并在宇宙探测、遥感、生物医学、工农业生产、办公自动化等领域得到了广泛应用，显示出良好的应用前景。数字图像处理技术已成为计算机科学、信息科学、生物科学、空间科学、气象学、统计学、工程科学、医学等学科的研究热点，是工科院校电子信息、电气工程、医学生物工程等专业的必修课。

MATLAB R2015a 作为美国 MathWorks 公司开发的用于概念设计、算法开发、建模仿真、实时实现的理想的集成环境，是目前最好的科学计算类软件。2015 年 3 月 MATLAB R2015a 最新版正式发行。MATLAB 主要面对科学计算、数据可视化、系统仿真及交互式程序设计的高科技计算环境。由于其功能强大，而且简单易学，MATLAB 软件已经成为高校教师、科研人员和工程技术人员的必学软件，能够极大地提高工作效率和质量。MATLAB 软件有一个专门的工具，即图像处理工具箱。图像处理工具箱由一系列支持图像处理操作的函数组成。MATLAB 支持 5 种图像类型，即索引图像、灰度图像、二值图像、RGB 图像和多帧图像阵列；支持 BMP、GIF、HDF、JPEG、PCX、PNG、TIFF、XWD、CUR、ICO 等图像文件格式的读、写和显示。在 MATLAB 中，可对图像进行诸如几何操作、线性滤波和滤波器设计、图像变换、图像分析与图像增强、二值图像操作以及形态学处理等图像处理操作。

在数字图像处理领域，对问题的求解通常需要宽泛的实验工作，包括软件模拟和大量样本图像的测试。虽然典型算法的开发是具有理论支持的，但这些算法的实现几乎总是要求参数估计，并常常进行算法修正与候选求解方案的比较。这样，灵活的、综合的以及成熟的软件开发环境就是关键因素，在开销、开发时间和图像处理求解方法上都具有重要意义。MATLAB 在数字图像处理中起到了重要的作用。本书具有以下特点：

1）内容由浅入深，循序渐进

本书结构合理，循序渐进，不仅适合初学者阅读，也非常适合有一定图像处理基础的高级读者进一步学习。

2）重点突出，目的明确

本书立足于基本理论，面向应用技术，以必需、够用为尺度，以掌握概念、强化应用为重点，加强理论知识和实际应用的统一。

3）叙述翔实，实例丰富

本书有详细的实例，每个例子都经过精挑细选，有很强的针对性。书中的程序都有完整的代码，而且非常简洁和高效，便于读者学习和调试。

4）易于学习，强化实践

本书以MATLAB为编程工具，通过大量典型实例的分析和实践，使读者较快地掌握数字图像处理系统的基本理论、方法、实用技术及一些典型应用。

5）语言通俗，图文并茂

本书中的实例程序都有详细的注释和说明，程序的运行结果附有大量的图片，让读者对不同算法的运算结果有更加直观的印象。

MATLAB软件功能强大，非常适合进行图像处理，适合各个水平读者的学习。本书共10章，主要包括：

第1章　揭开MATLAB R2015a面纱，主要介绍MATLAB的历史、特点，MATLAB R2015a的新特性及MATLAB语言基础等内容。

第2章　数字图像的基础，主要介绍图像与数字图像的概念、图像的数据结构、图像的统计特征等内容。

第3章　数字图像的运算，主要介绍点运算、代数运算、几何运算、邻域处理等内容。

第4章　数字图像的变换，主要介绍傅里叶变换、离散余弦变换、Radon变换及Hough变换等内容。

第5章　数字图像的增强，主要介绍线性滤波器增强、图像的统计特性、空间域滤波及频域滤波等内容。

第6章　数字图像的复原，主要介绍图像复原的模型、MATLAB图像的复原方法、图像复原的其他相关函数等内容。

第7章　数字图像的分割，主要介绍阈值分割、区域分割、边缘分割等内容。

第8章　数字图像的编码，主要介绍图像压缩编码基础、熵编码、变换编码等内容。

第9章　数字图像的形态学处理，主要介绍形态学的基础知识、形态学的基本运算、形态学的应用、距离变换等内容。

第10章　数字图像的小波变换，主要介绍小波变换基础、二维小波函数、小波用于图像去噪处理、小波的图像融合等内容。

本书主要面向广大从事数字图像处理的工程设计人员、从事高等教育的教师、高等院校的在读学生及相关领域的广大科研人员。

本书主要由丁伟雄编写，此外参加编写的还有栾颖、周品、曾虹雁、邓俊辉、邓秀乾、邓耀隆、高泳崇、李嘉乐、李旭波、梁朗星、梁志成、刘超、刘泳、卢佳华、刘志为、张棣华、张金林、钟东山、李伟平、宋晓光和何正风。

由于时间仓促，加之作者水平有限，所以错误和疏漏之处在所难免。在此，诚恳地期望得到各领域的专家和广大读者的批评指正，有兴趣的读者可发邮件到 workemail6@163.com。

作　者

2016年1月

目录

目录

目录

目录

第1章 揭开MATLAB R2015a面纱

和其他数学软件相比，MATLAB具有简洁直观、使用方便、符合人们的习惯思维、库函数丰富等优点。除卓越的数值计算功能外，MATLAB还具有专业水平的符号计算、文字处理、可视化建模仿真等功能，几乎能解决所有的工程计算问题。在欧美等国外高校，MATLAB已经成为线性代数、自动控制理论、数理统计、数字信号处理、时间序列分析、动态系统仿真等高级课程的基本教学工具。

MATLAB是美国MathWorks公司出品的商业数学软件，用于算法开发、数据可视化、数据分析以及数值计算的高级计算语言和交互式环境，主要包括MATLAB和Simulink两大部分。

MATLAB、Mathematica和Maple并称为三大数学软件。数学类科技应用软件中，MATLAB在数值计算方面首屈一指。MATLAB可以进行矩阵运算、绘制函数和数据、实现算法、创建用户界面、连接其他编程语言的程序等，主要应用于工程计算、控制设计、信号处理与通信、图像处理、信号检测、金融建模设计与分析等领域。

MATLAB的基本数据单位是矩阵，它的指令表达式与数学、工程中常用的形式十分相似，故用MATLAB来解算问题要比用C、FORTRAN等语言简捷得多，并且MATLAB也吸收了Maple等软件的优点，使MATLAB成为一个强大的数学软件。MATLAB在新的版本中也加入了对C、FORTRAN、C++、Java的支持。

1.1 MATLAB简介

MATLAB最初是由Clever Moler用FORTRAN语言设计的，有关矩阵的算法来自Linpack和Eispack课题的研究成果。

1.1.1 MATLAB的发展史

起初，MATLAB是专门用于矩阵计算的一种数学软件，但伴随着MATLAB的逐步市场化，其功能也越来越强大。从MATLAB 4.1开始，MATLAB拥有自己的符号运算功能，从而可以代替其他一些专用的符号计算软件。

在 MATLAB 环境下，用户可以集成地进行程序设计、数值计算、图形绘制、输出/输出、文件管理等多项操作。MATLAB 提供了数据分析、算法实现与应用开发的交互式开发环境，经历了 20 多年的发展历程。

20 世纪 70 年代中期，美国新墨西哥大学计算机系主任 Clever Moler 博士和其同事在美国国家自然科学基金的资助下，开发了调用 Linpack 和 Eispack 的 FORTRAN 子程序。20 世纪 70 年代后期，Moler 博士编写了相应的接口程序，并将其命名为 MATLAB。

1983 年，John Little、Moler 和 Bangert 等一起合作开发了第 2 代专业版 MATLAB。1984 年，Moler 博士和一批数学专家、软件专家成立了 MathWorks 公司，继续 MATLAB 软件的研制与开发，并着力将软件推向市场。

1983 年，MathWorks 公司连续推出了 MATLAB 3. x(第 1 个 Windows 版本)、MATLAB 4.0。1997 年，MathWorks 公司推出了 MATLAB 5.0。2001 年，MathWorks 公司推出了 MATLAB 6. x。2004 年，MathWorks 公司推出了 MATLAB 7. 0。MATLAB 5.3 对应于 Release12，MATLAB 6.0 对应于 Release13，而 MATLAB 7.0 对应于 Release 14。

MATLAB 分为总包和若干工具箱，随着版本的不断升级，它具有越来越强大的数值计算能力、更为卓越的数据可视化能力及良好的符号计算功能，逐步发展为各种学科、多种工作平台下功能强大的大型软件，获得了广大科技工作者的普遍认可。一方面，MATLAB 可以方便实现数值分析、优化分析、数据处理、自动控制、信号处理等领域的数学计算；另一方面，也可以快捷实现计算可视化、图形绘制、场景创建和渲染、图像处理、虚拟现实和地图制作等分析处理工作。在欧美许多高校，MATLAB 已经成为线性代数、自动控制理论、概率论及数理统计、数字信号处理、时间序列分析、动态系统仿真等课程的基本数学工具，是本科生、研究生攻读学位必须掌握的基本技能。在国内，这一语言也正逐步成为一些大学理工科专业的重要选修课。

MATLAB 的发展历程如表 1-1 所示。

表 1-1　MATLAB 发展历程

版　本　号	建 造 编 号	发 布 时 间
MATLAB 1.0		1984
MATLAB 2		1986
MATLAB 3		1987
MATLAB 3.5		1990
MATLAB 4		1992
MATLAB 4.2C	R7	1994
MATLAB 5.0	R8	1996
MATLAB 5.1	R9	1997
MATLAB 5.1.1	R9.1	1997
MATLAB 5.2	R10	1998
MATLAB 5.2.1	R10.1	1998
MATLAB 5.3	R11	1999
MATLAB 5.31	R11.1	1999

续表

版 本 号	建造编号	发布时间
MATLAB 6.0	R12	2000
MATLAB 6.1	R12.1	2001
MATLAB 6.5	R13	2002
MATLAB 6.5.1	R13SP1	2003
MATLAB 6.5.2	R13SP2	2005
MATLAB 7	R14	2004
MATLAB 7.0.1	R14SP1	2004
MATLAB 7.0.4	R14SP2	2005
MATLAB 7.1	R14SP3	2005
MATLAB 7.2	R2006a	2006
MATLAB 7.3	R2006b	2006
MATLAB 7.4	R2007a	2007
MATLAB 7.5	R2007b	2007
MATLAB 7.6	R2008a	2008
MATLAB 7.7	R2008b	2008
MATLAB 7.8	R2009a	2009.3.6
MATLAB 7.9	R2009b	2009.9.4
MATLAB 7.10	R2010a	2010.3.5
MATLAB 7.11	R2010b	2010.9.3
MATLAB 7.12	R2011a	2011.4.8
MATLAB 7.13	R2011b	2011.9.1
MATLAB 7.14	R2012a	2012.3.1
MATLAB 8.0	R2012b	2012.9.11
MATLAB 8.1	R2013a	2013.3.7
MATLAB 8.2	R2013b	2013.9.9
MATLAB 8.3	R2014a	2014.3.6
MATLAB 8.4	R2014b	2014.10.2
MATLAB 8.5	R2015a	2015.3.6

1.1.2 MATLAB 的主要特性

作为一款强大的计算功能软件，MATLAB 具有以下的特性：

- 用于数值计算、可视化和应用程序开发的高级语言；
- 可实现迭代式探查、设计及问题求解的交互式环境；
- 用于线性代数、统计、傅里叶分析、筛选、优化、数值积分以及常微分方程求解的数学函数；
- 用于数据可视化的内置图形以及用于创建自定义绘图的工具；
- 用于改进代码质量和可维护性并最大限度地发挥性能的开发工具；
- 用于构建自定义图形界面应用程序的工具；

- 可实现基于 MATLAB 的算法与外部应用程序和语言(如 C、Java、. NET 以及 Microsoft Excel)集成的函数。

1.1.3 MATLAB的优点

与其他的计算机高级语言相比,MATLAB 具有许多非常明显的优点。

1. 编程环境

MATLAB 由一系列工具组成。这些工具方便用户使用 MATLAB 的函数和文件,其中许多工具采用的是图形用户界面,包括 MATLAB 桌面和命令窗口、历史命令窗口、编辑器和调试器、路径搜索和用于用户浏览帮助、工作空间、文件的浏览器。随着 MATLAB 的商业化以及软件本身的不断升级,MATLAB 的用户界面也越来越精致,更加接近 Windows 的标准界面,人机交互性更强,操作更简单。新版本的 MATLAB 提供了完整的联机查询、帮助系统,极大地方便了用户的使用。简单的编程环境提供了比较完备的调试系统,程序不必经过编译就可以直接运行,而且能够及时地报告出现的错误及进行出错原因分析。

2. 简单易用

MATLAB 是一个高级的矩阵/阵列语言,它包含控制语句、函数、数据结构、输入和输出,具有面向对象编程的特点。用户可以在命令窗口中将输入语句与执行命令同步,也可以先编写好一个较大的复杂的应用程序(M 文件)后再一起运行。新版本的 MATLAB 语言是基于最为流行的 C++ 语言基础上的,因此语法特征与 C++ 语言极为相似,而且更加简单,更加符合科技人员对数学表达式的书写格式,使之更利于非计算机专业的科技人员使用。另外,可移植性好、可拓展性极强,也是 MATLAB 能够深入到科学研究及工程计算各个领域的重要原因。

3. 强处理能力

MATLAB 是一个包含大量计算算法的集合,拥有 600 多个工程中要用到的数学运算函数,可以方便地实现用户所需的各种计算功能。函数中所使用的算法都是科研和工程计算中的最新研究成果,而且经过了各种优化和容错处理。在通常情况下,用户可以用它来代替底层编程语言,如 C 和 C++ 语言。在计算要求相同的情况下,使用 MATLAB 时编程工作量会大大减少。MATLAB 的这些函数集包括从最简单最基本的函数到诸如矩阵、特征向量、快速傅里叶变换的复杂函数。函数所能解决的问题大致包括矩阵运算和线性方程组的求解、微分方程及偏微分方程组的求解、符号运算、傅里叶变换和数据的统计分析、工程中的优化问题、稀疏矩阵运算、复数的各种运算、三角函数和其他初等数学运算、多维数组操作以及建模动态仿真等。

4. 图形处理

MATLAB 自产生之日起就具有方便的数据可视化功能,能将向量和矩阵用图形表现出来,并且可以对图形进行标注和打印。高层次的作图包括二维和三维数据的可视化、图像处理、动画和表达式作图。可用于科学计算和工程绘图。新版本的MATLAB对整个图形处理功能作了很大的改进和完善,不仅在一般数据可视化软件都具有的功能(例如二维曲线和三维曲面的绘制和处理等)方面更加完善,而且对于一些其他软件所没有的功能(例如图形的光照处理、色度处理以及四维数据的表现等),MATLAB同样表现了出色的处理能力。同时,对一些特殊的可视化要求,例如图形对话等,MATLAB也有相应的功能函数,保证了用户不同层次的要求。另外,新版本的MATLAB还着重在图形用户界面(GUI)的制作上作了很大的改善,对这方面有特殊要求的用户也可以得到满足。

5. 丰富的内部函数

MATLAB对许多专门的领域都开发了功能强大的模块集和工具箱。一般来说,它们都是由特定领域的专家开发的,用户可以直接使用工具箱学习、应用和评估不同的方法而不需要自己编写代码。数据采集、数据库接口、概率统计、样条拟合、优化算法、偏微分方程求解、神经网络、小波分析、信号处理、图像处理、系统辨识、控制系统设计、LMI控制、鲁棒控制、模型预测、模糊逻辑、金融分析、地图工具、非线性控制设计、实时快速原型及半物理仿真、嵌入式系统开发、定点仿真、DSP与通信、电力系统仿真等领域,都在工具箱(Toolbox)家族中有自己的一席之地。

6. 程序接口

新版本的MATLAB可以利用MATLAB编译器和C/C++语言数学库和图形库,将自己的MATLAB程序自动转换为独立于MATLAB运行的C和C++语言代码。允许用户编写可以和MATLAB进行交互的C或C++语言程序。另外,MATLAB网页服务程序还容许在Web应用中使用自己的MATLAB数学和图形程序。MATLAB的一个重要特色就是具有一套程序扩展系统和一组称之为工具箱的特殊应用子程序。工具箱是MATLAB函数的子程序库,每一个工具箱都是为某一类学科专业和应用而定制的,主要包括信号处理、控制系统、神经网络、模糊逻辑、小波分析和系统仿真等方面的应用。

7. 应用软件开发

MATLAB在开发环境中,使用户更方便地控制多个文件和图形窗口;在编程方面支持函数嵌套、有条件中断等;在图形化方面,有了更强大的图形标注和处理功能,包括连接注释等;在输入/输出方面,可以直接与Excel和HDF5进行连接。

1.1.4 MATLAB R2015a的新特性

MATLAB R2015a包括MATLAB和Simulink产品的新功能,以及其他产品的更新和补丁。

1. MATLAB 产品系列的新功能

(1) MATLAB：

- 将自定义工具箱的文档集成到 MATLAB 帮助浏览器；
- 将 mapreduce 算法扩展到 MATLAB Distributed Computing Server，用于数据密集型应用程序；
- 为 Arduino Leonardo 和其他 Arduino 板卡提供支持。

(2) MATLAB Compiler：包括创建插件的功能(用于 Microsoft Excel 桌面应用程序)。

(3) MATLAB Compiler SDK：对 MATLAB Compiler 的扩展，用于创建 C/C++、Java 和.NET 共享库，还可用作 MATLAB Production Serve 的开发框架。

(4) Statistics and Machine Learning Toolbox：分类学习器应用程序，用于使用监督式机器学习来训练模型和分类数据。

(5) Partial Differential Equation Toolbox：三维有限元分析，包括几何结构导入、网格划分、PDE 求解和查看结果。

2. Simulink 产品系列的新增功能

(1) Simulink：

- 用于调节、测试和可视化图形的刻度盘、标尺的范围；
- 使用即时(JIT)编译实现快速模型更新，适用于 MATLAB 函数块和 Stateflow 图；
- 针对 Apple iOS 设备的硬件支持包，用于创建运行 Simulink 模型和算法的应用程序；
- 通过 GitHub、电子邮件或以封装的自定义工具箱的形式共享项目。

(2) SimDriveline：用于 Gears 组件库中所有块的热变量。

3. 信号处理和通信新功能

(1) Signal Processing Toolbox：非统一采样数据的信号分析；简化的界面和样例，以及增强的信号测量。

(2) Communications System Toolbox：基于 Zynq 的 SDR 的连接和目标定位，用于无线接收器的新同步方法，以及端对端 QAM 链路样例。

(3) DSP System Toolbox：低延时音频设备 I/O，多重速率和可调节滤波器类型，增强的流传输范围和 Embedded Coder 优化的算法库(用于 ARM Cortex)。

(4) Phased Array System Toolbox：简化了多雷达目标、阵列校准和高级驾驶辅助系统(ADAS)样例的建模和评估。

(5) LTE System Toolbox：LTE Release 11 版本中的协同多点(CoMP)仿真和 UMTS 波形生成。

(6) Antenna Toolbox：一款用于设计、分析和可视化天线元件和天线阵列的新产品。

4. 代码生成新功能

(1) MATLAB Coder：改进的 MATLAB Coder 应用程序，具有集成的编辑器和简化的工作流程，以及用于逻辑索引的更高效的代码。

(2) HDL Coder：关键路径评估，无须运行合成。

(3) Vision HDL Toolbox：一款用于为FPGA和ASIC设计图像处理、视频和计算机视觉系统的新产品。

(4) Simulink Desktop Real-Time：包括Real-Time Windows Target功能，并增加了Mac OS X和Thunderbolt接口支持。

5. 测试和验证新功能

(1) Simulink Test：一款用于创建测试用具、创作复杂的测试序列和管理基于仿真的测试的新产品。

(2) Simulink Verification and Validation：用于C编码的S函数和MATLAB编码的系统对象的覆盖率衡量。

(3) Simulink Design Verifier：用于简化和分割复杂模型的模型切片，能够方便调试和分析。

1.2 MATLAB R2015a的安装与激活

MATLAB R2015a的安装与激活主要有以下步骤：

(1) 将MATLAB R2015a的安装盘放入CD-ROM驱动器，系统将自动运行程序，进入初始化界面。

(2) 启动安装程序后显示MathWorks安装对话框，如图1-1所示。选择"使用文件安装密钥"单选按钮，再单击"下一步"按钮。

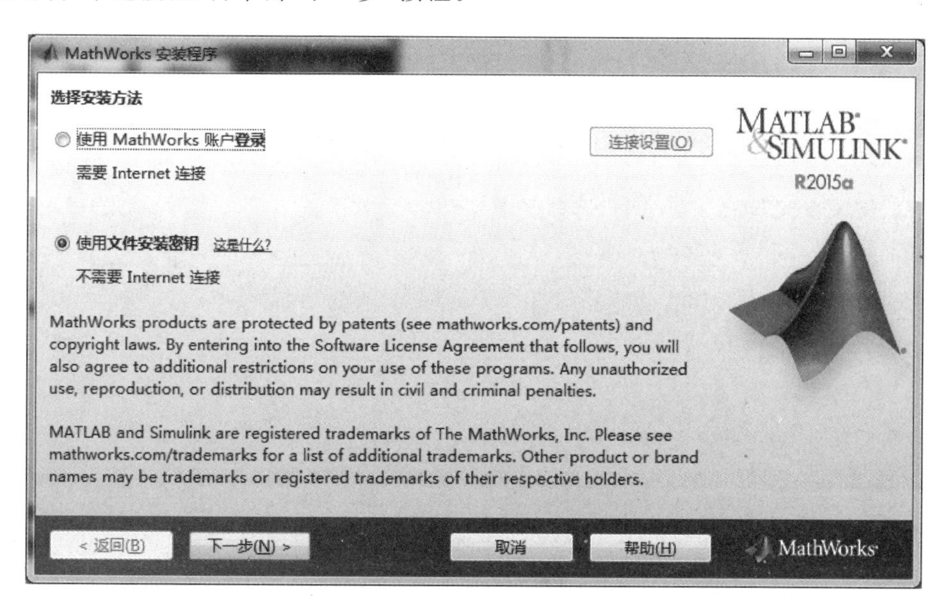

图1-1 MathWorks安装程序

(3) 弹出如图 1-2 所示的"许可协议"对话框,如果同意 MathWorks 公司的安装许可协议,选择"是"单选按钮,单击"下一步"按钮。

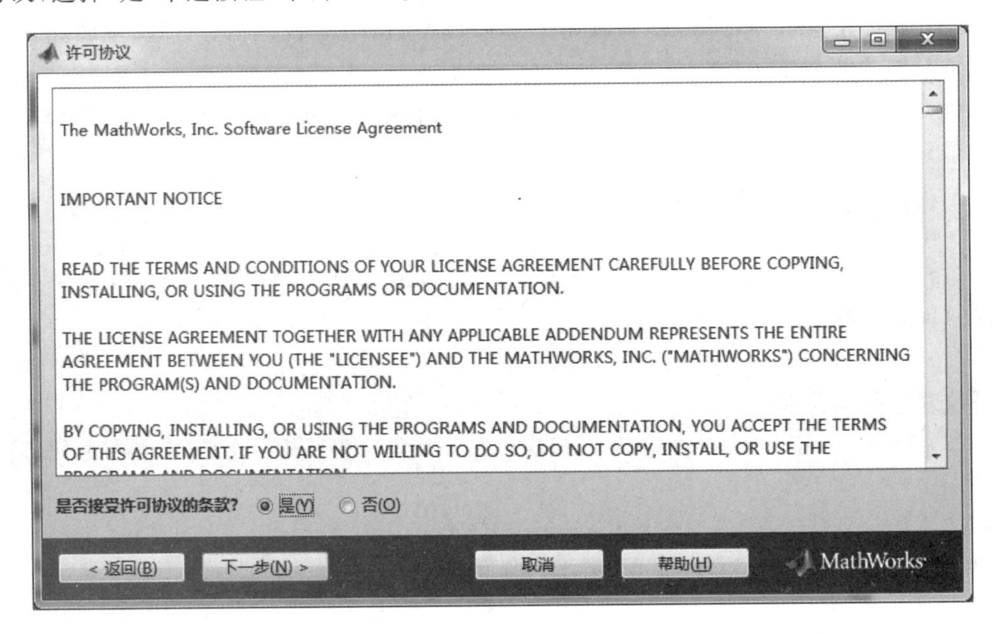

图 1-2　许可协议页面

(4) 弹出如图 1-3 所示的"文件安装密钥"对话框,选择"我已有我的许可证的文件安装密钥"单选按钮,单击"下一步"按钮。

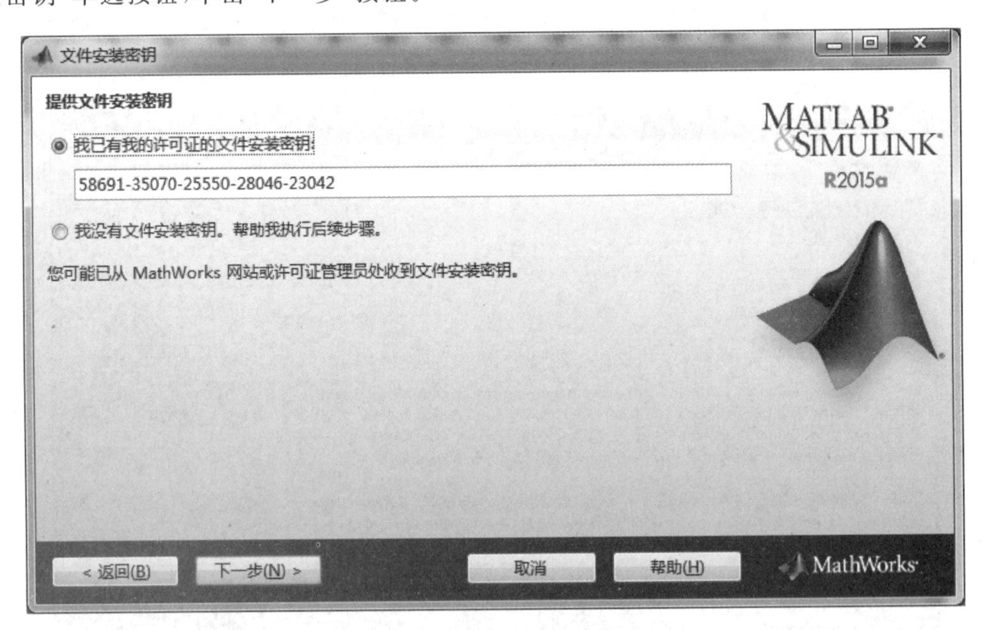

图 1-3　文件安装密钥页面

(5) 如果密钥正确,系统将弹出如图 1-4 所示的"文件夹选择"对话框,可以将 MATLAB 安装在默认路径中,也可自定义路径。如果需要自定义路径,单击"选择安装文件夹"下方文本框右侧的"浏览"按钮,即可选择所需要的路径实现安装,再单击"下一步"按钮。

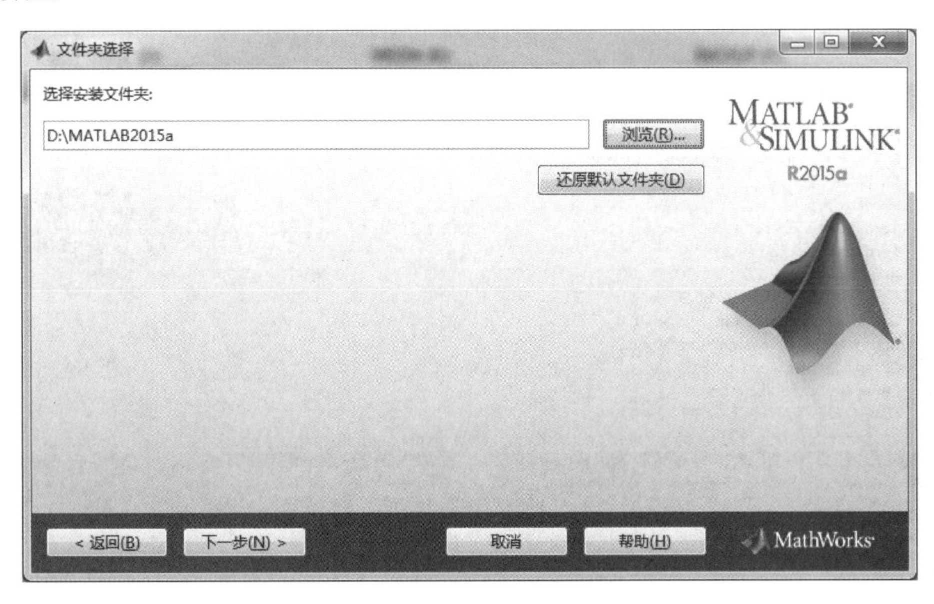

图 1-4　文件夹选择页面

(6) 弹出如图 1-5 所示的"产品选择"对话框,可以看到用户所默认安装的 MATLAB 组件、安装文件夹等相关信息,单击"下一步"按钮。

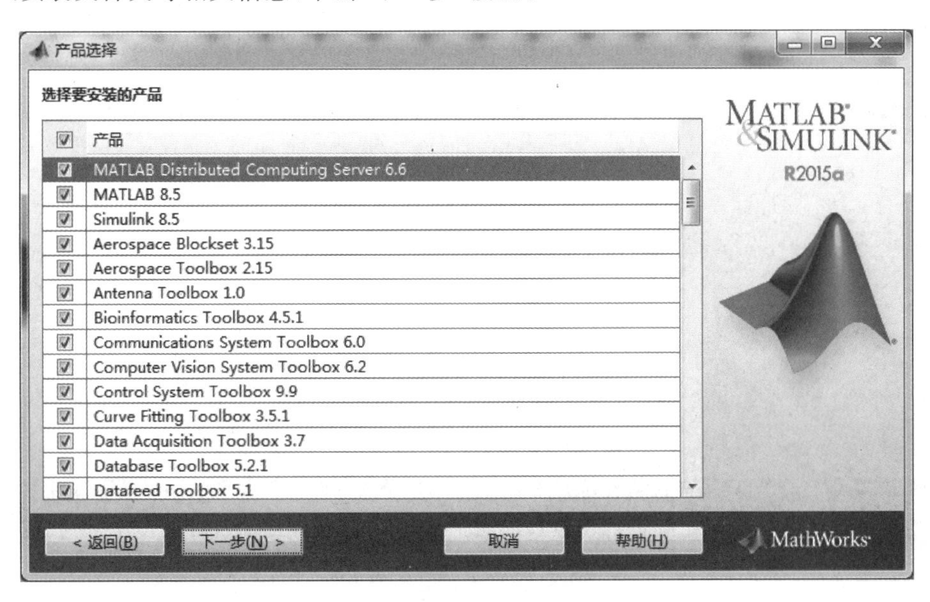

图 1-5　产品选择页面

(7) 在完成对安装文件的选择后,即弹出如图 1-6 所示的"确认"对话框,在该界面中列出了前面所选择的内容,包括路径、安装文件的大小、安装的产品等,确认无误后,即单击"安装"按钮进行安装。

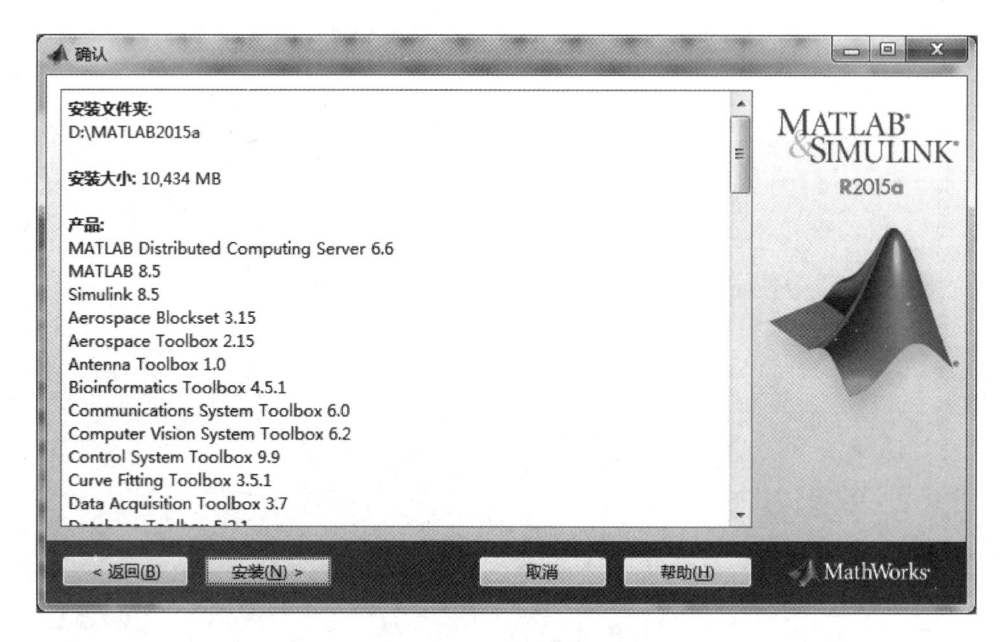

图 1-6　安装确认页面

(8) 软件在安装过程中，将显示安装进度条，如图 1-7 所示。用户需要等待产品组件安装完成。

图 1-7　安装进度页面

(9) 软件安装完成后，将进入产品配置说明页面，在该页面中说明了完成 MATLAB 安装后还需要设置哪些配置软件才可正常运行，如图 1-8 所示。

(10) 单击图 1-8 中的“下一步”按钮，即可完成 MATLAB R2015a 的安装和配置，如图 1-9 所示。

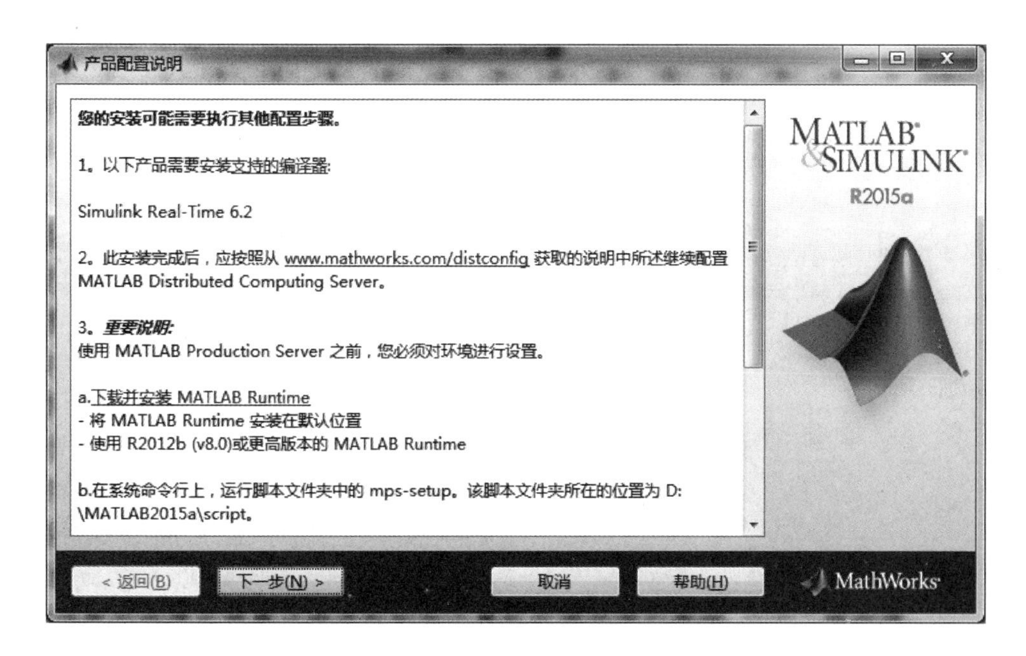

图 1-8　产品配置说明页面

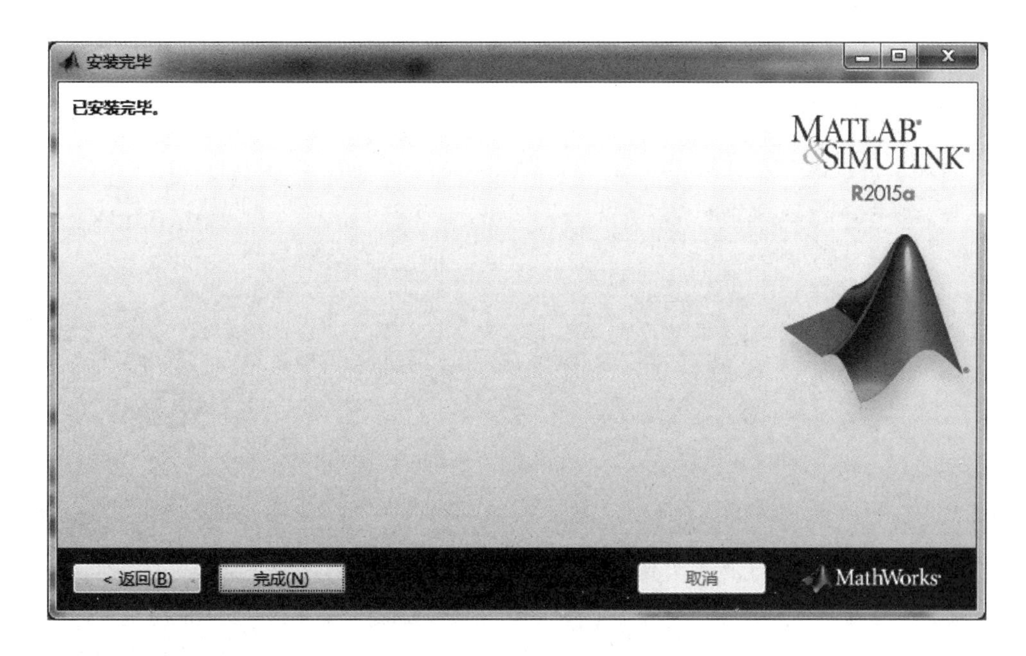

图 1-9　安装完毕页面

(11) 单击图 1-9 中的“完成”按钮，完成安装。MATLAB R2015a 安装完成后会自动关闭，如果要激活该软件，要返回安装路径下的\bin 文件，双击 MATLAB 软件图标，即弹出软件的激活页面，如图 1-10 所示。选择“在不使用 Internet 的情况下手动激活”单选按钮，单击“下一步”按钮。

(12) 在弹出的“离线激活”对话框中，选择“输入许可证文件的完整路径(包括文件

图 1-10　MathWorks 激活页面

名)”，单击右侧的“浏览”按钮，找到许可文件(lic_server. dat)的完整路径，如图 1-11 所示。单击“下一步”按钮。

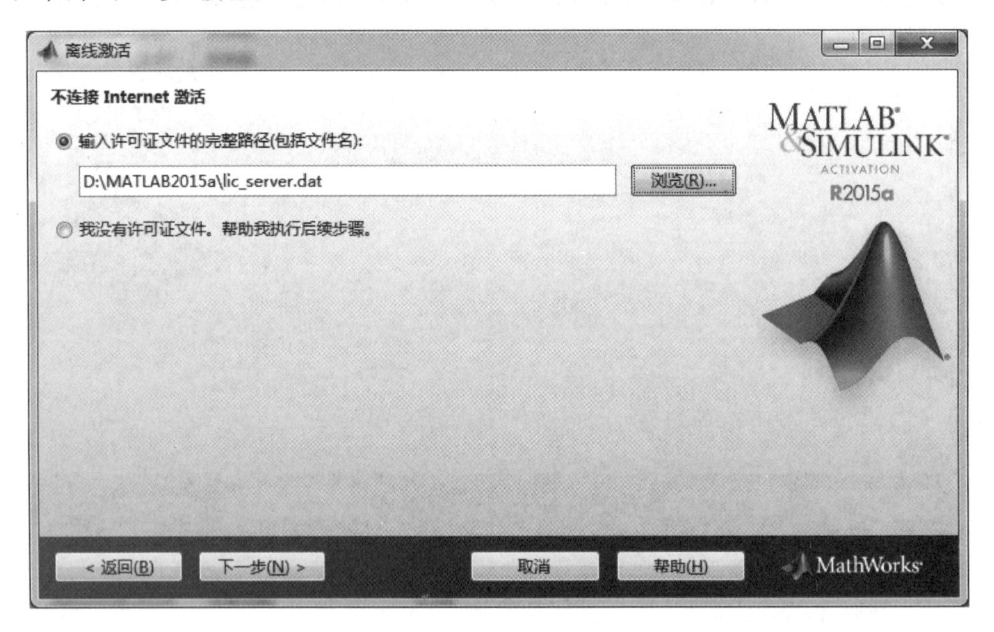

图 1-11　离线激活页面

(13) 弹出如图 1-12 所示的“激活完成”对话框，单击右下角的“完成”按钮，即可完成 MATLAB 2015a 的安装与激活。

至此，即可正常运行 MATLAB R2015a 软件了。

图 1-12 “激活完成”对话框

1.3 MATLAB R2015a 的工作环境

启动 MATLAB R2015a，出现启动界面，如图 1-13 所示；启动后，弹出 MATLAB R2015a 的用户界面。

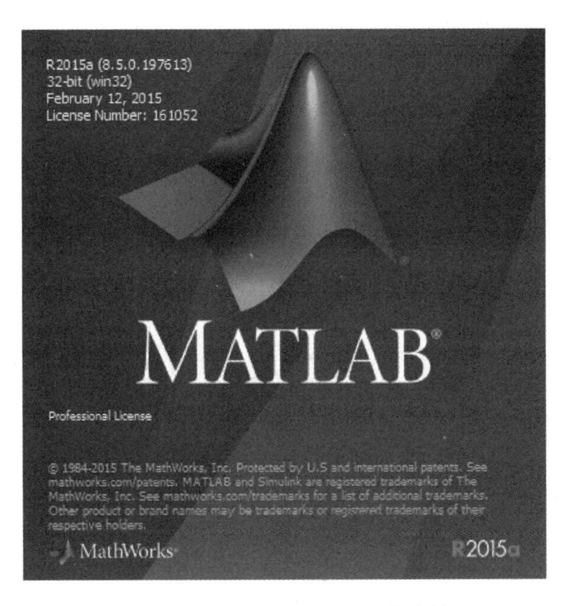

图 1-13 MATLAB R2015a 启动界面

MATLAB R2015a 的主界面即用户的工作环境，包括菜单栏、工具栏、开始按钮和各个不同用途的窗口，如图 1-14 所示。

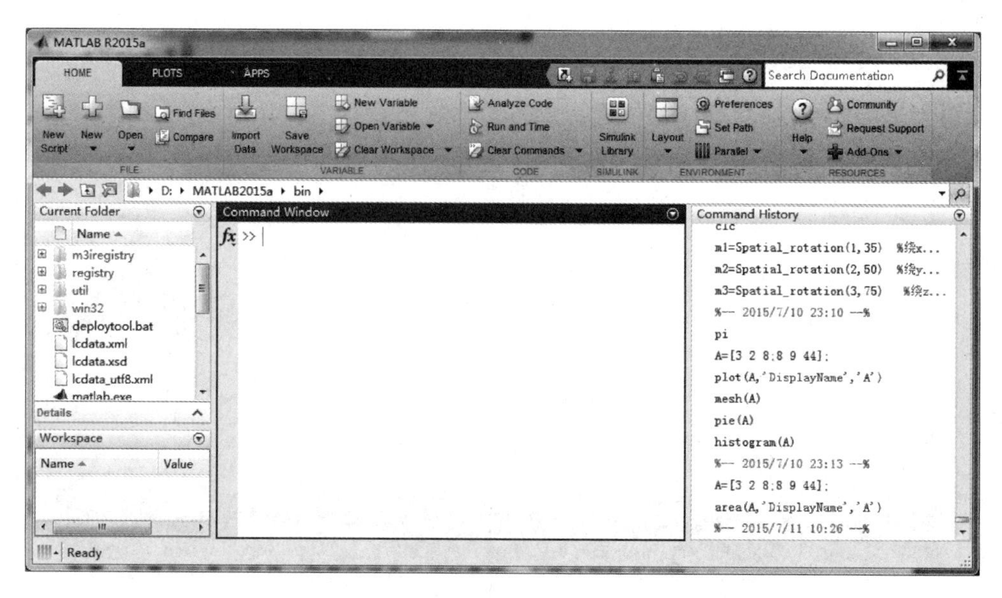

图 1-14 MATLAB R2015a 工作界面

下面分别对 MATLAB 窗口的主要组成部分进行介绍。

1.3.1 菜单/工具栏

MATLAB 的菜单/工具栏中包含 3 个标签，分别为 HOME(主页)、PLOTS(绘图)和 APPS(应用程序)。其中，绘图标签提供数据的绘图功能，而应用程序标签则提供各应用程序的入口。主页标签主要提供了下述功能：

NEW——建立新的.m 文件、图形、模型和图形用户界面。

NEW Script——新建脚本，用于建立新的.m 脚本文件。

Open——打开 MATLAB 的.m 文件、.fig 文件、.mat 文件、.mdl 文件、.cdr 文件等，也可通过快捷键 Ctrl+O 来实现此项操作。

Import——导入数据，用于从其他文件导入数据，单击后弹出对话框，选择导入文件的路径和位置。

Save Workspace——把工作区的数据存放到相应的路径文件中。

Set Path——设置工作路径。

Preferences——设置命令窗的属性，单击该按钮弹出如图 1-15 所示的属性界面。

Layout——提供工作界面上各个组件的显示选项，并提供预设的布局。

Help——打开帮助文件或其他帮助方式。

1.3.2 命令行窗口

命令行窗口(Command Window)是 MATLAB 最重要的窗口。用户输入各种指令、函数、表达式等，都是在命令行窗口内完成的，如图 1-16 所示。

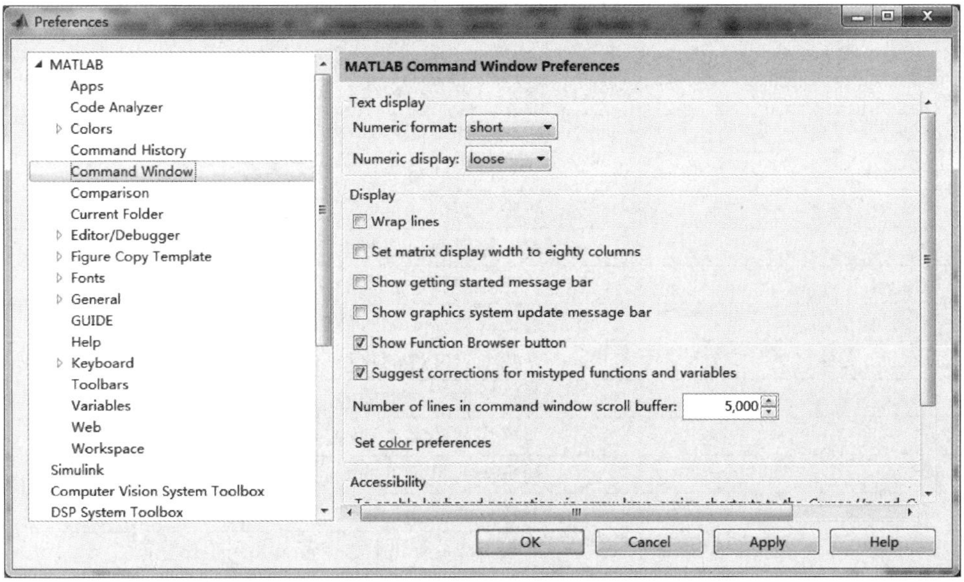

图 1-15 “预设项”窗口

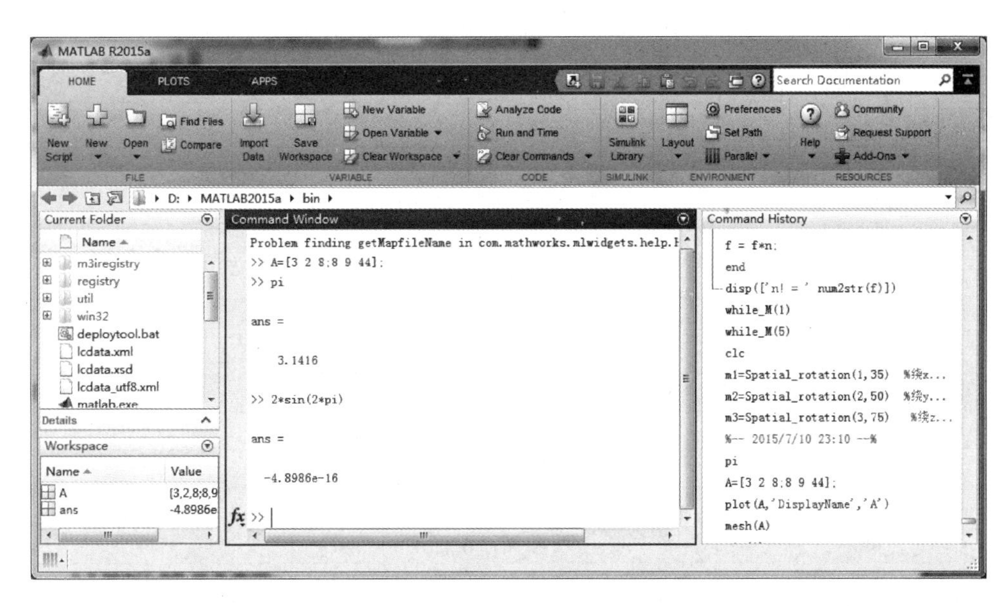

图 1-16 命令行窗口

提示：“＞＞”是运算提示符，表示 MATALAB 处于准备状态，等待用户输入指令进行计算。在提示符后输入命令，并按 Enter 键确认后，MATLAB 会给出计算结果，并再次进入准备状态。

单击命令行窗口右上角的下三角形图标并选择 Undock(取消停靠)，可以使命令行窗口脱离 MATLAB 界面成为一个独立的窗口；同理，单击独立的命令行窗口右上角的下三角形图标并选择 Dock(停靠)，可使命令行窗口再次合并到 MATLAB 主界面。

MATLAB 命令行窗口中常用的命令及功能如表 1-2 所示。

表 1-2 MATLAB 命令行窗口中常用的命令及功能

命　令	功　能
cls	擦去一页命令行窗口内容，光标回屏幕左上角
clear	清除工作空间中所有的变量
clear all	从工作空间清除所有变量和函数
clear 变量名	清除指定的变量
clf	清除图形窗口内容
delete＜文件名＞	从磁盘中删除指定的文件
help＜命令名＞	查询所列命令的帮助信息
which＜文件名＞	查找指定文件的路径
who	显示当前工作空间中所有变量的一个简单列表
whos	列出变量的大小、数据格式等详细信息
what	列出当前目录下的.m 文件和.mat 文件
load name	下载 name 文件中的所有变量到工作空间
load name x y	下载 name 文件中的变量 x，y 到工作空间
save name	保存工作空间变量到文件 name.mat 中
save name x y	保存工作空间变量 x，y 到文件 name.mat 中
pack	整理工作空间内存
size(变量名)	显示当前工作空间中变量的尺寸
length(变量名)	显示当前工作空间中变量的长度
↑或 Ctrl+P 键	调用上一行的命令
↓或 Ctrl+N 键	调用下一行的命令
←或 Ctrl+B 键	退后一格
→或 Ctrl+F 键	前移一格
Ctrl+←键	向左移一个单词
Ctrl+→键	向右移一个单词
Home 或 Ctrl+A 键	光标移到行首
End 或 Ctrl+E 键	光标移到行尾
Esc 或 Ctrl+U 键	清除一行
Del 或 Ctrl+D 键	清除光标后字符
Backspace 或 Ctrl+H 键	清除光标前字符
Ctrl+K 键	清除光标至行尾字
Ctrl+C 键	中断程序运行

1.3.3 工作区

工作区(Workspace)窗口显示当前内存中所有的 MATLAB 变量的变量名、数据结构、字节数及数据类型等信息，如图 1-17 所示。不同的变量类型分别对应不同的变量名图标。

用户可以选中已有变量，右击对其进行各种操作。此外，工作界面的菜单/工具栏上也有相应的命令供用户使用。

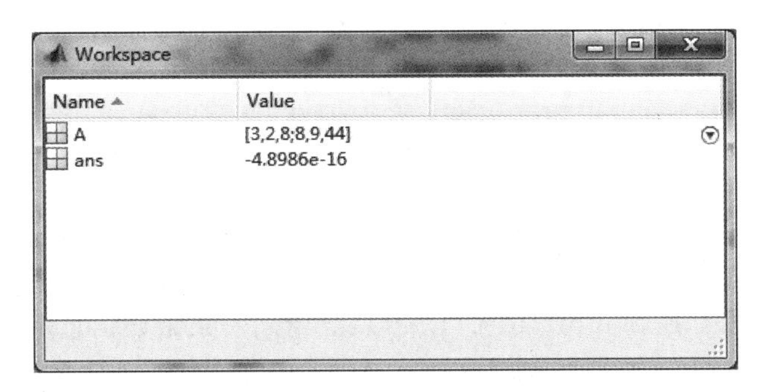

图 1-17　工作区

New：向工作区添加新的变量。

Import：向工作区导入数据文件。

Save Workspace：保存工作区中的变量。

Clear Workspace：删除工作区中的变量。

1.3.4　工作文件夹窗口

工作文件夹(Current Folder)窗口可显示或改变当前文件夹，还可以显示当前文件夹下的文件，以及提供文件搜索功能。与命令行窗口类似，该窗口也可以成为一个独立的窗口，如图 1-18 所示。

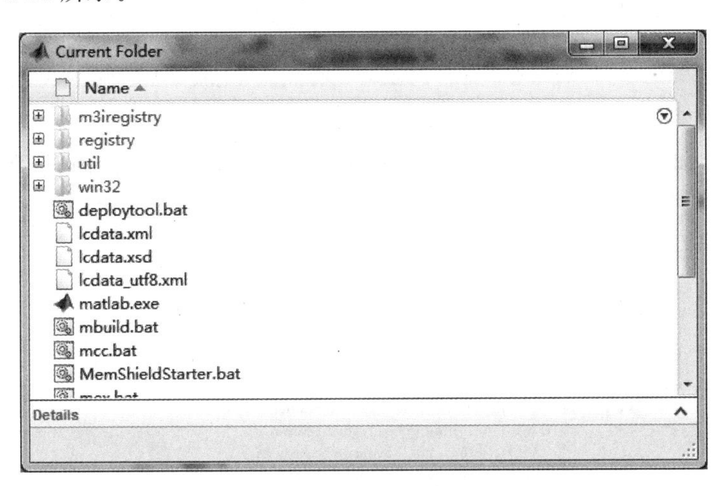

图 1-18　工作文件夹窗口

1.3.5　搜索路径

MATLAB 提供了专门的路径搜索器来搜索存储在内存中的 M 文件和其他相关文件，MATLAB 自带文件的存放路径被默认包含在搜索路径中，在 MATLAB 安装目录的 toolbox 文件夹中包含了所有此类目录和文件。

当用户在MATLAB提示符后输入一个字符串(如“roots”)后,MATLAB进行的路径搜索步骤为:

(1) 检查roots是不是MATLAB工作区内的变量名,如果不是,执行下一步。

(2) 检查roots是不是一个内置函数,如果不是,执行下一步。

(3) 检查当前文件夹下是否存在一个名为roots.m的文件,如果没有,执行下一步。

(4) 按顺序检查在所有MATLAB搜索路径中是否存在roots.m文件。

(5) 如果仍然没有找到roots,MATLAB就会给出一条错误信息。

提示:根据上述步骤可推知,凡是不在搜索路径上的内容(文件和文件夹),都不能被MATLAB搜索到;当某一文件夹的父文件夹在搜索路径中而其本身不在搜索路径中时,此文件夹不会被搜索到。

一般情况下,MATLAB系统的函数,包括工具箱函数,都是在系统默认的搜索路径之中的,但是用户设计的函数有可能没有被保存到搜索路径下,容易造成MATLAB误认为该函数不存在。因此,只要把程序所在的目录扩展成MATLAB的搜索路径即可。

下面将介绍MATLAB搜索路径的查看和设计方法。

1. 查看MATLAB的搜索路径

单击MATLAB主界面菜单/工具栏中的Set Path(设置路径)按钮,打开“设置路径”对话框,如图1-19所示。该对话框分为左右两部分:左侧的几个按钮用来添加目录到搜索路径,还可以从当前的搜索路径中移除选择的目录;右侧的列表框列出了已经被MATLAB添加到搜索路径的目录。

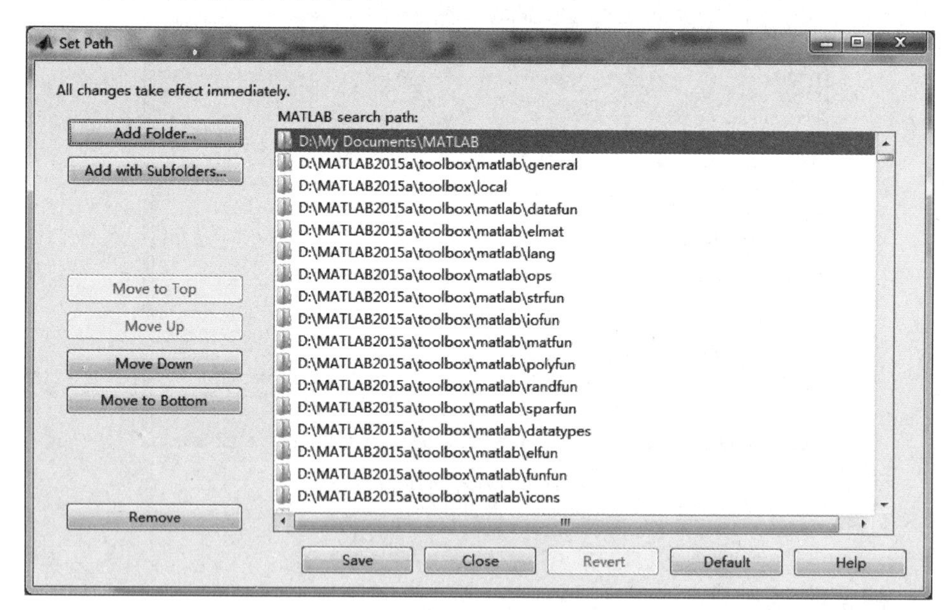

图1-19 “设置路径”对话框

此外,在命令行窗口中输入:

```
>> path
```

MATLAB 将会把所有的搜索路径列出来，如：

```
    MATLABPATH
D:\My Documents\MATLAB
D:\MATLAB2015a\toolbox\matlab\general
D:\MATLAB2015a\toolbox\local
D:\MATLAB2015a\toolbox\matlab\datafun
D:\MATLAB2015a\toolbox\matlab\elmat
D:\MATLAB2015a\toolbox\matlab\lang
D:\MATLAB2015a\toolbox\matlab\ops
D:\MATLAB2015a\toolbox\matlab\strfun
D:\MATLAB2015a\toolbox\matlab\iofun
D:\MATLAB2015a\toolbox\matlab\matfun
D:\MATLAB2015a\toolbox\matlab\polyfun
……
```

2. 设置 MATLAB 的搜索路径

MATLAB 提供了 3 种方法来设置搜索路径。

(1) 在命令行窗口中输入：

```
edit path
```

或者：

```
pathtool
```

或者进入如图 1-18 所示的 Set Path 对话框，然后通过该对话框编辑搜索路径。

(2) 在命令行窗口中输入：

```
path(path,'path')                    % 'path'为待添加的目录的完整路径
```

(3) 在命令行窗口中输入：

```
addpath 'path' - begin         % 'path'为待添加的目录的路径,将新目录添加到搜索路径的开始
addpath 'path' - end           % 'path'为待添加的目录的路径,将新目录添加到搜索路径的末端
```

1.4 MATLAB R2015a 的帮助系统

作为一个优秀的软件，MATLAB 为广大用户提供了有效的帮助系统。其中有联机帮助系统、远程帮助系统、演示程序、命令查询系统等多种帮助方式，无论对于入门读者还是经常使用 MATLAB 的人员都是十分有用的。经常查阅 MATLAB 帮助文档，用户可以更好地掌握 MATLAB。

获得帮助的主要工具为帮助浏览器，它提供了所有已安装产品的帮助文档，以帮助使用者全面了解 MATLAB 功能。如果 Internet 链接可用，可观看在线帮助和功能演示的视频。

1.4.1 纯文本帮助

MATLAB 中的各个函数，不管是内建函数、M 文件函数，还是 MEX 文件函数等，一般都有 M 文件的使用帮助和函数功能说明，各个工具箱通常情况下也具有一个与工具箱名称相同的 M 文件来说明工具箱的构成内容。

因此，在 MATLAB 命令行窗口中，可以通过一些命令来获取这些纯文本的帮助信息。这些命令包括 help、lookfor、which、doc、get、type 等。

help 命令常用的调用方式为：

```
help FUN
```

执行该命令可以查询到有关于 FUN 函数的使用信息。例如要了解 roots 函数的使用方法，可以在命令行窗口中输入：

```
>> help roots
roots Find polynomial roots.
    roots(C) computes the roots of the polynomial whose coefficients
    are the elements of the vector C. If C has N + 1 components,
    the polynomial is C(1) * X^N + ... + C(N) * X + C(N+1).

    Note: Leading zeros in C are discarded first. Then, leading relative
    zeros are removed as well. That is, if division by the leading
    coefficient results in overflow, all coefficients up to the first
    coefficient where overflow occurred are also discarded. This process is
    repeated until the leading coefficient is not a relative zero.

    Class support for input c:
       float: double, single

    See also poly, residue, fzero.

    Other functions named roots
```

显示的帮助文档介绍了 roots 函数的主要功能、调用格式及相关函数的链接。

lookfor 命令常用的调用方式为：

```
lookfor topic
lookfor topic -all
```

执行该命令可以按照指定的关键字查找所有相关的 M 文件。如：

```
>> lookfor inverse
ifft                                 - Inverse discrete Fourier transform.
ifft2                    - Two-dimensional inverse discrete Fourier transform.
ifftn                      - N-dimensional inverse discrete Fourier transform.
ifftshift                            - Inverse FFT shift.
invhilb                              - Inverse Hilbert matrix.
ipermute                             - Inverse permute array dimensions.
......
```

1.4.2 Demos 帮助

通过 Demos 演示帮助，用户可以更加直观、快速地学习 MATLAB 中许多实用的知识。可以通过以下两种方式打开演示帮助：

(1) 选择 MATLAB 主界面菜单栏上的 Help 菜单项下的 Examples 命令。

(2) 在命令行窗口中输入：

```
demos
```

无论采用上述哪种方式，执行命令后会弹出帮助窗口，如图 1-20 所示。MATLAB Examples 中又分为 Getting Started、Mathematics、Graphics 等一系列的演示。

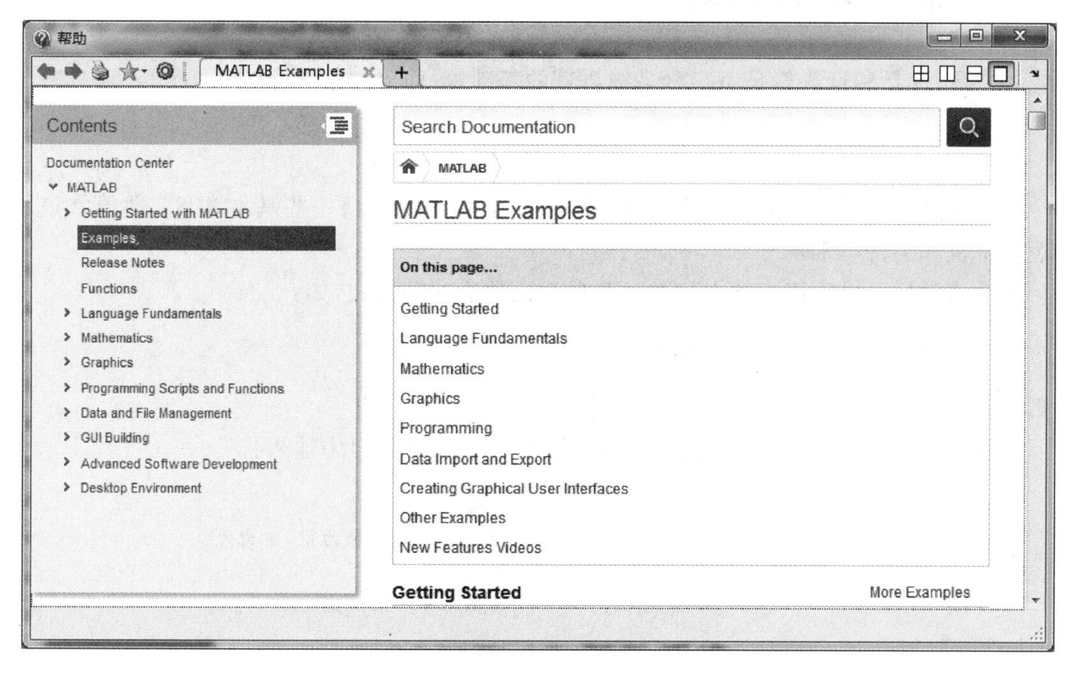

图 1-20　帮助窗口

1.4.3 帮助导航浏览器

帮助导航浏览器是 MATLAB 专门提供的一个独立的帮助子系统。该系统包含的所有帮助文件都存储在 MATLAB 安装目录下的 help 子目录下。用户可以采用以下两种方式打开帮助导航浏览器，分别为：

```
helpbrowser
```

或：

```
doc
```

提示：或者单击 MATLAB 主界面工具栏上的 Help 按钮。此外，用户还可以按下 F1 键，系统也将弹出帮助窗口。

1.5 MATLAB 语言基础

本节将介绍 MATLAB 语言的一些基本知识以及数值计算的基础知识。读者如果熟悉其他高级语言（如 C/C++、Pascal、FORTRAN 等），会很容易理解这些内容。当然，如果没有做过程序设计，通过本节的阅读，读者也可以掌握程序设计的基本方法。MATLAB 有许多特殊优点，其上手比一般高级语言要更容易。

1.5.1 常量、变量和运算符

常量、变量和运算符是每一种高级语言的基础，下面分别给予介绍。

1. 常量

常量是指程序中其值固定不变的一些量。这里主要介绍一些基本常量：数值常量、逻辑常量和字符串常量。

数值常量可以采用小数点记数法和科学记数法两种方式，如：

```
27   -37   10.5   1.6e4   1.2e-5
```

都是合法的。

在 MATLAB 中，逻辑常量真为 1，假为 0，如在命令窗口中输入：

```
>> 4>5                                          %输入一个表达式
ans =                                           %返回判断结果为假，输出为0
     0
>> 4<6                                          %输入一个表达式
ans =
     1
>> 4==5                                         %输入一个表达式
ans =
     0
```

字符串常量应该包含在单引号对中，注意单引号对需要是英文输入法状态下的引号。

2. 变量

变量，即为一个值（数值、字符串等）指定的名称。当一个值存在于内存时，不可能直接从内存中访问该值，只能通过其名称来访问其值。

变量，是要变化的，在程序运行中它的值可能会改变。

MATLAB 不需要事先声明变量，也不需要任何维数语句声明数组。当 MATLAB 遇到一个新变量名时，自动建立变量并分配适当的存储空间。

1）变量命名

与其他计算机语言一样，MATLAB也有变量命名规则。其变量命名规则为：

- 变量名的第一个字符必须是英文字符，其后可以是任意字母、数字或下画线。
- 变量名区分字母大小写，如A与a分别代表两个不同的变量，这在MATLAB编程时要加以注意。
- 变量名最多不超过63个字符，第63个字符以后的字符将被MATLAB忽略。
- 标点符号在MATLAB中具有特殊的含义，所以变量名中不允许使用标点符号。
- 函数名必须用小写字母。
- 在MATLAB编程中使用的字符变量和字符串变量的值要用引号括起来。

需要注意的是，用户在对某个变量赋值时，如果该变量已经存在，系统会自动使用新值代替旧值。

【例1-1】 变量的演示。

```
>>                                          %MATLAB环境中说明变量a的变化
>> a = 5;
>> a = 9;
>> a
a =                                         %显示变量a
     9
>> a = 'A'                                  %显示字符变量
a =
A
>> b = 'abcdfgd'                            %显示字符串变量
b =
abcdfgd
```

2）变量类型

变量又分为局部变量、全局变量和永久变量。

（1）局部变量(Local)。

在函数中定义的变量。每个函数都有自己的局部变量，只能被定义它的函数访问。当函数运行时，它的变量保存在自己的工作区中，一旦函数退出运行，内存中变量将不复存在。

局部变量不必特别定义，只要给了变量名，MATLAB会自动建立。

脚本没有自己单独的工作区，只能共享脚本调用者的工作区。当从命令行调用脚本时，脚本的变量存在基本工作区中；当从函数调用脚本时，脚本的变量存在函数的工作区中。

（2）全局变量(Global)。

几个函数共享的变量。每个使用它的函数都要用global语句声明它为全局变量。而每个共享它的函数都可以改变它的值，因此这些函数运行时要特别注意全局变量的状态。

如果函数的子函数也要使用全局变量，那么子函数也必须声明变量为全局的。MATLAB的命令行要存取全局变量，则一定要在命令行中声明变量为全局的。

在函数最前面定义全局变量，全局变量定义先于其他变量的定义。

全局变量的名字最好全部用大写字符，并具有描述性。这是为了增强代码的可读性，减少重复定义变量的机会。

(3) 永久变量(Persistent)。

永久变量类似于Java语言中的Static变量。只能在M文件函数中定义和使用，只允许定义它的函数存取。当定义它的函数退出时，MATLAB不会从内存清除它，下次调用这个函数，将使用它被保留的当前值。只有清除函数时，才能从内存清除它们。

最好在函数开始处声明永久变量。定义永久变量，用persistent语句。例如，声明SU_M为永久变量：

```
persistent  SU_M
```

定义永久变量以后，MATLAB把它的初始值设为空矩阵[ ]。当然，用户也可以设置自己的初始值。

这里给出MATLAB常用的一些保留变量，如表1-3所示。

表1-3　MATLAB保留变量表

特殊变量	取　　值
ans	MATLAB中运行结果的默认变量名
pi	圆周率 π
eps	计算机中的最小数
flops	浮点运算数
inf	无穷大，如1/0
NaN	不定值，如 $0/0, \infty/\infty, 0\times\infty$
i或j	复数中的虚数单位，$i=j=\sqrt{-1}$
nargin	函数输入变量数目
narout	函数输出变量数目
realmax	最大的可用正实数
realmin	最小的可用正实数

表1-3中的这些变量在MATLAB启动后，自动赋予表中取值。如果定义相同的变量名，原始的特殊值将被取代。一般来说，应当避免将特殊变量作为一般变量处理。如：

```
>> i                                    % 虚数单位
ans =
   0.0000 + 1.0000i
>> bitmax                               % 计算机的最大正整数
ans =
   9.0072e+15
>> realmin                              % 计算机的最小正整数
ans =
  2.2251e-308
>> pi
ans =
    3.1416
>> eps                                  % 自然对数
ans =
   2.2204e-16
```

另外,MATLAB 还保留了 4 个变量：nargin、nargout、varagin 和 varagout,分别为函数输入变量个数、函数输出变量个数、可变的函数输入变量个数和可变的函数输出变量个数。这几个保留变量在做函数文件时比较有用。

【例 1-2】 函数在输入的字串中寻找第一个 token。一个 token 是由空线间隔(white space)或其他字符定界的字串。

```
function [token, remainder] = strtok(string, delimiters)
% STRTOK Find token in string.
if nargin < 1
   error(message('MATLAB:strtok:NrInputArguments'));
end
token = ''; remainder = '';
len = length(string);
if len == 0
    return
end
if (nargin == 1)
    delimiters = [9:13 32];                    % White space characters
end
i = 1;
while (any(string(i) == delimiters))
    i = i + 1;
    if (i > len),
       return,
    end
end
start = i;
while (~any(string(i) == delimiters))
    i = i + 1;
    if (i > len),
       break,
    end
end
finish = i - 1;
token = string(start:finish);
if (nargout == 2)
    remainder = string(finish + 1:length(string));
end
```

分别用 1 个和 2 个输入参数调用这个函数,即：

```
>> [token, remainder] = strtok('MATLAB Mathwork')
token =
MATLAB
remainder =
Mathwork
>> [token, remainder] = strtok('String1,String2',',')
token =
String1
remainder =
,String2
```

MATLAB 还可以直接面向复数进行运算,而不需要读者另外定义复数的数据结构,这对于经常进行复数运算的用户而言，无疑是非常方便的。

【例 1-3】 实现复数运算。

```
>> f1 = 5 - 2 * i
f1 =
   5.0000 - 2.0000i
>> f2 = 3 * exp(5 * i)
f2 =
   0.8510 - 2.8768i
>> f = f1 + f2
f =
   5.8510 - 4.8768i
```

3. 运算符

在程序设计中，有时候需要作逻辑判断，这就涉及一些关系运算符与逻辑运算符，如表 1-4 所示。

表 1-4 常用运算符

符号	含义	符号	含义
<	小于	~=	不等于
>	大于	&	逻辑与
<=	小于或等于	|	逻辑或
>=	大于或等于	~	逻辑非
==	等于	xor	逻辑与非

对于一般的四则运算，直接使用“+”“-”“*”“/”就可以，如果是对矩阵与数组进行运算，下一小节将具体讲述。可以使用小括号使运算优先，这与其他的高级语言基本是相同的。要进行复杂的数据运算则需要调用系统的函数，或编写自定义函数。

1.5.2 矩阵与数组

矩阵是 MATLAB 中数据存储的最佳形式，尽管 MATLAB 还可以采用其他的存储方式，但采用矩阵的方式有利于各类数据的运算和操作。作为 MATLAB 的基本数据结构，从形式上看，矩阵是一个二维的数组，构成矩阵的元素可以是数值，也可以是非数值的元素。通过矩阵可以方便地存储和访问 MATLAB 中的其他数据类型。

1. 创建矩阵

MATLAB 在矩阵运算方面有非常强的优势，这是使其成为工程应用软件佼佼者的原因之一。在 MATLAB 中矩阵完全可以是数学意义上的矩阵，对于矩阵的生成，可以是键盘直接输入、语句或函数产生、建立在 M 文件中，或者从外部文件载入。

对于一般的比较小的简单矩阵可以直接用键盘输入。

【例 1-4】 要创建两个矩阵 $A=\begin{bmatrix}3 & -1 & 5\\4 & 7 & 10\\2 & 0 & 6\end{bmatrix}$，$B=\begin{bmatrix}4 & 8 & 6\\1 & 9 & 2\end{bmatrix}$，可在命令窗口中直

接输入：

```
>> A = [3  -1 5;4 7 10;2 0 6]                    % 直接输入矩阵
A =
     3   -1    5
     4    7   10
     2    0    6
>> B = [4,8,6
      1,9,2]
B =
     4   8   6
     1   9   2
```

在输入中每行的元素之间必须用空格或逗号分开，每一行的结果必须用回车键或者分号隔开，整个矩阵则应该在方括号中。本例中，同行元素用空格分开或用逗号分开，矩阵A在行结束时用“;”隔开；矩阵B在行结束时按回车键分隔。

A(i,j)表示矩阵A中的第i行第j列的元素，由此可以对其修改。A(i,:)表示矩阵A中第i行全部元素，同样A(:,j)表示矩阵A中第j列的全部元素。

【例1-5】 把矩阵B中的第2行元素赋值给矩阵C，矩阵A中的第2列元素赋值给矩阵D，即在命令窗口中输入：

```
>> C = B(2,:)
C =
     1      9      2
>> D = A(:,2)
D =
    -1
     7
     0
```

MATLAB还可以很方便地实现矩阵的合并，可利用cat函数实现，也可以直接实现。

【例1-6】 用不同的方法实现矩阵的合并。

```
>> A1 = [3 5 9;0  -2  -3;8 7 4];
>> S = [A A1]                                    % 行直接合并
S =
     3   -1    5  3     5     9
     4    7   10  0    -2    -3
     2    0    6  8     7     4
>> S1 = [A;A1]                                   % 列直接合并
S1 =
     3   -1     5
     4    7    10
     2    0     6
     3    5     9
     0   -2    -3
     8    7     4
>> S2 = cat(2,A,A1)
S2 =
```

```
     3    -1     5   3    5    9
     4     7    10   0   -2   -3
     2     0     6   8    7    4
>> S3 = cat(1,A,A1)
S3 =
     3    -1     5
     4     7    10
     2     0     6
     3     5     9
     0    -2    -3
     8     7     4
>> S4 = cat(3,A,A1)                              %高维矩阵
S4(:,:,1) =
     3    -1     5
     4     7    10
     2     0     6
S4(:,:,2) =
     3     5     9
     0    -2    -3
     8     7     4
```

在 MATLAB 中，也提供了一些特殊矩阵函数可直接生成特殊矩阵，如全 1 矩阵、全 0 矩阵、单位矩阵等，常用的特殊矩阵如表 1-5 所示。

表 1-5　特殊矩阵生成函数

函数	功　能	函数	功　能
compan	创建伴随矩阵	magic	创建魔方矩阵
diag	创建对角矩阵	ones	创建全 1 矩阵
eye	创建单位矩阵，即主对角线元素为 1，其余元素全为 0	rand	创建均匀分布随机矩阵
gallery	创建测试矩阵	randn	创建正态分布随机矩阵
hadamard	创建 Hadamard 矩阵	rosser	创建经典对称特征值测试矩阵
hilb	创建 Hibert 矩阵	wilkinson	创建 Wilkinson 特征值测试矩阵
invhilb	创建 Hilbert 矩阵转置	zeros	创建全 0 矩阵

【例 1-7】　特殊矩阵的生成。

```
>> eye(4)                                        %单位矩阵
ans =
     1     0     0     0
     0     1     0     0
     0     0     1     0
     0     0     0     1
>> ones(3)                                       %全 1 矩阵
ans =
     1     1     1
     1     1     1
     1     1     1
>> zeros(2)                                      %全 0 矩阵
ans =
     0     0
     0     0
```

```
>> magic(3)                                 % 魔方矩阵
ans =
     8   1   6
     3   5   7
     4   9   2
>> A = [2 5 3 6 7];
>> diag(A)                                  % 对角矩阵
ans =
     2   0   0   0   0
     0   5   0   0   0
     0   0   3   0   0
     0   0   0   6   0
     0   0   0   0   7
```

在 MATLAB 中还提供了一些改变矩阵形状的函数，这些函数只是改变矩阵内元素的排列状态，而并不增减矩阵元素的个数。表 1-6 列出了常用改变矩阵形状的函数。

表 1-6 改变矩阵形状的操作函数

函数	描　述	函数	描　述
reshape	按指定的行列重新排列矩阵	flipud	以水平方向为轴将矩阵旋转 180°
rot90	逆时针旋转矩阵 90°	flipdim	以指定方向为轴翻转矩阵
fliplr	以垂直方向为轴将矩阵旋转 180°		

【例 1-8】 改变给定矩阵的形状。

```
>> A = magic(6)
A =
    35    1    6   26   19   24
     3   32    7   21   23   25
    31    9    2   22   27   20
     8   28   33   17   10   15
    30    5   34   12   14   16
     4   36   29   13   18   11
>> B = reshape(A,[ ],3)
B =
    35    6   19
     3    7   23
    31    2   27
     8   33   10
    30   34   14
     4   29   18
     1   26   24
    32   21   25
     9   22   20
    28   17   15
     5   12   16
    36   13   11
>> C = rot90(A)
C =
    24   25   20   15   16   11
    19   23   27   10   14   18
    26   21   22   17   12   13
     6    7    2   33   34   29
     1   32    9   28    5   36
    35    3   31    8   30    4
```

```
>> flipdim(A,1)
ans =
     4    36    29    13    18    11
    30     5    34    12    14    16
     8    28    33    17    10    15
    31     9     2    22    27    20
     3    32     7    21    23    25
    35     1     6    26    19    24
>> flipdim(A,2)
ans =
    24    19    26     6     1    35
    25    23    21     7    32     3
    20    27    22     2     9    31
    15    10    17    33    28     8
    16    14    12    34     5    30
    11    18    13    29    36     4
```

2. 数组及运算

数组与矩阵是有很大差别的，矩阵有其严格的数学意义。而数组是 MATLAB 所定义的规则。目的是方便数据管理、操作简单。在其他高级语言中一般也都有数组的概念。

数组与常数的四则运算是指对每个元素进行运算。

【例 1-9】 对给定的矩阵与常数进行运算。

```
>> A = [1 2 3;4 5 6];
>> B = [4 5 6;7 8 0];
>> A - 2
ans =
    -1   0   1
     2   3   4
>> A * 3
ans =
     3    6    9
    12   15   18
>> A + B
ans =
     5    7    9
    11   13    6
```

数组之间的加、减法与矩阵加、减法完全相同，不过其乘、除法运算符号为“.*”、“./”。

【例 1-10】 对给定的数组进行乘除运算。

```
>> A = [4 5 6;4 8 3;7 6 9];
>> B = [7 8 9;6 2 4;9 5 2];
>> s1 = A.*B
s1 =
    28   40   54
    24   16   12
    63   30   18
>> s2 = A./B                                %数组左除运算
s2 =
    0.5714    0.6250    0.6667
    0.6667    4.0000    0.7500
```

```
    0.7778   1.2000   4.5000
>> s3 = A.\B                                  % 数组的右除运算
s3 =
    1.7500   1.6000   1.5000
    1.5000   0.2500   1.3333
    1.2857   0.8333   0.2222
>> s4 = A\B                                   % 矩阵的右除运算
s4 =
   -0.5294   -4.8824   -7.5294
    0.6471    1.4118    2.6471
    0.9804    3.4118    4.3137
```

数组的乘方完全类同,运算是对每个元素而言,与矩阵的幂运算不同。

【例 1-11】 对给定的矩阵进行乘方运算。

```
>> A = [4 5 6;4 8 3;7 9 3];
>> A.^3                                       % 数组的乘方运算
ans =
    64   125   216
    64   512    27
   343   729    27
>> A^3                                        % 矩阵的乘方运算
ans =
        1167   1815    981
        1119   1746    918
        1422   2199   1146
```

在数组乘、除和乘方运算时黑点不能遗漏,且为英文状态下输入。

1.5.3 元胞数组

顾名思义,元胞数组是一种数组,但是元胞数组和一般的数组又有区别,即每一个元胞可以存放不同的数据类型,可以是一个数、数组、字符串数组、符号对象,甚至是元胞。而元胞之间是平等的,用下标区别。

在元胞数组中以小括号标识元胞数组中的元胞,如 A(4,5)表示元胞数组 A 的第 4 行第 5 列的元胞。以大括号标识元胞内容,如果 A{4,5}表示元胞内容。

相比普通的数组,元胞数组的使用并没有那么频繁,但是如果掌握元胞数组的用法,有时会让程序设计变得很方便,更加灵活。在 MATLAB 中可以通过单元索引或内容索引创建元胞数组,也可以通过 cell 函数创建。

【例 1-12】 利用不同方式创建元胞数组。

```
%利用单元索引创建一个 2×2 的元胞数组
>> A(1,1) = {[1 4 3; 0 5 8; 7 2 9]};
A(1,2) = {'Anne Smith'};
A(2,1) = {3 + 7i};
A(2,2) = { - pi:pi/4:pi};
A                                             % 显示所创建的元胞数组
A =
```

```
            [3x3 double]    'Anne Smith'    []
    [3.0000 + 7.0000i]  [1x9 double]    []
                    []              []  [5]
%利用内容索引创建元胞数组
>> A(1,1) = {[1 4 3; 0 5 8; 7 2 9]};
A(1,2) = {'Anne Smith'};
A{1,1} = [1 4 3; 0 5 8; 7 2 9];
A{1,2} = 'Anne Smith';
A                                          %显示元胞数组
A =
            [3x3 double]    'Anne Smith'    []
    [3.0000 + 7.0000i]  [1x9 double]    []
                    []              []  [5]
%利用 cell 函数创建元胞数组
>> strArray = java_array('java.lang.String', 3);
strArray(1) = java.lang.String('one');
strArray(2) = java.lang.String('two');
strArray(3) = java.lang.String('three');
cellArray = cell(strArray)
cellArray =
    'one'
    'two'
    'three'
```

MATLAB也提供了相关函数实现元胞数组的操作。

【例 1-13】 利用 cellplot 函数显示所创建元胞数组的结构示意图。

```
>> clear all;
A = {[3 4 2;9 7 5;8 4 1],{'Ada';'10/11/95';'class II';'Obs.1';...
    'Obs.2'},[0.25 + 3i 47 + 5i 9 + 4i];[1.258 7.12 56.9 18.4],...
    [ - 9 3 - 15;2 7 - 11;6 9 - 3],{'text',[5 7;2 8];[7.3 2.5 1.4 0],0.05 + 8i}}
A =
    [3x3 double]  {5x1 cell  }  [1x3 double]
    [1x4 double]  [3x3 double]  {2x2 cell  }
>> cellplot(A)                          %绘制元胞数组 A 的结构示意图,效果如图 1-21 所示
```

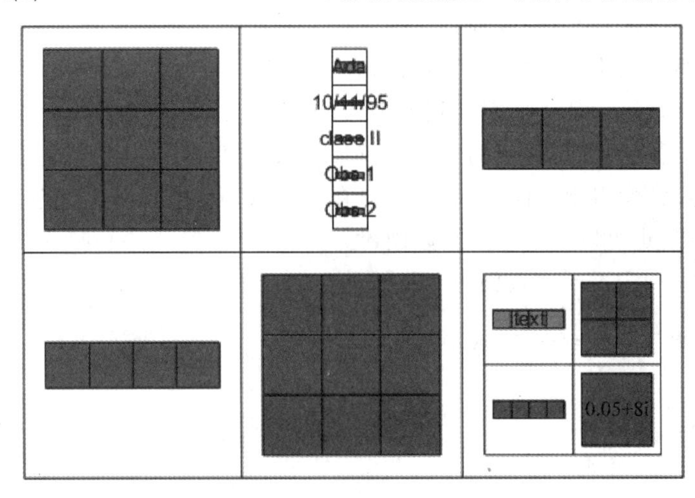

图 1-21　图形显示元胞数组

1.5.4 结构数组

与元胞数组一样，结构数组(Structure array)也能在一个数组里存放各类数据。从一定意义上讲，结构数组组织数据的能力比元胞数组更强，更富于变化。

结构数组的基本成分(Element)是结构(Structure)。数组中的每个结构是平等的，它们以下标区分。结构必须在划分“域”后才能使用。数据不能直接存放于结构中，只能存放在域中。结构的域可以存放任何类型、任何大小的数组(如任意维数数值数组、字符串数组、符号对象等)。而且，不同结构的同名域中存放的内容可以不同。

与数值数组一样，结构数组维数不受限制，可以是一维、二维或更高维，不过一维结构数组用得最多。结构数组对结构的编址方法有单下标编址和全下标编址两种。

在 MATLAB 中，一个结构体对象就是一个 1×1 的结构体数组，因此，可以创建具有多个结构体对象的二维或多维结构数组。

创建结构体对象有两种方法：直接采用赋值语句给结构体的字段赋值；通过结构体创建函数 struct 来创建。

【例 1-14】 利用不同方式创建结构数组。

```
%通过字段赋值创建结构体
>> patient.name = 'John Doe';
patient.billing = 127.00;
patient.test = [79 75 73; 180 178 177.5; 220 210 205];
patient                                          %显示结构体数据
patient =
        name: 'John Doe'
     billing: 127
        test: [3x3 double]
%通过圆括号索引指派,用字段赋值的方法创建结构体数组
>> patient(1).name = 'John Doe';
>> patient(1).billing = 127.00;
>> patient(1).test = [79 75 73; 180 178 177.5; 220 210 205];
>> patient(2).name = 'Ann Lane';
>> patient(2).billing = 29.3;
>> patient(2).test = [67 89 71;111 118 120;176 167 190];
>> patient
patient =
1x2 struct array with fields:
    name
    billing
    test
>> patient(3).name = 'Alan Johnson'
patient =
1x3 struct array with fields:
    name
    billing
    test
>> patient(3).billing
ans =
     []
```

```
>> patient(3).test
ans =
     []
% 通过 struct 数组创建结构数组
>> field1 = 'f1'; value1 = zeros(1,10);
field2 = 'f2'; value2 = {'a', 'b'};
field3 = 'f3'; value3 = {pi, pi.^2};
field4 = 'f4'; value4 = {'fourth'};
s = struct(field1,value1,field2,value2,field3,value3,field4,value4)
s =
1x2 struct array with fields:
    f1
    f2
    f3
    f4
>> s(1)
ans =
    f1: [0 0 0 0 0 0 0 0 0 0]
    f2: 'a'
    f3: 3.1416
    f4: 'fourth'
```

此外，在 MATLAB 中提供了若干函数对结构数组进行操作，常用操作函数如表 1-7 所示。

表 1-7　有关结构的操作函数

函数	说　　明	函数	说　　明
deal	将输入直接分配给出	fieldnames	得到结构的字段名
isfiled	测试是否是结构数组的字段	isstruct	测试是否为结构，是即返回 1，否则返回 0
struct2cell	将结构数组转换为单元数组	struct	建立结构数组，或转换为结构数组

【例 1-15】 结构数组的其他操作函数演示。

```
% 调用 deal 函数操作结构数组
>> C = {rand(3),ones(3,1),eye(3),magic(3)};
>> [a,b,c,d] = deal(C{:})                    % 将 C 直接分配给输出 a,b,c,d
a =
    0.8147  0.9134  0.2785
    0.9058  0.6324  0.5469
    0.1270  0.0975  0.9575
b =
     1
     1
     1
c =
     1   0   0
     0   1   0
     0   0   1
d =
     8   1   6
     3   5   7
     4   9   2
```

```
%调用 fieldnames 函数操作结构数组
>> mystr(1,1).name = 'alice';
mystr(1,1).ID = 0;
mystr(2,1).name = 'gertrude';
mystr(2,1).ID = 1
mystr =
2x1 struct array with fields:
    name
    ID
>> n = fieldnames(mystr)
n =
    'name'
    'ID'
%操作 isfield 函数操作结构数组
>> patient.name = 'John Doe';
patient.billing = 127.00;
patient.test = [79 75 73; 180 178 177.5; 220 210 205];
>> isfield(patient,'billing')
ans =
     1
>> S = struct('one', 1, 'two', 2);
fields = isfield(S, {'two', 'pi', 'One', 3.14})
fields =
     1     0     0     0
%调用 struct2cell 函数操作结构数组
>> s.category = 'tree';
s.height = 37.4; s.name = 'birch';
>> s
s =
    category: 'tree'
      height: 37.4000
        name: 'birch'
>> c = struct2cell(s)
c =
    'tree'
    [37.4000]
    'birch'
```

1.5.5 符号运算

MATLAB 不仅有强大的数值运算能力，其符号运算也同样出色。符号运算通过符号工具箱来实现。在 MATLAB R2008a 之前的版本中，符号工具箱的内核采用 Waterloo 大学开发的 Maple 系统，对于复杂的符号运算有时需要访问 Maple 才能调用；而至 MATLAB R2008b 后，MATLAB 符号工具箱采用 MUPAD 内核。

1. 符号对象和符号表达式

在 MATLAB 中符号对象可以借助 sym 或 syms 定义，而且符号对象的表达式也是符号对象。其中,sym一次只能定义一个符号变量,而syms一次可定义多个符号变量。

【例 1-16】 利用sym及syms创建符号对象。

```
>> r = sym(1/3)
r =
1/3
>> f = sym(1/3, 'f')
f =
6004799503160661/18014398509481984
>> A = sym('A', [3 4]) %创建符号矩阵
A =
[ A1_1, A1_2, A1_3, A1_4]
[ A2_1, A2_2, A2_3, A2_4]
[ A3_1, A3_2, A3_3, A3_4]
>> syms f(x, y) x y                                %一次定义3个符号变量
>> f(x, y) = x + 2 * y
f(x, y) =
x + 2 * y
>> f(x) = [x x^2; x^3 x^4];
>> f(2)
ans =
[ 2, 4]
[ 8, 16]
>> y = f([1 2; 3 4])
y =
    [2x2 sym] [2x2 sym]
    [2x2 sym] [2x2 sym]
>> y{1}
ans =
[ 1, 2]
[ 3, 4]
% 查看所创建的变量类型
>> whos
  Name       Size       Bytes    Class      Attributes
  A          3x4           60    sym
  ans        2x2           60    sym
  f          1x1           60    symfun
  r          1x1           60    sym
  x          1x1           60    sym
  y          2x2          480    cell
```

2. 符号算符及基本函数

在MATLAB中符号运算与数值运算方法基本相同,主要有以下几种算符。

1）基本运算

基本运算有"+""-""*""\""/""^",与数值运算的运算符号意义相同,为加、减、乘、左除、右除和幂运算。

【例 1-17】 符号表达式的基本运算。

```
>> syms x
>> s1 = 2 * x
s1 =
```

```
2*x
>> s2 = 3*x^2 + 4/x
s2 =
4/x + 3*x^2
>> s = s1 + s2
s =
2*x + 4/x + 3*x^2
```

2) 关系运算

符号对象没有大小之分,所以没有一般高级语言中的大小判断,只有判断是否相等。其中"=="和"~="分别为等于与不等于算符。

3) 函数运算

符号运算的函数比较多,对于一般的函数运算,与同名的数值运算方法基本相同。可以使用的函数有三角函数(如 sin、cos 等),指数、对数函数(如 exp,expm 等),矩阵分析函数(如 eig、svd 等),方程函数(solve)。另外还包括一些微积分函数、积分变换函数等。

在符号运算中可以通过 vpa 函数把符号变量以任意精度显示出来。

【例 1-18】 符号表达式的函数运算。

```
>> vpa(pi,20)                                  %显示有效数字
ans =
3.1415926535897932385
>> syms a b
subs(a + b, a, 4)
ans =
b + 4
>> subs(cos(a) + sin(b), {a, b}, {sym('alpha'), 2})          %新参数替换旧参数
ans =
sin(2) + cos(alpha)
>> symvar 'cos(pi*x - beta1)'                  %找出给定表达式中的变量
ans =
    'beta1'
    'x'
```

值得说明的是,符号运算是面向矩阵的运算,这与数值方法一样,为用户提供了很大程度上的便捷。

1.6 MATLAB 程序结构

1966 年,Bohm 和 Jacopini 提出了三种基本的程序设计结构:顺序结构、选择结构和循环结构。已经证明,这三种结构组成的算法,可以解决任何复杂的问题。由基本结构构成的算法属于结构化的算法,不存在无规律的转移。这三种结构都有以下特点:

- 只有一个入口;
- 只有一个出口;
- 结构内不存在死循环;
- 结构内的每一部分都有机会被执行到。

所以,基本结构不一定局限在上面三种,只要具备上面的 4 个特点就可以设定自己

的基本结构,并组成结构化程序。事实上,为了程序设计的方便,很多语言都外加了一些基本结构。

1.6.1 循环结构

循环是指按照给定的条件,重复执行指定的语句,是一种非常重要的程序结构。MATLAB 用于循环结构的语句有 for、while、continue 和 break 语句。

1. for 循环

for 循环语句的格式为:

```
for 控制变量=初始值:步长:终值
   循环体
end
```

步长默认为 1。

【例 1-19】 利用 for 循环创建一个 8 阶希尔伯特(Hilbert)矩阵。

```
>> clear all;
s = 8;
H = zeros(s);
for c = 1:s
    for r = 1:s
        H(r,c) = 1/(r+c-1);
    end
end
disp('显示所创建的 Hilbert 矩阵:')
H
```

运行程序,输出如下:

```
显示所创建的 Hilbert 矩阵:
H =
    1.0000  0.5000  0.3333  0.2500  0.2000  0.1667  0.1429  0.1250
    0.5000  0.3333  0.2500  0.2000  0.1667  0.1429  0.1250  0.1111
    0.3333  0.2500  0.2000  0.1667  0.1429  0.1250  0.1111  0.1000
    0.2500  0.2000  0.1667  0.1429  0.1250  0.1111  0.1000  0.0909
    0.2000  0.1667  0.1429  0.1250  0.1111  0.1000  0.0909  0.0833
    0.1667  0.1429  0.1250  0.1111  0.1000  0.0909  0.0833  0.0769
    0.1429  0.1250  0.1111  0.1000  0.0909  0.0833  0.0769  0.0714
    0.1250  0.1111  0.1000  0.0909  0.0833  0.0769  0.0714  0.0667
```

还可以利用 for 循环求解微分方程。

【例 1-20】 设 $f(x)=e^{-0.5x}\sin\left(x+\frac{\pi}{6}\right)$,求 $s=\int_0^{3\pi}f(x)dx$。

求函数 $f(x)$ 在 $[a,b]$ 上的定积分,其几何意义就是求曲线 $y=f(x)$ 与直线 $x=a$、$x=b$,$y=0$ 所围成的曲边梯形的面积。为了求得曲边梯形面积,先将积分区间 $[a,b]$ 分成 n 等分,每个区间的宽度 $h=(b-a)/n$,对应地将曲边梯形分成 n 等分,每个小部分即是一个小曲边梯形。近似求出每个小曲边梯形面积，然后将 n 个小曲边梯形的面积加起来，就得到总面积，即定积分的近似值。近似地求每个小曲边梯形的面积，常用的方法有矩形法、梯形法以及辛普森法则等。以梯形法为例：

```
>> clear all;
a = 0; b = 3 * pi;
n = 1000; h = (b - a)/n;
x = a; s = 0;
f0 = exp( - 0.5 * x) * sin(x + pi/6);
for i = 1:n
    x = x + h;
    f1 = exp( - 0.5 * x) * sin(x + pi/6);
    s = s + (f0 + f1) * h/2;
    f0 = f1;
end
s
```

运行程序，输出如下：

```
s =
    0.9008
```

上述程序来源于传统的编程思想，也可以利用向量运算，从而使得程序更加简洁，更有 MATLAB 的特点。其源程序如下：

```
>> clear all;
a = 0; b = 3 * pi;
n = 1000; h = (b - a)/n;
x = a:h:b;
f = exp( - 0.5 * x). * sin(x + pi/6);
for i = 1:n
    s(i) = (f(i) + f(i + 1)) * h/2;
end
s = sum(s)
s =
    0.9008
```

程序中 x、f、s 均为向量，f 的元素为各个 x 点的函数值，s 的元素分别为 n 个梯形的面积，s 各元素之和即定积分近似值。

2. while 循环

while 循环的格式为：

```
while 循环判断条件
    循环体
end
```

下面通过实例来演示 while 循环的用法。

【例 1-21】 利用 while 循环实现 n 的阶乘。

```
>> n = 10;                          %n 取值为 10
f = n;
```

```
while n > 1
    n = n-1;
    f = f*n;
end
disp(['n! = ' num2str(f)])
```

运行程序,输出如下:

```
n! = 3628800
```

如果一个循环结构的循环体内还包含循环结构,就称为循环的嵌套,或多重循环结构。多重循环的嵌套层数可以是任意的,但要特别注意内外循环之间的关系。例如,对任意 10 个数进行从小到大的排列:

```
a = input('a = ');
for i = 1:9
    for j = i + 1:10
       if a(i)> a(j)
          a(i) = a(i) + a(j);
          a(j) = a(i) - a(j);
          a(i) = a(i) - a(j);
        end
    end
end
disp(a);
```

1.6.2 选择结构

MATLAB 主要有三种分支结构,其格式分别为:

```
if 判断表达式
   执行语句 1
end
```

当表达式成立时,执行语句 1。

```
if 判断表达式
    执行语句 1
else
    执行语句 2
end
```

当表达式成立时,执行语句 1,否则执行语句 2。

```
if 判断表达式 1
   执行语句 1
elseif 判断表达式 2
   执行语句 2
else
   执行语句 3
end
```

表达式 1 成立时,执行语句 1,不成立时判断表达式 2,如果表达式 2 成立则执行语句

2，否则执行语句 3。

【例 1-22】 计算分段函数 $y=\begin{cases}2e^x & x>2\\ x^2+2 & 2>x>-2\\ -x^2-2 & x<-2\end{cases}$ 的值。

根据需要，建立一个分段主函数，命名为 while_M。

```
function y = while_M(x)
if x > 2
    y = 2 * exp(x);
elseif x < - 2
    y = - x ^2 - 2;
else
    y = x ^2 + 2;
end
```

调用函数，在命令窗口中输入：

```
>> while_M(1)
ans =
     3
>> while_M(5)
ans =
  296.8263
```

【例 1-23】 判断随机输入的一个年份是否为闰年。

先要明确闰年的概念。所谓闰年，从纯数学角度上，可以用一句话概括，即“闰年是能被 4 整除但不能被 100 整除，如能被 100 整除则同时能被 400 整除的年份”。

```
% 判断一个年份是否为闰年
% 使用多分支 if 语句
% 变量 a 为输入的年份
% leap 变量为 1,则输入的年份为闰年; leap 变量为 0,则不是闰年
a = input('请输入年份:');
% 如果年份不能被 4 整除,则不是闰年
if mod(a,4) ~ = 0
    leap = 0;
% 如果年份可以被 4 整除,而且不能被 100 整除,则是闰年
elseif mod(a,100) ~ = 0
    leap = 1;
% 如果年份可以被 4 整除,并能被 100 整除,而且能被 400 整除,则是闰年
elseif mod(a,400) == 0
    leap = 1;
% 如果年份可以被 4 整除,并能被 100 整除,且不能被 400 整除,则不是闰年
else leap = 0;
end
% 以上代码已经完成对于闰年的判断,下面输出结果
% 是否闰年取决于 leap 的取值
if leap == 1
    disp('是闰年');
else
    disp('不是闰年');
end
```

将以上代码命名为Leap_year.m文件，保存在搜索目录中，然后在命令窗口中输入：

```
>> Leap_year
请输入年份:1968
是闰年
>> Leap_year
请输入年份:2000
是闰年
>> Leap_year
请输入年份:1867
不是闰年
```

3. 多选择switch-case结构

除了前面介绍的if-else-end if语句外，在MATLAB中还提供多分支选择结构，格式为：

```
switch 选择判断变量
    case 变量的值 1
        对应值 1 的执行语句
    case 变量的值 2
        对应值 2 的执行语句
    ...
    case 变量的值 n
        对应值 n 的执行语句
    otherwise
所有 case 都不发生,则执行该语句
```

下面通过实例来演示多选择语句的用法。

【例1-24】 在做空间运动分析时经常要用到坐标转换矩阵。在一个坐标系中矢量$\boldsymbol{r}$，在旋转后的新坐标系以$\boldsymbol{r}'$表示，如果平面y-z、z-x和x-z分别绕x、y和z轴转动角度θ，则有

$$\begin{cases}\boldsymbol{r}'=\boldsymbol{R}_x(\theta)\boldsymbol{r}\\ \boldsymbol{r}'=\boldsymbol{R}_y(\theta)\boldsymbol{r}\\ \boldsymbol{r}'=\boldsymbol{R}_z(\theta)\boldsymbol{r}\end{cases}$$

其中

$$\boldsymbol{R}_x(\theta)=\begin{bmatrix}1&0&0\\0&\cos\theta&\sin\theta\\0&-\sin\theta&\cos\theta\end{bmatrix},\quad \boldsymbol{R}_y(\theta)=\begin{bmatrix}\cos\theta&0&-\sin\theta\\0&1&0\\\sin\theta&0&\cos\theta\end{bmatrix},\quad \boldsymbol{R}_z(\theta)=\begin{bmatrix}\cos\theta&\sin\theta&0\\\sin\theta&\cos\theta&0\\0&0&1\end{bmatrix}。$$

$\boldsymbol{R}(\theta)$即是旋转矩阵，它有一个重要的性质：$\boldsymbol{R}^{-1}(\theta)=\boldsymbol{R}^{\mathrm{T}}(\theta)=\boldsymbol{R}(-\theta)$。下面通过switch-case结构语句实现旋转矩阵的计算。

```
function m = Spatial_rotation(a,x)
%计算旋转矩阵
x = x * pi/180;                              %把角度化为弧度
m = zeros(3,3);
switch a
    case 1                                   %绕 x 轴旋转
        m(1,1) = 1;
```

```
        m(2,2) = cos(x);
        m(2,3) = sin(x);
        m(3,2) = - sin(x);
        m(3,3) = cos(x);
    case 2                                    % 绕 y 轴旋转
        m(1,1) = cos(x);
        m(1,2) = - sin(x);
        m(2,2) = 1;
        m(3,1) = sin(x);
        m(3,3) = cos(x);
    case 3                                    % 绕 z 轴旋转
        m(1,1) = cos(x);
        m(1,2) = sin(x);
        m(2,1) = - sin(x);
        m(2,2) = cos(x);
        m(3,3) = 1;
end
```

调用旋转矩阵函数,在命令窗口中输入:

```
>> m1 = Spatial_rotation(1,35)                % 绕 x 轴旋转 35°的旋转矩阵
m1 =
    1.0000         0         0
         0    0.8192    0.5736
         0   - 0.5736   0.8192
>> m2 = Spatial_rotation(2,50)                % 绕 y 轴旋转 50°的旋转矩阵
m2 =
    0.6428   - 0.7660        0
         0    1.0000         0
    0.7660         0    0.6428
>> m3 = Spatial_rotation(3,75)                % 绕 z 轴旋转 75°的旋转矩阵
m3 =
      0.2588    0.9659         0
    - 0.9659    0.2588         0
           0         0    1.0000
```

第2章 数字图像的基础

介绍数字图像处理方面的一些概念，从认识图像与数字图像开始，读者将了解到数字图像处理所研究和考虑的问题，以及数字图像处理技术的应用等内容。

2.1 数字图像处理的概述

数字图像处理(Digital Image Processing)又称计算机图像处理，是一种将图像信号数字化后利用计算进行处理的过程。随着计算机科学、电子学和光学的发展，数字图像处理已经广泛地应用到诸多领域之中。

2.1.1 什么是图像

图像是三维世界在二维平面的表示，具体来说，就是用光学器件对一个物体、一个人或一个场景等的可视化表示。图像中包含了它所表达的事物的大部分信息。据有关资料表明，人类所获得的大部分信息来源于视觉系统，也就是从图像中获得的。中国有句古话叫"耳听为虚，眼见为实"，可见一斑。

2.1.2 图像的分类

根据图像的属性不同，图像分类的方法也不同。从获取方式上图像分为拍摄类图像和绘制类图像；从颜色上图像分为彩色图像、灰度图像和黑白图像等；从内容上图像分为人物图像、风景图像等；从功能上图像又分为流程图、结构图、电路图和设计图等。

在数字图像处理领域，将图像分为模拟图像和数字图像两种。计算机处理的信号都是数字信号，所以在计算机上处理的图像均为数字图像。根据数字图像在计算机中表示方法的不同，分为二进制图像、索引图像、灰度图像、RGB 图像和多帧图像；根据计算机中图像文件格式的不同，图像又分为位图和矢量图。可见，图像的属性是多角度的，图像的分类也是多维的。

2.1.3 数字图像的产生

数字图像的产生主要有两种渠道：一种是通过像数码照相机这样的设备直接拍摄得到数字图像；另有一种是通过图像采集卡、扫描仪等数字化设备，将模拟图像转变为数字图像。

2.1.4 数字图像的表示法

数字图像在计算机中采用二维矩阵表示和存储，图 2-1 描述了由一幅数字图像到该图像所对应的二维矩阵的简易过程和原理。图 2-1(a)是一幅大小为 128×128 的二维数字图像。为了表述方便，以图 2-1(a)中取出的一个小矩形方块为例，将该小方块放大至像素水平，即图 2-1(b)。可以看出，这是原始图像图 2-1(a)中的一个 8×8 的子图像，放大后的子图像如图 2-1(b)所示，每一个像素点都具有一个确定的灰度值。将这些灰度值按像素的顺序排列，就是一个二维矩阵，矩阵各元素的值如图 2-1(c)所示。

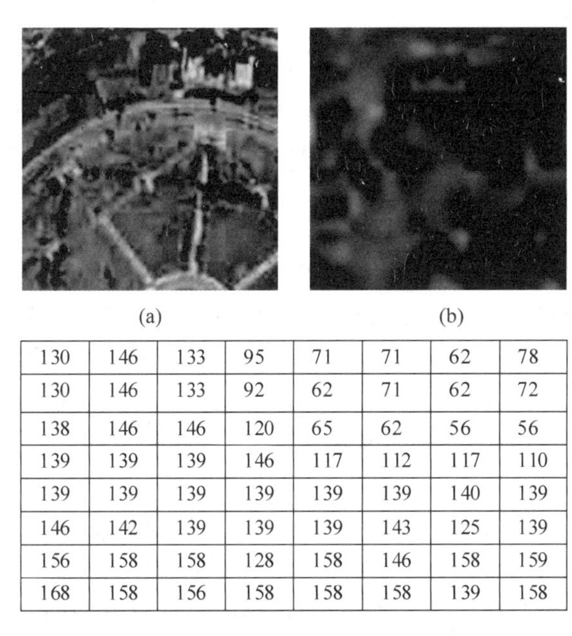

(a) (b)

130	146	133	95	71	71	62	78
130	146	133	92	62	71	62	72
138	146	146	120	65	62	56	56
139	139	139	146	117	112	117	110
139	139	139	139	139	139	140	139
146	142	139	139	139	143	125	139
156	158	158	128	158	146	158	159
168	158	156	158	158	158	139	158

(c)

图 2-1 数字图像的矩阵表示

(a) 原始图像；(b) 8×8 子图像；(c) 8×8 子图像的二维矩阵

上述由图 2-1(a)到图 2-1(b)的过程中，原始图像被等间隔的网格分割成大小相同的小方格(grid)，其中的每一个方格称为像素点，简称为像素(pixel)。像素是构成图像的最小基本单位，图像的每一个像素都具有独立的属性，其中最基本的属性包括像素位置和灰度值两个属性。位置由像元所在的行和列的坐标值决定，通常以像素的位置坐标(x，y)表示，像素的灰度值即该像素对应的光学亮度值。

因此,对一幅图像按照二维矩形扫描网格进行扫描的结果是生成一个与原图像相对应的二维矩阵,且矩阵中的每一个元素都为整数,矩阵元素(像素)的位置则由扫描的顺序决定,每一个像素的灰度值通过采样获取,然后经过量化得到每一像素亮度(灰度)值的整数表示。因此,一幅图像经数字化后得到的数字图像,实际上就是图 2-1(c)所示的一个二维整数矩阵,矩阵的大小由图像像素的多少决定。

2.1.5 数字图像研究的内容

数字图像处理主要研究的内容有以下几个方面。

1) 图像变换

由于图像阵列很大,直接在空间域中进行处理,涉及计算量很大。因此,往往采用各种图像变换的方法,如傅里叶变换、沃尔什变换、离散余弦变换等间接处理技术,将空间域的处理转换为变换域处理,不仅可减少计算量,而且可获得更有效的处理(如傅里叶变换可在频域中进行数字滤波处理)。目前新兴研究的小波变换在时域和频域中都具有良好的局部化特性,它在图像处理中也有着广泛而有效的应用。

2) 图像编码压缩

图像编码压缩技术可减少描述图像的数据量(即比特数),以便节省图像传输、处理时间和减少所占用的存储器容量。压缩可以在不失真的前提下获得,也可以在允许的失真条件下进行。编码是压缩技术中最重要的方法,它在图像处理技术中是发展最早且比较成熟的技术。

3) 图像增强

复原图像增强和复原的目的是提高图像的质量,如去除噪声,提高图像的清晰度等。图像增强不考虑图像降质的原因,突出图像中所感兴趣的部分。如强化图像高频分量,可使图像中物体轮廓清晰,细节明显;如强化低频分量可减少图像中噪声影响。图像复原要求对图像降质的原因有一定的了解,一般讲应根据降质过程建立"降质模型",再采用某种滤波方法,恢复或重建原来的图像。

4) 图像分割

图像分割是数字图像处理中的关键技术之一。图像分割是将图像中有意义的特征部分提取出来。有意义的特征包括图像中的边缘、区域等,这是进一步进行图像识别、分析和理解的基础。虽然目前已研究出不少边缘提取、区域分割的方法,但还没有一种普遍适用于各种图像的有效方法。因此,对图像分割的研究还在不断深入之中,是目前图像处理研究的热点之一。

5) 图像描述

图像描述是图像识别和理解的必要前提。最简单的二值图像可采用其几何特性描述物体的特性;一般图像的描述方法采用二维形状描述,它有边界描述和区域描述两类方法;特殊的纹理图像可采用二维纹理特征描述。随着图像处理研究的深入发展,已经开始进行三维物体描述的研究,提出了体积描述、表面描述、广义圆柱体描述等方法。

6) 图像分类(识别)

图像分类(识别)属于模式识别的范畴,其主要内容是图像经过某些预处理(增强、复原、压缩)后,进行图像分割和特征提取,从而进行判决分类。图像分类常采用经典的模式识别方法,有统计模式分类和句法(结构)模式分类,近年来新发展起来的模糊模式识别和人工神经网络模式分类在图像识别中也越来越受到重视。

2.1.6 数字图像处理的方法

数字图像的处理方法种类繁多,根据不同的分类标准可以得到不同的分类结果。根据对图像作用域的不同,数字图像处理方法大致可分为两大类,即空域处理方法和变换域处理方法。

1) 空域处理法

空域处理方法是指在空间域直接对数字图像进行处理。在处理时,既可以直接对图像各像素点进行灰度上的变换处理,也可以对图像进行小区域模板的空域滤波等处理,以充分考虑像素邻域像素对其的影响。一般来说,空间域处理算法的结构并不算太复杂,处理速度还是比较快的。这种方法是把图像看作是平面中各个像素组成的集合,然后直接对这一二维函数进行相应的处理。空域处理法主要有以下两大类:

(1) 邻域处理法——对图像像素的某一邻域进行处理的方法。例如将在后面章节介绍的均值滤波法、梯度运算、拉普拉斯算子运算、平滑算子运算和卷积运算。

(2) 点处理法——对图像像素逐一处理的方法。例如,利用像素累积计算某一区域面积或某一边界的周长等。

2) 变换域处理法

数字图像处理的变换域处理方法首先是通过傅里叶变换、离散余弦变换、沃尔什变换或比较新的小波变换等变换算法,将图像从空间域变换到相应的变换域,得到变换域系数阵列,然后在变换域中对图像进行处理,处理完成后再将图像从变换域反变换到空间域,得到处理结果。由于变换域的作用空间比较特殊,不同于以往的空域处理方法,因此可以实现许多在空间域中无法完成或者很难实现的处理,广泛用于滤波、编码压缩等方面。由于各种变换算法在把图像从空间域向变换域进行变换以及反变换中的计算量相当大,所以目前虽然也有许多快速算法,但变换域处理算法的运算速度仍受变换和反变换处理速度的制约而很难提高。这类处理包括滤波、数据压缩及特征提取等。

2.2 图像的表示法

图像的表示方法是对图像处理算法描述和利用计算机处理图像的基础。一个二维图像,在计算机中通常为一个二维数组 $f(x,y)$,或者是一个 $M\times N$ 的二维矩阵(其中,M 为图像的行数,N 为图像的列数):

$$\boldsymbol{F}=\begin{bmatrix} f(1,1) & \cdots & f(1,N) \\ \vdots & \ddots & \vdots \\ f(M,1) & \cdots & f(M,N) \end{bmatrix}$$

本节主要介绍 5 种图像的表示方法,分别是二进制图像、索引图像、灰度图像、RGB 图像和多帧图像。

1. 二进制图像

二进制图像也称为二值图像，通常用一个二维数组来描述，1 位表示一个像素，组成图像的像素值非 0 即 1，没有中间值，通常 0 表示黑色，1 表示白色。二进制图像一般用来描述文字或者图形，其优点是占用空间少，缺点是当表示人物或风景图像时只能描述轮廓。

在 MATLAB 中，二进制图像用一个由 0 和 1 组成的二维逻辑矩阵表示。0 和 1 分别对应于黑和白，以这种方式来操作图像可以更容易识别出图像的结构特征。二进制图像操作只返回与二进制图像的形式或者结构有关的信息，如果希望对其他类型的图像进行同样的操作，则首先要将其转换为二进制的图像格式，可以通过调用 MATLAB 提供的 im2bw 函数来实现。二进制图像经常使用位图格式存储。

2. 灰度图像

灰度图像也称为单色图像，通常也由一个二维数组表示一幅图像，一个像素大小为 8 位，0 表示黑色，255 表示白色，1～254 表示不同的深浅灰色，将一幅灰度图像放大到 4×4 大小像素。通常灰度图像显示了黑色与白色之间许多级的颜色深度，比人眼所能识别的颜色深度范围要宽得多。

在 MATLAB 中，灰度图像可以用不同的数据类型来表示，如 8 位无符号整数(uint8)、16 位无符号整数(uint16)或双精度(double)类型。无符号整型表示的灰度图像，每个像素在[0,255]或[0,65 535]范围内取值；双精度类型表示的灰度图像，每个像素在[0.0,1.0]范围内取值。

3. RGB 图像

RGB 图像也称为真彩色，是一种彩色图像的表示方法，利用 3 个大小相同的二维数组表示一个像素，3 个数组分别代表 R、G、B 这 3 个分量，R 表示红色，G 表示绿色，B 表示蓝色，通过 3 种基本颜色可以合成任意颜色。每个像素的每种颜色分量占 8 位，每一位由[0,255]中的任意数值表示，那么一个像素由 24 位表示，允许的最大值为 2^{24}(即 1 677 216，通常记为 16Mb)。

在 MATLAB 中，RGB 图像存储为一个 M×N×3 的多维数据矩阵，其中元素可以为 8 位无符号数、16 位无符号数和双精度型。RGB 图像不使用调色板，每一个像素的颜色直接由存储在相应位置的红、绿、蓝颜色分量的组合来确定。

4. 索引图像

索引图像是一种把像素值直接作为 RGB 调色板下标的图像。在 MATLAB 中，索引图像包含一个数据矩阵 X 和一个颜色映射(调色板)矩阵 map。数据矩阵可以是 8 位无符号整型、16 位无符号整型或双精度类型。颜色映射矩阵 map 是一个 m×3 的数据阵列，其中每个元素的值均为[0,1]之间的双精度浮点型数据，map 矩阵中的每一行分别表示红色、绿色和蓝色的颜色值。索引图像可把像素的值直接映射为调色板数值，每个像素的颜色通过使用 X 的像素值作为 map 的下标来获得，如值 1 指向 map 的第一行，值 2 指向第 2 行，依次类推。调色板通常与索引图像存储在一起，装载图像时，调色板将和图像一同自动装载。

5. 多帧图像

多帧图像是一种包含多幅图像或帧的图像文件，又称为多页图像或图像序列，主要用于需要对时间或场景相关的图像集合进行操作的场合。例如，计算机X线断层扫描图像或电影帧等。

在MATLAB中，用一个四维数组表示多帧图像，其中第四维用来指定帧的序号。图像处理工具箱支持在同一个数据中存储多幅图像，每一幅图像称为一帧。如果一个数组中包含多帧，那么这些图像的第四维是相互关联的。在一个多帧图像数组中，每一帧图像的大小和颜色分量必须相同，并且这些图像所使用的调色板也必须相同。

2.3 图像的数据结构

数字图像处理中常用的数据结构有矩阵、链码、拓扑结构和关系结构。图像的数据结构用于目标表示和描述。

2.3.1 矩阵

矩阵用于描述图像，可以表示黑白图像、灰度图像和彩色图像。矩阵中的一个元素表示图像的一个像素。矩阵描述黑白图像时，矩阵中的元素取值只有0和1两个值，因此黑白图像又叫二值图像或二进制图像。矩阵描述灰度图像时，矩阵中的元素由一个量化的灰度级描述，灰度级通常为8位，即0～255之间的整数，其中0表示黑色，255表示白色。现实中的图像都可以表示成灰度图像，根据图像精度的要求可以扩展灰度级，由8位扩展为10位、12位、16位或更高。位数越高的灰度值所描述的图像越细腻，对存储空间的要求也越大。黑白图像和灰度图像的矩阵描述如图2-2所示。

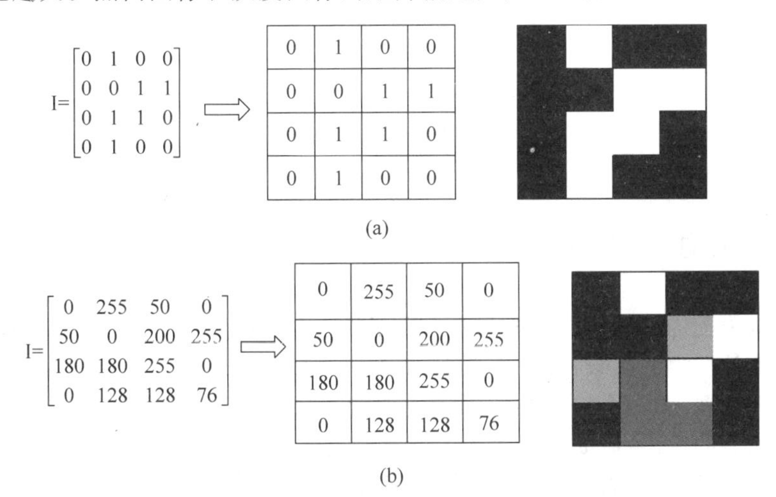

图2-2 黑白图像和灰度图像的矩阵描述

(a) 黑白图像的矩阵描述；(b) 灰度图像的矩阵描述

RGB 彩色图像是由三原色红、绿、蓝组成的，RGB 图像的每个像素都由不同灰度级的红、绿、蓝描述，每种单色的灰度描述与灰度图像的描述方式相同，如图 2-3 所示。

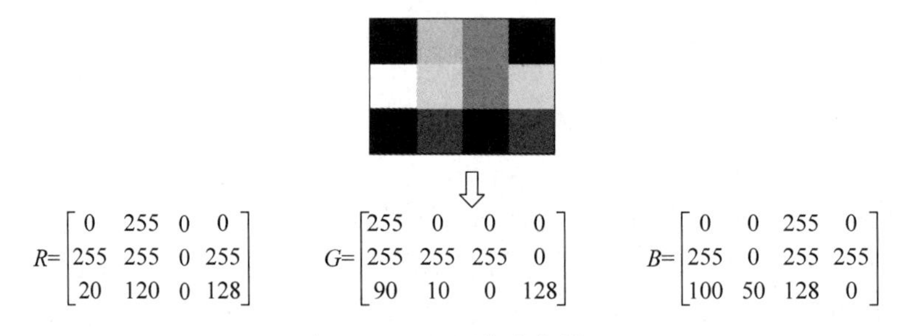

图 2-3　RGB 图像彩色描述

2.3.2　链码

链码用于描述目标图像的边界，通过规定链的起始坐标和链起始点坐标的斜率，用一小段线段来表示图像中的链码。链码按照标准方向的斜率分为 4 向链码或 8 向链码，如图 2-4 所示。因为链码表示图像边界时，只需标记起点坐标，其余点用线段的方向数代表方向即可，这种表示方法节省了大量的存储空间。

边界链码的表示与起始点的选取直接相关，起始点不同，链码的表示也不相同。为了实现链码与起始点无关，需要将链码归一化。简单的归一化方法将链码看成一个自然数，取不同的起始点，得到不同的链码。比较这些自然数表示的链码找到其中最小的自然数，最小的自然数所表示的链码就是归一化的结果。

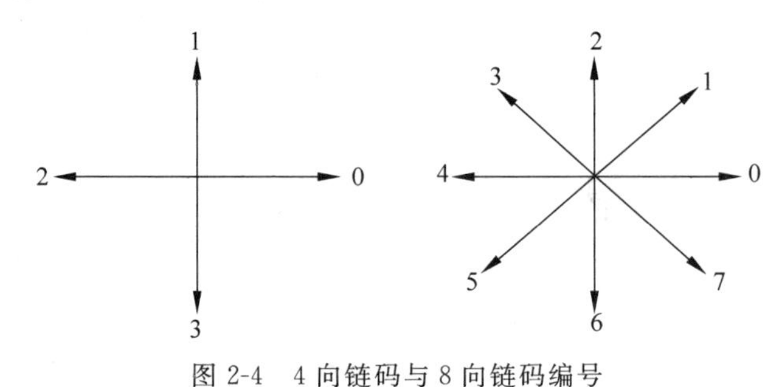

图 2-4　4 向链码与 8 向链码编号

2.3.3　拓扑结构

拓扑结构用于描述图像的基本结构，通常在形态学的图像处理或是二值图像中，用于描述目标事件发生的次数，在一个目标事件中有多少个孔洞、多少连通区域等。在图像中定义相邻的概念，一个像素与它周围的像素组成一个领域，如图 2-5 所示，像素点 p 周围有 8 个相邻的像素点，如果只考虑上下左右的 4 个像素点则称为 4-邻域；如果只考虑对角上的 4 个像素点则称为对角邻域，4-邻域和对角邻域都考虑则称为 8-邻域。

在图像中，目标事件上的两个像素点可以用一个像素序列连通。如图 2-6 所示，连接像素 p 和 q 的都是 4-邻域像素点，则 p 和 q 称为 4-连通；如果连接 p 和 q 都是 8-邻域像

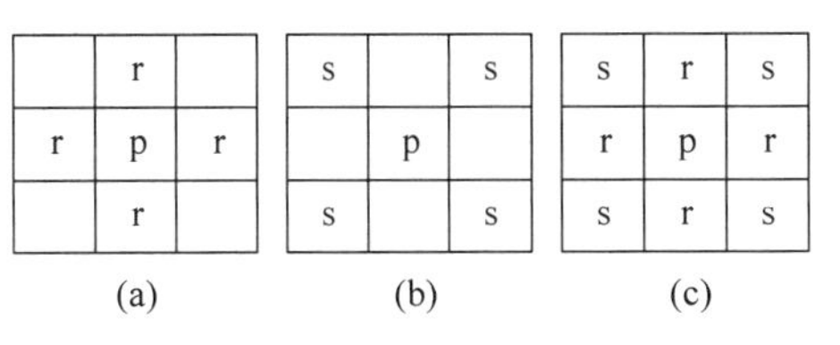

图 2-5 像素的邻域

(a) 4-邻域；(b) 对角邻域；(c) 8-邻域

素点，则 p 和 q 称为 8-连通。如果一个像素集合中的所有像素都是 4-连通，则这个集合称为 4-组元；如果一个像素集合中的所有像素都是 8-连通，则这个集合称为 8-组元。

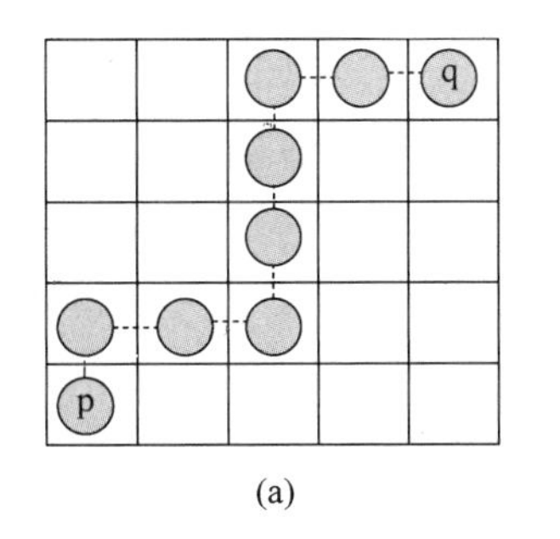

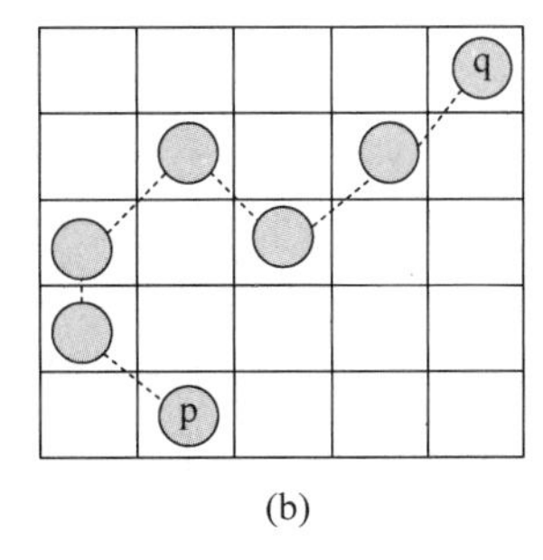

图 2-6 像素的连通

(a) 4-连通；(b) 8-连通

2.3.4 关系结构

关系结体用于描述一组目标物体之间的相互关系，常用的描述方法为串描述和树描述。串描述是一种一维结构，当用串描述图像时，需要建立一种合适的映射关系，将二维图像降为一维形式。串描述适用于那些图像元素用来从头到尾连接或用其他连续形式连接。链码表示就是基于串描述思想。

另一种关系描述是树描述，树描述是一种能够对不连接区域进行很好的描述的方法，如图 2-7 所示。树是一个或一个以上节点的有限集合。其中，有一个唯一指定的节点为根，其余节点划分为多个互不连接的集合，这些集合称为子树，树的末梢节点称为叶子。在树图中有两类重要信息，一类是关于节点的信息，另一类是节点与其相邻节点的关系信息。第一类信息表示目标物体的结构，第二类信息表示一个目标物体和另一个目标物体的关系。

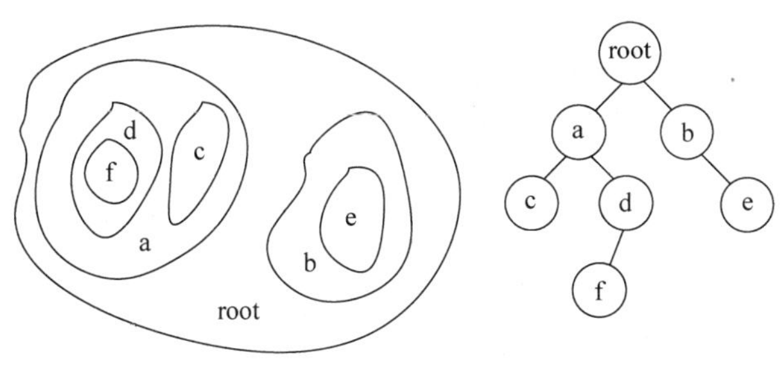

图 2-7 用树描述表示目标图像关系

2.4 图像的统计特征

图像反映了自然界中某一物体或对象的电磁波辐射能量分布情况，由于成像系统具有一定的复杂性以及成像过程具有随机性，图像信号 $f(x,y)$ 表现出随机变量的特性，因而图像信息具有随机信号的性质并且具有统计性质。因此，统计分析是数字图像处理分析的基本方法之一。

2.4.1 图像的基本统计分析量

设 $f(i,j)$ 表示大小为 $M\times N$ 的数字图像，则该图像的基本统计量如下。

1. 图像的信息量

一幅图像如果共有 k 种灰度值，并且各灰度值出现的概率分别为 $p_1, p_2, \cdots, p_k$，根据香农定理，图像的信息量可采用如下公式计算：

$$H = -\sum_{i=1}^{k} p_i \log_2 p_i$$

H 称为熵，当图像中各灰度值出现的概率彼此相等时，图像的熵最大。信息量表示一幅图像所含信息的多少，常用于对不同图像处理方法进行比较。例如，对于一幅采用 8 比特表示的数字图像，其信息量如下：

$$H = -\sum_{i=0}^{255} p_i \log_2 p_i$$

2. 图像灰度平均值

灰度平均值是指一幅图像中所有像元灰度值的算术平均值。根据算术平均的意义，计算公式如下：

$$\bar{f} = \frac{\sum_{i=0}^{M-1}\sum_{j=0}^{N-1} f(i,j)}{MN}$$

图像灰度平均值反映了图像中物体不同部分的平均反射强度。

3. 图像灰度众数

顾名思义，图像灰度众数是指图像中出现次数最大的灰度值。其物理意义是指一幅图像中面积占优的物体的灰度值信息。

4. 图像灰度中值

图像灰度中值是指数字图像全部灰度级中处于中间的值，当灰度级数为偶数时，则取中间的两个灰度值的平均值。例如，若某一图像全部灰度级如下：

188,176,171,166,160

则灰度中值为 171。

5. 图像灰度方差

灰度方差反映各像元灰度值与图像平均灰度值的离散程度，计算公式如下：

$$S = \frac{\sum_{i=0}^{M-1}\sum_{j=0}^{N-1}[f(i,j)-\bar{f}]^2}{MN}$$

与熵类似，图像灰度方差同样是衡量图像信息量大小的主要度量指标，是图像统计特性中最重要的统计量之一，方差越大，图像的信息量越大。

6. 图像灰度值域

图像的灰度值域是指图像最大灰度值和最小灰度值之差，计算公式如下：

$$f_{\text{range}}(i,j) = f_{\max}(i,j) - f_{\min}(i,j)$$

2.4.2 数字图像的直方图

直方图是统计应用中经常使用的一种工具，其主要特点是直观、方便、可视性好。因此，数字图像处理中也常常应用灰度直方图表示图像的有关特征信息。灰度直方图是指图像中所有灰度值出现的次数或频率。对于数字图像来说，实际上就是图像的灰度值的概率密度函数的离散化图形。详细内容将在后面进行介绍。

2.4.3 多维图像的统计特性

数字图像处理中，一幅 RGB 图像包含了 3 个波段的灰度图像，而一幅遥感图像则可包含多达 7 个波段的灰度图像。对于多波段图像处理，不仅要考虑单个波段图像的统计特性，还应考虑波段间存在的关联特征。图像波段之间的关联特性不仅是图像分析的重要参数，而且也是图像彩色合成方案的主要依据之一。

1. 协方差

设 $f(i,j)$和 $g(i,j)$表示大小为 $M\times N$ 的两幅图像，则两者之间的协方差计算公式为

$$S_{gf}^2 = S_{fg}^2 = \frac{1}{MN}\sum_{i=0}^{M-1}\sum_{j=0}^{N-1}[f(i,j)-\bar{f}][g(i,j)-\bar{g}]$$

式中，$\bar{f}$和$\bar{g}$分别表示 $f(i,j)$和 $g(i,j)$的均值。N 个波段相互间的协方差矩阵用 $\sum$ 表示，其定义形式如下：

$$\sum = \begin{bmatrix} S_{11}^2 & S_{12}^2 & \cdots & S_{1N}^2 \\ S_{21}^2 & S_{22}^2 & \cdots & S_{2N}^2 \\ \vdots & \vdots & \ddots & \vdots \\ S_{N1}^2 & S_{N2}^2 & \cdots & S_{NN}^2 \end{bmatrix}$$

2. 相关系数

根据概率论与数理统计学知识,数字图像处理技术中的相关系数反映了两个不同波段图像所含信息的重叠程度,它是表示图像不同波段间相关程度的统计量。如果两个波段间的相关系数较大,则表明两个波段具有较高的相关性。一个波段与其本身的相关系数为1,表明相关程度达到最大值。当相关系数非常大时,仅选择其中的一个波段就可以表示两个波段的信息。相关系数的计算公式如下:

$$r_{fg} = \frac{S_{fg}^2}{S_{ff}S_{gg}}$$

式中:S_{ff}、S_{gg}分别表示图像$f(i,j)$、$g(i,j)$的标准差;S_{fg}^2为图像$f(i,j)$、$g(i,j)$的协方差。N个波段的相关系数矩阵(简称为相关矩阵)$\boldsymbol{R}$定义如下:

$$\boldsymbol{R} = \begin{bmatrix} 1 & r_{12} & r_{13} & \cdots & r_{1N} \\ r_{21} & 1 & r_{23} & \cdots & r_{2N} \\ \vdots & \vdots & \vdots & \ddots & \vdots \\ r_{N1} & r_{N2} & r_{N3} & \cdots & 1 \end{bmatrix}$$

2.5 图像类型的转换

许多图像处理工作都对图像类型有特定的要求。比如要对一幅索引图像滤波,首先要把它转换成真彩色图像,直接滤波的结果是毫无意义的。

在MATLAB中,各种图像类型间的转换关系如图2-8所示。

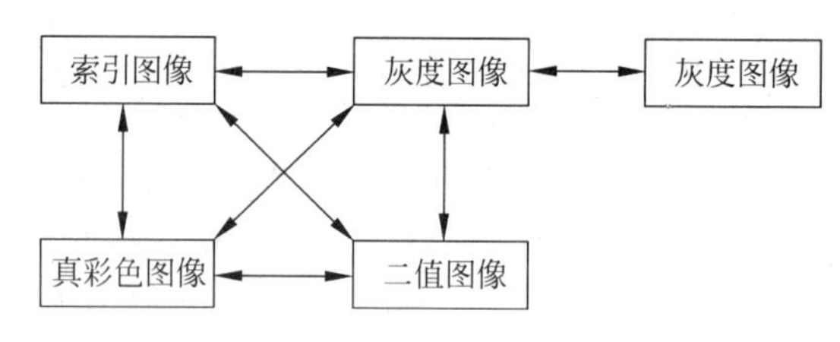

图2-8 图像类型转换

同时,MATLAB也提供了相关函数用于实现图像类型的转换,如表2-1所示。

表2-1 图像相互转换函数

转换类型	转换函数	用处
真彩色→索引图像	X=dither(RGB,map)	节省存储空间,假彩色
索引图像→真彩图像	RGB=ind2rgb(X,map)	便于图像处理
真彩图像→灰度图像	I=rgb2gray(RGB)	得到亮度分布
真彩图像→二值图像	BW=im2bw(RGB,level)	阈值处理,筛选
索引图像→灰度图像	I=ind2gray(X,map) Newmap=rgb2gray(map)	得到亮度分布
灰度图像→索引图像	[X,map]=gray2ind(I,n) X=grayslice(I,n) X=grayslice(I,v)	伪彩色处理

续表

转换类型	转换函数	用处
灰度图像→二值图像	BW=dither(I) BW=im2bw(I,level)	阈值处理,筛选
索引图像→二值图像	BW=im2bw(X,map,level)	阈值处理,筛选
数据矩阵→灰度图像	I=mat2gray(A,[max,min]) I=mat2gray(A)	产生图像

各函数的用法大致相同,下面通过一个实例来演示它们的用法。

【例 2-1】 将真彩色图像转换为其他类型图像。

```
>> clear all;                          % 清除 MATLAB 工作空间中的变量
 % 真彩图像转换为索引图像
RGB = imread('ngc6543a.jpg');          % ngc6543a.jpg 为 MATLAB 内置的图像
map = jet(256);
X = dither(RGB,map);
subplot(2,2,1);subimage(RGB);
title('真彩图');
subplot(2,2,2);subimage(X,map);
title('索引图')
 % 真彩图像转换为灰度图像
I = rgb2gray(RGB);
subplot(2,2,3);subimage(I);
title('灰度图')
 % 真彩色转换为二值图像
BW = im2bw(RGB,0.5);
subplot(2,2,4);subimage(BW);
title('二值图')
```

运行程序,效果如图 2-9 所示。

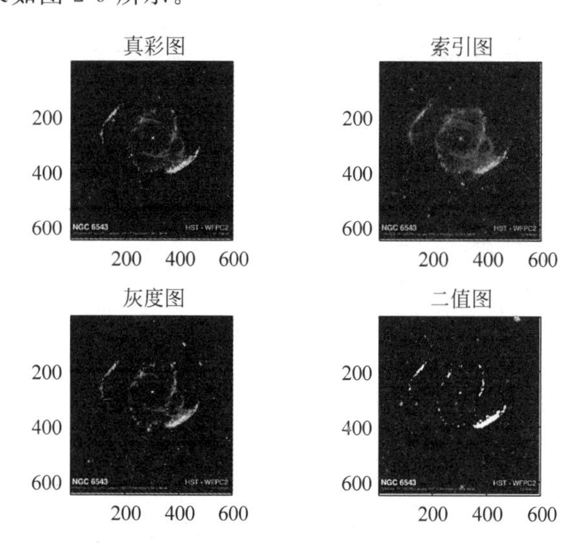

图 2-9 真彩色图像转换为其他类型图像

【例 2-2】 将索引图像转换为灰度图像。

```
>> clear all;                                   %清除MATLAB工作空间中的变量
I = imread('rice.png');
[X1,map1] = gray2ind(I,16);
X2 = grayslice(I,8);
X3 = grayslice(I,255 * [0 0.21 0.23 0.26 0.30 0.35 0.6 1.0]');
subplot(2,2,1);subimage(I);
title('灰度图')
subplot(2,2,2);subimage(X1,map1);
title('16 灰度级图')
subplot(2,2,3);subimage(X2,hot(8));
title('均匀量化图')
subplot(2,2,4);subimage(X3,jet(8));
title('非均匀量化图')
```

运行程序,效果如图 2-10 所示。

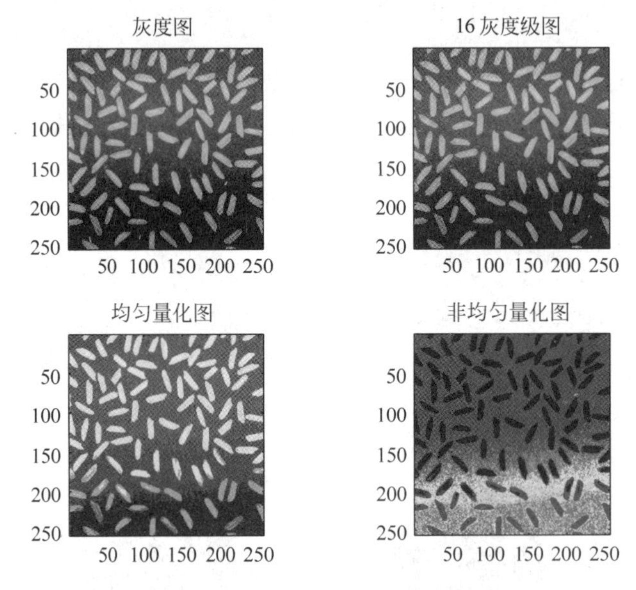

图 2-10 索引图像转换为灰度图像

2.6 彩色模型的转换

在 MATLAB 图像处理工具箱中,总是直接或间接地使用 RGB 数据表示颜色。除了 RGB 颜色模型之外,还有一些其他的颜色模型。这些颜色模型又可称为颜色空间或者色度空间。

2.6.1 颜色模型

在 MATLAB 中,颜色模型有 RGB 模型、HSV 模型、HSI 模型、NTSC 模型、YCbCr 模型。

1. RGB模型

RGB(Red,Green,Blue)颜色空间最常用于显示器系统。彩色阴极射线管、彩色光栅图形的显示器都使用R、G、B数值来驱动R、G、B电子枪发射电子,分别激发荧光屏上的R、G、B三种颜色萤火粉发出不同亮度的光线,并通过相加混合产生各种颜色。扫描仪也通过吸收原稿经反射或透射而发送来的光线中的R、G、B成分,用它来表示原始的颜色。RGB色彩空间称为与设备相关的颜色空间,因为不同的扫描仪扫描同一幅图像会得到不同的图像数据,不同型号的显示器显示同一幅图像也会有不同的色彩显示结果。显示器和扫描仪使用的RGB空间与GIE 1931 RGB真实三原色表色系统空间是不同的,后者是与设备无关的颜色空间。

RGB颜色空间是最常见的色度空间,在计算机图形学、数字图像处理中广泛应用。

2. HSV模型

HSV(Hue,Saturation,Value)颜色空间的模型对应于圆柱坐标系中的一个圆锥形子集,圆锥的顶面对应于V=1。它包含RGB模型中的R=1,G=1,B=1三个面,所代表的颜色较亮。色彩H由绕V轴的旋转角给定。红色对应于角度0°,绿色对应于角度120°,蓝色对应于角度240°。在HSV颜色模型中,每一种颜色和它的补色相差180°。饱和度S取值为0~1,所以圆锥顶面的半径为1。HSV颜色模型所代表的颜色域为CIE色图的一个子集,这个模型中饱和度为百分之百的颜色,其纯度一般小于百分之百。在圆锥的顶点(原点)处,V=0,H和S无定义,代表黑色。圆锥的顶面中心处S=0,V=1,H无定义,代表白色。从该点到原点代表亮度渐暗的灰色,即具有不同灰度的灰色。对于这些点,S=0,H的值无定义。可以说,HSV模型中的V轴对应于RGB颜色空间中的主对角线。在圆锥顶面的圆周上的颜色,V=1,S=1,这种颜色是纯色。

3. HSI颜色空间

HSI(Hue,Saturation,Intensity)颜色空间从人的视觉系统出发,用色调、色饱和度和亮度来描述色彩。HSI颜色空间可以用一个圆锥空间模型来描述。这种描述HSI颜色空间的圆锥模型相当复杂,但确定能把色调、亮度和饱和度的变化情形表现得很清楚。

通常把色调和饱和度统称为色度,用来表示颜色的类别与深浅程度。由于人的视觉对亮度的敏感程度远强于对颜色浓淡的敏感程度,为了便于色彩处理和识别,人的视觉系统经常采用HSI颜色空间,它比RGB颜色空间更符合人的视觉特性。在图像处理和计算机视觉中,大量算法都可在HSI颜色空间中方便地使用,它们可以分开处理而且是相互独立的。因此,使用HSI颜色空间可以大大简化图像分析和处理的工作量。

4. YCbCr模型

YCbCr模型是数字视频常用的色彩模型。在模型中,亮度信息单独存储在Y中,色度信息存储在Cb和Cr中。Cb表示绿色分量相对应的参考值;Cr表示红色分量相对应的参考值。YCbCr模型数据可以是双精度类型,也可以是uint8类型。对于uint8类型图像,Y值的范围是[16,235],Cb和Cr的范围为[16,240]。YCbCr模型为uint8类型范围的高端和低端保存的附加信息，这些信息包括视频流。

5. NTSC 模型

NTSC 模型应用于彩色电视广播。它使用的是 YIQ 色彩坐标系。其中 Y 为亮度(luminance)、I 为色调(hue)、Q 为饱和度(saturation)。YIQ 其实是 RGB 的编码。在 YIQ 系统中 Y 分量提供了黑白电视机要求的所有影像信息。RGB 到 YIQ 的变换定义为

$$\begin{bmatrix} Y \\ I \\ Q \end{bmatrix} = \begin{bmatrix} 0.299 & 0.587 & 0.114 \\ 0.596 & -0.275 & -0.321 \\ 0.212 & -0.523 & -0.311 \end{bmatrix} \begin{bmatrix} R \\ G \\ B \end{bmatrix}$$

YIQ 系统成为普通标准，它的主要优点是去掉了亮度(Y)和颜色信息(I 和 Q)间的紧密联系。

值得注意的是，色度空间只是同一物理量的不同表示法，因而它们之间存在着转换关系。MATLAB 提供了绝大多数这样的转换函数。在应用时，需要根据具体的应用灵活选择色度空间。

2.6.2 MATLAB 中颜色模型转换

颜色模型就是建立的一个三维坐标系统，表示一个彩色空间。采用不同的基本量来表示颜色，就得到不同的颜色模型(彩色空间)，不同的颜色模型都能表示同一种颜色，因此它们之间是可以相互转换的。

1. RGB 空间与 HSV 空间转换

归一化的 RGB 模型中，R、G、B 这 3 个分量值在[0,1]之间，对应的 HSV 模型中的 H、S、V 分量可以由 R、G、B 表示为

$$V = \frac{1}{3}(R+G+B)$$

$$S = 1 - \frac{3}{R+G+B}[\min(R,G,B)]$$

$$H = \arccos\left\{\frac{\frac{[(R-G)+(R-B)]}{2}}{[(R-G)^2+(R-B)(R-G)^{\frac{1}{2}}]}\right\}\Bigg/360$$

MATLAB 中的 rgb2hsv 函数将 RGB 模型转换为 HSV 模型，函数的调用格式为：

(1) cmap = rgb2hsv(M)，将 RGB 色图 M 转换为 HSV 色图 cmap。色图都是 m×3 数组，色图每个元素值的范围为[0,0.1]。

(2) hsv_image = rgb2hsv(rgb_image)，把 RGB 图像转换成 HSV 图像。参数 rgb_image 和 hsv_image 都为 m×n×3 的数组。

【例 2-3】 拆分一个 HSV 图像的图像阵列。

```
>> clear all;
```

```
RGB = reshape(ones(64,1) * reshape(jet(64),1,192),[64,64,3]); % 调整颜色条尺寸为正方形
HSV = rgb2hsv(RGB); % 将 RGB 图像转换为 HSV 图像
H = HSV(:,:,1);                                % 提取 H 矩阵
S = HSV(:,:,2);                                % 提取 S 矩阵
V = HSV(:,:,3);                                % % 提取 V 矩阵
subplot(2,2,1);imshow(RGB);
title('RGB 图像');
subplot(2,2,2);imshow(H);
title('H 图像');
subplot(2,2,3);imshow(S);
title('S 图像');
subplot(2,2,4);imshow(V);
title('V 图像');
```

运行程序,效果如图 2-11 所示。

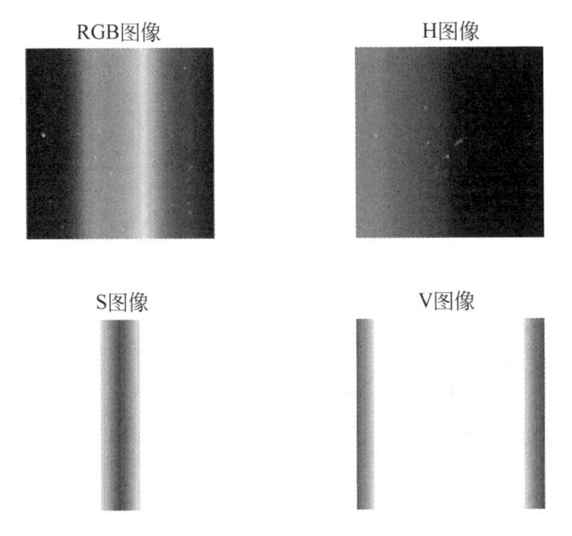

图 2-11　HSV 图像 H、S、V 分离图

MATLAB 中,提供了 hsv2rgb 函数将 HSV 模型转换为 RGB 模型。函数的调用格式为:

(1) M = hsv2rgb(H),把 HSV 色图转换成 RGB 色图。H 为一个 m×3 数组,其中 m 为色图的色彩数。H 的列分别描述了色调、饱和度和亮度。M 也为一个 m×3 的数组,它的列分别描述了红、绿和蓝。

(2) rgb_image = hsv2rgb(hsv_image),对应把 HSV 图像转换为 RGB 图像。hsv_image 为 m×n×3 的数组,包含色调、饱和度和亮度。返回值 rgb_image 为对应红、绿和蓝的 RGB 图像。

2. RGB 空间与 YCbCr 空间转换

RGB 与 YCbCr 的转换关系为:

$$
\begin{aligned}
Y &= 0.299R + 0.587G + 0.114B \\
Cr &= 0.713(R - Y) + 128 \\
Cb &= 0.564(B - Y) + 128
\end{aligned}
$$

MATLAB 中的 rgb2ycbcr 函数将 RGB 模型转换为 YCbCr 模型。函数的调用格式为：

(1) ycbcrmap = rgb2ycbcr(map)，把 RGB 色图 map 转换成 YCbCr 色图。map 与 ycbcrmap 都是 m×3 的数组。

(2) YCBCR = rgb2ycbcr(RGB)，将真彩色图像 RGB 转换为 YCbCr 图像。

【例 2-4】 将 RGB 模型图像转换为 YCbCr 模型图像。

```
>> clear all;
RGB = imread('board.tif');
subplot(1,3,1);imshow(RGB);
title ('真彩色图像')
YCBCR = rgb2ycbcr(RGB);
subplot(1,3,2);imshow(YCBCR);
title('YCbCr 图像')
map = jet(256);
newmap = rgb2ycbcr(map);
subplot(1,3,3);imshow(newmap);
title ('YCbCr 色图')
```

运行程序，效果如图 2-12 所示。

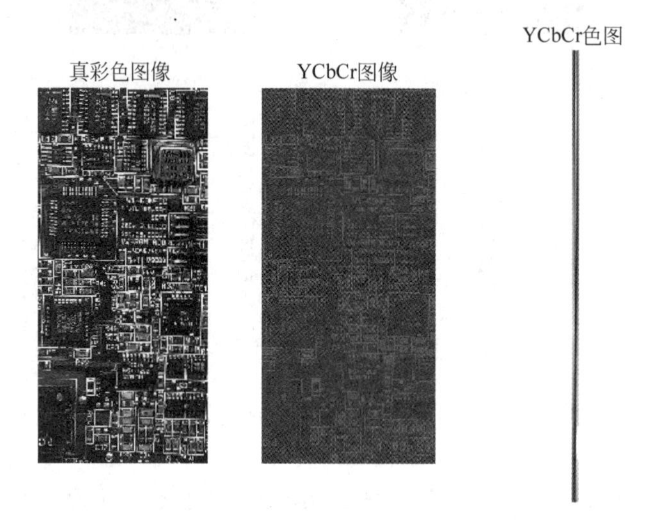

图 2-12　RGB 模型图像转换为 YCbCr 模型图像

MATLAB 中，提供了 ycbcr2rgb 函数将 YCbCr 模型转换为 RGB 模型。函数的调用格式为：

(1) rgbmap = ycbcr2rgb(ycbcrmap)，将 RGB 空间颜色映射到 YCbCr 空间中。ycbcrmap 为一个 m×3 的矩阵，矩阵的列分别表示亮度 Y 和两种色度差 Cb、Cr。rgbmap 也为一个 m×3 的矩阵，矩阵的列表示 R、G、B 的强度值。

(2) RGB = ycbcr2rgb(Ycbcr)，将 YCbCr 空间图像转换成对应的 RGB 空间图像。

如果输入图像为 YCbCr 模型，则数据类型可以是 8 位无符号数、16 位无符号数或双精度浮点数，那么输出与输入数据类型相同。如果输入是一个空间颜色映射，那么只能是双精度浮点数，输出也为双精度浮点数。

【例 2-5】 将 YCbCr 图像转换为真彩色图像。

```
>> clear all;
rgb = imread('board.tif');
subplot(1,3,1);imshow(rgb);
title ('原始 RGB 图像')
ycbcr = rgb2ycbcr(rgb);
subplot(1,3,2);imshow(ycbcr)
title ('YCbCr 图像')
rgb2 = ycbcr2rgb(ycbcr);
subplot(1,3,3);imshow(ycbcr)
title ('转换后 RGB 图像')
```

运行程序,效果如图 2-13 所示。

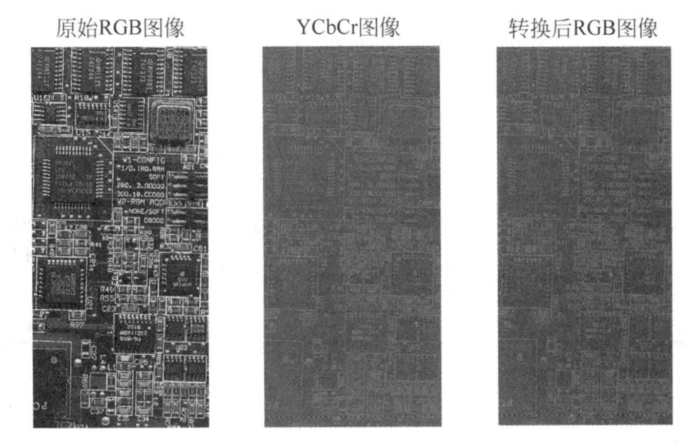

图 2-13 YCbCr 图像转换为真彩色图像

3. RGB 空间与 NTSC 空间转换

MATLAB 提供了两个相对应的函数实现该两个空间的相互转换。

1) ntsc2rgb 函数

ntsc2rgb 函数把 NTSC 色彩空间值变换成 RGB 色彩空间值。其调用格式为:

(1) rgbmap = ntsc2rgb(yiqmap),把 yiqmap 的 m×3 的 NTSC 色彩值转换成 RGB 色彩空间。yiqmap 的列分别对应 NTSC 的亮度(Y)和色度(I 和 Q),rgbmap 也是一个列,对应红、绿和蓝的 m×3 的数组。

(2) RGB = ntsc2rgb(YIQ),把 HTSC 模型图像 YIQ 转换为真彩色图像 RGB。ntsc2rgb 应用的计算方法如下:

$$\begin{bmatrix} R \\ G \\ B \end{bmatrix} = \begin{bmatrix} 1.000 & 0.956 & 0.621 \\ 1.000 & -0.272 & -0.647 \\ 1.000 & -1.106 & 1.703 \end{bmatrix} \begin{bmatrix} Y \\ I \\ Q \end{bmatrix}$$

【例 2-6】 将 NTSC 空间转换为 RGB 空间图像。

```
>> clear all;
load trees;
YIQMAP = rgb2ntsc(map);
```

```
map1 = ntsc2rgb(YIQMAP);
YIQMAP = mat2gray(YIQMAP);
Ymap = [YIQMAP(:,1),YIQMAP(:,1),YIQMAP(:,1)];
Imap = [YIQMAP(:,2),YIQMAP(:,2),YIQMAP(:,2)];
Qmap = [YIQMAP(:,3),YIQMAP(:,3),YIQMAP(:,3)];
subplot(2,3,1);subimage(X,map);
title('原始图像')
subplot(2,3,2);subimage(X,YIQMAP);
title('转换图像')
subplot(2,3,3);subimage(X,map1);
title('还原图像')
subplot(2,3,4);subimage(X,Ymap);
title('NTSC的Y分量')
subplot(2,3,5);subimage(X,Imap);
title('NTSC的I分量')
subplot(2,3,6);subimage(X,Qmap);
title('NTSC的Q分量')
```

运行程序,效果如图 2-14 所示。

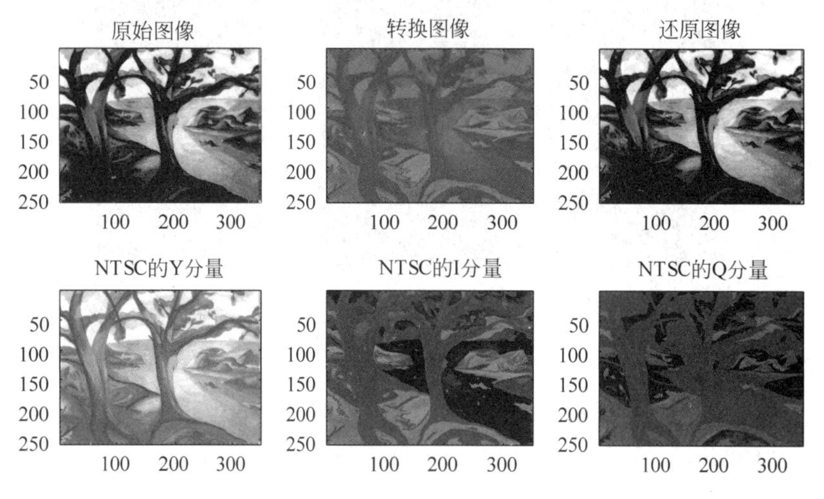

图 2-14　NTSC 空间转换为 RGB 空间

2) rgb2ntsc 函数

rgb2ntsc 函数用于将 RGB 模型转换成 NTSC 模型。其调用格式为:

(1) yiqmap = rgb2ntsc(rgbmap),把 m×3 的 RGB 数组 rgbmap 转换成 NTSC 模型色彩 yiqmap。

(2) YIQ = rgb2ntsc(RGB),把真彩色图像 RGB 转换成 NTSC 图像 YIQ。

【例 2-7】 将 RGB 图像模型转换为 NTSC 图像模型。

```
>> clear all;
RGB = imread('flower.jpg');
YIQ = rgb2ntsc(RGB);
subplot(2,3,1);
subimage(RGB);
title('RGB 图像')
subplot(2,3,3);subimage(mat2gray(YIQ));
```

```
title('NTSC 图像')
subplot(2,3,4);
subimage(mat2gray(YIQ(:,:,1)));
title('Y 分量')
subplot(2,3,5);subimage(mat2gray(YIQ(:,:,2)));
title('I 分量')
subplot(2,3,6);subimage(mat2gray(YIQ(:,:,3)));
title('Q 分量')
```

运行程序,效果如图 2-15 所示。

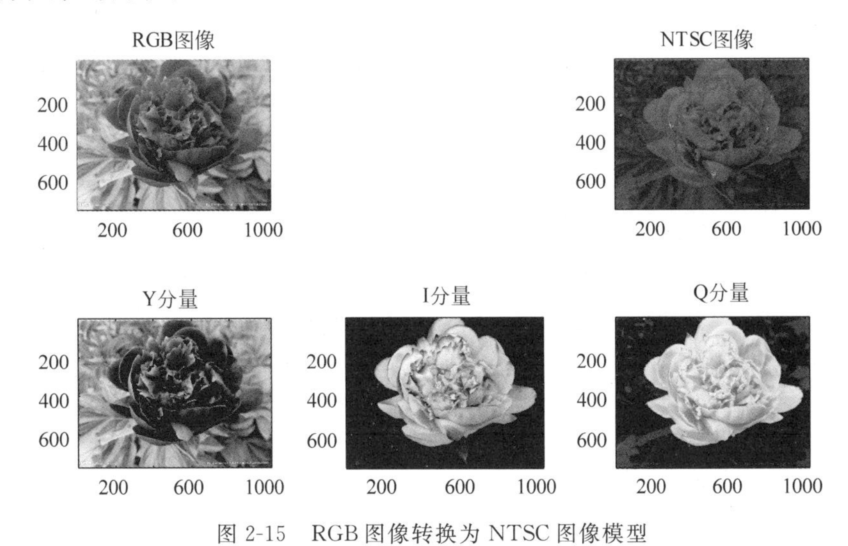

图 2-15　RGB 图像转换为 NTSC 图像模型

第3章 数字图像的运算

图像运算是图像处理中常用的处理方法，它以图像为单位进行操作，运算的结果是一幅新的图像，常常用于图像高级处理（如图像分割、目标的检测和识别等）的前期处理。具体的图像运算包括点运算、代数运算、几何运算以及邻域运算。点运算常用于改变图像的灰度范围及分布，从而改善图像的效果；代数运算常用于医学图像的处理以及图像误差检测；几何运算在图像配准、校正等方面有重要用途；邻域运算主要用在图像滤波和形态学运算方面。

在 MATLAB 中，数字图像数据是以矩阵（离散）形式存放的，矩阵的每一个元素值对应着一个像素点的像素值。这样一来，对图像的运算就相当于对数据矩阵的运算。

3.1 点运算

在图像处理中，点运算是一种简单而又很重要的技术。对于一幅输入图像，如果输出图像的每个像素的灰度值由输入像素来决定，则这样的图像变换称为图像的点运算（point operation），即该点像素灰度的输出值仅是本身灰度的单一函数。点运算的结果由灰度变换函数（gray-scale transformation，GST）确定，即

$$B(x,y) = f[A(x,y)]$$

式中：$A(x,y)$是运算前的图像像素值；$B(x,y)$是点运算后的图像值；f 是对 $A(x,y)$的一种映射函数，即 GST 函数。根据映射方式不同，点运算可分为线性点运算、分段线性点运算、非线性点运算和直方图修正。

3.1.1 线性点运算

在线性点运算中，灰度变换函数在数学上就是线性函数，如图 3-1 所示。

当 $a>1$ 时，输出图像对比度增大；当 $a<1$ 时，输出图像对比度降

低；当 $a=1,b\neq0$ 时，仅使输出图像的灰度值上移或下移，其效果是使整个图像更亮或更暗。线性点运算的典型应用是灰度分布标准化。

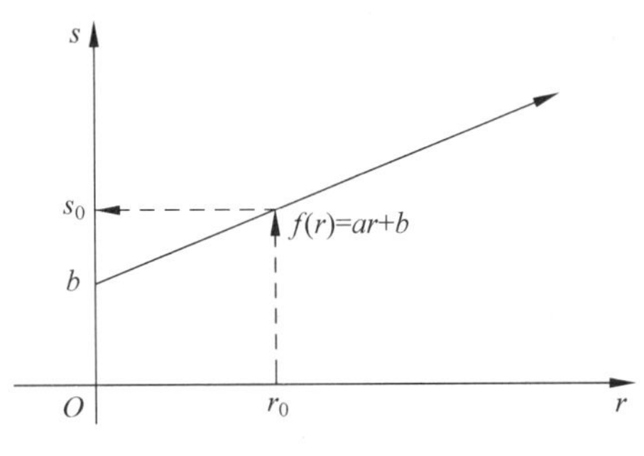

图 3-1 线性函数

给定一灰度图像 $D[W][H]$，其中 W 和 H 为宽度和高度，它的平均灰度和方差按如下计算得到

$$\bar{\mu}=\frac{1}{W-H}\sum_{i=0}^{W-1}\sum_{j=0}^{H-1}D[i][j]$$

$$\sigma^2=\frac{1}{W-H}\sum_{i=0}^{W-1}\sum_{j=0}^{H-1}(D[i][j]-\bar{\mu})^2$$

将像素点变换成具有相同均值和方差的变换函数。

$$\hat{D}[i][j]=\frac{\sigma_0}{\bar{\sigma}}(D[i][j]-\bar{\mu})+\mu_0,\quad 0\leqslant i\leqslant W,0\leqslant j\leqslant H$$

【例 3-1】 对原始 cameraman 图像进行上述线性变换。

```
>> clear all;
a = imread('cameraman.tif');                    % 读入 cameraman 图像
subplot(231);imshow(a);
title('原始图像');
b1 = a + 45;                                    % b1 = a + 45 图像灰度值增加 45
subplot(232);imshow(b1);
title('灰度值增加')
b2 = 1.35 * a;                                  % b = 1.35 * a 图像对比度增大
subplot(233);imshow(b2)
title('对比度增大')
b3 = 0.55 * a;                                  % b = 0.55 * a 图像对比度减少
subplot(234);imshow(b3);
title('对比度减少')
b4 = - double(a) + 255;          % b4 = - 1 * a + 255,图像求补,注意把 a 的类型转换为 double 后
                                 % 再把 double 类型转换为 unit8
subplot(235);imshow(uint8(b4));
title('双精度类型')
```

运行程序，效果如图 3-2 所示。

原始图像

灰度值增加

对比度增大

对比度减少

双精度类型

图 3-2　经过不同的线性点运算效果

3.1.2　分段线性点运算

为了突出图像中感兴趣的目标或灰度区间，可采用分段线性法，将需要的图像细节灰度拉伸，对比度增强。3 段线性变换法运算的数学表达式为

$$g(x,y)=\begin{cases}(c/a)f(x,y) & 0<f(x,y)<a\\ [(d-c)/(b-a)]f(x,y)+c & a\leqslant f(x,y)\leqslant b\\ [(G_{\max}-d)/(F_{\max}-d)][f(x,y)-b+d] & b<f(x,y)\leqslant F_{\max}\end{cases}$$

【例 3-2】　对图像进行分段线性点运算。

```
>> clear all;
R = imread('peppers.png');                     % 读入原图像,赋值给 R
J = rgb2gray(R);                               % 将彩色图像数据 R 转换为灰度图像数据 J
[M,N] = size(J);                               % 将灰度图像数据 J 的行列数 M,N
x = 1; y = 1;                                  % 定义行索引变量 x,列索引变量 y
for x = 1:M
    for y = N
        if(J(x,y)<= 35);                       % 对灰度图像 J 进行分段处理
            H(x,y) = J(x,y) * 10;
        elseif(J(x,y)> 35&J(x,y)<= 75);
            H(x,y) = (10/7) * [J(x,y) - 5] + 55;
        else(J(x,y)> 75);
            H(x,y) = (105/180) * [J(x,y) - 75] + 150;
        end
    end
end
figure;
subplot(1,2,1);imshow(J);
title('原始图像');
subplot(1,2,2);imshow(H);
title('变换后图像');
```

运行程序，效果如图 3-3 所示。

图 3-3　分段线性点运算

3.1.3　非线性变换

当输出图像的像素点灰度值和输入图像的像素点灰度值不满足线性关系时，这种灰度变换都称为非线性灰度变换，基于对数变换的非线性灰度变换，其运算的数学表达式为

$$g(x,y)=a+\frac{\ln[f(x,y)+1]}{b\ln c}$$

其中，a、b、c 是为了调整曲线的位置和形状而引入的参数。图像通过对数变换可扩展低值灰度，压缩高值灰度。

【例 3-3】　对图像进行分段式灰度变换。

```
>> clear all;
R = imread('peppers.png');                %读入图像
G = rgb2gray(R);                          %将图像转换为灰度图像
J = double(G);                            %数据类型转换为双精度
H = (log(J + 1))/10;                      %进行基于常用对数的非线性灰度变换
subplot(121);imshow(G);
title('灰度图像');
subplot(122);imshow(H);
title('非线性变换图像');
```

运行程序，效果如图 3-4 所示。

图 3-4　图像的非线性灰度变换

此外，在 MATLAB 中，提供了 imadjust 函数用于进行图像的灰度调整。函数的调用格式为：

(1) J = imadjust(I)，调整图像 I 的灰度值，增加图像的对比度。

(2) J = imadjust(I,[low_in; high_in],[low_out; high_out])，调整图像 I 的灰度值。[low_in; high_in]为指定原始图像中要变换的灰度范围，[low_out; high_out]为指定变换后的灰度范围。

(3) J = imadjust(I,[low_in; high_in],[low_out; high_out],gamma)，调整图像 I

的灰度值。参数 gamma 为标量，表示校正量。其他参数含义同上。

(4) newmap = imadjust(map,[low_in; high_in],[low_out; high_out],gamma)，调整索引图像的颜色表 map。其他参数含义同上。

(5) RGB2 = imadjust(RGB1,...)，对 RGB 图像 RGB1 的 R、G、B 分量进行调整。

【例 3-4】 利用 imadjust 函数调整图像的灰度与亮度。

```
>> clear all;
I = imread('pout.tif');
subplot(221);imshow(I);                     % 原始图像
title('原始图像');
J = imadjust(I);                            % 调整灰度
subplot(222);imshow(J)
title('原始图像灰度调整')                    % 调整亮度
K = imadjust(I,[0.3 0.7],[]);
subplot(223);imshow(K)
title('图像变亮');
G = imadjust(I,[0.3,0.7],[0,1],4);          % 调整亮度
subplot(224);imshow(G);
title('图像变暗')
```

运行程序，效果如图 3-5 所示。

图 3-5 调整图像的灰度与亮度

通过函数 imadjust 调整灰度图像的灰度范围。灰度图像 pout.tif 的灰度范围为 0～255，将小于 255×0.3 的灰度值设置为默认值，将大于 255×0.7 的灰度值设置为 255。并且将灰度值为 255×0.3～255×0.7 的灰度值调整为 0～255，并且通过 gamma 调整图像的亮度。当 gamma 值大于 1 时，图像变暗，小于 1 时，图像变亮，默认值小 1。

3.1.4 直方图修正

在图像处理中，点运算灰度变换和直方图修正。那么。什么是灰度级的直方图呢？

简单来说，灰度级的直方图就是反映一幅图像中的灰度级与出现这种灰度概率之间关系的图形。修改直方图的方法是增强图像实用而有效的处理方法之一。

1. 直方图

图像的直方图是图像重要统计特征，是表示数字图像中每一灰度级与该灰度级出现的频数(该灰度像素的数目)间的统计关系。用横坐标表示灰度级，纵坐标表示频数，也有用相对频数(即概率)表示的。按照直方图的定义，第 k 级灰度出现的相对频数可表示为

$$P(r_k)=\frac{n_k}{N},\quad k=0,1,2,\cdots,L-1$$

式中：N 为一幅图像的总像素数；n_k 为第 k 级灰度的像素数；r_k 为第 k 个灰度级；L 为灰度级数。

也就是说对每个灰度值，表示在图像中该灰度值的像素数的图形称为灰度值直方图(gray level histogram)，简称直方图。直方图用横轴代表灰度值，纵轴代表像素数(产生概率、对整个画面上的像素数的比率)。

MATLAB 中的 imhist 函数计算和显示图像的直方图。函数的调用格式为：

(1) imhist(I, n)，绘制灰度图像的直方图。

(2) imhist(X, map)，绘制索引色图像的直方图。

(3) [counts, x]=imhist(…)，其中，I 代表灰度图像，n 为指定的灰度级数目，默认值为 256，counts 和 x 分别为返回直方图数据向量和相应的色彩值向量。

【例 3-5】 利用 imhist 函数计算和显示灰度图像的直方图。

```
>> clear all;
I = imread('pout.tif');
subplot(121);imshow(I);
title('原始图像');
subplot(122);imhist(I);
title('灰度直方图');
```

运行程序，效果如图 3-6 所示。

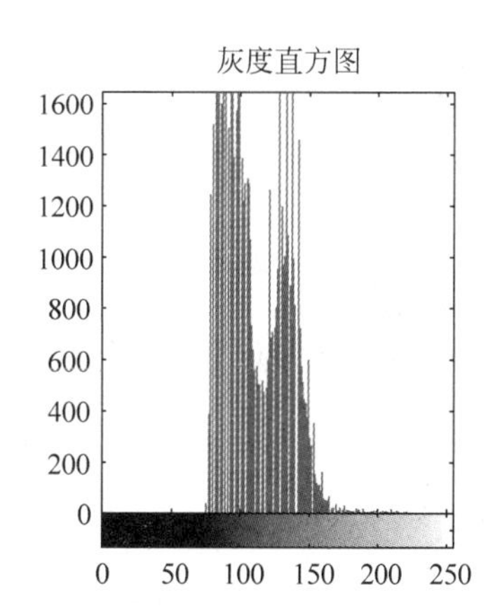

图 3-6 灰度图铃的直方图

2. 直方图均衡化

直方图均衡化是一种利用灰度变换自动调节图像对比度质量的方式，基本思想是通过灰度级的概率密度函数求出灰度变换函数，它是一种以累计分布函数变换法为基础的直方图修正法。变换函数 $T(r)$与原图像概率密度函数 $p_r(r)$之间的关系为

$$s = T(r) = \int_0^r p_r(r)\mathrm{d}r,\quad 0 \leqslant r \leqslant 1$$

式中，$T(r)$要满足 $0 \leqslant T(r) \leqslant 1$。

以上是以连续随机变量为基础的，应用于数字图像处理中的离散形式为

$$s_k = T(r_k) = \sum_{i=0}^{k} \frac{n!}{N} = \sum_{i=0}^{k} p_r(r_j),\quad 0 \leqslant r_j \leqslant 1; k = 0,1,2,\cdots,L-1$$

直方图均衡化处理的步骤为：

(1) 求出给定待处理图的直方图 $p_r(r)$。

(2) 利用累计分布函数对原图像的统计直方图作变换，得到新的图像灰度。

(3) 进行近似处理，将新灰度代替旧灰度，同时将灰度值相等或近似的每个灰度直方图合并在一起，得到 $p_s(s)$。

MATLAB 提供了 histeq 函数进行直方图均衡化处理。函数的调用格式为：

(1) J = histeq(I, n)，直方图均衡化，指定均衡化后的灰度级数 n，n 的默认值为 64。

(2) [J, T] = histeq(I,...)，返回能将图像 I 的直方图转换为图像 J 的直方图的变换矩阵 T。

(3) newmap = histeq(X, map)，先将索引图像 X 的直方图转换为用户指定的向量 hgram，再对转化后的图像进行直方图均衡化。

(4) [newmap, T] = histeq(X,...)，返回能将索引图像 X 的颜色表直方图转换为 newmap 颜色表直方图的变换矩阵 T。

【例 3-6】 利用 histeq 函数对灰度图像进行直方图均衡化。

```
>> clear all;
I = imread('tire.tif');
J = histeq(I);
subplot(221);imshow(I);
title('原始图像');
subplot(222);imshow(J)
title('图像均衡化');
subplot(223); imhist(I,64);
title('原图像的直方图');
subplot(224); imhist(J,64);
title('图像均衡化的直方图');
```

运行程序，效果如图 3-7 所示。

3. 直方图规定化

直方图均衡化所产生的直方图是近似均匀的，但有时为了增强图像中某些灰度级，从而得到具有特定属性的直方图图像，由此产生了直方图规定化处理。直方图规定化是

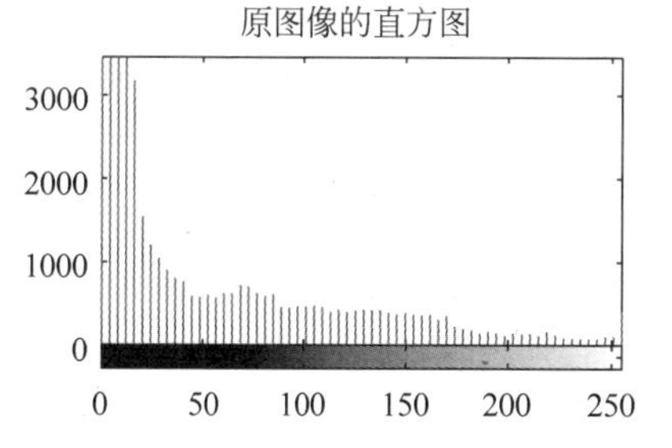

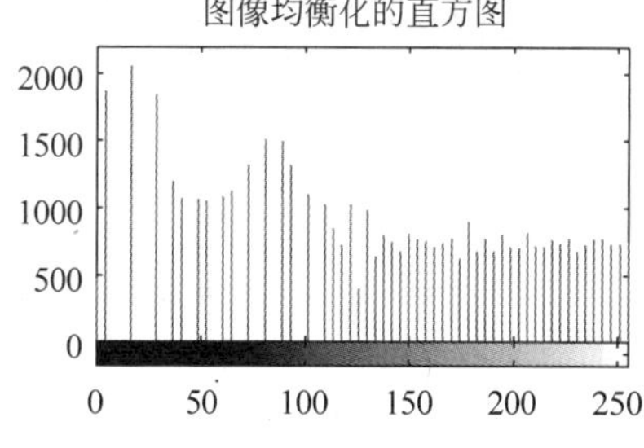

图 3-7 图像均衡化效果

对图像的直方图进行处理，使得处理后的图像直方图的形状逼近用户希望的直方图。通过一个指定的函数或用交互方式产生一个特定的直方图，根据这个直方图确定一个灰度级变换 $T(r)$，使由 T 产生的新图像的直方图符合指定的直方图。基本思路是，设 $\{r_k\}$ 是原图像的灰度，$\{z_k\}$ 是符合指定直方图结果图像的灰度，直方图规定化的目的是找到一个灰度级变换 H，使得 $z=H(r)$。直方图规定化的基本步骤为：

(1) 对 $\{r_k\}$ 和 $\{z_k\}$ 分别做直方图均衡化，$s=T(r)$，$v=G(z)$。

(2) 求 G 变换的逆变换 $z=G^{-1}(v)$。

(3) 因 s 和 v 的直方图都是常量，用 s 替代 v 进行上述逆变换，即 $z=G^{-1}(s)$。

(4) 通过 T 和 G^{-1} 求出符合的变换 H。

(5) 用 H 对图像作灰度级变换。

MATLAB 中提供的 histeq 还可以进行直方图规定化处理。函数的调用格式为：

(1) J = histeq(I, hgram)，I 为输入的原始图像，hgram 为一个整数向量，表示用户希望的直方图形状，该向量的长度与规定的效果有密度关系，向量越短，最后得到的直方图越接近用户希望的直方图。J 为进行直方图规定化后得到的灰度图像。

(2) newmap = histeq(X, map, hgram)，对索引图像 X 进行直方图规定化。参数 map 为列数为 3 的矩阵，表示色图。

【例 3-7】 通过 histeq 对图像进行规定化处理。

```
>> clear all;
I = imread('tire.tif');
hgram = ones(1,256);
J = histeq(I,hgram);                    %直方图规定化
subplot(121);imshow(uint8(I));
title('原始图像');
subplot(122);imhist(J)
```

运行程序，效果如图 3-8 所示。

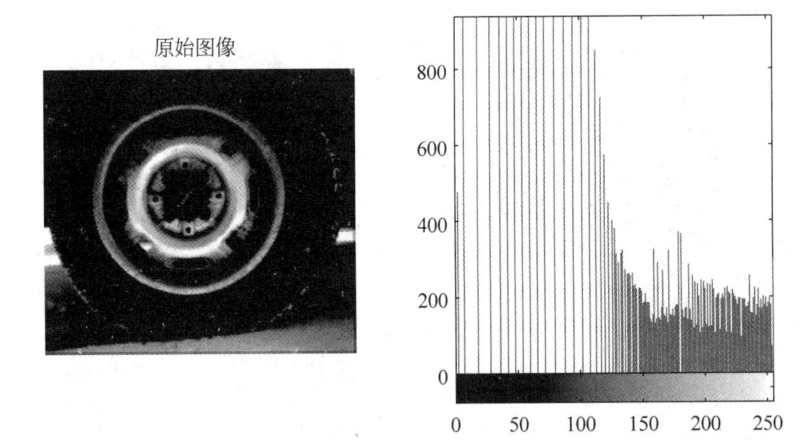

图 3-8　图像的直方图规定化

3.2　图像的代数运算

图像的代数运算是基本代数运算在图像上的实现，最简单的方法是直接使用 MATLAB 的代数运算符来实现图像代数运算，但这样做前必须将图像转换为与基本代数运算符类型相容的双精度浮点类型，而 MATLAB 的图像处理工具包为用户提供了适合所有非稀疏数值类型的代数运算的函数集合。

3.2.1　图像加法运算

图像相加可以得到图像的叠加效果。也可以把同一景物的多重影像加起来求平均，以便减少图像的随机噪声，这在遥感图像中经常采用。

对于两个图像 $f(x,y)$和 $h(x,y)$，均值为

$$g(x,y)=\frac{1}{2}f(x,y)+\frac{1}{2}h(x,y)$$

公式推广为

$$g(x,y)=\alpha f(x,y)+\beta h(x,y)$$

这样就可得到各种图像合成的效果，也可以用于两张图片的衔接。

MATLAB 中，提供了 imadd 函数实现图像的加法运算。函数的调用格式为：

Z = imadd(X,Y)，对 X 和 Y 数组中对应元素相加，返回值 Z 和 X、Y 大小一致。如果 Y 为标量，则 X 数组中每个元素加上这个变量。该函数类似矩阵的加法运算，但要注意类型的处理。

【例 3-8】 利用 imadd 函数实现两幅图像的叠加。

```
>> clear all;
I = imread('rice.png');
J = imread('cameraman.tif');
K = imadd(I,J,'uint16');
```

```
subplot(131);imshow(I);
title('原始图像 rice');
subplot(132);imshow(J);
title('原始图像 cameraman');
subplot(133);imshow(K,[])
title('两幅图像叠加');
```

运行程序,效果如图 3-9 所示。

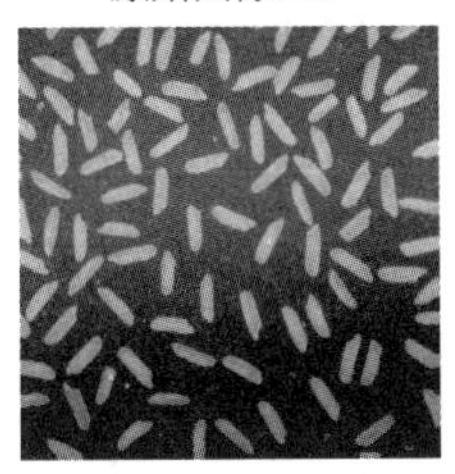

图 3-9　两幅图像的叠加

此外,MATLAB 提供了 imnoise 函数用于为图像添加噪声。函数的调用格式为:

(1) J = imnoise(I,type),按照指定类型在图像 I 上添加噪声。字符串参量 type 表示噪声类型,当 type='gaussian'时,即为高斯白噪声,参数 m、v 分别表示均值和方差;当 type='localvar'时,即为 0 均值高斯白噪声,参数 V 表示局部方差;当 type='poisson'时,即为泊松噪声;当 type='salt & pepper'时,即为盐椒噪声,参数 d 表示噪声密度;当 type='speckle'时,即为乘法噪声。

(2) J = imnoise(I,type,parameters),根据不同的噪声类型,添加不同的噪声参数 parameters。所有噪声参数都被规格化,与图像灰度值均在 0~1 之间的图像相匹配。

(3) J = imnoise(I,'gaussian',m,v),在图像 I 上添加高斯白噪声,均值为 m,方差为 v。默认均值为 0,方差为 0.01。

(4) J = imnoise(I,'localvar',V),在图像 I 上添加均值为 0 的高斯白噪声。参量 V 与 I 维数相同,表示局部方差。

(5) J = imnoise(I,'localvar',image_intensity,var),在图像矩阵 I 上添加高斯白噪声。参数 image_intensity 为规格化的灰度值矩阵,数值范围为 0~1 之间。image_intensity 和 var 为同维向量,函数 plot(image_intensity,var)可用于绘制噪声变量和图像灰度间的关系。

(6) J = imnoise(I,'poisson'),在图像 I 上添加泊松噪声。

(7) J = imnoise(I,'salt & pepper',d),在图像 I 上添加椒盐噪声。d 为噪声密度,其默认值为 0.05。

(8) J = imnoise(I,'speckle',v),在图像 I 上添加乘法噪声,即 J=I+n×1,其中,n 表示均值为 0、方差为 v 的均匀分布随机噪声,v 的默认值为 0.04。

【例 3-9】 利用 imnoise 函数为图像添加椒盐噪声。

```
>> clear all;
I = imread('eight.tif');
```

```
J = imnoise(I,'salt & pepper',0.04);
subplot(121);imshow(I)
title('原始图像');
subplot(122); imshow(J);
title('添加椒盐噪声的图像')
```

运行程序,效果如图 3-10 所示。

原始图像

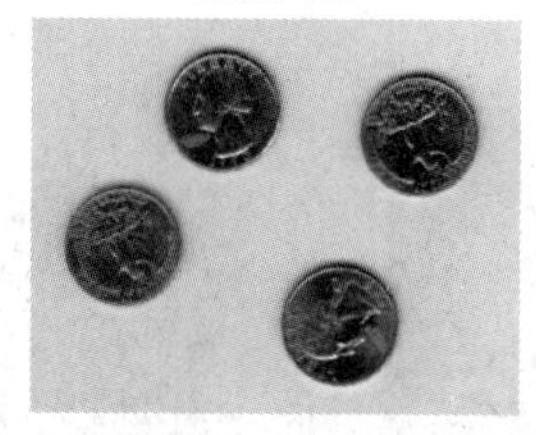

添加椒盐噪声的图像

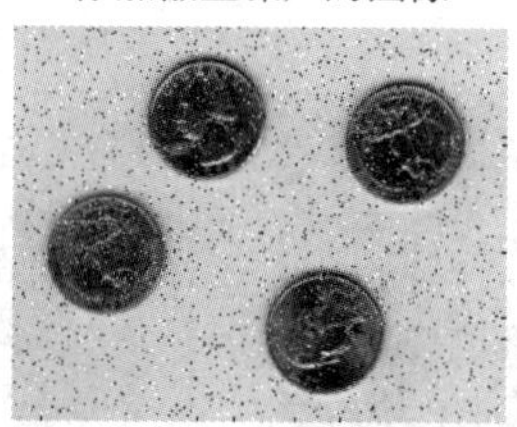

图 3-10　为图像添加噪声

对于原图像 $f(x,y)$,假设有一个噪声图像集

$$\{g_i(x,y)\}, i = 1,2,\cdots,N$$

其中

$$g_i(x,y)=f(x,y)+h_i(x,y)$$

式中 h 表示噪声。一般地,如果噪声满足零期望,且相互独立(实际中这样的假设一般都是成立的),则有

$$g(x,y) = E(g_i(x,y)) = E(f(x,y)) + E(h_i(x,y)) = f(x,y) + 0 = f(x,y)$$

如果用均值来估计噪声分布的期望,则有

$$g(x,y) = f(x,y) + \frac{1}{2}\sum_{i=1}^{N}h_i(x,y) = \frac{1}{N}\sum_{i=1}^{N}g_i(x,y)$$

这也就是说,可通过多图像的平均来降低图像的噪声。

【例 3-10】 利用 imadd 方法对加噪的图像进行噪声抑制。

```
>> clear all;
I = imread('eight.tif');
J1 = imnoise(I,'gaussian',0,0.006);          %对原始图像添加高斯噪声
J2 = imnoise(I,'gaussian',0,0.006);
J3 = imnoise(I,'gaussian',0,0.006);
J4 = imnoise(I,'gaussian',0,0.006);
K = imlincomb(0.3,J1,0.3,J2,0.3,J3,0.3,J4); %线性组合
figure;
subplot(131);imshow(I)
title('原始图像');
subplot(132); imshow(J1);
title('添加高斯噪声的图像')
subplot(133); imshow(K,[]);
title('抑制高斯噪声的图像')
```

运行程序,效果如图 3-11 所示。

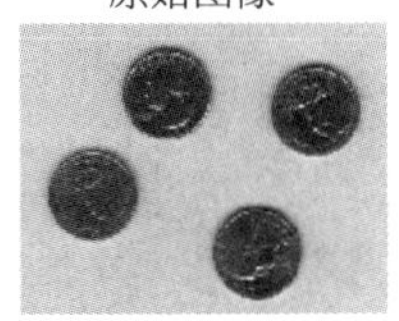

图 3-11　抑制噪声的效果

3.2.2　图像减法运算

图像相减常用于检测变化及运动的物体，图像相减运算又称为图像差分运算。差分方法可以分为可控制环境下的简单差分方法和基于背景模型的差分方法。在可控制环境下，或者在很短的时间间隔内，可认为背景是固定不变的，可以直接使用差分运算检测变化或运动物体。

1. 消除背景法

在有些情况下，背景对图像中的被研究物体具有不利影响，这时背景就成为噪声。这种情况下，有必要消除图像中的背景噪声。MATLAB 中提供了 imsubtract 函数去除图像背景。

Z = imsubtract(X,Y)，Z 为输入图像 X 与输入图像 Y 相减的结果。减法操作有时会导致某些像素值变为一个负数，此时该函数自动将这些负数截取为 0。为了避免差值产生负值及像素值运算结果之间产生差异，可以调用 imabsdiff 函数，该函数将计算两幅图像相应像素差值的绝对值。

【例 3-11】　利用 imsubtract 函数去除图像的背景。

```
>> clear all;
I = imread('rice.png');
background = imopen(I,strel('disk',15));
Ip = imsubtract(I,background);
figure;
subplot(131);imshow(I)
title('原始图像');
subplot(132); imshow(background);
title('背景图')
subplot(133); imshow(Ip,[])
title('去除背景的图像')
```

运行程序，效果如图 3-12 所示。

2. 差影法

所谓差影法，实际上就是图像的减法运算(又称减影技术)，是指将同一景物在不同时间拍摄的图像或同一景物在不同波段的图像相减。差值图像提供了图像间的差异信息，能用于指导动态监测、运动目标的检测和跟踪、图像背景的消除及目标识别等。

原始图像　　背景图　　去除背景的图像

图 3-12　去除背景图

差影法在自动现场监测等领域具有广泛的运用。例如它可以应用在监控系统中，在银行金库内，摄像头每隔固定时间（如 10s）拍摄一幅图像，并与上一幅图像进行差影运算，如果图像差别超过了预先设置的阈值，则表明可能有异常情况发生，应自动或以某种方式报警。差影法可用于检测变化目标及遥感图像的动态监测。利用差值图像可以发现森林火灾、洪水泛滥，监测灾情变化及估计损失等，也可用于监测河口、海岸的泥沙淤积及监视江河、湖泊、海岸等的污染。利用差值图像还能鉴别出耕地及不同的作物覆盖情况。

差影技术还可用于消除图像背景。例如，该技术可用于诊断印刷线路板及集成电路掩膜的缺陷，特别是用于血管造影技术中。肾动脉造影术实施时，在造影剂注入后，虽然能够看出肾动脉血管的形状及分布，但由于肾脏周围血管受到脊椎及其他组织影像的重叠，难以得到理想的游离血管图像。对此，可摄制肾动脉造影前后的两幅图像，相减后就能把脊椎及其他组织的影像去掉，而仅保留血管图像。此外，电影特技中应用的“蓝幕”技术，其实也包含差影法的基本原理。

图像在进行差影法运算时，必须使相减的两图像的对应点位于空间同一目标点上。否则，需要先做几何校正与配准。当将一个场景中系列图像相减，用来检测运动或其他变化时，难以保证准确对准。这时就需要更进一步分析。例如，设差图像由下式给定：

$$C(x,y) = A(x,y) - A(x+\Delta x,y) \tag{3-1}$$

如果 Δx 很小，那么式(3-1)可以近似为

$$C(x,y) \approx \frac{\partial}{\partial x}A(x,y)\Delta x \tag{3-2}$$

由于$\frac{\partial}{\partial x}A(x,y)$本身也是一幅图像，其直方图以 $H'(D)$表示，因此，式(3-2)表示的位移差图像的直方图为如下形式：

$$H_c(D) \approx \frac{1}{\Delta x}H'_A\left(\frac{D}{\Delta x}\right) \tag{3-3}$$

式(3-3)表明，减去稍微有些对不准的原图像的复制图像，可以得到偏导数图像，偏导数的方向为图像位移方向。

3. 求梯度幅度

在一幅图像中，灰度变化大的区域梯度值大，一般认为此区域是图像内物体的边界（别的地方也可能会出现灰度值变化很大的情况，但图像处理时通常认为是边界问题）。因此，求图像的梯度图像能获得图像物体边界。

图像的减法运算也可应用于求图像梯度函数。梯度是数学与场论中的概念，它是向量函数，其定义形式如下：

$$\nabla f(x,y) = i\frac{\partial f}{\partial x} + j\frac{\partial f}{\partial y}$$

梯度幅度可由下式表示：

$$|\nabla f(x,y)| = \sqrt{\left(\frac{\partial f}{\partial x}\right)^2 + \left(\frac{\partial f}{\partial y}\right)^2}$$

考虑到运算的方便，梯度幅度可由下式近似计算：

$$|\nabla f(x,y)| = \max[|f(x,y) - f(x+1,y)| - |f(x,y) - f(x,y+1)|]$$

也就是说，梯度可近似取值为水平方向相邻像素之差的绝对值和垂直方向相邻像素之差的绝对值中的较大者。

MATLAB 提供了 imabsdiff 函数用于求两幅图像差的绝对值。函数的调用格式为：

Z = imabsdiff(X,Y)：将相同类型、相同长度的数组 X 和 Y 的对应位分别做减法，返回的结果是每一位差的绝对值，即返回的数组 Z 应该和 X、Y 的类型相同。如果 X、Y 为整数数组，那么结果中超过整数类型范围的部分将被截去；如果 X、Y 为浮点数组，用户也可以使用基本运算 abs(X-Y)来代替这个函数。

【例 3-12】 利用 imabsdiff 进行图像减法运算。

```
>> clear all;
I = imread('cameraman.tif');
J = uint8(filter2(fspecial('gaussian'), I));
K = imabsdiff(I,J);
subplot(131);imshow(I)
title('原始图像');
subplot(132); imshow(I);
title('含噪图像')
subplot(133); imshow(K,[])
title('两幅图像相减')
```

运行程序，效果如图 3-13 所示。

图 3-13　两幅图像差的绝对值效果

3.2.3　图像乘法运算

乘法运算可用来遮住图像的某些部分，其典型运用是用于获得掩膜图像。对于需要保留下来的区域，掩膜图像相应位置的值为 1，而在需要被抑制掉的区域，掩膜图像相应位置的值为 0，原图像乘以掩膜图像，可抹去图像的某些部分，即使该部分为 0。然后可利用一个互补的掩膜来抹去第二幅图像中的另一些区域，而这些区域在第一幅图像中被完整地保留下来。两幅经过掩膜的图像相加可得最终结果。

一般情况下，利用计算机图像处理软件生成掩膜图像的步骤为：

(1) 新建一个与原始图像大小相同的图层，图层文件一般保存为二值图像文件；

(2) 用户在新建图层上人工勾绘出所需要保留的区域，区域也可以由其他二值图像文件导入来确定或由计算机图形文件(矢量)经转换生成；

(3) 确定局部区域后，将整个图层保存为二值图像，选定区域内的像素点值为 1，非选定区域像素点值为 0；

(4) 将原始图像与步骤(3)形成的二值图像进行乘法运算，即可将原始图像选定区域外像素点的灰度值置 0，而选定区域内像素的灰度值保持不变，得到与原始图像分离的局部图像，即掩膜图像。

MATLAB 提供了 immultiply 函数实现两幅图像的相乘运算。函数的调用格式为：

Z = immultiply(X,Y)，将矩阵 X 中每一个元素乘以矩阵 Y 中对应元素，返回值为 Z。如果 X 和 Y 的维数或数据类型相同，则 Z 与 X、Y 也具有相同的维数或数据类型；如果 X(Y)为一个数值型矩阵而 Y(X)为一个整型变量，则 Z 的维数或数据类型与 X(Y)相同。如果 X 为整型矩阵，运算的结果可能超出图像数据类型所支持的范围，则 MATLAB 自动将数据截断为数据类型所支持的范围。

【例 3-13】 对图像进行自乘和与一个常数相乘。

```
>> clear all;
I = imread('flower.jpg');
subplot(221);imshow(I);
title('原始图像');
I16 = uint16(I);
J = immultiply(I16,I16);
subplot(222), imshow(J);
title('图像自相乘效果');
J2 = immultiply(I,0.65);
subplot(2,2,3), imshow(J2)
title('图像与常数相乘')
```

运行程序，效果如图 3-14 所示。

图 3-14 图像乘法运算效果

3.2.4 图像除法运算

除法运算可用于校正成像设备的非线性影响，这在特殊形态的图像(如断层扫描等医学图像)处理中经常用到。图像除法也可以用来检测两幅图像的区别，但是除法操作给出的是相应像素值的变换比率，而不是每个像素的绝对差异，因而图像除法操作也称为比率变换。

MATLAB 提供了 imdivide 函数用于实现图像除法。其调用格式为：

Z = imdivide(X,Y)，将矩阵 X 中每一个元素除以矩阵 Y 中对应元素，返回值为 Z。如果 X 和 Y 的维数或数据类型相同，或者 Y 为一个数值型常量，则 Z 的维数与数据类型与 X 相同。如果 X 及 Y 为整型矩阵，运算的结果可能超出图像数据类型所支持的范围，则 MATLAB 自动将数据截断为数据类型所支持的范围。

【例 3-14】 利用 imdivide 函数对图像进行除法运算。

```
>> clear all;
I = imread('office_1.jpg');
J = imread('office_2.jpg');
Ip = imdivide(J,I);                          % 两幅图像相除
K = imdivide(J,0.45);                        % 图像跟一个常数相除
subplot(221);imshow(I)
title('office1 图像');
subplot(222); imshow(J);
title('office2 图像');
subplot(223); imshow(Ip)
title('两幅图像相除')
subplot(224); imshow(K)
title('图像与常数相除')
```

运行程序，效果如图 3-15 所示。

图 3-15　图像相除效果

注意：两幅图像的像素值代数运算时产生的结果很可能超过图像数据类型所支持的最大值，尤其对于 uint8 类型的图像，溢出情况最为常见。当数据值发生溢出时，

MATLAB将数据截取为数据类型所支持的最大值,这种截取效果称之为饱和。为了避免出现饱和,在进行代数计算前最好将图像转换为一种数据范围较宽的数据类型。例如,在加法操作前将uint8图像转换为double类型。

3.3 图像的几何运算

为了达到某种视觉效果,变换输入图像的像素位置,通过把输入图像的像素位置映射到一个新的位置达到改变原图像显示效果的目的,称这一过程为图像的几何运算。图像的几何运算主要是指对图像进行几何校正,空间变换(缩放、旋转、仿射变换)等运算过程,在遥感图像的图像配准过程中也有很重要的应用。

3.3.1 齐次坐标

数字图像是把连续图像在坐标空间和性质空间离散化了的图像。例如,一幅二维数字图像可以用一组二维(2D)数组 $f(x,y)$ 来表示,其中 x 和 y 表示2D空间中一个坐标点的位置,$f(x,y)$ 代表图像在点 (x,y) 的某种性质的数值。如果所处理的是一幅灰度图像,这时 $f(x,y)$ 表示灰度值,此时 $f(x,y)$ 及 x、y 都在整数集合中取值。因此,除了插值运算外,常见的图像几何变换可以通过与之对应的矩阵线性变换来实现。

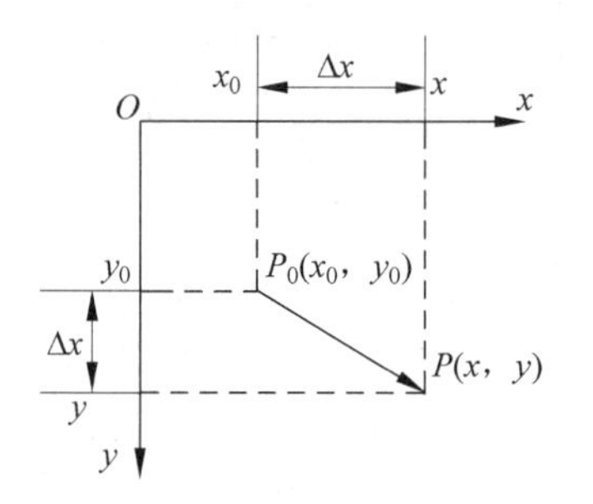

图 3-16 图像的平移变换示意图

现设点 $P_0(x_0,y_0)$ 进行平移后,移到 $P(x,y)$,其中 x 方向的平移量为 Δx,y 方向的平移量为 Δy。如图3-16所示,那么,点 $P(x,y)$ 的坐标为

$$\begin{cases} x = x_0 + \Delta x \\ y = y_0 + \Delta y \end{cases} \tag{3-4}$$

这个变换矩阵可以表示为

$$\begin{bmatrix} x \\ y \end{bmatrix} = \begin{bmatrix} x_0 \\ y_0 \end{bmatrix} + \begin{bmatrix} \Delta x \\ \Delta y \end{bmatrix} \tag{3-5}$$

对式(3-5)进行简单变换可得

$$\begin{bmatrix} x \\ y \end{bmatrix} = \begin{bmatrix} 1 & 0 \\ 0 & 1 \end{bmatrix} \begin{bmatrix} x_0 \\ y_0 \end{bmatrix} + \begin{bmatrix} \Delta x \\ \Delta y \end{bmatrix} \tag{3-6}$$

对式(3-6)进一步变换,可得

$$\begin{bmatrix} x \\ y \end{bmatrix} = \begin{bmatrix} 1 & 0 & \Delta x \\ 0 & 1 & \Delta y \end{bmatrix} \begin{bmatrix} x_0 \\ y_0 \\ 1 \end{bmatrix} \tag{3-7}$$

式(3-7)等号右侧左面的矩阵的第1、2列构成单位矩阵,第3列元素为平移常量。该矩阵是点 $P_0(x_0,y_0)$ 平移到 $P(x,y)$ 的平移矩阵,即为变换矩阵。该变换矩阵是2×3

阶的矩阵，为了符合矩阵相乘时前者列数与后者行数相等的规则，需要在 P_0 的坐标列矩阵 $[x_0 \quad y_0]^T$ 中引入第 3 个元素，增加一个附加坐标，扩展为 3×1 的列矩阵 $[x_0 \quad y_0 \quad 1]^T$。这样，式(3-6)同式(3-7)表述的意义完全相同。为了使式(3-4)左侧表示成矩阵 $[x \quad y \quad 1]^T$ 的形式，可用三维空间点 $(x,y,1)$ 表示二维空间点 (x,y)，即采用一种特殊的坐标，实现平移变换。变换结果如下：

$$\begin{bmatrix} x \\ y \\ 1 \end{bmatrix} = \begin{bmatrix} 1 & 0 & \Delta x \\ 0 & 1 & \Delta y \\ 0 & 0 & 1 \end{bmatrix} \tag{3-8}$$

现对式(3-8)中的各个矩阵进行定义：

$\boldsymbol{T} = \begin{bmatrix} 1 & 0 & \Delta x \\ 0 & 1 & \Delta y \\ 0 & 0 & 1 \end{bmatrix}$ 为变换矩阵； $\boldsymbol{P} = \begin{bmatrix} x \\ y \\ 1 \end{bmatrix}$ 为变换后的坐标矩阵；

$\boldsymbol{P}_0 = \begin{bmatrix} x_0 \\ y_0 \\ 1 \end{bmatrix}$ 为变换前的坐标矩阵。

则有

$$P = T \cdot P_0 \tag{3-9}$$

从式(3-9)可以看出，引入附加坐标后，扩充了矩阵的第 3 行，但并没有使变换结果受到影响。这种用 $n+1$ 维向量表示 n 维向量的方法称为齐次坐标表示法。

3.3.2 灰度插值

灰度级插值的方法有很多种，但是插值操作的方式都是相同的。无论使用何种插值方法，首先需要找到与输出图像像素相对应的输入图像点，然后再通过计算该点附近某一像素集合的权平均值来指定输出像素的灰度值。像素的权是根据像素到点的距离而定的，不同插值方法的区别就在于所考虑的像素集合不同。

MATLAB 中提供了三种插值方法：

- 最近邻插值(Nearest neighbor interpolation)；
- 双线性插值(Bilinear interpolation)；
- 双三次插值(Bicubic interpolation)。

1. 最近邻插值

最近邻插值是最简单的插值，在这种算法中，每一个插值输出像素的值就是在输入图像中与其最临近的采样点的值。该算法的数学表示为

$$f(x) = f(x_k) \quad \frac{1}{2}(x_{k-1} + x_k) < x < \frac{1}{2}(x_k + x_{k+1})$$

最近邻插值是工具箱函数默认使用的插值方法，而且这种插值方法的运算量非常小。对于索引图像来说，它是唯一可行的方法。不过，当图像含有精细内容，也就是高频分量时，用这种方法实现倍数放大处理，在图像可明显看出块状效应。

2. 双线性插值

双线性插值法是对最近邻插值法的一种改进,即用线性内插方法,根据点 $P(x_0,y_0)$ 的 4 个相邻点的灰度值,通过两次插值计算出灰度值 $f(x_0,y_0)$,如图 3-17 所示。

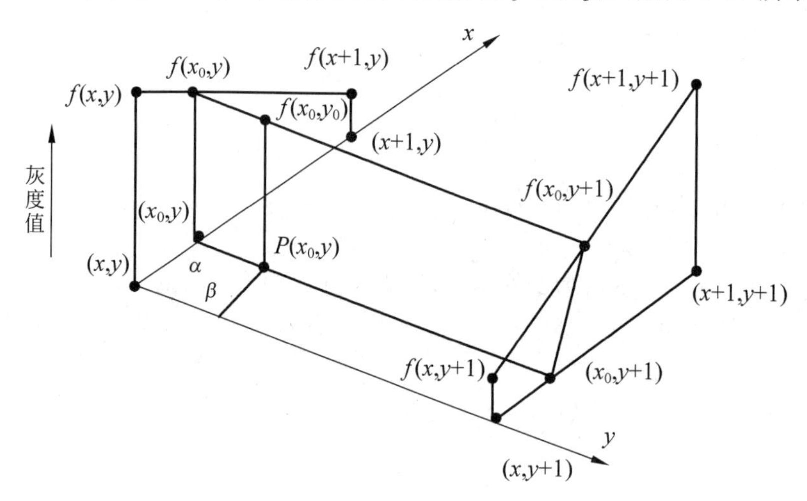

图 3-17 双线性插值法

具体计算如下:

(1) 计算 α 和 β。

$$\begin{cases}\alpha = x_0 - x \\ \beta = y_0 - y\end{cases}$$

(2) 根据 $f(x,y)$ 及 $f(x+1,y)$ 插值求 $f(x_0,y)$。

$$f(x_0,y) = f(x,y) + \alpha[f(x+1,y) - f(x,y)]$$

(3) 根据 $f(x_0,y)$ 及 $f(x+1,y+1)$ 插值求 $f(x_0,y+1)$。

$$f(x_0,y+1) = f(x_0,y) + \alpha[f(x+1,y+1) - f(x_0,y)]$$

(4) 根据 $f(x_0,y)$ 及 $f(x_0,y+1)$ 插值求 $f(x_0,y_0)$。

$$\begin{aligned} f(x_0,y_0) &= f(x_0,y) + \beta[f(x_0,y+1) - f(x_0,y)] \\ &= (1-\alpha)(1-\beta)f(x,y) + \alpha(1-\beta)f(x+1,y) \\ &\quad + (1-\alpha)\beta f(x,y+1) + \beta\alpha f(x+1,y+1) \\ &= f(x,y) + \alpha[f(x+1,y) - f(x,y)] + \beta[f(x,y+1) - f(x,y)] \\ &\quad + \beta\alpha[f(x+1,y+1) + f(x,y) - f(x,y+1) - f(x+1,y)] \end{aligned}$$

式中:$x=[x_0]$,$y=[y_0]$。

双线性灰度插值计算方法由于已经考虑到了点 $P(x_0,y_0)$ 的直接邻点对它的影响,因此一般可以得到令人满意的插值效果。但这种方法具有低通滤波性质,使高频分量受到损失,使图像细节退化而变得轮廓模糊。在某些应用中,双线性灰度插值的斜率不连续还可能会产生一些不期望的结果。

3. 双三次插值

该插值的邻域大小为 4×4。它的插值效果比较好,但相应的计算量较大。

这三种插值方法的运算方式基本类似。对于每一种方法来说，为了确定插值像素点的数值，必须在输入图像中查找到与输出像素对应的点。这三种插值方法的区别在于其对像素点赋值的不同。

- 最近邻插值输出像素的赋值为当前点的像素点。
- 双线性插值输出像素的赋值为 2×2 矩阵所包含的有效点的加权平均值。
- 双三次插值输出像素的赋值为 4×4 矩阵所包含的有效点的加权平均值。

4. MATLAB 实现

MATLAB 中提供了 interp2 函数用于实现图像的插值。其调用格式为：

(1) ZI = interp2(X,Y,Z,XI,YI)，Z 为要插值的原始图像，XI 和 YI 为图像新的行和列，类型为 Grid，如 1:m，m 为整数。Method 为采用的插值方法，MATLAB 提供了 4 种插值方法，如表 3-1 所示。

(2) ZI = interp2(Z,XI,YI)，默认 X=1:n，Y=1:m，这里[m,n]=size(Z)。

(3) ZI = interp2(Z,ntimes)，ntimes 为放大倍数，双精度。

表 3-1　interp2 中 method 属性

参数	说　　明
nearest	最邻近插值法
linear	双线性内插值法
spline	三次样条插值法
cubic	当数据具有均匀间隔时，为三次方插值法，否则和 spline 效果相同

【例 3-15】 利用 interp2 函数对图像通过各种插值法进行放大。

```
>> clear all;
I = imread('lean.jpg');
I2 = imresize(I,0.125); %缩小图像
Z1 = interp2(double(I2),2,'nearest');          %最近邻法插值
Z1 = uint8(Z1);
subplot(221);imshow(Z1);
title('最近邻插值');
Z2 = interp2(double(I2),2,'linear');           %线性法插值
Z2 = uint8(Z2);
subplot(222);imshow(Z2);
title('线性邻插值');
Z3 = interp2(double(I2),2,'spline');           %三次样条法插值
Z3 = uint8(Z3);
subplot(223);imshow(Z3);
title('三次样条法插值');
Z4 = interp2(double(I2),2,'cubic');            %立方法插值
Z4 = uint8(Z4);
subplot(224);imshow(Z4);
title('立方法插值');
```

运行程序，效果如图 3-18 所示。

从图 3-18 的结果可看出，从插值效果来看，最近邻插值有明显的马赛克现象，线性插值就没那么严重，三次样条和立方插值所得的结果较前两幅更加细腻。

立方法插值

图 3-18　不同插值法对图像进行放大

3.3.3　图像平移

平移(translation)变换是几何变换中最简单的一种变换，是将一幅图像上的所有点都按照给定的偏移量在水平方向沿 x 轴、在垂直方向沿 y 轴移动，如图 3-19 所示。

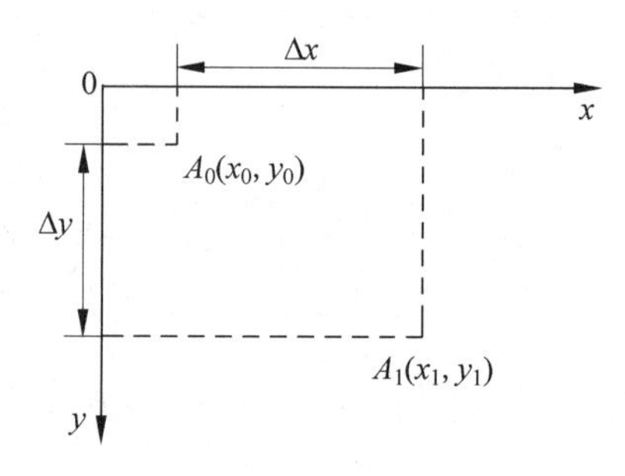

图 3-19　像素点的平移

设点 $A_0(x_0,y_0)$ 平移到 $A(x,y)$，其中 x 方向的平移量为 Δx，y 方向的平移量为 Δy。那么，点 $A(x,y)$ 的坐标为

$$\left.\begin{aligned} x &= x_0 + \Delta x \\ y &= y_0 + \Delta y \end{aligned}\right\} \tag{3-10}$$

变换前后图像上的点 $A_0(x_0,y_0)$ 和 $A(x,y)$ 之间的关系可以用如下的矩阵变换表示：

$$\begin{bmatrix} x \\ y \\ 1 \end{bmatrix} = \begin{bmatrix} 1 & 0 & \Delta x \\ 0 & 1 & \Delta y \\ 0 & 0 & 1 \end{bmatrix} \begin{bmatrix} x_0 \\ y_0 \\ 1 \end{bmatrix} \tag{3-11}$$

对变换矩阵求逆，可以得到式(3-11)的逆变换

$$\begin{bmatrix} x_0 \\ y_0 \\ 1 \end{bmatrix} = \begin{bmatrix} 1 & 0 & -\Delta x \\ 0 & 1 & -\Delta y \\ 0 & 0 & 1 \end{bmatrix} \begin{bmatrix} x \\ y \\ 1 \end{bmatrix} \tag{3-12}$$

$$\left.\begin{aligned} x_0 &= x - \Delta x \\ y_0 &= y - \Delta y \end{aligned}\right\} \tag{3-13}$$

MATLAB 中，没有提供专门的函数实现图像的平移，此处自定义编写 translation.m 函数实现图像的平移。源代码为：

```
function J = translation(I,a,b)
%I 为输入图像,a 和 b 描述 I 图像沿着 x 轴和 y 轴移动的距离
```

```
%不考虑溢出情况
[M,N,G] = size(I);
I = im2double(I);                    %将图像数据类型转换为双精度
J = ones(M,N,G);                     %初始化新图像矩阵为全1阵,大小与输入图像相同
for i = 1:M
    for j = 1:N
        if((i + a)>= 1 && (j + b>= 1) && (j + b<= N));  %判断平移后行列坐标是否超出范围
            J(i + a,j + b,:) = I(i,j,:); %图像平移
        end
    end
end
```

【例 3-16】 对图像实现平移操作。

```
>> clear all;
I = imread('lean.jpg');
a = 90;b = 90; %设置平移坐标
J1 = translation(I,a,b);             %平移图像
subplot(221);imshow(J1);axis on;
title('右下平移图像');
a = -90;b = -90;                     %设置平移坐标
J2 = translation(I,a,b);             %平移图像
subplot(222);imshow(J2);axis on;
title('左上平移图像');
a = -90;b = 90;                      %设置平移坐标
J3 = translation(I,a,b);             %平移图像
subplot(223);imshow(J3);axis on;
title('右上平移图像');
a = 90;b = -90;                      %设置平移坐标
J4 = translation(I,a,b);             %平移图像
subplot(224);imshow(J4);axis on;
title('左下平移图像');
```

运行程序,效果如图 3-20 所示。

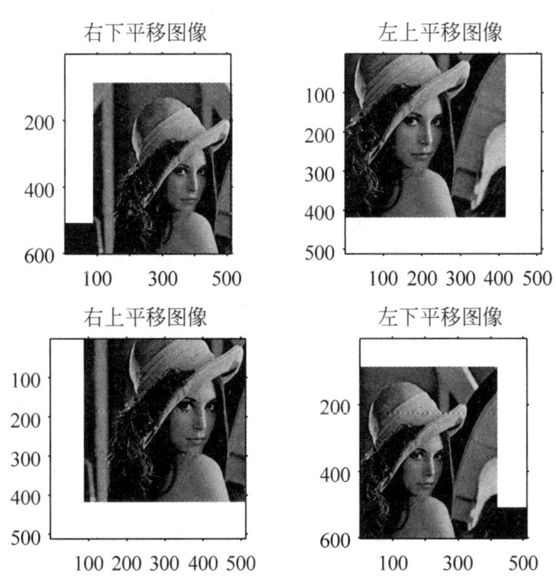

图 3-20 图像溢出平移情况

提示：以上程序中的参数 a 和 b 的取值不同，图像平移的结果是不相同的。

图像平移不溢出的情况，又是怎样实现的呢？自定义编写 translation_T. m 实现图像平移不溢出效果，源代码为：

```
function J = translation1(I,a,b)
%I为输入图像,a和b描述I图像沿着x轴和y轴移动的距离
%考虑溢出情况,采用扩大显示区域的方法
[M,N,G] = size(I);                    %获取输入图像I的大小
I = im2double(I);                     %将图像数据类型转换成双精度
J = ones(M + abs(a),N + abs(b),G);
                        %初始化新图像矩阵全为1,大小根据x轴和y轴的平移范围确定
for i = 1:M
for j = 1:N
  if(a < 0 && b < 0);                 %如果进行右下移动,对新图像矩阵进行赋值
     J(i,j,:) = I(i,j,:);
  else if(a > 0 && b > 0);
     J(i + a,j + b,:) = I(i,j,:);     %如果进行右上移动,对新图像矩阵进行赋值
  else if(a > 0 && b < 0);
     J(i + a,j,:) = I(i,j,:);         %如果进行左上移动,对新图像矩阵进行赋值
  else
     J(i,j + b,:) = I(i,j,:);         %如果进行右下移动,对新图像矩阵进行赋值
     end
    end
   end
  end
end
```

【例 3-17】 考虑平移后超出显示区域的像素点实现图像平移。

```
>> clear all;
I = imread('lean.jpg');
a = 90;b = 90;                        %设置平移坐标
J1 = translation_T(I,a,b);            %平移图像
subplot(221);imshow(J1);axis on;
title('右下平移图像');
a = -90;b = -90;                      %设置平移坐标
J2 = translation_T(I,a,b);            %平移图像
subplot(222);imshow(J2);axis on;
title('左上平移图像');
a = -90;b = 90;                       %设置平移坐标
J3 = translation_T(I,a,b);            %平移图像
subplot(223);imshow(J3);axis on;
title('右上平移图像');
a = 90;b = -90;                       %设置平移坐标
J4 = translation_T(I,a,b);            %平移图像
subplot(224);imshow(J4);axis on;
title('左下平移图像');
```

运行程序，效果如图 3-21 所示。

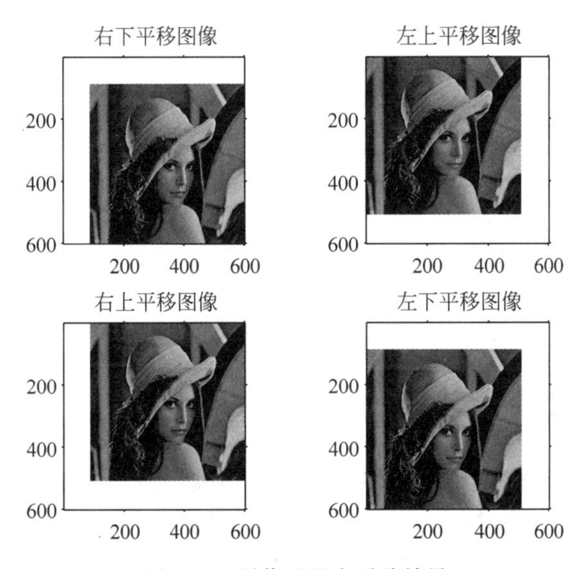

图 3-21　图像不溢出平移效果

3.3.4 图像旋转

图像的旋转变换是几何学研究的重要内容之一。一般情况下，图像的旋转变换是指以图像的中心为原点，将图像上的所有像素都旋转同一个角度的变换，图像经过旋转变换后，图像的位置发生了改变，旋转后，图像的大小一般也会改变。和平移变换一样，在图像旋转变换中既可以把转出显示区域的图像截去，也可以扩大显示区域的图像范围以显示全部图像。

设原始图像的任意点 $A_0(x_0, y_0)$ 经旋转 β 角度以后到新的位置 $A(x, y)$，为表示方便，采用极坐标形式表示，原始点的角度为 α。

根据极坐标与二维垂直坐标的关系，原始图像的点 $A_0(x_0, y_0)$ 的坐标为

$$\begin{cases} x_0 = r\cos\alpha \\ y_0 = r\sin\alpha \end{cases}$$

旋转到新位置以后点 $A(x, y)$ 的坐标为

$$\begin{cases} x = r\cos(\alpha-\beta) = r\cos\alpha\cos\beta + r\sin\alpha\sin\beta \\ y = r\sin(\alpha-\beta) = r\sin\alpha\cos\beta + r\cos\alpha\sin\beta \end{cases}$$

由于旋转变换需要用点 $A_0(x_0, y_0)$ 表示 $A(x, y)$，因此对上式进行简化，得

$$\begin{cases} x = x_0\cos\beta + y_0\sin\beta \\ y = -x_0\sin\beta + y_0\cos\beta \end{cases}$$

同样，图像的旋转变换也可用矩阵形式表示，即

$$\begin{bmatrix} x \\ y \\ 1 \end{bmatrix} = \begin{bmatrix} \cos\beta & \sin\beta & 0 \\ -\sin\beta & \cos\beta & 0 \\ 0 & 0 & 1 \end{bmatrix} \begin{bmatrix} x_0 \\ y_0 \\ 1 \end{bmatrix}$$

图像旋转后，由于数字图像的坐标值必须是整数，因此，可能引起图像部分像素点的局部改变，所以图像的大小也会发生一定的改变。

如果图像旋转角 $\beta=45°$，则变换关系为

$$\begin{cases} x = 0.707x_0 + 0.707y_0 \\ y = -0.707x_0 + 0.707y_0 \end{cases}$$

以原始图像的点(1,1)为例，旋转后均为小数，经舍入后为(1,0)，产生了位置误差。因此，图像旋转后可能会发生一些细微变化。

对图像进行旋转变换时应注意以下几点。

(1) 为了避免图像旋转后可能产生的信息丢失，可以先进行平移，然后进行图像旋转。

(2) 图像旋转后，可能会出现一些空白点，需对这些空白点进行灰度级的插值处理，否则会影响旋转后的图像质量。

MATLAB 提供了 imrotate 函数用于实现图像的旋转。函数的调用格式为：

(1) B = imrotate(A,angle)，将图像 A 旋转角度 angle，单位为(°)，逆时针为正，顺时针为负。

(2) B = imrotate(A,angle,method)，字符串参量 method 指定图像旋转插值方法分别是 nearest(最近邻插值)、bilinear(双线性插值)、bicubic(双立方插值)，默认为 nearest。

(3) B = imrotate(A,angle,method,bbox)，字符串参量 bbox 指定返回图像的大小，其取值为：

- crop，输出图像 B 与输入图像 A 具有相同的大小，对旋转图像进行剪切以满足要求；
- loose，默认值，输出图像 B 包含整个旋转后的图像，通常 B 比输入图像 A 要大。

【例 3-18】 利用 imrotate 函数对图像进行旋转处理。

```
>> clear all;
A = imread('gud3.jpg');                    % 读入图像
J1 = imrotate(A, 60);                      % 设置旋转角度,实现旋转并显示
J2 = imrotate(A, -30);
J3 = imrotate(A,60,'bicubic','crop');      % 设置输出图像大小,实现旋转图像并显示
J4 = imrotate(A,30, 'bicubic','loose');
figure;
subplot(221),imshow(J1);
title('逆时针旋转 60 度')
subplot(222),imshow(J2);
title('顺时针旋转 30 度')
subplot(223),imshow(J3);
title('裁剪的旋转');
subplot(224),imshow(J4);
title('不裁剪的旋转')
```

运行程序，效果如图 3-22 所示。

图 3-22　图像的旋转效果

3.3.5　图像比例缩放

图像比例缩放是指将给定的图像在 x 轴方向按比例缩放 f_x 倍，在 y 轴方向按比例缩放 f_y 倍，从而获得一幅新的图像。如果 $f_x=f_y$，即在 x 轴方向和 y 轴方向缩放的比率相同，称这样的比例缩放为图像的全比例缩放。如果 $f_x\neq f_y$，图像的比例缩放会改变原始图像的像素间的相对位置，产生几何畸变，如图 3-23 所示。

设原图像中的点 $P_0(x_0,y_0)$ 比例缩放后，在新图像中的对应点为 $P(x,y)$，则 $P_0(x_0,y_0)$ 和 $P(x,y)$ 之间的对应关系如图 3-24 所示。

(a)

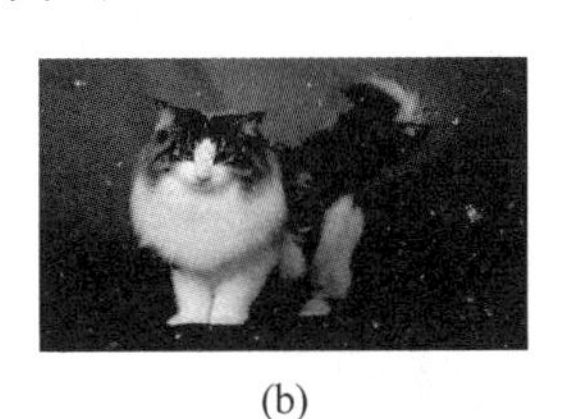

(b)

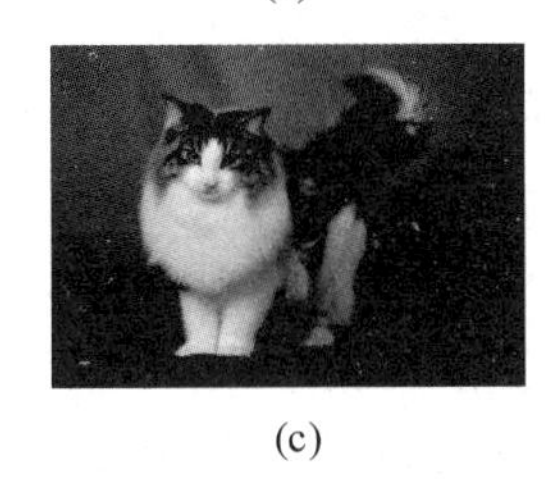

(c)

图 3-23　图像的缩放

(a) 原图像；(b) 非全比例缩小；(c) 全比例缩小

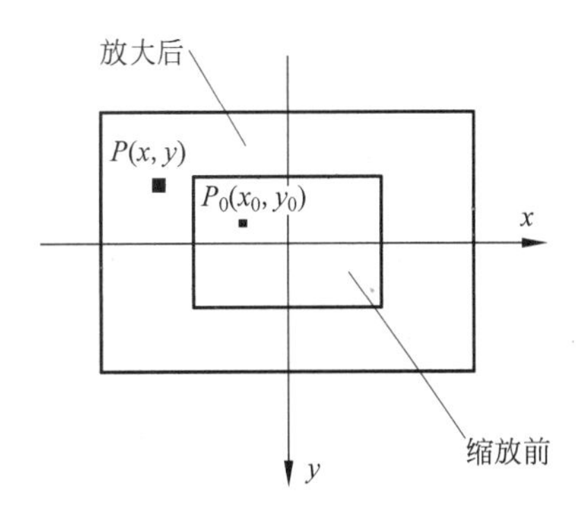

图 3-24　比例缩放

比例缩放前后两点 $P_0(x_0,y_0)$、$P(x,y)$ 之间的关系用矩阵形式可表示为

$$\begin{bmatrix}x\\y\\1\end{bmatrix}=\begin{bmatrix}f_x&0&0\\0&f_y&0\\0&0&1\end{bmatrix}\begin{bmatrix}x_0\\y_0\\1\end{bmatrix}$$

上式的代数式为

$$\begin{cases} x = f_x x_0 \\ y = f_y y_0 \end{cases}$$

1. 图像的比例缩小变换

从数码技术的角度来说,图像的缩小是通过减少像素个数来实现的,因此,需要根据所期望缩小的尺寸数据,从原图像中选择合适的像素点,使图像缩小之后尽可能保持原有图像的概貌特征不丢失,下面介绍两种简单的图像缩小变换。

1) 基于等间隔采样的图像缩小方法

这种图像缩小方法的设计思想是,通过对画面像素的均匀采样来保持所选择的像素仍旧可以保持像素的概貌特征。设原图为 $F(i,j)$,大小为 $M\times N(i=1,2,\cdots,M;j=1,2,\cdots,N)$,缩小后的图像为 $G(i,j)$,大小为 $k_1M\times k_2N(k_1=k_2$ 时为按比例缩小,$k_1\neq k_2$ 时为不按比例缩小; $k_1<1,k_2<1$; $i=1,2,\cdots,k_1M;j=1,2,\cdots,k_2N)$,则有

$$\Delta i = 1/k_1,\quad \Delta j = 1/k_2 \tag{3-14}$$

$$g(i,j) = f(\Delta i \cdot i, \Delta j \cdot j) \tag{3-15}$$

2) 基于局部均值的图像缩小

从前面的缩小算法可以看到,算法的实现非常简单。但是采用上面的方法,对没有被选取到的点的信息就无法反映在缩小后的图像中。为了解决这个问题,可以采用基于局部均值的方法来实现图像的缩小。该方法的具体实现步骤如下。

用式(3-14)计算采样间隔,得到 Δi、Δj:求出相邻两个采样点之间所包含的原图像的子块,即

$$\boldsymbol{F}_{(i,j)} = \begin{bmatrix} f_{\Delta i\cdot(i-1)+1,\Delta j\cdot(j-1)+1} & \cdots & f_{\Delta i\cdot(i-1)+1,\Delta j\cdot j} \\ \vdots & \cdots & \vdots \\ f_{\Delta i\cdot i,\Delta j\cdot(j-1)+1} & \cdots & f_{\Delta i\cdot i,\Delta j\cdot j} \end{bmatrix}$$

利用 $g(i,j)=F(i,j)$的均值,求出缩小的图像。

2. 图像的比例放大变换

图像在缩小操作中,需要在现有的信息里挑选所需要的有用信息。而图像的放大操作中,则需要对尺寸放大后多出来的空格填入适当的像素值,这是信息的估计问题,所以较图像的缩小要难一些。由于图像的相邻像素之间的相关性很强,可以利用这个相关性来实现图像的放大。与图像缩小相同,按比例放大不会引起图像的畸变,而不按比例放大则会产生图像的畸变。图像放大一般采用最近邻域法和线性插值法。

1) 最近邻域法

一般地,按比例将原图像放大 k 倍时,如果按照最近邻域法,则需要将一个像素值添在新图像的 $k\times k$ 的子块中,图像 F 的矩阵为

$$\boldsymbol{F} = \begin{bmatrix} f_{11} & f_{12} & f_{13} \\ f_{21} & f_{22} & f_{23} \\ f_{31} & f_{32} & f_{33} \end{bmatrix} \tag{3-16}$$

该图像放大3倍得到图像F'的矩阵

$$\boldsymbol{F}' = \begin{bmatrix} f_{11} & f_{11} & f_{11} & f_{12} & f_{12} & f_{12} & f_{13} & f_{13} & f_{13} \\ f_{11} & f_{11} & f_{11} & f_{12} & f_{12} & f_{12} & f_{13} & f_{13} & f_{13} \\ f_{11} & f_{11} & f_{11} & f_{12} & f_{12} & f_{12} & f_{13} & f_{13} & f_{13} \\ f_{21} & f_{21} & f_{21} & f_{22} & f_{22} & f_{22} & f_{23} & f_{23} & f_{23} \\ f_{21} & f_{21} & f_{21} & f_{22} & f_{22} & f_{22} & f_{23} & f_{23} & f_{23} \\ f_{21} & f_{21} & f_{21} & f_{22} & f_{22} & f_{22} & f_{23} & f_{23} & f_{23} \\ f_{31} & f_{31} & f_{31} & f_{32} & f_{32} & f_{32} & f_{33} & f_{33} & f_{33} \\ f_{31} & f_{31} & f_{31} & f_{32} & f_{32} & f_{32} & f_{33} & f_{33} & f_{33} \\ f_{31} & f_{31} & f_{31} & f_{32} & f_{32} & f_{32} & f_{33} & f_{33} & f_{33} \end{bmatrix} \tag{3-17}$$

图3-25为放大5倍的效果图。显然,如果放大倍数太大,按照这种方法处理会出现马赛克效果。

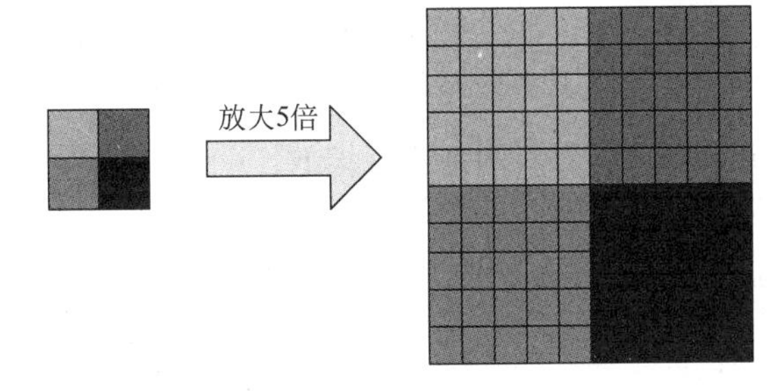

图3-25　按最近邻域法放大5倍的图像

2）线性插值法

为了提高几何变换后的图像质量,常采用线性插值法。该方法就是根据周围最近的几个点(对于平面图像来说,共有4点)的颜色作线性插值计算(对于平面图像来说就是二维线性插值),从而估计该点的颜色,如图3-26所示。该方法图像边缘的锯齿化比最近邻域法小很多,效果好得多。

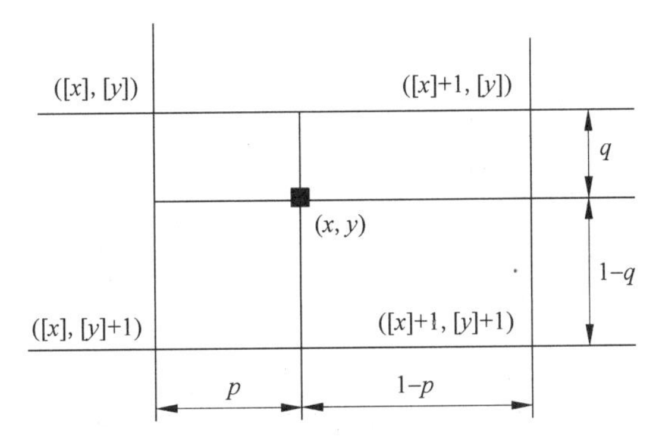

图3-26　线性插值法效果图

简化的灰度值计算式为

$$g(x,y)=(1-q)\{(1-p)\times g([x],[y])+p\times g([x]+1,[y])\}$$

$$+q\{(1-p)\times g([x],[y]+1)+p\times g([x]+1,[y]+1)\}$$

式中：$g(x,y)$为坐标(x,y)处的灰度值；$[x]$、$[y]$为不大于x、y的整数。

MATLAB中提供了imresize函数实现图像的缩放。函数的调用格式为：

(1) B = imresize(A, scale)，返回原始图像A的scale倍大小的图像B。原始图像A可以为灰度图像、RGB图像或二值图像。如果scale取值为0～1.0，则B比A小(图像缩小)；如果scale取值大于1.0，则B比A大(图像放大)。

(2) B = imresize(A, [numrows numcols])，对原始图像A进行比例缩放，返回图像B的行数numrows和列数numcols。如果numrows或numcols为NaN，则表明MATLAB自动调整图像的缩放比例。

(3) [Y newmap] = imresize(X, map, scale)，对索引图像X进行成比例放大或缩小。参数map为列数为3的矩阵，表示颜色表。Scale可为比例因子(标量)或是指定输出图像大小([numrows numcols])的向量。

(4) [...] = imresize(..., method)，字符串参数method指定图像缩放插值方法，主要取值有nearest(最近邻插值)、bilinear(双线性插值)、bicubic(双立方插值)，默认为nearest插值。

【例3-19】 利用imresize函数对图像实现缩放。

```
>> clear all;
I = imread('a03.jpg');
J = imresize(I,0.2);
subplot(2,2,1);imshow(I);
title('原始图像')
disp('图像放大,最近邻插值法运算时间:')
tic
J1 = imresize(J,8,'nearest');                  %图像放大,最近邻插值法
toc
subplot(2,2,2);imshow(J1);
title('图像放大,最近邻插值')
disp('图像放大,双线性插值法运算时间:')
tic
J2 = imresize(J,8,'bilinear');                 %图像放大,双线性插值法
toc
subplot(2,2,3);imshow(J2);
title('图像放大,双线性插值')
disp('图像放大,双立方插值法运算时间:')
tic
J3 = imresize(J,8,'bicubic');                  %图像放大,双立方插值法
toc
subplot(2,2,4);imshow(J3);
title('图像放大,双立方插值')
```

运行程序，输出如下，效果如图3-27所示。

```
图像放大,最近邻插值法运算时间:
Elapsed time is 0.111775 seconds.
图像放大,双线性插值法运算时间:
Elapsed time is 0.018129 seconds.
```

```
图像放大,双立方插值法运算时间:
Elapsed time is 0.016027 seconds.
```

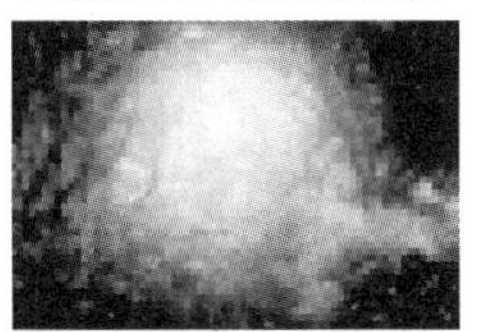

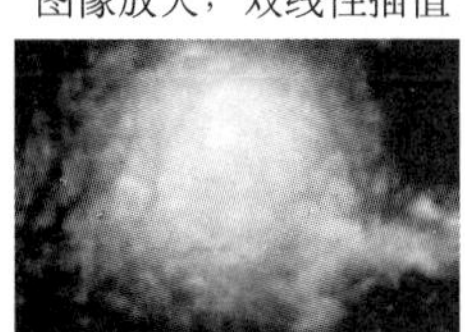

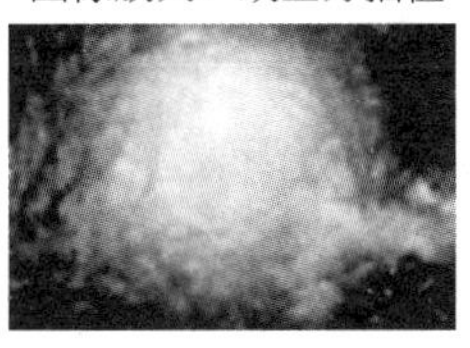

图 3-27　图像的缩放

3.3.6　图像的裁剪

在实际应用或科研领域中,很多时候要对图像进行裁剪操作。图像裁剪就是在原图像或者大图像中裁剪出图像块来,这个图像块一般是多边形形状的。图像裁剪是图像处理中的基本操作之一。

MATLAB 提供了 imcrop 函数实现图像的裁剪。函数的调用格式为:

(1) I2 = imcrop,程序运行时,用鼠标选定矩形区域进行剪切。

(2) I2 = imcrop(I)或 X2 = imcrop(X, map),分别对灰度图像、索引图像进行剪切操作。

(3) I2 = imcrop(I, rect)或 X2 = imcrop(X, map, rect),非交互地指定裁剪矩阵,按指定的矩阵框 rect 剪切图像,rect 为 4 元素向量[xmin,ymin,width,height],分别表示矩形的左下角和长度、宽度,这些值在空间坐标中指定。

(4) [...] = imcrop(x, y,...),在指定坐标系(x,y)中剪切图像。

(5) [I2 rect] = imcrop(...)或[X,Y,I2,rect] = imcrop(...),在用户交互剪切图像的同时返回剪切框的参数 rect。

【例 3-20】 利用 imcrop 函数实现图像的裁剪。

```
>> clear all;
I = imread('cat.jpg');
I2 = imcrop(I,[50 80 80 112]);
figure;imshow(I),
title('原始图像');
figure; imshow(I2)
title('剪切图像')
```

运行程序,效果如图 3-28 所示。

除此之外,也可以利用手动形式裁剪图像。

原始图像

剪切图像

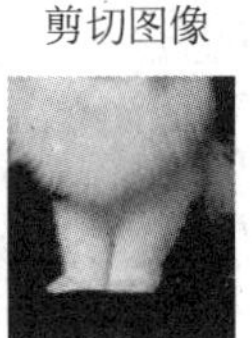

图 3-28　图像的裁剪效果

【例 3-21】　用手动实现图像的剪切。

```
>> clear all;
[I,map] = imread('cat.jpg');
figure;imshow(I,map);
I2 = imcrop(I, map);
figure;imshow(I2);
```

运行程序,得到原始图像,用鼠标剪切出所需要部分,效果如图 3-29(a)所示,并双击,得到如图 3-29(b)所示效果。

(a)

(b)

图 3-29　手动剪切图像

(a) 拖动所需要部分; (b) 剪切内容

3.3.7　图像错切变换

图像的错切变换实际上是平面景物在投影平面上的非垂直投影。错切使图像中的图形产生扭变,这种扭变只在一个方向上产生,分别称为水平方向错切或垂直方向错切。

1) 水平方向错切

根据图像错切定义,在水平方向上的错切是指图形在水平方向上发生了扭变。如

图 3-30(a)所示，当图中(r1)发生了水平方向错切之后，(r2)所示矩形的水平方向上的边扭变成斜边，而垂直方向上的边不变。图像在水平方向上错切的数学表达式为

$$\left.\begin{aligned} x' &= x + by \\ y' &= y \end{aligned}\right\} \tag{3-18}$$

式中：(x,y)为原图像的坐标；(x',y')为错切后的图像坐标。

根据式(3-18)，错切时图形的列坐标不变，行坐标随原坐标(x,y)和系数b作线性变化，$b=\tan(\theta)$。若$b>0$，图形沿x轴正方向作错切；若$b<0$，图形沿x轴负方向作错切。

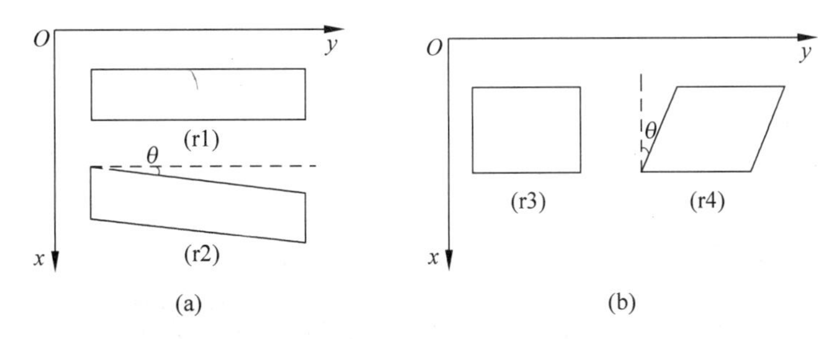

图 3-30　错切效果图

(a) 水平方向错切示意；(b) 垂直方向错切示意

2）垂直方向错切

图像在垂直方向上的错切，是指图形在垂直方向上的扭变。如图 3-30(b)所示，当图中(r3)发生了垂直方向的错切之后，(r4)所示矩形的水平方向上的边不变，垂直方向上的边扭变成斜边。图像在垂直方向上错切的数学表达式为

$$\left.\begin{aligned} x' &= x \\ y' &= y + dx \end{aligned}\right\} \tag{3-19}$$

式中：(x,y)为原图像的坐标；(x',y')为错切后的图像坐标。

根据式(3-19)，错切时图形的行坐标不变，列坐标随原坐标(x,y)和系数d作线性变化，$d=\tan(\theta)$。若$d>0$，图形沿y轴正方向作错切；若$d<0$，图形沿y轴负方向作错切。

3）利用错切实现图像的旋转

利用三角函数的性质，可以利用错切来实现图像的旋转。因为

$$\begin{bmatrix} 1 & -\tan\dfrac{\theta}{2} \\ 0 & 1 \end{bmatrix}\begin{bmatrix} 1 & 0 \\ \sin\theta & 1 \end{bmatrix}\begin{bmatrix} 1 & -\tan\dfrac{\theta}{2} \\ \sin\theta & 1 \end{bmatrix}=\begin{bmatrix} \cos\theta & -\sin\theta \\ \sin\theta & \cos\theta \end{bmatrix} \tag{3-20}$$

图像旋转θ角度用矩阵形式表示为

$$\begin{bmatrix} x' \\ y' \end{bmatrix}=\begin{bmatrix} \cos\theta & \sin\theta \\ \sin\theta & \cos\theta \end{bmatrix}\begin{bmatrix} x \\ y \end{bmatrix} \tag{3-21}$$

在x方向上和y方向上的错切用矩阵形式表示为

$$\begin{bmatrix} x' \\ y' \end{bmatrix}=\begin{bmatrix} 1 & b \\ 0 & 1 \end{bmatrix}\begin{bmatrix} x \\ y \end{bmatrix},\quad \begin{bmatrix} x' \\ y' \end{bmatrix}=\begin{bmatrix} 1 & 0 \\ d & 1 \end{bmatrix}\begin{bmatrix} x \\ y \end{bmatrix} \tag{3-22}$$

所以，图像旋转可以分解成三次图像的错切来实现。

【例 3-22】 在 MATLAB 中,实现图像的错切效果。

```
>> clear all;
I = imread('flower.jpg');
subplot(121);imshow(I);
title('错切前')
[m,n] = size(I);
J(1:m + 0.5 * n,1:n) = 0;
for x = 1:m
    for y = 1:n
        J(fix(x + 0.5 * y),y) = double(I(x,y));
    end
end
subplot(122);imshow(uint8(J))
title('错切后')
```

运行程序,效果如图 3-31 所示。

图 3-31　图像错切效果

3.3.8 图像镜像变换

图像的镜像变换不改变图像的形状。图像的镜像变换分为三种:水平镜像、垂直镜像和对角镜像。

1. 图像水平镜像

图像水平镜像操作是将图像左半部分和右半部分以图像垂直中轴线为中心进行镜像对换。设点 $P_0(x_0,y_0)$进行镜像后的对应点为 $P(x,y)$,图像高度为 f_H,宽度为 f_W,原图像中 $P_0(x_0,y_0)$经过水平镜像后坐标将变为(f_W-x_0,y_0),其代数表达式为

$$\left.\begin{aligned} x &= f_W - x_0 \\ y &= y_0 \end{aligned}\right\} \tag{3-23}$$

矩阵表达式为

$$\begin{bmatrix} x \\ y \\ 1 \end{bmatrix} = \begin{bmatrix} -1 & 0 & f_W \\ 0 & 1 & 0 \\ 0 & 0 & 1 \end{bmatrix} \begin{bmatrix} x_0 \\ y_0 \\ 1 \end{bmatrix} \tag{3-24}$$

设原图像的矩阵为

$$\boldsymbol{F}=\begin{bmatrix} f_{11} & f_{12} & f_{13} & f_{14} & f_{15} \\ f_{21} & f_{22} & f_{23} & f_{24} & f_{25} \\ f_{31} & f_{32} & f_{33} & f_{34} & f_{35} \\ f_{41} & f_{42} & f_{43} & f_{44} & f_{45} \\ f_{51} & f_{52} & f_{53} & f_{54} & f_{55} \end{bmatrix} \tag{3-25}$$

经过水平镜像的图像，行的排列顺序保持不变，将原来的列排列 $j=1,2,3,4,5$ 转换成$j=5,4,3,2,1$，即

$$\boldsymbol{F}=\begin{bmatrix} f_{15} & f_{14} & f_{13} & f_{12} & f_{11} \\ f_{25} & f_{24} & f_{23} & f_{22} & f_{21} \\ f_{35} & f_{34} & f_{33} & f_{32} & f_{31} \\ f_{45} & f_{44} & f_{43} & f_{42} & f_{41} \\ f_{55} & f_{54} & f_{53} & f_{52} & f_{51} \end{bmatrix} \tag{3-26}$$

2. 图像垂直镜像

图像垂直镜像操作是将图像上半部分和下半部分以图像水平中轴线为中心进行镜像对换。设点 $P_0(x_0,y_0)$进行镜像后的对应点为 $P(x,y)$，图像高度为 f_H，宽度为 f_W，原图像中 $P_0(x_0,y_0)$经过垂直镜像后坐标将变为(x_0,f_H-y_0)，其代数表达式为

$$\left.\begin{aligned} x &= x_0 \\ y &= f_H - y_0 \end{aligned}\right\} \tag{3-27}$$

矩阵表达式为

$$\begin{bmatrix} x \\ y \\ 1 \end{bmatrix}=\begin{bmatrix} 1 & 0 & 0 \\ 0 & -1 & f_H \\ 0 & 0 & 1 \end{bmatrix}\begin{bmatrix} x_0 \\ y_0 \\ 1 \end{bmatrix} \tag{3-28}$$

设原图像的矩阵如式(3-28)所示，经过垂直镜像的图像，列的排列顺序保持不变，将原来的排列 $i=1,2,3,4,5$ 转换成 $i=5,4,3,2,1$，即

$$\boldsymbol{H}=\begin{bmatrix} f_{51} & f_{52} & f_{53} & f_{54} & f_{55} \\ f_{41} & f_{42} & f_{43} & f_{44} & f_{45} \\ f_{31} & f_{32} & f_{33} & f_{34} & f_{35} \\ f_{21} & f_{22} & f_{23} & f_{24} & f_{25} \\ f_{11} & f_{12} & f_{13} & f_{14} & f_{15} \end{bmatrix}$$

3. 图像对角镜像

图像对角镜像操作是将图像水平中轴线和垂直中轴线的交点为中心进行镜像对换。相当于将图像先后进行水平镜像和垂直镜像。设点 $P_0(x_0,y_0)$进行镜像后的对应点为 $P(x,y)$，图像高度为 f_H，宽度为 f_W，原图像中 $P_0(x_0,y_0)$经过对角镜像后坐标将变为(f_W-x_0,f_H-y_0)，其代数表达式为

$$\left.\begin{aligned} x &= f_W - x_0 \\ y &= f_H - y_0 \end{aligned}\right\} \tag{3-29}$$

矩阵表达式为

$$\begin{bmatrix} x \\ y \\ 1 \end{bmatrix} = \begin{bmatrix} -1 & 0 & f_W \\ 0 & -1 & f_H \\ 0 & 0 & 1 \end{bmatrix} \begin{bmatrix} x_0 \\ y_0 \\ 1 \end{bmatrix} \tag{3-30}$$

设原图像的矩阵如式(3-25)所示，经过对角镜像的图像，将原来的排列 $i=1,2,3,4,5$ 转换成 $i=5,4,3,2,1$，将原来的列排列 $j=1,2,3,4,5$ 转换成 $j=5,4,3,2,1$，即

$$\boldsymbol{H} = \begin{bmatrix} f_{55} & f_{54} & f_{53} & f_{52} & f_{51} \\ f_{45} & f_{44} & f_{43} & f_{42} & f_{41} \\ f_{35} & f_{34} & f_{33} & f_{32} & f_{31} \\ f_{25} & f_{24} & f_{23} & f_{24} & f_{21} \\ f_{15} & f_{14} & f_{13} & f_{12} & f_{11} \end{bmatrix}$$

【例 3-23】 利用 MATLAB 实现图像的水平、垂直及对角镜像变换。

```
>> clear all;
I1 = imread('xixiash.jpg');
I1 = double(I1);
subplot(2,2,1);imshow(uint8(I1));
title('原始图像');
H = size(I1);
I2(1:H(1),1:H(2),1:H(3)) = I1(H(1): - 1:1,1:H(2),1:H(3));               %垂直镜像
subplot(2,2,2);imshow(uint8(I2));
title('垂直镜像');
I3(1:H(1),1:H(2),1:H(3)) = I1(1:H(1),H(2): - 1:1,1:H(3));               %水平镜像
subplot(2,2,3);imshow(uint8(I3));
title('水平镜像');
I4(1:H(1),1:H(2),1:H(3)) = I1(H(1): - 1:1,H(2): - 1:1,1:H(3));          %对角镜像
subplot(2,2,4);imshow(uint8(I4));
title('对角镜像');
```

运行程序，效果如图 3-32 所示。

图 3-32　图像镜像变换

3.3.9　图像复合变换

利用齐次坐标，对给定的图像依次按一定顺序连续施行若干次基本变换，其变换的

矩阵仍然可以用 3×3 阶的矩阵表示，而且从数学上可以证明，复合变换的矩阵等于基本变换的矩阵按顺序依次相乘得到的组合矩阵。设对给定的图像依次进行了基本变换 F_1，F_2，…，F_N，它们的变换矩阵分别为 $\boldsymbol{T}_1$，$\boldsymbol{T}_2$，…，$\boldsymbol{T}_N$，则图像复合变换的矩阵 $\boldsymbol{T}$ 可以表示为：$\boldsymbol{T}=\boldsymbol{T}_N\boldsymbol{T}_{N-1}\cdots\boldsymbol{T}_1$。

1. 复合平移

设某个图像先平移到新的位置 $P_1(x_1,y_1)$后，再将图像平移到位置 $P_2(x_2,y_2)$的位置，则复合平移矩阵为

$$\boldsymbol{T}=\boldsymbol{T}_1\boldsymbol{T}_2=\begin{bmatrix}1 & 0 & x_1\\0 & 1 & y_1\\0 & 0 & 1\end{bmatrix}\begin{bmatrix}1 & 0 & x_2\\0 & 1 & y_2\\0 & 0 & 1\end{bmatrix}=\begin{bmatrix}1 & 0 & x_1+x_2\\0 & 1 & y_1+y_2\\0 & 0 & 1\end{bmatrix} \tag{3-31}$$

由此可见，尽管一些顺序的平移用到矩阵的乘法，但最后合成的平移矩阵，只需对平移常量作加法运算。

2. 复合比例

同样，对某个图像连续进行比例变换，最后合成的复合比例矩阵，只要对比例常量做乘法运算即可。复合比例矩阵为

$$\boldsymbol{T}=\boldsymbol{T}_1\boldsymbol{T}_2=\begin{bmatrix}a_1 & 0 & 0\\0 & d_1 & 0\\0 & 0 & 1\end{bmatrix}\begin{bmatrix}a_2 & 0 & 0\\0 & d_2 & 0\\0 & 0 & 1\end{bmatrix}=\begin{bmatrix}a_1a_2 & 0 & 0\\0 & d_1d_2 & 0\\0 & 0 & 1\end{bmatrix} \tag{3-32}$$

3. 复合旋转

类似地，对图像连续进行多次旋转变换，最后合成的旋转变换矩阵等于各次旋转角度之和。以包含两次旋转变换的复合旋转变换为例，其最后的变换矩阵如下：

$$\begin{aligned}\boldsymbol{T}=\boldsymbol{T}_1\boldsymbol{T}_2&=\begin{bmatrix}\cos\theta_1 & \sin\theta_1 & 0\\-\sin\theta_1 & \cos\theta_1 & 0\\0 & 0 & 1\end{bmatrix}\begin{bmatrix}\cos\theta_2 & \sin\theta_2 & 0\\-\sin\theta_2 & \cos\theta_2 & 0\\0 & 0 & 1\end{bmatrix}\\&=\begin{bmatrix}\cos(\theta_1+\theta_2) & \sin(\theta_1+\theta_2) & 0\\-\sin(\theta_1+\theta_2) & \cos(\theta_1+\theta_2) & 0\\0 & 0 & 1\end{bmatrix}\end{aligned} \tag{3-33}$$

以上均为相对于原点(图像中心)作比例、旋转等复合变换，如果要相对其他参考点进行以上变换，则要先进行平移，然后再进行其他基本变换，最后形成图像的复合变换。不同的复合变换，所包含的基本变换的数量和次序各不相同，但是无论其变换过程多么复杂，都可以分解成若干基本变换，都可以采用齐次坐标表示，且图像复合变换矩阵由一系列基本变换矩阵依次相乘而得到。

【例 3-24】 将载入的图像向下、向右平移，并用白色填充空白部分，再对其进行垂直镜像，然后旋转 30°，再缩小至 1/4。

```
>> clear all;
```

```
I = imread('peppers.png');
I = rgb2gray(I);
subplot(121);imshow(I);
title('原图像');
I = double(I);
B = zeros(size(I)) + 255;
H = size(I);
B(50 + 1:H(1),50 + 1:H(2)) = I(1:H(1) - 50,1:H(2) - 50);                    %右下平移变换
C(1:H(1),1:H(2)) = B(H(1): - 1:1,1:H(2));  %垂直镜像变换
D = imrotate(C,30,'nearest');              %旋转变换
E = imresize(D,0.25,'nearest');            %比例变换
subplot(122);imshow(uint8(E));
title('复合变换');
```

运行程序,效果如图 3-33 所示。

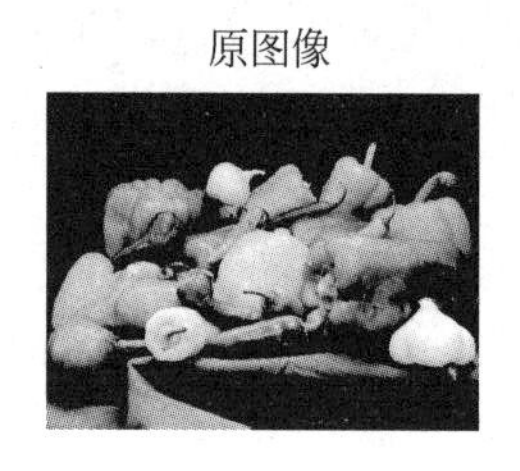

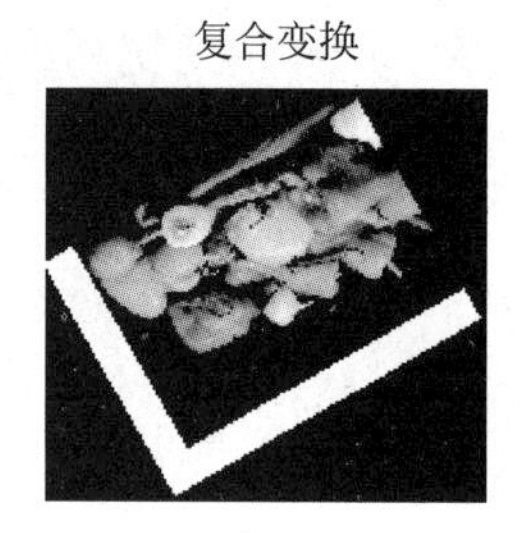

图 3-33　图像复合效果

3.4　邻域处理

对图像各像素进行处理时,不仅需要输入该像素本身的灰度,还要输入以该像素为中心的某局部区域(即邻域)中的一些像素的灰度进行运算的方式,称为邻域运算。由于邻域运算能将像素周围邻域内的像素状态反映在处理结果中,因而便于实现多种复杂图像的处理。

3.4.1　滑动邻域处理

滑动邻域操作每次在一个像素上进行。输出图像的每个像素值都是输入图像在这个像素的邻域内进行指定的运算得到的像素值。邻域是一个矩形块,在图像矩阵中从一个像素移到另一个像素时,邻域块向同一个方向滑动。

图 3-34 显示了一个 2×3 的邻域块在一个 6×5 的矩阵中滑动的情况,其中心像素用黑点标出。

中心像素是输入图像中要处理的像素。如果邻域的行数和列数都为奇数,则中心像素位于邻域的中心。如果邻域的行数和列数中有一个不为奇数,则中心像素为邻域中心偏左上的像素。

对于任何一个邻域矩阵,其中心像素的坐标是: Floor(([m,n]+1)/2),如对于一个 2×2 的邻域,其中心像素为左上角的像素。

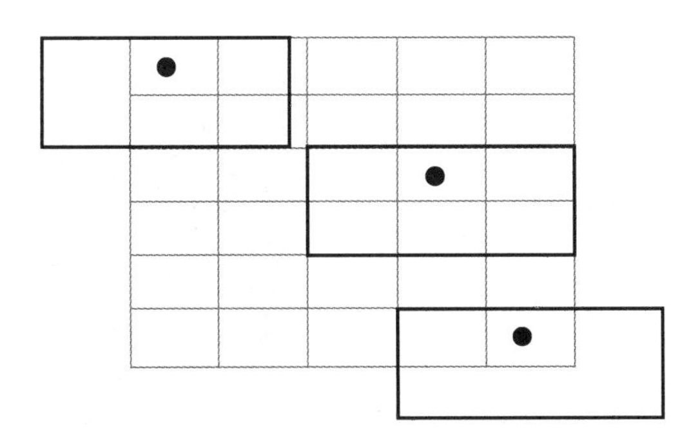

图 3-34 6×5 矩阵中 2×3 的邻域块

滑动邻域操作的一般算法为：

(1) 选择一个像素；

(2) 确定这个像素的邻域；

(3) 对邻域的像素值应用指定的函数进行计算，该函数要返回标量；

(4) 返回输出图像的像素值，其位置为输入图像邻域中的中心位置；

(5) 对图像中的每个像素重复上面 4 步操作。

其中指定的函数可以是求取像素平均值的操作，首先将邻域内图像的像素值加起来，然后除以邻域内像素的个数，最后将返回的值作为输出图像的值。

当中心像素位于图像边缘时，则对应邻域有可能包含部分不属于图像的像素，这时通常用多个“0”来填充图像边界。

MATLAB 中，提供了 nlfilter 函数来进行滑动邻域操作。函数的调用格式为：

(1) B = nlfilter(A, [m n], fun)，表示对图像 A 进行操作得到图像 B，其中，[m,n] 表示滑动邻域的大小为 m×n，参数 fun 为作用于图像邻域上的处理函数。函数 fun 的输入的大小为 m×n 矩阵，返回值为一个标量。假定 x 表示某一个图像邻域矩阵，c 表示函数 fun 的返回值，则有表达式 c=fun(x)，c 表示对应图像邻域 x 的中心像素的输出值。

(2) B = nlfilter(A, 'indexed',...)，把图像 A 作为索引色图像素处理，如果图像数据是 double 类型，则对其图像邻域进行填补(Padding)时，对图像以外的区域补“1”，而当图像数据为 uint8 类型时，用“0”填补空白区域。

【例 3-25】 利用 nlfilter 函数实现滑动邻域操作。

```
>> clear all;
A = imread('cameraman.tif');
A = im2double(A);
fun = @(x) median(x(:));
B = nlfilter(A,[3 3],fun);
subplot(121);imshow(A);
title('原始图像');
subplot(122); imshow(B);
title('邻域操作')
```

运行程序，效果如图 3-35 所示。

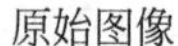

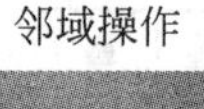

图 3-35　滑动邻域操作效果

3.4.2　分离块操作

在分离块操作中，把一个图像矩阵分成 m×n 块，这些分离块从图像的左上角无重叠地开始覆盖图像矩阵。如果这些分离块不能精确地匹配图像，那么图像矩阵将被 0 填充。

图 3-36 显示了一个 15×30 的图像矩阵被分成了 4×8 块，因此矩阵的最后一行和最后两列要被 0 填充，补 0 之后，图像矩阵的大小变为 16×32。

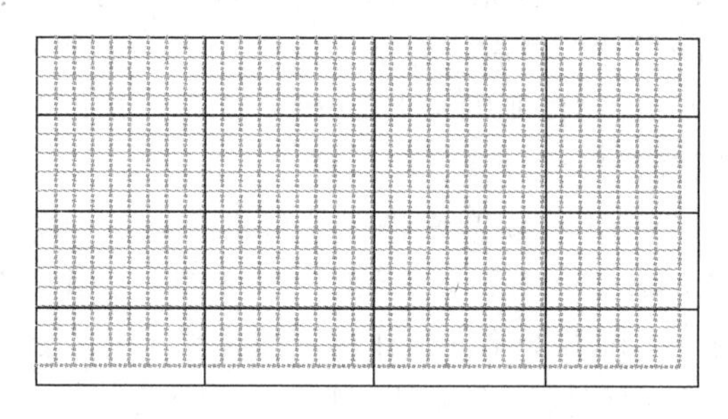

图 3-36　图像的分块处理

在 MATLAB 中，提供了 blkproc 函数对图像进行分离块操作。函数的调用格式为：

(1) B=blkproc(A,[m,n],fun)，对图像 A 的每个不同 m×n 块应用函数 fun 进行处理，需要时补“0”。fun 为运算函数，其形式为 y=fun(x)，可以是一个包含函数名的字符串，或表达式的字符串。另外，还可以将用户函数指定为一个嵌入式函数(即 inline 函数)。在这种情况下，出现在 blkproc 函数中的嵌入式函数不能带有任何引用标记。

(2) B=blkproc(A,[m,n],[mborder,nborder],fun)，指定图像的扩展边界 mborder 和 nborder，实际图像块大小为(m+2×mbroder)×(n+2×nbroder)。允许进行图像块操作时，各图像块之间有重叠。也就是说，在每个图像块进行操作时，可以为图像增加额外的行和列。当图像块有重叠时，blkproc 把扩展的图像块传递给自定义函数。

(3) B=blkproc(A,'indexed',...)，用对索引图像的块操作。

【例 3-26】 利用 blkproc 函数实现不同的块操作。

```
>> clear all;
I = imread('tire.tif');
fun = inline('std2(x) * ones(size(x))');
```

```
I1 = blkproc(I,[2,2],[2,2],fun);
subplot(2,2,1);imshow(I);
title('原始图像');
subplot(2,2,2);imshow(I1);
title('指定扩展边界图像');
I2 = blkproc(I,[2,2],fun);
subplot(2,2,3);imshow(I2);
title('不指定扩展边界图像');
I3 = blkproc(I,[5,5],fun);
subplot(2,2,4);imshow(I3);
title('划分为 5×5 块');
```

运行程序,效果如图 3-37 所示。

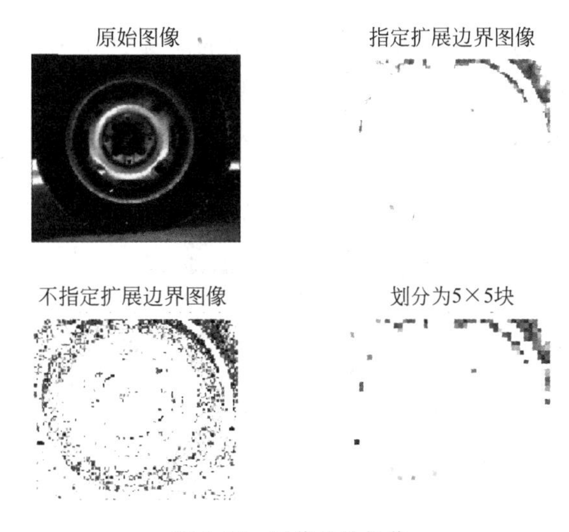

图 3-37 图像的块操作

3.4.3 快速邻域操作

当进行滑动邻域操作的时候,可以使用列处理来加快处理的速度。例如,在进行块操作计算每块的均值的时候,将这些块设置为列以后再进行计算,这样要快得多,因为可以直接调用 mean 函数计算这一列的均值,而不用多次调用 mean 函数来计算每一块的均值。

在 MATLAB 中,进行列处理的函数为 colfilt,函数可以实现以下操作:

(1) 将一个图像的滑动块或者分离块转化为一个临时矩阵的列。

(2) 使用指定的函数对临时矩阵进行操作。

(3) 把结果矩阵变为原来的形状。

在滑动邻域块操作中,colfilt 函数创建一个矩阵,矩阵的每一列对应于原始矩阵中的一个像素。

图 3-38 显示了滑动邻域操作创建临时矩阵的示意,其中,要处理的图像矩阵大小为 6×5,分块大小为 2×3,因此临时矩阵中总共有 30 列,每一列都有 6 个像素。

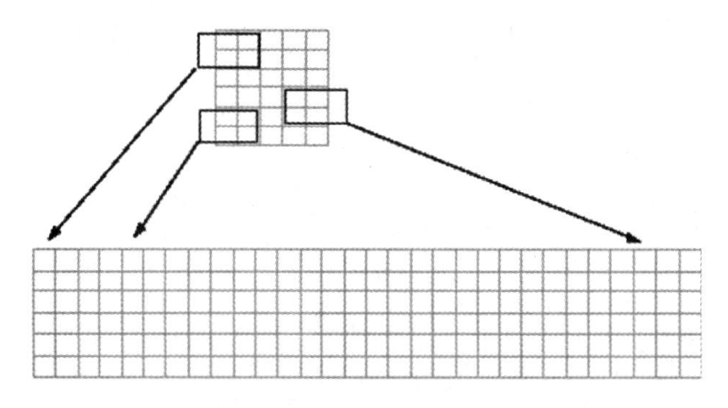

图 3-38　滑动邻域操作创建临时矩阵

在分离块操作中，colfilt 函数通过把图像中的每一块转化为一列来创建临时矩阵，图 3-39 显示了分离块操作创建临时矩阵的示意图，其中要进行操作的图像矩阵大小为 6×16，分块大小为 4×6，因为总共分成 6 块，所以临时矩阵中有 6 列，而每一列都有24 个像素。

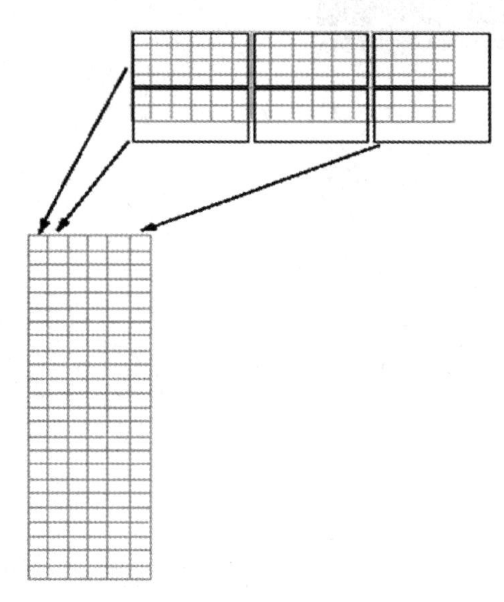

图 3-39　分离块操作创建临时矩阵

colfilt 函数的调用格式为：

(1) B = colfilt(A,[m n],block_type,fun)，实现快速邻域操作，图像块的尺寸为 m×n，block_type 为指定块的移动方式，即当'distinct'时，图像不重叠；当为'sliding'时，图像块滑动。fun 参数为运算函数，其形式为 y=fun(x)。

(2) B = colfilt(A,[m n],[mblock nblock],block_type,fun)，为节省内存按 mblock×nblock 的图像块对图像 A 进行块操作。

(3) B = colfilt(A,'indexed',...)，将 A 作为索引图像处理，如果 A 的数据类型为 uint8 或 uint16 时就用 0 填充，如果 A 的数据类型为 double 或 single 时就用 1 填充。

【例 3-27】 利用 colfilt 函数对图像进行分离块操作。

```
>> clear all;
I = im2double(imread('tire.tif'));
f1 = @(x) ones(64,1) * mean(x);
f2 = @(x) ones(64,1) * max(x);
f3 = @(x) ones(64,1) * min(x);
I1 = colfilt(I,[8 8],'distinct',f1);
I2 = colfilt(I,[8 8],'distinct',f2);
I3 = colfilt(I,[8 8],'distinct',f3);
subplot(2,2,1);imshow(I);
title('原始图像');
subplot(2,2,2);imshow(I1);
title('处理函数为 mean');
subplot(2,2,3);imshow(I2);
title('处理函数为 max');
subplot(2,2,4);imshow(I3);
title('处理函数为 min');
```

运行程序，效果如图 3-40 所示。

原始图像

处理函数为mean

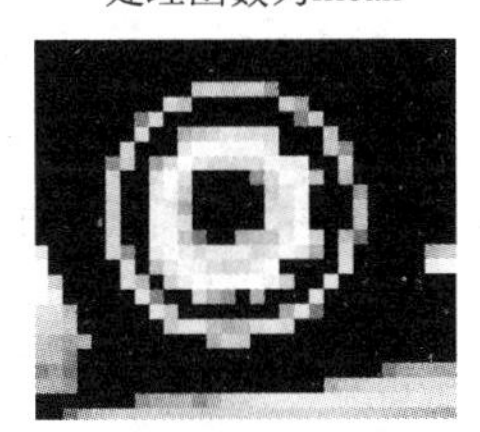

处理函数为max

处理函数为min

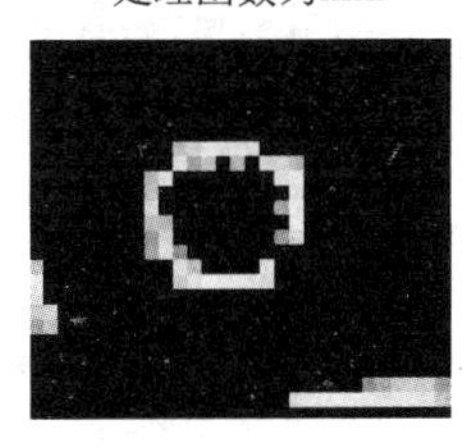

图 3-40　图像的分离块操作

第4章 数字图像的变换

在计算机图像处理中，所谓图像变换就是为达到图像处理的某种目的而使用的一种数学技巧。图像函数经过变换后处理起来较变换前更加简单和方便。由于这种变换是对图像函数而言的，所以称为图像变换。现在研究的图像变换基本上都是正交变换，正交变换可以减少图像数据的相关性，获取图像的整体特点，有利于用较少的数据量表示原始图像。这对图像的分析、存储以及传输都是非常有意义的。

4.1 傅里叶变换

傅里叶变换是最简单的正交变换，它是理解其他变换的基础，同时也是应用最广泛的一种正交变换。傅里叶变换建立了从时间域到频率域的桥梁，而傅里叶反变换则建立了从频率域到时间域的桥梁。

图像的二维傅里叶变换在图像处理，尤其是在图像增强、图像分析、图像恢复和图像压缩中发挥着重要的作用。

4.1.1 傅里叶变换的物理意义

从纯粹的数学意义上看，傅里叶变换是将一个图像函数转换为一系列周期函数来处理的；从物理意义看，傅里叶变换是将图像从空间域转换到频率域，其逆变换是将图像从频率域转换到空间域。换句话来说，傅里叶变换的物理意义是将图像的灰度分布函数变换为图像的频率分布函数，傅里叶逆变换是将图像的频率分布函数变换为灰度分布函数。实际上，对图像进行二维傅里叶变换得到的频谱图，就是图像梯度的分布图，傅里叶频谱图上看到的明暗不一的点，反映图像上某一点与邻域点差异的大小，即梯度的大小，也即该点的频率大小。如果频谱图中暗的点数更多，那么实际图像是比较柔和的；反之，如果频谱图中亮的点数多，那么实际图像一定是尖锐的，边界分明且边界两边像素差异较大。

4.1.2 傅里叶变换的定义

傅里叶变换主要分为一维连续傅里叶变换、一维离散傅里叶变换、二维连续傅里叶变换、二维离散傅里叶变换等。

1. 一维连续傅里叶变换

假设函数 $f(x)$为实变量,且在$(-\infty,+\infty)$内绝对可积,则 $f(x)$的傅里叶变换定义如下:

$$F(u)=\int_{-\infty}^{+\infty} f(x)e^{-2j\pi ux}\,\mathrm{d}x$$

假设 $F(u)$可积,求 $f(x)$的傅里叶反变换定义为:

$$f(x)=\int_{-\infty}^{+\infty} F(u)e^{2j\pi ux}\,\mathrm{d}u$$

在积分区间内,$f(x)$必须满足只有有限个第一类间断点、有限个极值点和绝对可积的条件,并且 $F(u)$也是可积的。正、反傅里叶变换称为傅里叶变换对,是可逆的。正、反傅里叶变换的唯一区别是幂的符号。$F(u)$为一个复函数,由实部和虚部构成:

$$F(u)=R(u)+\mathrm{j}I(u) \tag{4-1}$$

由于 $F(u)$为复函数,根据复数的特点,可以知道复数的模与实部和虚部的关系:

$$|F(u)|=\sqrt{[R(u)^2+I(u)^2]} \tag{4-2}$$

复数在实平面上的向量角与实部和虚部的关系为:

$$\theta(u)=\arctan\left[\frac{I(u)}{R(u)}\right] \tag{4-3}$$

其中,$|F(u)|$称为 $f(x)$的振幅谱或傅里叶谱。$F(u)$称为 $f(x)$的幅值谱,$\theta(u)$称为 $f(x)$的相位谱。$E(u)=F^2(u)$,$E(u)$称为 $f(x)$的能量谱。

2. 一维离散傅里叶变换

对于有限长序列 $f(x)$,$x=0,1,\cdots,N-1$,定义一维离散傅里叶变换对如下:

$$F(u)=\mathrm{DFT}[f(x)]=\sum_{x=0}^{N-1} f(x)W^{ux},\quad u=0,1,\cdots,N-1 \tag{4-4}$$

$$f(x)=\mathrm{IDFT}[F(u)]=\frac{1}{N}\sum_{u=0}^{N-1} F(u)W^{-ux},\quad x=0,1,\cdots,N-1 \tag{4-5}$$

其中,$W=e^{-\mathrm{j}\frac{2\pi}{N}}$,称为变换核。由式(4-4)可见,给定序列 $f(x)$,可以求出其傅里叶谱 $F(u)$;反之由傅里叶谱 $F(u)$也可以求出 $f(x)$。离散傅里叶变换对可以简记为

$$f(x)\leftrightarrow F(u) \tag{4-6}$$

离散傅里叶变换的矩形形式为:

$$\begin{bmatrix} F(0) \\ F(1) \\ \vdots \\ F(N-1) \end{bmatrix}=\begin{bmatrix} W^0 & W^0 & W^0 & \cdots & W^0 \\ W^0 & W^{1\times1} & W^{2\times1} & \cdots & W^{(N-1)\times1} \\ \vdots & \vdots & \vdots & \vdots & \vdots \\ W^0 & W^{1\times(N-1)} & W^{2\times(N-1)} & \cdots & W^{(N-1)\times(N-1)} \end{bmatrix}\begin{bmatrix} f(0) \\ f(1) \\ \vdots \\ f(N-1) \end{bmatrix} \tag{4-7}$$

$$\begin{bmatrix} f(0) \\ f(1) \\ \vdots \\ f(N-1) \end{bmatrix} = \begin{bmatrix} W^0 & W^0 & W^0 & \cdots & W^0 \\ W^0 & W^{-1\times1} & W^{-2\times1} & \cdots & W^{-(N-1)\times1} \\ \vdots & \vdots & \vdots & \vdots & \vdots \\ W^0 & W^{-1\times(N-1)} & W^{-2\times(N-1)} & \cdots & W^{-(N-1)\times(N-1)} \end{bmatrix} \begin{bmatrix} F(0) \\ F(1) \\ \vdots \\ F(N-1) \end{bmatrix} \quad (4\text{-}8)$$

3. 二维连续傅里叶变换

从一维傅里叶变换容易推广到二维傅里叶变换。

假设 $f(x,y)$ 为实变量，并且 $E(u,v)$ 可积，则存在以下傅里叶变换对，其中，u、v 为频率变量。

$$F(u,v) = \int_{-\infty}^{+\infty}\int_{-\infty}^{+\infty} f(x,y)\mathrm{e}^{-\mathrm{j}2\pi(ux+vy)}\,\mathrm{d}x\mathrm{d}y \quad (4\text{-}9)$$

其逆变换为

$$f(x,y) = \int_{-\infty}^{+\infty}\int_{-\infty}^{+\infty} F(u,v)\mathrm{e}^{\mathrm{j}2\pi(ux+vy)}\,\mathrm{d}u\mathrm{d}v \quad (4\text{-}10)$$

与一维傅里叶变换一样，二维傅里叶变换可写为如下形式：

振幅谱

$$|F(u,v)| = \sqrt{[R^2(u,v) + I^2(u,v)]} \quad (4\text{-}11)$$

相位谱

$$\theta(u) = \arctan\left[\frac{I(u,v)}{R(u,v)}\right] \quad (4\text{-}12)$$

能量谱

$$p(u,v) = |F(u,v)|^2 = [R^2(u,v) + I^2(u,v)] \quad (4\text{-}13)$$

幅值谱表明各正弦分量出现了多少，而相位谱信息表明各正弦分量在图像中出现的位置。对于整幅图像来说，只要各正弦分量保持原相位，幅值就不那么重要。所以大多数实用滤波器都只能影响幅值，而几乎不改变相位信息。

4. 二维离散傅里叶变换

一幅静止的数字图像可以看成二维数据阵列，因此，数字图像处理主要是二维数据处理。一维的 DFT 和 FFT 是二维离散信号处理的基础。

将一维离散傅里叶变换推广到二维，则二维离散傅里叶变换对定义为

$$F[f(x,y)] = F(u,v) = \frac{1}{MN}\sum_{x=0}^{M-1}\sum_{y=0}^{N-1} f(x,y)\mathrm{e}^{-j2\pi\left(\frac{ux}{M}+\frac{vy}{N}\right)} \quad (4\text{-}14)$$

$$F^{-1}[F(u,v)] = f(x,y) = \sum_{x=0}^{M-1}\sum_{y=0}^{N-1} F(u,v)\mathrm{e}^{\mathrm{j}2\pi\left(\frac{ux}{M}+\frac{vy}{N}\right)} \quad (4\text{-}15)$$

式中：$u,x=0,1,2,\cdots,M-1$；$v,y=0,1,2,\cdots,N-1$；x,y 为时域变量；u,v 为频域变量。

同一维离散傅里叶变换一样，系数 $1/MN$ 可以在正变换或逆变换中。也可以在正变换和逆变量前分别乘以 $1/\sqrt{MN}$，只要两式系数的乘积等于 $1/MN$ 即可。

二维离散函数的复数形式、指数形式、振幅、相角、能量谱的表示类似于二维连续函

数相应的表达式。

下面通过一个矩形函数来帮助读者加深对二维傅里叶变换的理解。函数 $f(m,n)$ 只在矩形中心区域，取值为 1，其他区域取值为 0，为了简单起见，将 $f(m,n)$ 显示为连续形式，如图 4-1 所示。

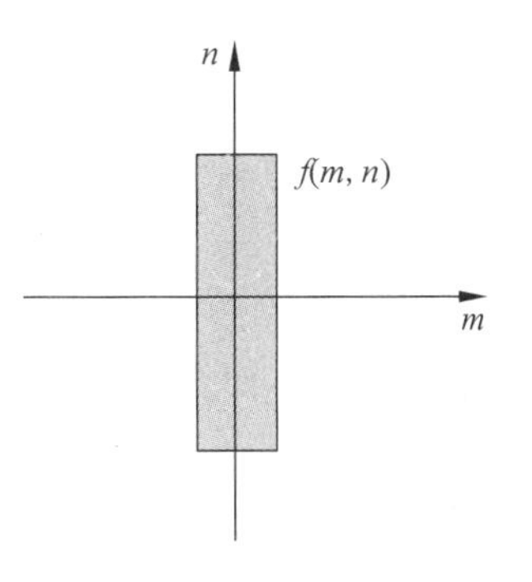

图 4-1　矩形函数

图 4-2 显示了其二维离散傅里叶变换后的振幅谱，其中的最大值是 $F(0,0)$，是 $f(m,n)$ 所有元素的和。从图中可以看出高频部分水平方向的能量比垂直方向的能量更高，这是因为水平方向为窄脉冲，垂直方向为宽脉冲，窄脉冲比宽脉冲含有更多的高频成分。

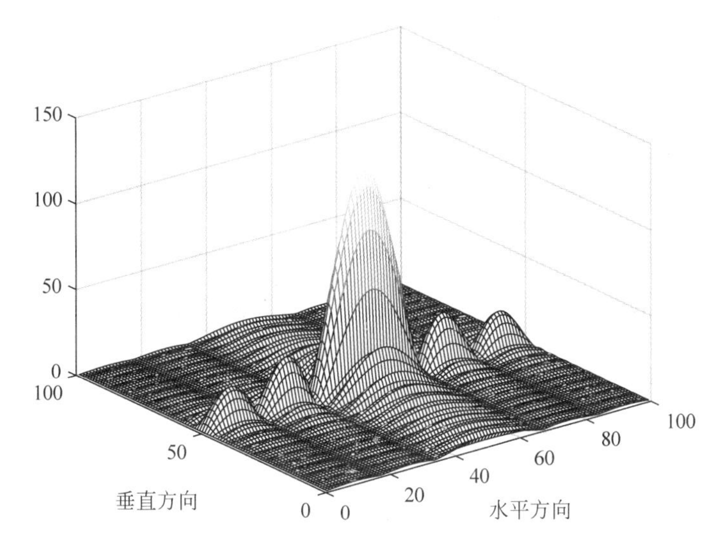

图 4-2　矩形函数的二维傅里叶变换振幅谱

另一种显示二维傅里叶变换的方法是将 $\log|F(u,v)|$ 作为像素值，使用不同颜色表示像素值的大小，如图 4-3 所示。

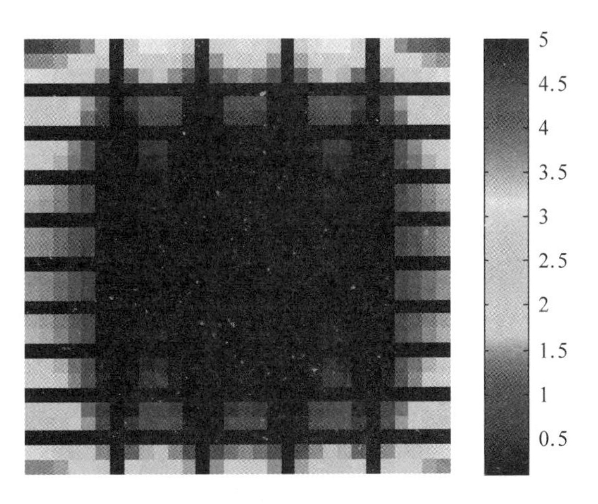

图 4-3　傅里叶变换幅度的对数显示

4.1.3　二维离散傅里叶变换的性质

离散傅里叶变换建立了函数在空间域与频率域之间的转换关系，把空间域难以显示的特征在频率域中十分清楚地显示出来。在数字图像处理中，经常需要利用这种转换关系和规律。下面介绍二维离散傅里叶变换的基本性质。

1. 可分离性

如果图像函数 $f(x,y)$的傅里叶变换为 $F(u,v)$，图像函数 $g(x,y)$的傅里叶变换为 $G(u,v)$，则图像函数 $h(x,y)=f(x,y)\cdot g(x,y)$，它的傅里叶变换 $H(u,v)=F(u,v)\cdot G(u,v)$。

2. 线性

如果图像函数 $f_1(x,y)$的傅里叶变换为 $F_1(u,v)$，图像函数 $f_2(x,y)$的傅里叶变换函数为 $F_2(u,v)$，则 $af_1(x,y)+bf_2(x,y)$的傅里叶变换为 $aF_1(u,v)+bF_2(u,v)$。

3. 共轭对称性

如果 $f(x,y)$是实函数，则它的傅里叶变换具有共轭对称性

$$F(u,v) = F^*(-u,-v)$$

$$|F(u,v)| = |F(-u,-v)|$$

式中，$F^*(u,v)$是 $F(u,v)$的复共轭。

4. 位移性

如果图像函数 $f(x,y)$的傅里叶变换为 $F(u,v)$，则 $f(x-x_0,y-y_0)$的傅里叶变换为 $F(u,v)\mathrm{e}^{-\mathrm{j}2\pi(ux_0+vy_0)/N}$，$f(x,y)\mathrm{e}^{\mathrm{j}2\pi(u_0x+v_0y)/N}$的傅里叶变换为 $F(u-u_0,v-v_0)$。

5. 尺度变换性

如果图像函数 $f(x,y)$的傅里叶变换为 $F(u,v)$，则图像函数 $f(ax,by)$的傅里叶变换为$\frac{1}{|ab|}F\left(\frac{u}{a},\frac{v}{b}\right)$。

6. 周期性

傅里叶变换和反变换均以 N 为周期，即

$$F(u,v) = F(u+N,v) = F(u,v+N) = F(u+N,v+N)$$

傅里叶变换的周期性表明，尽管 $F(u,v)$对无穷多个 u 和 v 的值重复出现，但只需根据任意周期内的 N 个值就可以从 $F(u,v)$得到 $f(x,y)$。也就是说，只需一个周期内的变换就可以将 $F(u,v)$完全确定。这一性质对于 $f(x,y)$在空域里也同样成立。

7. 旋转不变性

如果引入极坐标，使

$$\begin{cases} x = r\cos\theta \\ y = r\cos\theta \end{cases} \quad \begin{cases} u = \omega\cos\varphi \\ v = \omega\cos\varphi \end{cases}$$

则 $f(x,y)$和 $F(u,v)$分别表示为 $f(r,\theta)$,$F(\omega,\varphi)$。

在极坐标中,存在以下的变换对

$$f(r,\theta+\theta_0) \Leftrightarrow F(\omega,\varphi+\theta_0)$$

上式表明,如果 $f(x,y)$在空域旋转 θ_0 角度,则相应的傅里叶变换 $F(u,v)$在频域上也旋转同一角度 θ_0。

8. 卷积性

如果图像函数 $f(x,y)$的傅里叶变换为 $F(u,v)$,图像函数 $g(x,y)$的傅里叶变换为 $G(u,v)$,则图像函数 $h_1(x,y)=f(x,y)*g(x,y)$,它的傅里叶变换 $H_1(u,v)=F(u,v)\cdot G(u,v)$;图像函数 $h_2(x,y)=f(x,y)\cdot g(x,y)$,它的傅里叶变换 $H_2(u,v)=F(u,v)*G(u,v)$。

4.1.4 傅里叶变换的实现

MATLAB 中,通过 fft 函数进行一维离散傅里叶变换,通过 ifft 函数进行一维离散傅里叶反变换。这两个函数可通过 MATLAB 帮助文档了解用法。MATLAB 同时提供了 fft2 函数进行二维离散傅里叶变换,fft 函数与 fft2 函数的关系为 fft2(X)=fft(fft(X).').'。fft2 函数与 ifft2 函数的调用格式为:

(1) Y = fft2(X),返回二维离散傅里叶变换,结果 Y 和 X 的大小相同。其等价于变换形式 fft(fft(X).').'。

(2) Y = fft2(X,m,n),在变换前,把 X 截断或者添加 0 成 m×n 的数组,返回结果大小为 m×n。

(3) Y = ifft2(X),运用快速傅里叶逆变换(IFFT)算法,计算矩阵 X 的二维离散傅里叶逆变换值 Y。Y 与 X 的维数相同。

(4) Y = ifft2(X,m,n),计算矩阵 X 的二维离散傅里叶逆变换矩阵 Y。在变换前先将 X 补零到 m×n 矩阵。如果 m 或 n 比 X 的维数小,则将 X 截短。Y 的维数为 m×n。

(5) y = ifft2(..., 'symmetric'),强制认为矩阵 X 为共轭对称矩阵计算矩阵 X 的二维离散傅里叶逆变换值 Y。

(6) y = ifft2(..., 'nonsymmetric'),不强制认为矩阵 X 为共轭对称矩阵 X 的二维离散傅里叶逆变换值 Y。

【例 4-1】 实现图像的傅里叶变换。

```
>> clear all;
I = imread('cameraman.tif');              % 导入图像
subplot(131);imshow(I);
title('原始图像');
J = fft2(I);                               % 图像傅里叶变换
subplot(132);imshow(J);
title('傅里叶变换后图像');
```

```
K = ifft2(J)/255;                          %傅里叶逆变换
subplot(133);imshow(K);
title('傅里叶逆变换后图像')
```

运行程序,效果如图 4-4 所示。

图 4-4　图像的傅里叶变换

在 MATLAB 中,可以通过 fftshift 函数将变换后的坐标原点移到频谱图窗口中央,坐标原点是低频,向外是高频。函数 fftshift 的调用格式为:

(1) Y = fftshift(X),把 fft 函数、fft2 函数和 fftn 函数输出的结果的零频率部分移到数组的中间。对于观察傅里叶变换频谱中间零频率部分十分有效。对于向量,fftshift(X)把 X 左右部分交换一下;对于矩阵,fftshift(X)把 X 的的一、三象限和二、四象限交换;对于高维数组,fftshift(X)在每维交换 X 的半空间。

(2) Y = fftshift(X,dim),把 fftshift 操作应用到 dim 维上。

【例 4-2】 图像变亮后进行傅里叶变换。

```
>> clear all;
I = imread('peppers.png');
J = rgb2gray(I);                           %将彩色图像转换为灰度图像
J = J * exp(1);                            %变亮
J(find(J > 255)) = 255;
K = fft2(J);                               %傅里叶变换
K = fftshift(K);                           %平移
L = abs(K/256);
figure;
subplot(121);imshow(J);
title('变亮后的图像');
subplot(122);imshow(uint8(L)); %频谱图
title('频谱图');
```

运行程序,效果如图 4-5 所示。

图 4-5　灰度图像变亮后进行傅里叶变换

4.1.5 傅里叶变换的应用

通过傅里叶变换将图像从时域转换到频域，然后进行相应的处理，例如滤波和增强等，然后再通过傅里叶变换将图像从频域转移到时域。

1. 在图像特征定义中的应用

傅里叶变换可以用于与卷积相关联的运算(correlation)。在数字图像处理中的相关运算通常用于匹配模板，可以用于对某些模板对应的特征进行定位。

【例 4-3】 假如希望在图像 text. tif 中定位字母“a”，如图 4-6(a)所示，可以采用下面的方法定位。

解析：将包含字母“a”的图像与图像 text. png 进行相关运算，也就是对字母“a”的图像和图像 text. png 进行傅里叶变换，然后利用快速卷积的方法，计算字母“a”和图像 text. png 的卷积，提取卷积运算的峰值，即得到在图像 text. png 中对应字母“a”的定位结果。

```
>> clear all;
bw = imread('text.png');
a = bw(32:45,88:98);
subplot(1,2,1),imshow(bw);
title('原始图像');
subplot(1,2,2),imshow(a);
title('模板图像')
```

运行程序，效果如图 4-6 所示。

原始图像

The term watershed
refers to a ridge that ...
... divides areas
drained by different
river systems.

模板图像

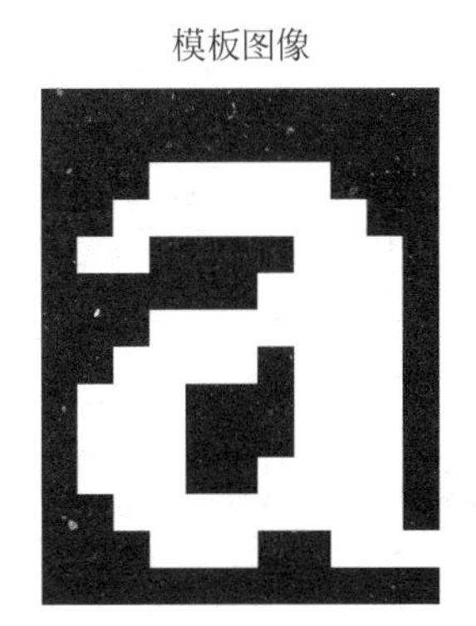

图 4-6 在图形中定位字母“a”

将模板“a”和 tcxt. png 图进行相关运算，就是先分别对其作快速傅里叶变换，然后利用快速卷积的方法，计算模板和 text. png 的卷积，如图 4-7 所示，并提取卷积运算结果的最大值，即图 4-7 右图中所示的白色亮点，即得到图像 text. png 中字母“a”的定位结果。

```
>> clear all;
bw = imread('text.png');
a = bw(32:45,88:98);                    %从图像中提取字母"a"
```

```
C = real(ifft2(fft2(bw). * fft2(rot90(a,2),256,256)));
subplot(121),imshow(C,[]);
title('模板与卷积')
max(C(:))
thresh = 60                                    % 设定门限
subplot(122),imshow(C > thresh)
title('a 字母定位')
```

运行程序,输出如下,效果如图 4-7 所示。

```
ans =
    68
thresh =
    60
```

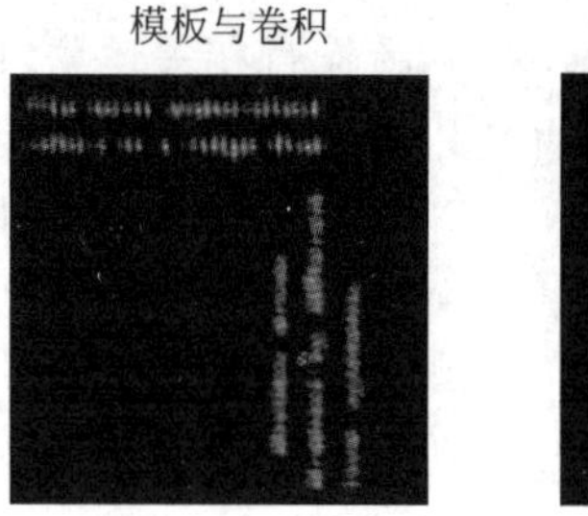

图 4-7　字符 a 的识别效果

2. 在滤波器中的应用

巴特沃斯低通滤波器的公式为

$$H(u,v)=\frac{1}{1+[D(u,v)/D_0]^{2n}}$$

其中,D_0 为截止频率,$D(u,v)=\sqrt{u^2+v^2}$。由于进行了中心化,频率的中心为$\left(\frac{M}{2},\frac{N}{2}\right)$,因此 $D(u,v)=\left[\left(u-\frac{M}{2}\right)^2+\left(v-\frac{N}{2}\right)^2\right]^{\frac{1}{2}}$。参数 n 为巴特沃斯滤波器的阶数,n 越大滤波器的形状越陡峭。

巴特沃斯高通滤波器的公式为

$$H(u,v)=\frac{1}{1+[D_0/D(u,v)]^{2n}}$$

其参数的意义和巴特沃斯低通滤波器相同。

【例 4-4】 对图像进行巴特沃斯低通滤波器。

```
>> clear all;
I = imread('cameraman.tif');
I = im2double(I);
J = fftshift(fft2(I));                         % 傅里叶变换和平移
[x,y] = meshgrid( - 128:127, - 128:127); % 产生离散数据
z = sqrt(x.^2 + y.^2);
D1 = 10;D2 = 35;                               % 滤波器的截止
```

```
n = 6;                                  % 滤波器的阶数
H1 = 1./(1 + (z/D1).^(2 * n));          % 滤波器
H2 = 1./(1 + (z/D2).^(2 * n));
K1 = J. * H1;
K2 = J. * H2;
L1 = ifft2(ifftshift(K1));              % 傅里叶反变换
L2 = ifft2(ifftshift(K2));
subplot(131);imshow(I);
title('原始图像');
subplot(132);imshow(L1);                % 显示截频频率为 10Hz
title('巴特沃斯低通滤波器');
subplot(133);imshow(L2);                % 截频频率为 35Hz
title('巴特沃斯低通滤波器');
```

运行程序,效果如图 4-8 所示。

原始图像

巴特沃斯低通滤波器

巴特沃斯低通滤波器

图 4-8 图像的巴特沃斯低通滤波效果

在程序中读入灰度图像,接着对图像进行二维离散傅里叶变换和平移,然后设计巴特沃斯低通滤波器,在频域对图像进行滤波,最后进行二维离散傅里叶反变换。

【例 4-5】 对图像进行巴特沃斯高通滤波器。

```
>> clear all;
I = imread('cameraman.tif');
I = im2double(I);
J = fftshift(fft2(I));                  % 傅里叶变换和平移
[x,y] = meshgrid( - 128:127, - 128:127); % 产生离散数据
z = sqrt(x.^2 + y.^2);
D1 = 10;D2 = 35;                        % 滤波器的截止
n1 = 4; n2 = 8                          % 滤波器的阶数
H1 = 1./(1 + (D1./z).^(2 * n1));        % 滤波器
H2 = 1./(1 + (D2./z).^(2 * n2));
K1 = J. * H1;
K2 = J. * H2;
L1 = ifft2(ifftshift(K1));              % 傅里叶反变换
L2 = ifft2(ifftshift(K2));
subplot(131);imshow(I);
title('原始图像');
subplot(132);imshow(L1);                % 显示截频频率为 10Hz
title('巴特沃斯低通滤波器');
subplot(133);imshow(L2);                % 截频频率为 35Hz
title('巴特沃斯低通滤波器');
```

运行程序,效果如图 4-9 所示。

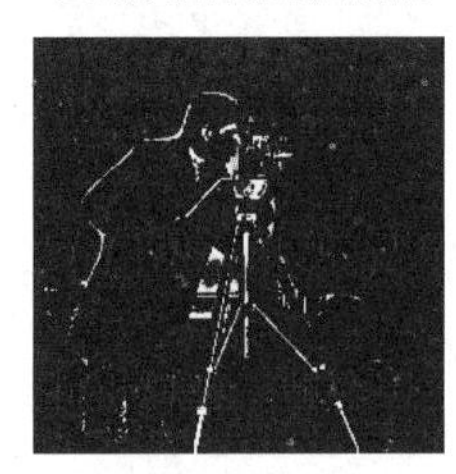

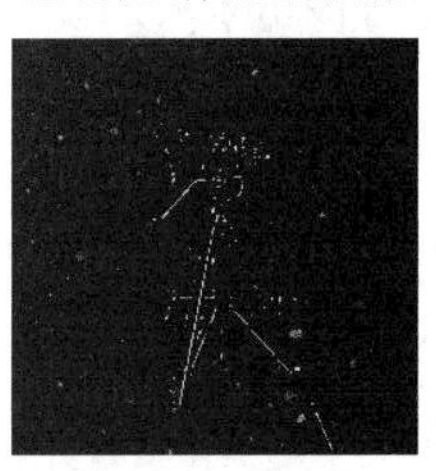

图 4-9　图像的巴特沃斯高通滤波效果

在程序中读入灰度图像，接着对图像进行二维离散傅里叶变换和平移，然后设计巴特沃斯高通滤波器，通过频域的相乘进行滤波，最后进行二维离散傅里叶反变换。

4.2　离散余弦变换

离散余弦变换(discrete cosine transform，DCT)是以一组不同频率和幅值的余弦函数和来近似一幅图像，实际上是傅里叶变换的实数部分。离散余弦变换有一个重要的性质，即对于一幅图像，其大部分可视化信息都集中在少数的变换系数上。

如果一个函数 $f(x)$为偶函数，即 $f(x)=f(-x)$，此函数的傅里叶变换为

$$\begin{aligned}F(u) &= \int_{-\infty}^{+\infty} f(x)e^{-j2\pi ux}\,dx \\ &= \int_{-\infty}^{+\infty} f(x)\cos(2\pi ux)\,dx - j\int_{-\infty}^{+\infty} f(x)\sin(2\pi ux)\,dx \\ &= \int_{-\infty}^{+\infty} f(x)\cos(2\pi ux)\,dx\end{aligned}$$

因为虚部的被积项为奇函数，因此傅里叶变换的虚数项为零，由于变换后的结果仅含有余弦项，因此称为余弦变换。其实，余弦变换是傅里叶变换的特例。

1. 一维离散余弦变换

离散余弦变换也是一种可分离变换，设$\{f(x)\mid x=0,1,\cdots,N-1\}$为离散的信号序列，一维离散余弦变换对定义如下：

$$C(u) = a(u)\sum_{x=0}^{N-1} f(x)\cos\frac{(2x+1)u\pi}{2N}, \quad (u=0,1,2,\cdots,N-1) \tag{4-16}$$

$$f(x) = \sum_{u=0}^{N-1} a(u)C(u)\cos\frac{(2x+1)u\pi}{2N}, \quad (x=0,1,2,\cdots,N-1) \tag{4-17}$$

式中

$$a(u) = \begin{cases}\sqrt{1/N}, & u=0 \\ \sqrt{2/N}, & u\neq 0\end{cases} \tag{4-18}$$

由一维离散余弦变换对的定义式可以看出，其正反变换核均为

$$g(x,u) = h(x,u) = a(u)\cos\frac{(2x+1)u\pi}{2N}, \quad (x,u=0,1,2,\cdots,N-1) \tag{4-19}$$

可见，一维 DCT 的逆变换核与正变换核是相同的。

2. 二维离散余弦变换

考虑两个变量，很容易将一维 DCT 的定义推广到二维 DCT。

设 $f(x,y)$为 $N\times N$ 的数字图像矩阵，则二维 DCT 变换对定义如下：

$$C(u,v)=a(u)a(u)\sum_{x=0}^{N-1}\sum_{y=0}^{N-1}f(x,y)\cos\frac{(2x+1)u\pi}{2N}\cos\frac{(2y+1)v\pi}{2N} \tag{4-20}$$

式中，$u,v=0,1,2,\cdots,N-1$。

$$f(x,y)=\sum_{u=0}^{N-1}\sum_{v=0}^{N-1}a(u)a(u)C(u,v)\cos\frac{(2x+1)u\pi}{2N}\cos\frac{(2y+1)v\pi}{2N} \tag{4-21}$$

式中，$x,y=0,1,2,\cdots,N-1$。

由二维离散余弦变换的定义式可以看出，其正、反变换核为

$$g(x,y,u,v)=h(x,y,u,v)=a(u)a(v)\frac{(2x+1)u\pi}{2N}\cos\frac{(2x+1)v\pi}{2N} \tag{4-22}$$

式中，$a(u)$和 $a(v)$的定义同式(4-17)。

由此可知，DCT 的变换核具有可分离性，而且二维 DCT 的正反变换核是相同的。

与变换核为复指数的 DFT 相比，由于 DCT 的变换核是实数的余弦函数，因此 DCT 的计算速度更快，已广泛应用于数字信号处理，如图像压缩编码、语音信号处理等方面。

3. 快速离散余弦变换

关于 DCT 的快速算法已经有多种方案，一种典型的算法就是利用 FFT。

一维 DCT 与 DFT 具有相似性，重写 DCT 如下：

$$C(0)=\frac{1}{\sqrt{N}}\sum_{x=0}^{N-1}f(x) \tag{4-23}$$

$$\begin{aligned}C(u)&=\sqrt{\frac{2}{N}}\mathrm{Re}\left\{\left[\exp\left(-\mathrm{j}\,\frac{u\pi}{N}\right)\right]\times\left[\sum_{x=0}^{2N-1}f_{\mathrm{e}}(x)\exp\left(-\mathrm{j}\,\frac{2xu\pi}{2N}\right)\right]\right\}\\&=\sqrt{\frac{2}{N}}\mathrm{Re}\left\{\mathrm{e}^{-\mathrm{j}\frac{u\pi}{N}}\left[\sum_{x=0}^{2N-1}f_{\mathrm{e}}(x)\exp\left(-\mathrm{j}\,\frac{2xu\pi}{2N}\right)\right]\right\}\\&=\sqrt{\frac{2}{N}}\mathrm{Re}\left\{w^{\frac{u}{2}}\sum_{x=0}^{2N-1}f_{\mathrm{e}}(x)w^{ux}\right\}\end{aligned} \tag{4-24}$$

式中，$w=\mathrm{e}^{-\mathrm{j}\frac{2\pi}{2N}}$，$f_{\mathrm{e}}(x)=\begin{cases}f(x), & x=0,1,2,\cdots,N-1\\0, & x=N,N+1,\cdots,2N-1\end{cases}$

对比 DFT 的定义可以看出，将序列拓展之后，DFT 的实部对应 DCT，而虚部对应离散正弦变换，因此可以利用 FFT 实现 DCT。这种方法的缺点是将序列拓展了，增加了一些不必要的计算量，此外这种处理也容易造成误解。其实，DCT 是独立发展的，并不是源于 DFT 的。

4. 离散余弦变换的 MATLAB 实现

MATLAB 中,提供了 dct 函数进行一维离散余弦变换,采用 idct 函数进行一维离散余弦反变换,这两个函数的使用可参考 MATLAB 帮助文档;通过 dct2 函数进行二维离散余弦变换,idct2 进行二维离散余弦反变换。函数的调用格式为:

(1) B = dct2(A),返回图像 A 的二维离散余弦变换值,它的大小与 A 相同,且各元素为离散余弦变换的系数 B(k1,k2)。

(2) B = dct2(A,m,n)或 B = dct2(A,[m n]),在对图像 A 进行二维离散余弦变换前,先将图像 A 补零到 m×n。如果 m 和 n 比图像 A 的尺寸小,则在进行变换前将图像 A 进行剪切。

(3) B = idct2(A),返回图像 A 的二维离散余弦逆变换值,它的大小与 A 相同,且各元素为离散余弦变换的系数 B(k1,k2)。

(4) B = idct2(A,m,n)或 B = idct2(A,[m n]),在对图像 A 进行二维离散余弦逆变换前,先将图像 A 被零到 m×n。如果 m 和 n 图像 A 的尺寸小,则在进行变换前,将图像 A 进行剪切。

【例 4-6】 对图像实现离散余弦变换及反变换。

```
>> clear all;
RGB = imread('autumn.tif');               %读入彩色图像
I = rgb2gray(RGB);                        %将彩色图像转换为灰度图像
J = dct2(I);                              %离散余弦变换
figure;imshow(log(abs(J)),[]);
colormap(jet(64)), colorbar
title('离散余弦变换系数');
J(abs(J) < 10) = 0;
K = idct2(J);
figure;
subplot(121);imshow(I);
title('原始图像')
subplot(122), imshow(K,[0 255]);
title('离散余弦反变换');
```

运行程序,效果如图 4-10 及图 4-11 所示。

图 4-10 离散余弦变换系数图像

图 4-11 图像的离散余弦反变换

由图 4-10 可看出，系数中的能量主要集中在左上角，其余大部分系数接近于 0。

此外，MATLAB 提供了 dctmtx 函数实现离散余弦变换矩阵。函数的调用格式为：

D = dctmtx(n)——函数建立 n×n 的离散余弦变换矩阵 D，其中 n 是一个正整数。

【例 4-7】 利用 dctmtx 函数进行离散余弦变换。

```
>> clear all;
I = imread('rice.png');
A = im2double(I);
D = dctmtx(size(A,1));                  %离散余弦变换矩阵
dct = D*A*D';
subplot(121);imshow(I);
title('原始图像');
subplot(122);imshow(dct);
title('离散余弦变换矩阵')
```

运行程序，效果如图 4-12 所示。

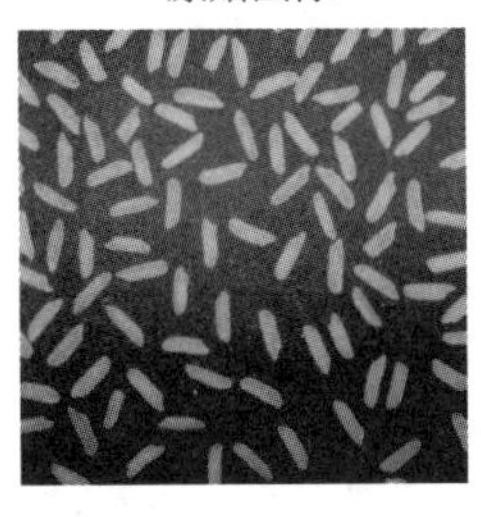

图 4-12 灰度图像的离散余弦变换

4.3 离散哈达玛变换

$f(x)$的一维离散哈达玛(Hadamard)变换：

$$B(u)=\frac{1}{N}\sum_{x=0}^{N-1}f(x)(-1)^{\sum_{i=0}^{n-1}b_i(x)b_i(u)}$$

其中，$u=0,1,\cdots,N-1$。

一维离散 Hadamard 变换的反变换为

$$f(x)=\sum_{u=0}^{N-1}B(u)(-1)^{\sum_{i=0}^{n-1}b_i(x)b_i(u)}$$

其中，$x=0,1,\cdots,N-1$。

将一维 Hadamard 变换扩展到二维，二维 Hadamard 变换为

$$B(x,u)=\frac{1}{N^2}\sum_{x=0}^{N-1}\sum_{y=0}^{N-1}f(x,y)\ (-1)^{\sum_{i=0}^{n-1}[b_i(x)b_i(u)+b_j(y)b_j(v)]}$$

二维 Hadamard 反变换为

$$f(x,y)=\sum_{x=0}^{N-1}\sum_{y=0}^{N-1}B(x,u)(-1)^{\sum_{i=0}^{n-1}[b_i(x)b_i(u)+b_j(y)b_j(v)]}$$

Hadamard 变换相当于在原来的图像矩阵左右分别乘以一个矩阵，这两个矩阵都是正交矩阵，称为 Hadamard 变换矩阵。Hadamard 变换矩阵中所有的元素都是+1 或−1。MATLAB 提供了 hadamard 函数产生 Hadamard 变换矩阵。函数的调用格式为：

H = hadamard(n)，函数产生阶数为 n 的 Hadamard 变换矩阵 H。Hadamard 变换矩阵 H 满足 H\ * H=n * I，其中 I 为 n 阶单位矩阵。

【例 4-8】 对图像进行 Hadamard 变换。

```
>> clear all;
I = imread('peppers.png');                    % 读入 RGB 图像
I = rgb2gray(I);                              % 转换为灰度图像
I = im2double(I);
h1 = size(I,1);                               % 图像的行
h2 = size(I,2);                               % 图像的列
H1 = hadamard(h1);                            % Hadamard 变换矩阵
H2 = hadamard(h2);
J = H1 * I * H2/sqrt(h1 * h2);
figure;
set(0,'defaultFigurePosition',[100 100 1000 500]);
set(0,'defaultFigureColor',[1 1 1]);
subplot(121);imshow(I);
title('原始图像');
subplot(122);imshow(J);
title('Hadamard 变换');
```

运行程序，效果如图 4-13 所示。

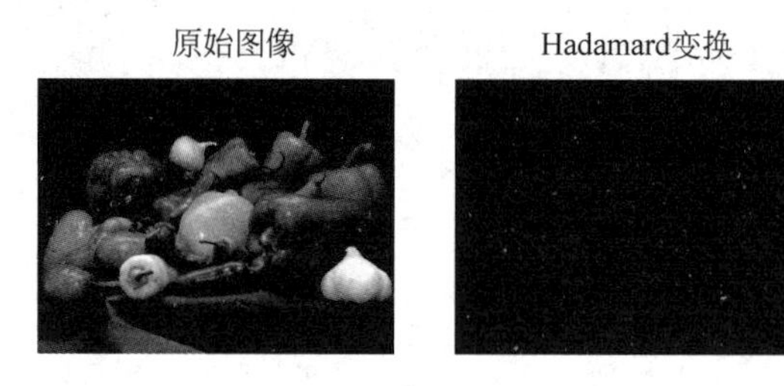

图 4-13　图像 Hadamard 变换

4.4　Radon 变换

Radon 变换用来计算图像矩阵在特定方向上的投影。二维函数的投影是一组线积分，Radon 变换计算一定方向上平行线上的积分，平行线的间隔为 1 个像素。Radon 变换可以旋转图像的中心到不同角度，来获得图像在不同方向上的投影积分。

图 4-14 显示了一个图像沿特定方向的投影积分。

例如，对于一个二维图像 $f(x,y)$来说，其垂直方向上的积分就是在 x 轴上的投影，其水平方向上的积分就是在 y 轴上的投影，图 4-15 显示了一个矩形区域在 x 轴和 y 轴上的投影。

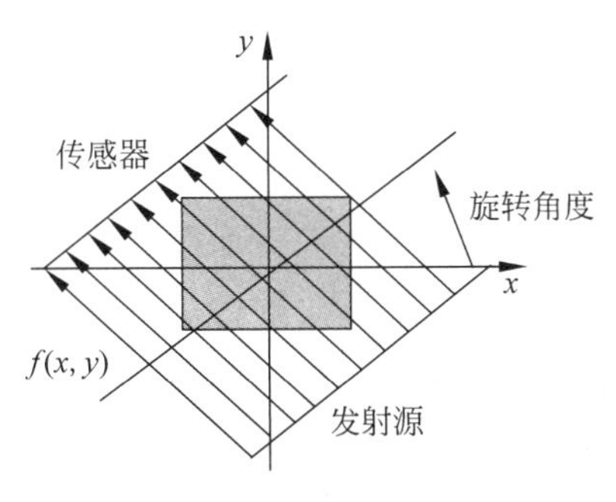

图 4-14　图像沿特定方向的平行投影

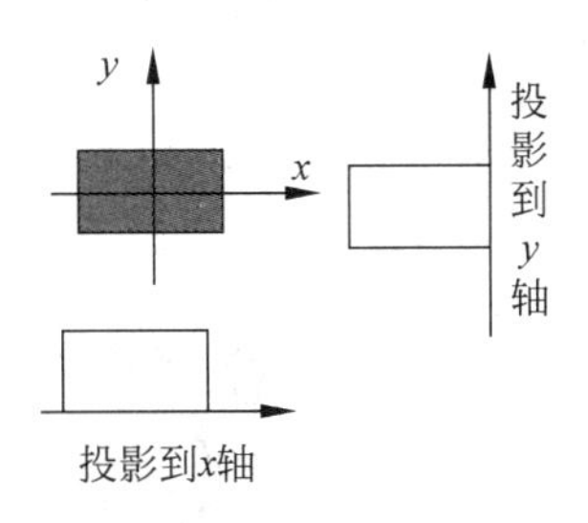

图 4-15　矩形区域在 x 轴和 y 轴上的投影

4.4.1　Radon 变换的定义

一般来说，Radon 变换是沿着 y'方向的积分，它的定义如下：

$$R_\theta(x') = \int_{-\infty}^{+\infty} f(x'\cos\theta - y'\sin\theta, x'\sin\theta + y'\cos\theta)\mathrm{d}y'$$

其中

$$\begin{bmatrix} x' \\ y' \end{bmatrix} = \begin{bmatrix} \cos\theta & \sin\theta \\ -\sin\theta & \cos\theta \end{bmatrix} \begin{bmatrix} x \\ y \end{bmatrix}$$

图 4-16 显示了 Radon 变换的几何表示。

MATLAB 中，提供了 radon 函数实现 Radon 变换。函数的调用格式为：

(1) R = radon(I, theta)，计算图像 I 在 theta 矢量指定的方向上的 Radon 变换。

(2) [R,xp] = radon(...)，R 的各行返回 theta 中各方向上 randon 变换值，xp 矢量表示沿 x 轴相应的坐标值。图像 I 的中心在 floor((size(I)+1)/2)，在 x 轴上对应 $x'=0$。

如在一个 20×30 的图像里，中心像素为(10,15)。

支持的数据类型可以为 double 或 logical，或者其他类型。所有输入参数和输出参数的数据类型都为 doubel。

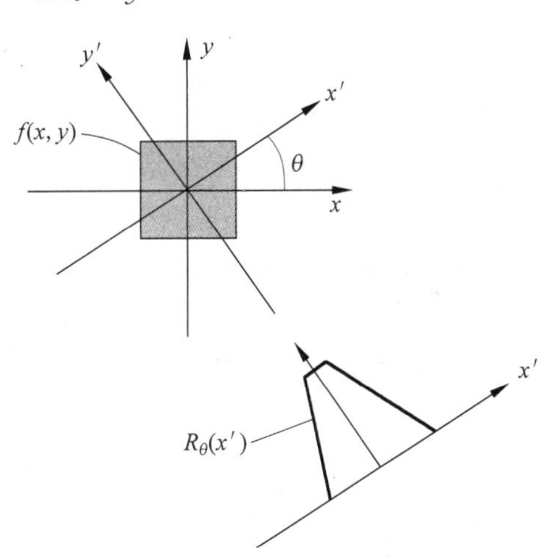

图 4-16　Radon 变换的几何表示

【例 4-9】 对图像 0°～180°每隔 1°进行 Radon 变换。

```
>> clear all;
iptsetpref('ImshowAxesVisible','on')
I = zeros(100,100);
I(25:75, 25:75) = 1;
theta = 0:180;                          % 角度值
[R,xp] = radon(I,theta);                % 求 0 度到 180 度的 Radon 变换
imshow(R,[],'Xdata',theta,'Ydata',xp,...
```

```
            'InitialMagnification','fit')
xlabel('\theta (degrees)')                  % 坐标轴设置
ylabel('x''')
colormap(hot), colorbar                     % 添加颜色条
iptsetpref('ImshowAxesVisible','off')
```

运行程序,效果如图 4-17 所示。

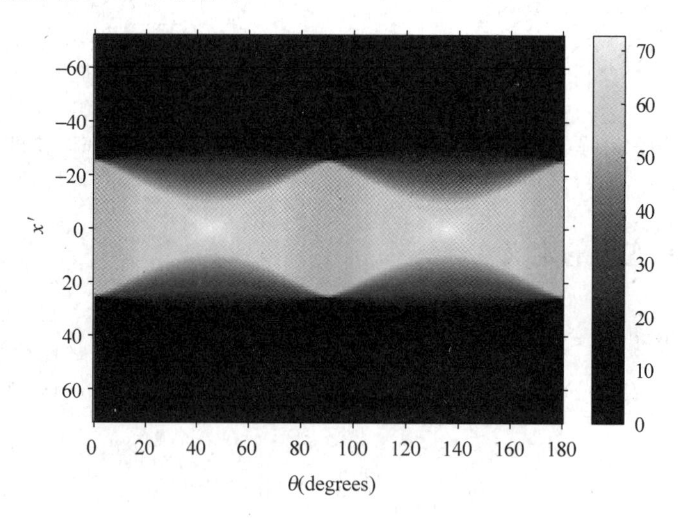

图 4-17　0°～180°每隔 1°进行 Radon 变换

4.4.2　Radon 变换检测直线

Radon 变换可以用来检测直线,其步骤为:

(1) 使用 edge 函数计算二值图像;

(2) 计算二值图像的 Radon 变换;

(3) 寻找 Radon 变换的局部极大值,这些极大值的位置即为原始图像中直线的位置。

【例 4-10】 使用 Radon 变换检测直线。

```
>> clear all;
I = fitsread('solarspectra.fts');
I = mat2gray(I);
BW = edge(I);
subplot(121);imshow(I),
title('原始图像');
subplot(122), imshow(BW)
title('边缘图像')
% 计算边缘图像的 Radon 变换
theta = 0:179;
[R,xp] = radon(BW,theta);
figure, imagesc(theta, xp, R); colormap(hot);
xlabel('\theta (degrees)'); ylabel('x\prime');
title('R_{\theta} (x\prime)');
colorbar
```

```
Rmax = max(max(R));                    % 获取极大值
[row,column] = find(R>= Rmax)          % 获取行和列值
x = xp(row)                            % 获取位置
angle = theta(column)                  % 获取角度
```

在这个程序中，读取的图像如图 4-18 左边图像所示，转化为二值图像后，如图 4-18 右边图像所示，然后求其 Radon 变换，如图 4-19 所示，其中图 4-19 中极大值的坐标对应于原始图像中直线的位置。

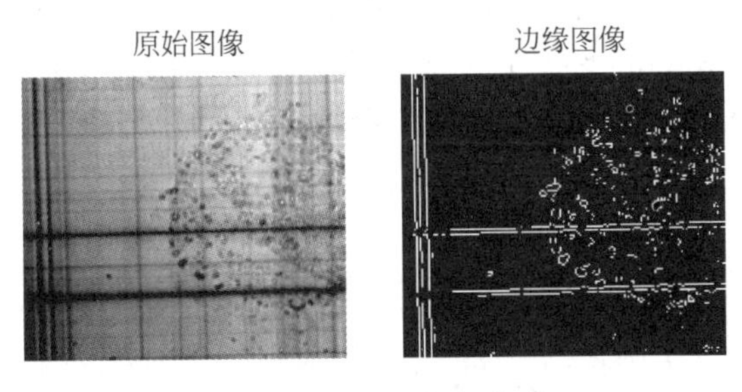

图 4-18 直线检测

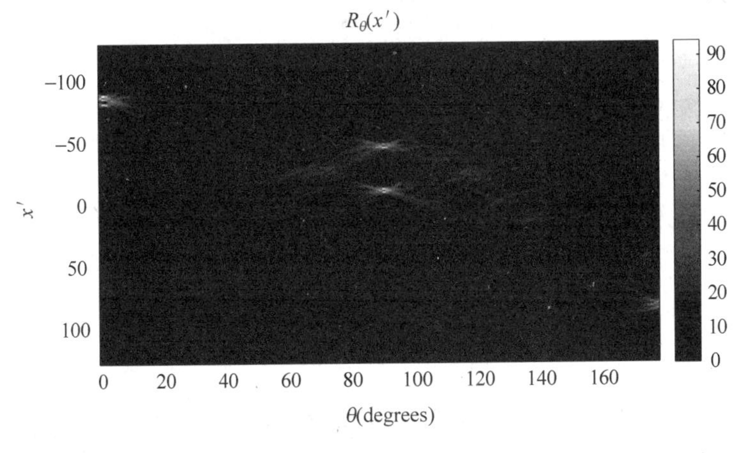

图 4-19 Radon 变换结果

输出结果为：

```
Rmax =
   94.3295
row =
    49
column =
     2
x =
   - 80
angle =
     1
```

Radon 变换结果的最大值为 Rmax＝94.3295，该点对应的角度为 angle＝1°，x'＝－80。

4.4.3 Radon 反变换

Radon 反变换可以用来重建图像。在 X 射线应用方面，投影是通过测量射线以不同角度穿过人体的衰减情况来形成的。原始图像可以看作是人体的横断面，图像灰度值的大小表示人体的密度。投影可以使用专门的设备来收集，然后根据这些投影重建人体图像。使用这种技术，可以在不损害人体的情况下得到人体内部结构的图像。

图 4-20 显示了反 Radon 变换在 X 射线成像中的应用。发射器发出射线，传感器接收衰减的射线，根据光线衰减情况来计算物体的密度。其中 $f(x,y)$ 指图像的亮度，$R_\theta(x')$ 指图像在角度 θ 上的投影。

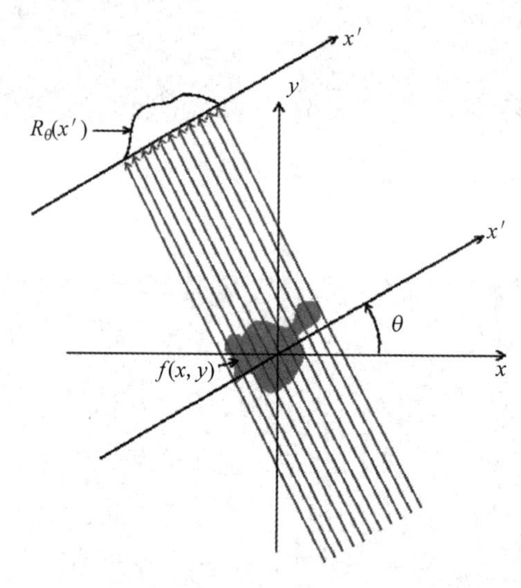

图 4-20　Radon 反变换

MATLAB 中，提供了 iradon 函数用于实现 Radon 反变换。函数的调用格式为：

(1) I = iradon(R, theta)，进行 Radon 反变换，R 为 Radon 变换矩阵，theta 为角度，返回参数 I 为反变换后得到的图像。

(2) I = iradon(P, theta, interp, filter, frequency_scaling, output_size)，根据指定的参数实现 Radon 逆变换。

(3) [I,H] = iradon(...)，除了返回 Radon 变换后的重建图像 I 外，还返回其变换矩阵 H。

【例 4-11】 对图像实现 Radon 反变换。

```
>> clear all;
P = phantom(128);
R = radon(P,0:179);
I1 = iradon(R,0:179);
I2 = iradon(R,0:179,'linear','none');
subplot(1,3,1), imshow(P),
title('原始图像')
subplot(1,3,2), imshow(I1);
```

```
title('含线性滤波反 Radon 变换')
subplot(1,3,3), imshow(I2,[]);
title('不含线性滤波反 Radon 变换')
```

运行程序,效果如图 4-21 所示。

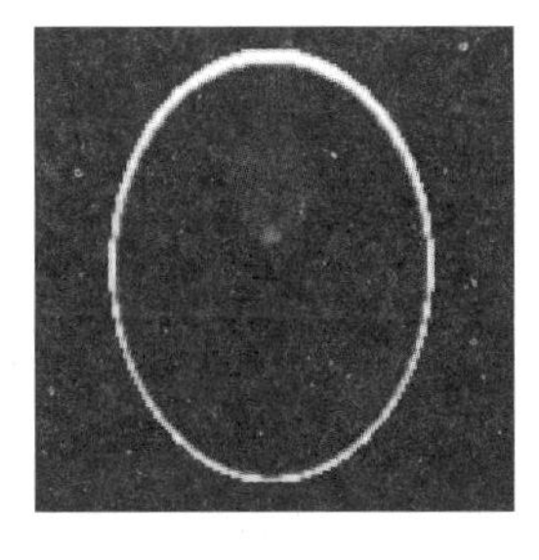

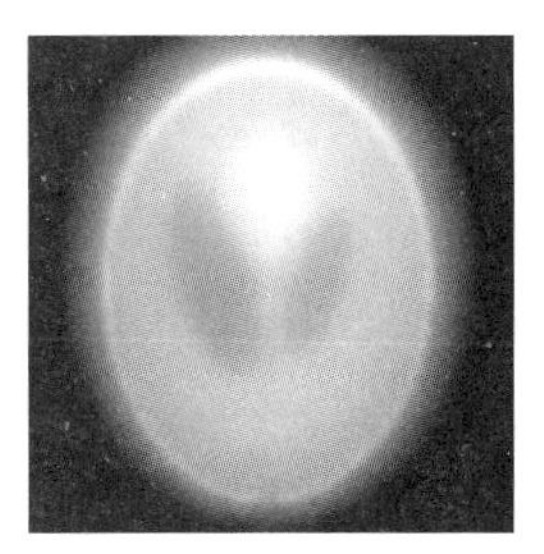

图 4-21 反 Radon 变换

4.5 Fan-Beam 变换

Fan-Beam 变换用来计算一个图像矩阵沿特定方向的投影。二维函数的投影是一组线积分。Fan-Beam 变换用来计算沿着单一放射源形成的扇形路径的线积分。在图像处理中,Fan-Beam 变换从不同的角度旋转图像的中心源来进行多个方向的投影。图 4-22 中的图像显示了在一个特定的角度单一放射源的扇形投影。

探测器
y
x′
旋转角度
x
f(x, y)
D
扇形光束

图 4-22 单一放射源形成的扇形投影

4.5.1 Fan-Beam 投影变换

在使用 fanbeam 函数计算图像 Fan-Beam 投影时,需要指定一些参数,如图 4-23(a)中 Fan-Beam 投影光束源点距离和旋转中心(图像中心像素点)。射线数量由 fanbeam 函数根据图像大小和给定的一些参数来设定。在默认情况下,扇形束在离旋转中心距离 D 处,沿着探测器弧形一度的间隔分配发散光束。参数 FanSensorSpacing 指定每个光束的不同角度(弧形,如果探测器是直线则单位为像素);参数 FanSensorGenometry 指定扇形光束投影的探测器是直线还是弧形,如图 4-23 所示。

4.5.2 Fan-Beam 变换实现

在 MATLAB 中,要计算 Fan-Beam 变换,使用 fanbeam 函数。函数的调用格式为:

(1) F = fanbeam(I,D),由图像 I 创建扇形光束映射数据 F。D 为向量,表示每个扇形光束向量到获得投影线的旋转中心的距离。

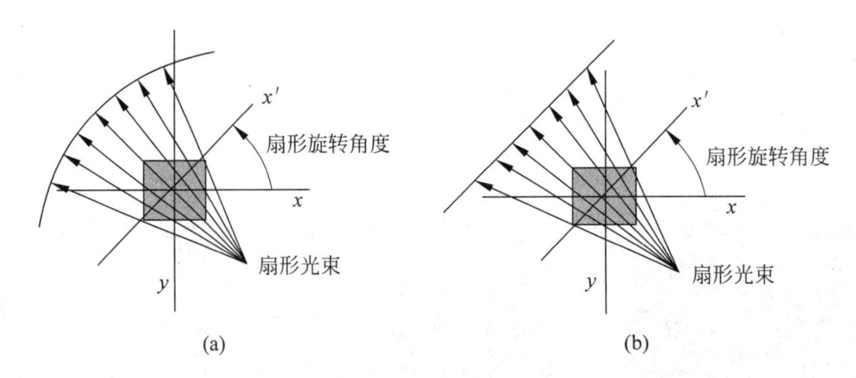

图 4-23 Fan-Beam 投影图

(a) 弧形 Fan-Beam 投影图；(b) 直线 Fan-Beam 投影图

(2) F = fanbeam(..., param1, val1, param1, val2,...)，指定变换中的参数 paramN 的值 valN。参量 param 和 val 的取值为 FanRotationIncrement(扇形光束投影角度增量，为标量，其默认值为 1)或 FanSensorGeometry(传感器的排列方式，取值为 arc 和 line，默认取值为 arc)。

(3) [F, fan_sensor_positions, fan_rotation_angles] = fanbeam(...)，返回扇形光束传感器的位置 fan_sensor_positions 和旋转角度 fan_rotation_angles。

为了从 Fan-Beam 投影数据重构图像，MATLAB 提供了 ifanbeam 函数。这个函数的输入参数之一为投影数据，另一个参数为图像边界顶点和图像中心的距离。函数的调用格式为：

(1) I = ifanbeam(F,D)，从矩阵 F 中的投影映射数据计算 Fan-beam 逆变换值，重建图像 I 参数 F 的每一行包含一个旋转角度的 Fan-Beam 投影映射数据。D 为向量，表示每个扇形光束向量到旋转中心的距离。Fan-Beam 逆变换假设旋转中心为投影中心点。

(2) I = ifanbeam(..., param1, val1, param2, val2,...), param1, val1, param2, val2,... 表示输入的一些参数。

(3) [I,H] = ifanbeam(...)，H 为返回的频率响应滤波器。

【例 4-12】 对创建的大脑图像实现 Fan-Beam 变换与重构。

```
>> clear all;
P = phantom(256);
figure(1)
subplot(2,2,1);imshow(P)
title('原始大脑图')
D = 250;
%指定光源与图像中心像素点的距离
dsensor1 = 2;
F1 = fanbeam(P,D,'FanSensorSpacing',dsensor1);
dsensor2 = 1;
F2 = fanbeam(P,D,'FanSensorSpacing',dsensor2);
dsensor3 = 0.25;
[F3, sensor_pos3, fan_rot_angles3] = fanbeam(P,D,...
```

```
                    'FanSensorSpacing',dsensor3);
%分别指定三种不同的光束间距(投影到探测器上的间距)
figure(2), imagesc(fan_rot_angles3, sensor_pos3, F3)
colormap(hot)
colorbar
xlabel('扇形旋转角度 (degrees)')
ylabel('扇形传感器位置(degrees)')
%指定 OutputSize 大小,使得重构图像与原始图像大小相同
output_size = max(size(P))
%重构图像
Ifan1 = ifanbeam(F1,D,'FanSensorSpacing',dsensor1,'OutputSize',output_size);
figure(1)
subplot(2,2,2); imshow(Ifan1)
title('用 F1 重构图像')
Ifan2 = ifanbeam(F2,D,'FanSensorSpacing',dsensor2,'OutputSize',output_size);
subplot(2,2,3); imshow(Ifan2)
title('用 F2 重构图像')
Ifan3 = ifanbeam(F3,D,'FanSensorSpacing',dsensor3,'OutputSize',output_size);
subplot(2,2,4); imshow(Ifan3)
title('用 F3 重构图像')
```

运行程序，首先生成头骨图像，如图 4-24 左上图所示。接着对这幅图像使用 fanbeam 变换，得到投影数据，其中使用了 3 个不同的参数，FanSensorSpacing 的大小分别为 2、1、0.25，对应的计算结果即投影数据分别为 F1、F2 和 F3，由于 F3 使用的间距较小，因此 F3 的维数大于 F1 和 F2。第 3 个参数下的投影数据如图 4-25 所示，可以看到投影数据左右对称。使用 ifanbeam 函数对上述 3 个参数下的投影数据进行逆变换，得到的结果如图 4-24 右上图、左下图、右下图所示。可以看到右下侧的图像重构的结果最清晰，因为右下的图像使用的间距最小，投影数据 F3 包含的信息比 F1 和 F2 大很多。

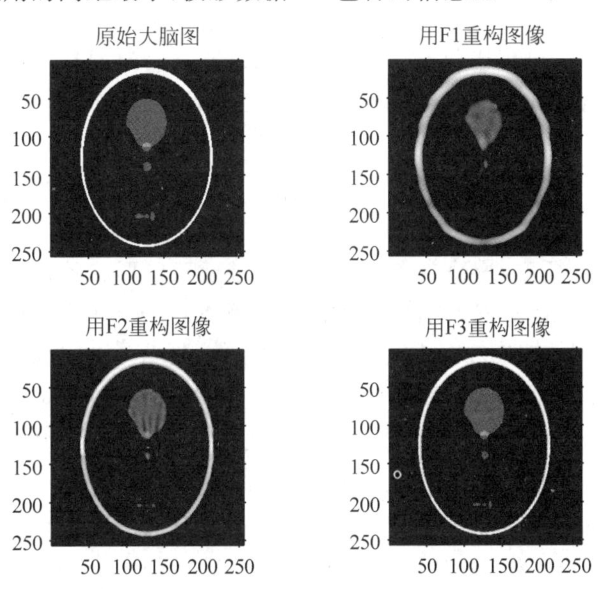

图 4-24 原图与 Fan-Beam 变换后重构图像

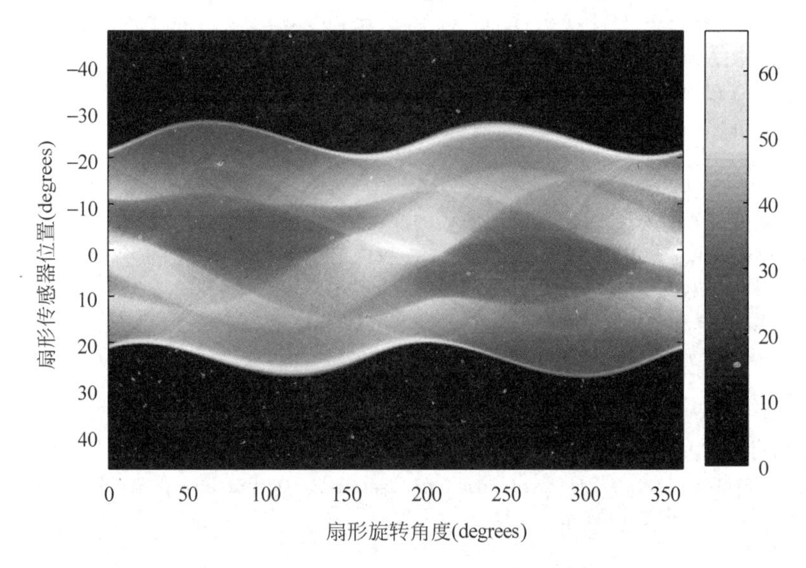

图 4-25　第三组 Fan-Beam 变换的投影数据

4.6　Hough 变换

霍夫变换(Hough Transform)是图像处理中的一种特征提取技术,它通过一种投票算法检测具有特定形状的物体。该过程在一个参数空间中通过计算累计结果的局部最大值,得到一个符合该特定形状的集合作为霍夫变换结果。霍夫变换于 1962 年由 Paul Hough 首次提出,后于 1972 年由 Richard Duda 和 Peter Hart 推广使用。经典霍夫变换用来检测图像中的直线,后来霍夫变换扩展到识别任意形状的物体,多为圆和椭圆。

利用 Hough 变换法提取直线的基本原理是:把直线上点的坐标变换到过点的直线系数域,通过利用共线和直线相交的关系,使直线的提取问题转化为计数问题。Hough 变换提取直线的主要优点是受直线中的间隔和噪声影响较小。

4.6.1　Hough 变换的基本原理

从图像中提取特征时,最简单也最有用的莫过于简单形状的检测了,如直线检测、圆检测、椭圆检测以及其他类似的形状检测等。为了达到这个目的,必须能够检测到这样一组像素点,使它们位于拟定形状的边沿上。这就是 Hough 变换要解决的问题。

最简单的 Hough 变换就是线性变换。为了说明问题,先假设在某个图像上存在一条直线,其表达式为 $y=kx+b$。显然,最能表示这条直线特征的就是其斜率 k 和截距 b,因此,这条直线在参数空间内可表示为(k,b),如图 4-26 所示。

从图 4-26 中可以看出,x-y 坐标和 k-b 坐标构成对偶关系。x-y 坐标中的点 P_1、P_2 对应于 k-b 坐标中的 L_1 和 L_2;而 k-b 坐标中的点 P_0 对应于 x-y 坐标中的 L_0。

这样只要观测(k,b)空间内点的叠加程度就可判断原始图像的共线情况了。由于 k 和 b 都是无界的,因此,运用(k,b)表示直线可能使问题变得病态。比如,当直线和 x 轴

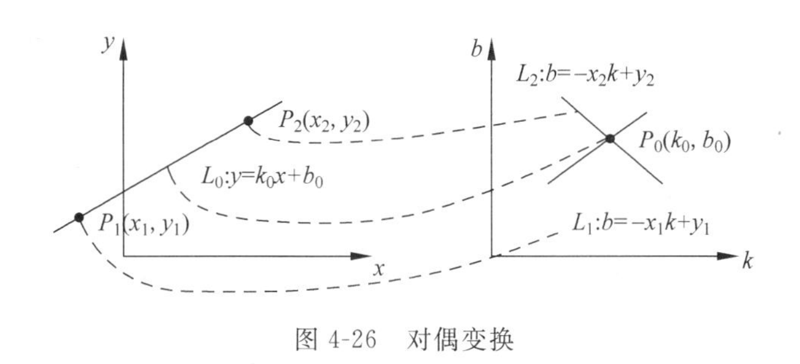

图 4-26　对偶变换

垂直时，其斜率是无穷大。因此，为了从计算上避免这个问题，往往把它转为(r,θ)这样的形式，其中 r 为原点到直线的距离，θ 为原点到直线的垂线的向量角。这样，直线的表达式可以转化为

$$y = \left(-\frac{\cos\theta}{\sin\theta}\right)x + \left(\frac{r}{\sin\theta}\right)$$

整理得

$$r = x\cos\theta + y\sin\theta$$

在极坐标(r,θ)中变为一条正弦曲线，$\theta\in[0,\pi]$。可以证明，直角坐标 x-y 中直线上的点经过 Hough 变换后，它们的正弦曲线在极坐标(r,θ)有一个公共交点。

也就是说，极坐标(r,θ)上的一点(r,θ)，对应于直角坐标 x-y 中的一条直线。而且它们是一一对应的。

为了检测出直角坐标 x-y 中由点所构成的直线，可以将极坐标(r,θ)量化成许多小格。根据直角坐标中每个点的坐标(x,y)，在 $\theta\in[0,\pi]$内以小格的步长计算各个 r 值，所得值落在某个小格内，便使该小格的累加记数器加 1。当直角坐标中全部的点都变换后，对小格进行检验，计数值最大的小格，其(r,θ)值对应于直角坐标中所求直线。

4.6.2　Hough 变换的应用

1. Hough 变换检测直线

用 Hough 变换提取检测直线。通常将 xy 称为图像平面，$\rho\theta$ 称为参数平面。

利用点与线的对偶性，将图像空间的线条变为参数空间的聚集点，从而检测给定图像是否存在给定性质的曲线。

MATLAB 中，提供了 hough 函数用于利用 Hough 变换检测直线。函数的调用格式为：

(1) [H, theta, rho] = hough(BW)，该函数对二值图像 BW 进行 Hough 变换，返回值 H 为 Hough 变换矩阵，theta 为变换角度 θ，rho 为变换半径 r。

(2) [H, theta, rho] = hough(BW, ParameterName, ParameterValue)，该函数中将参数 ParameterName 设置为 ParameterValue。ThetaResolution 为[0,90]之间的实值标量，Hough 为变换的 theta 轴间隔，默认值为 1。RhoResolution 为 0 到图像像素个数之间的标量，rho 的间隔默认值为 1。

【例 4-13】 对图像进行 Hough 变换。

```
>> clear all;
RGB = imread('gantrycrane.png');
%将彩色图像转换为灰度图像
I = rgb2gray(RGB);
% 边缘检测
BW = edge(I,'canny');
[H,T,R] = hough(BW,'RhoResolution',0.5,'Theta',-90:0.5:89.5);
subplot(2,1,1);imshow(RGB);            % 显示原始图像
title('原始图像');
subplot(2,1,2);imshow(imadjust(mat2gray(H)),'XData',T,'YData',R,...
      'InitialMagnification','fit');
title('Hough 变换检测图像');
xlabel('\theta'), ylabel('\rho');
axis on, axis normal, hold on;
colormap(hot);
```

运行程序,效果如图 4-27 所示。

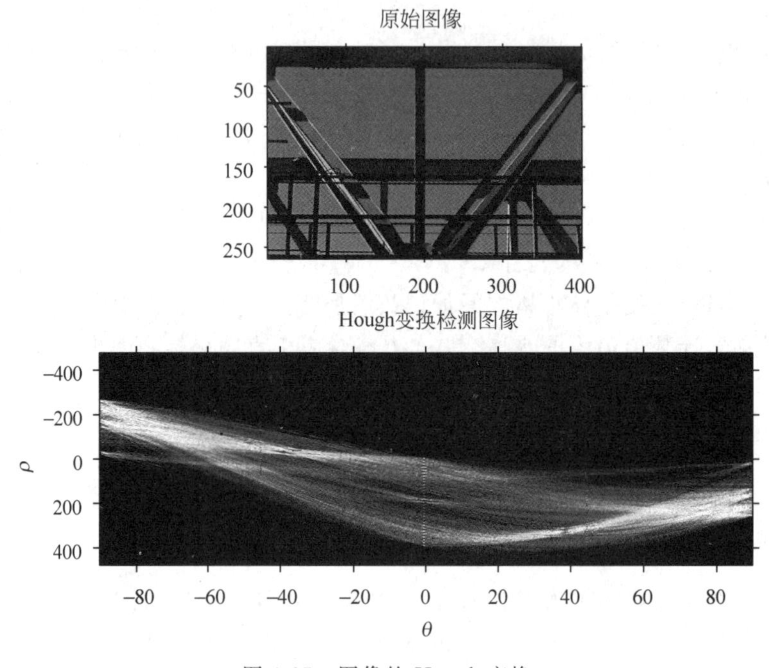

图 4-27 图像的 Hough 变换

2. Hough 变换提取线段

MATLAB 中,提供了 houghlines 函数根据 Hough 变换提取线段。函数的调用格式为:

(1) lines = houghlines(BW, theta, rho, peaks),根据 Hough 变换的结果提取图像 BW 中的线段。参量 theta 和 rho 由函数 hough 的输出得到,peaks 表示 Hough 变换峰值,由函数 houghpeaks 的输出得到(houghpeaks 函数用于计算 Hough 变换峰值)。输出参量 lines 为结构矩阵,矩阵长度为提取出的线段的数目,矩阵中的每个元素表示一条线

段的相关信息。

(2) lines = houghlines(..., param1, val1, param2, val2),根据 Hough 变换的结果提取图像 BW 中的线段。参量 param1、val1、param2 和 val2 用于指定是否合并或保留线段。

【例 4-14】 在图像中寻找直线段,并标出最长的直线段。

```
>> clear all;
I = imread('circuit.tif');
rotI = imrotate(I,33,'crop');
BW = edge(rotI,'canny');
[H,T,R] = hough(BW);
imshow(H,[],'XData',T,'YData',R,...
            'InitialMagnification','fit');
xlabel('\theta'), ylabel('\rho');
title('Hough 变换矩阵')
axis on, axis normal, hold on;
P = houghpeaks(H,5,'threshold',ceil(0.3 * max(H(:))));
x = T(P(:,2)); y = R(P(:,1));
plot(x,y,'s','color','white');
% 检测图像中的直线段
lines = houghlines(BW,T,R,P,'FillGap',5,'MinLength',7);
figure, imshow(rotI), hold on
title('原始图像');
%检测直线段
max_len = 0;
for k = 1:length(lines)
   xy = [lines(k).point1; lines(k).point2];
   plot(xy(:,1),xy(:,2),'LineWidth',2,'Color','green');
   % 标注直线段的端点
   plot(xy(1,1),xy(1,2),'x','LineWidth',2,'Color','yellow');
   plot(xy(2,1),xy(2,2),'x','LineWidth',2,'Color','red');
   % 检测最长的直线段的端点
   len = norm(lines(k).point1 - lines(k).point2);
   if ( len > max_len)
      max_len = len;
      xy_long = xy;
   end
end
% 标注最长的直线段
plot(xy_long(:,1),xy_long(:,2),'LineWidth',2,'Color','blue');
```

运行程序,效果如图 4-28 所示。

3. 计算 Hough 变换的峰值

MATLAB 中,提供了 houghpeaks 函数用于在 Hough 变换后的矩阵中寻找最佳,该最值可以用于定位直线段。houghlines 函数用于绘制找到的直线段。函数的调用格式为:

(1) peaks = houghpeaks(H, numpeaks),提取 Hough 变换后参数平面的峰值点。参量 H 为 Hough 变换矩阵,由 hough 函数生成。numpeaks 指定要提取的峰值数目,默

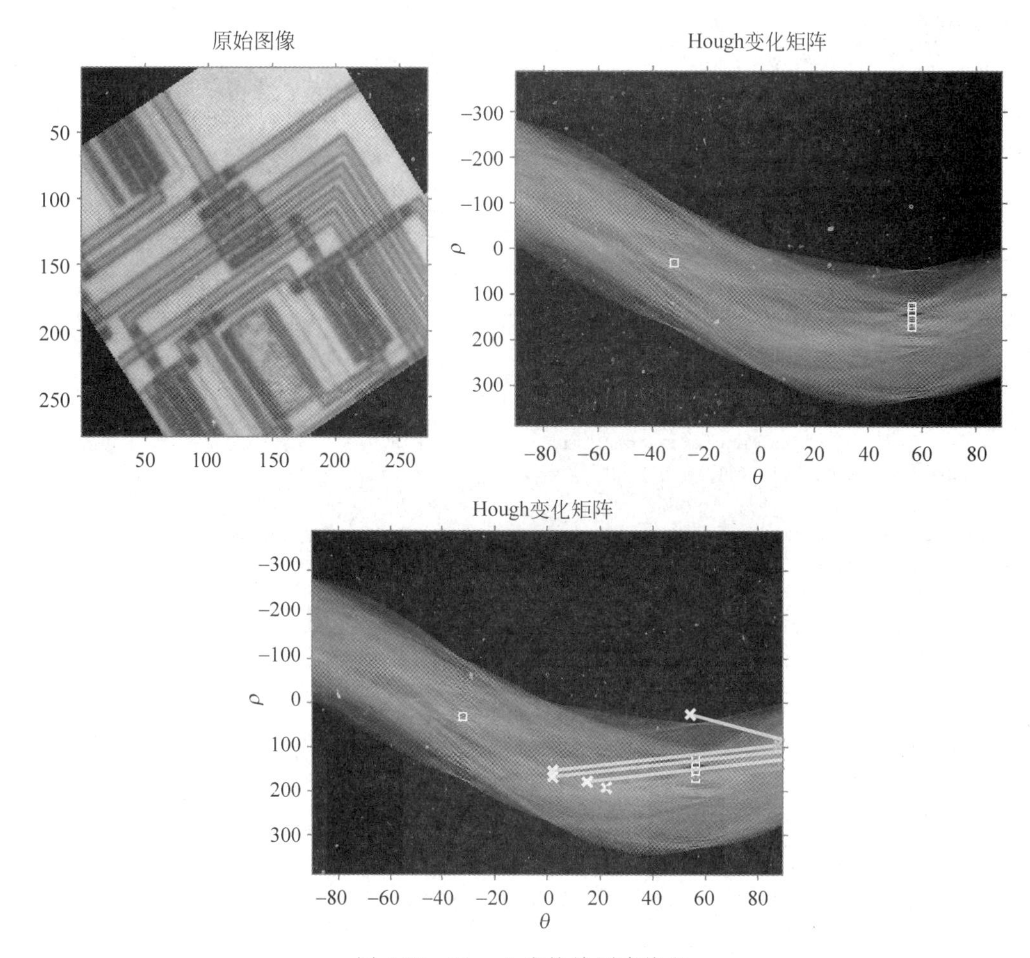

图 4-28 Hough 变换检测直线段

认值为 1。返回值 peaks 为一个 Q×2 矩阵，包含峰值的行坐标和列坐标，Q 为提取的峰值数目。

(2) peaks = houghpeaks(..., param1, val1, param2, val2)，提取 Hough 变换后参数平面的峰值点。参量 param1、val1、param2 和 val2 指定寻找峰值的门限或峰值对周围像点的抑制范围。

【例 4-15】 利用 Hough 变换计算图像的峰值。

```
>> clear all;
RGB = imread('gantrycrane.png');
I = rgb2gray(RGB);
BW = edge(I,'canny');
[H,T,R] = hough(BW, 'Theta', 44:0.5:46);
figure
imshow(imadjust(mat2gray(H)),'XData',T,'YData',R,...
   'InitialMagnification','fit');
title('Hough 变换标出峰值');
xlabel('\theta'), ylabel('\rho');
axis on, axis normal;
colormap(hot);
```

运行程序，效果如图 4-29 所示。

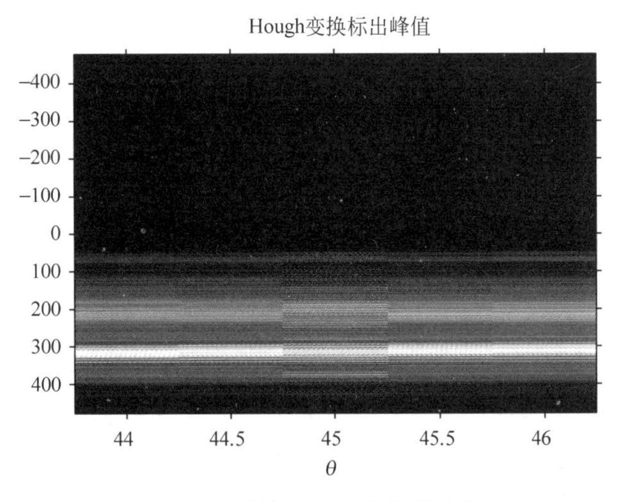

图 4-29　计算 Hough 变换的峰值

第5章 数字图像的增强

图像增强是指增强图像中的有用信息，它可以是一个失真的过程，其目的是要改善图像的视觉效果，针对给定图像的应用场合，有目的地强调图像的整体或局部特性，将原来不清晰的图像变得清晰或强调某些感兴趣的特征，扩大图像中不同物体特征之间的差别，抑制不感兴趣的特征，改善图像质量，丰富信息量，加强图像判读和识别效果，满足某些特殊分析的需要。

5.1 图像增强技术概述

图像增强的主要目的是提高图像的质量和可辨识度，使图像更有利于观察或进一步分析处理。图像增强技术一般通过对图像的某些特征，例如边缘信息、轮廓信息和对比度等加以突出或增强，从而更好地显示图像的有用信息，提高图像的使用价值。图像增强技术是在一定标准下，使处理后的图像比原图像效果更好。

传统的图像增强技术大多是基于空间域对图像进行处理。空域处理方法非常简单，比较容易理解。空间域内的图像增强技术主要有灰度变换方法和直方图方法等。通过调节灰度图像的明暗对比度，灰度图像变得更加清晰。灰度变换方法也是基于灰度图像的直方图的一种图像增强方法。直方图均衡化和规定化对于改善图像的质量有非常好的效果。此外，还可以对图像进行滤波，主要包括线性滤波和非线性滤波，其中非线性滤波又包括中值滤波、顺序统计滤波和自适应滤波等。

通过傅里叶变换可以将图像从空间域转换到频域，在频域进行滤波，然后再通过傅里叶反变换转换到空间域。频域滤波主要包括低频滤波、高频滤波、带阻滤波器和同态滤波等。

随着图像处理技术的发展，各种新方法不断出现。例如，采用模糊技术和小波变换等进行图像的增强。每种方法都有各自的优缺点，没有一个方法可以完全取代其他方法。一个图像增强算法要做到对所有图像都有很好的增强效果非常困难。

5.2 图像质量评价介绍

图像质量的基本含义是指人们对一幅图像视觉感受的评价。图像增强的目的就是为了改善图像显示的主观视觉质量。图像质量包含两方面的内容：一是图像的逼真度，即被评价图像与原标准图像的偏离程度；二是图像的可懂度，指图像能向人或机器提供信息的能力。目前为止，还没有找到一种和人的主观研究一致的客观、定量的图像质量评价方法。

图像质量评价方法分为两类，即主观评价和客观评价。主观评价方法就是直接利用人们自身的观察来对图像作出判断，其最具代表性的方法就是主观质量评价分法，通过测试者的评分来判断图像质量。它有两类度量尺度，绝对性尺度和比较性尺度。测试者根据规定的评价尺度，对测试图像按视觉效果给出图像等级，最后将所有测试者给出的等级进行归一化平均，得到评价结果。主观评价方法是最准确的表示人们视觉感受的方法。但主观评价方法缺乏稳定性，经常受实验条件，测试者的情绪、动机及疲劳程度等多种因素的影响。此外，主观评价方法费时费力，很难在实际工程应用中采用。

客观评价方法是用处理图像与原始图像的误差来衡量处理图像的质量。传统的质量评价的基本思想就是，与标准图像的灰度差异越大，测图像质量退化越严重。方法评价指标有均方误差(MSE)和峰值信噪比(PSNE)等。传统的质量评价计算简单，运算速度快，但不能很好地反映人的视觉特性。为了更好地逼近人的主观感受，一些新的图像质量评价方法开始参考人的视觉特性模型，例如重视观察者感兴趣部位的质量评价方法等。

5.3 线性滤波器增强

滤波是一种图像增强的技术。对图像进行滤波可以强调一些特征去除另外一些特征。通过图像滤波可以实现图像的光滑、锐化和边缘检测。

图像滤波是一种邻域操作，输出图像的像素值是对输入图像相应像素的邻域进行一定的处理而得到的。线性滤波是指对输入图像的邻域进行线性算法操作得到输出图像。

5.3.1 卷积

图像的线性滤波是通过卷积来实现的。卷积是一种线性的邻域操作，其输出像素值为输入像素值的加权和。权重矩阵称为卷积核，也称为滤波器，卷积核是相关核旋转180°得到的。

例如，假设一幅图像矩阵

$$A=\begin{bmatrix}17 & 24 & 1 & 8 & 15\\ 23 & 5 & 7 & 14 & 16\\ 4 & 6 & 13 & 20 & 22\\ 10 & 12 & 19 & 21 & 3\\ 11 & 18 & 25 & 2 & 9\end{bmatrix}$$

其卷积核

$$h=\begin{bmatrix}8 & 1 & 6\\3 & 5 & 7\\4 & 9 & 2\end{bmatrix}$$

计算 A(2,4)输出像素值的过程为：

(1) 卷积核关于中心旋转 180°；

(2) 把卷积核的中心移到矩阵 A 的(2,4)位置；

(3) 卷积核的每个权重值与 A 的像素值相乘并求和。

因此,A(2,4)位置卷积后输出的像素值如下：

$$1\times2+8\times9+15\times4+7\times7+14\times5+16\times3+13\times6+20\times1+22\times8=575$$

5.3.2 相关

相关操作跟卷积操作有密切的关系,在相关操作中,输出图像的像素值也是输入像素邻域值的加权和,不同的是,在相关操作中加权矩阵不需要旋转 180°。图像处理工具箱中的函数返回的是相关核。

例如,对于 5.3.1 节中的矩阵 A 和相关核,计算 A(2,4)位置输出像素值的过程是：

(1) 把相关核的中心移到矩阵 A(2,4)位置；

(2) 相关核的每个权重值与 A 的像素值相乘求和。

因此 A(2,4)位置相关后输出的像素值如下：

$$1\times8+8\times1+15\times6+7\times3+14\times5+16\times7+13\times4+20\times9+22\times8=585$$

5.3.3 滤波的实现

线性滤波器可以去除一定的噪声。除了线性滤波外,也可以选择均值滤波器或者高斯滤波器进行滤波。例如对于粒状的噪声,均值滤波器可以很好地滤除,因为均值滤波器得到的像素值是邻域区域的均值,因此粒状噪声能够被去除。

MATLAB 中,线性滤波器的函数为 imfilter,函数的调用格式为：

(1) B = imfilter(A,h),使用多维滤波器 h 对图像 A 进行滤波。参量 A 可以是任意维的二值或非奇异数值型矩阵。参量 h 为矩阵,表示滤波器。h 常由函数 fspecial 输出得到。返回值 B 与 A 的维数相同。

(2) B= imfilter(____,options,...),根据指定的属性 options,... 对图像 A 进行滤波,参数项取值如表 5-1 所示。

表 5-1 imfilter 函数的参数

参数类型	参数值	描　述
边界选项	X	输入图像的外部边界通过 X 来扩展,默认的值为 X=0
	'symmertric'	输入图像的外部边界通过镜像反射其内部边界来扩展
	'replicate'	输入图像的外部边界通过复制内部边界的值来扩展
	'circular'	输入图像的边界通过假设输入图像是周期函数来扩展

续表

参数类型	参数值	描　述
输出大小选项	'same'	输入图像和输出图像同样大小，默认操作
	'full'	输出图像比输入图像大
滤波方式选项	'corr'	使用相关进行滤波
	'conv'	使用卷积进行滤波

【例 5-1】 使用相同权重的 5×5 的滤波器进行滤波（均值滤波）。

```
>> clear all;
I = imread('coins.png');
subplot(121);imshow(I);
title('原始图像');
h = ones(5,5)/25;                              %5 维滤波器
I2 = imfilter(I,h);                            %滤波后的图像
subplot(122);imshow(I2);
title('均值滤波');
```

运行程序，效果如图 5-1 所示。

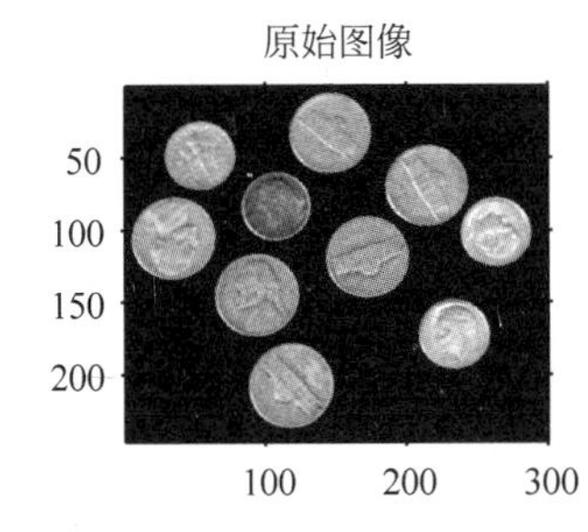

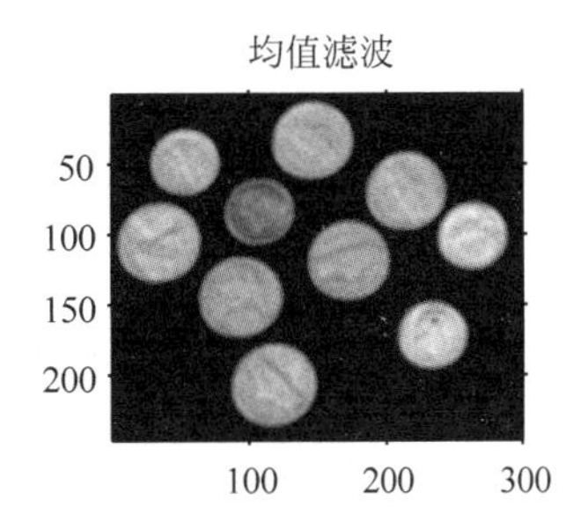

图 5-1　均值滤波效果

由图 5-1 可看出，滤波后的图像变得模糊，这是由于滤波后的图像像素是原图像中大小为 h 的区域像素的均值。

1. 数据类型

与图像的代数运算类似，滤波器的运算使输出图像和输入图像有相同的数据类型。imfilter 函数采用双精度浮点数计算输出图像的像素值，如果计算结果超出了数据类型的范围，则 imfilter 函数将结果截断到数据允许的范围，如果数据是整数类型，则 imfilter 函数对小数进行四舍五入取整。

为了避免截断操作，可以在使用 imfilter 函数前先对图像数据类型进行转换，如下面的滤波器，当使用双精度浮点数据类型时，得到的结果会含有负数。

```
>> A = magic(5)                                %5 阶魔方矩阵
A =
    17   24    1    8   15
    23    5    7   14   16
     4    6   13   20   22
    10   12   19   21    3
    11   18   25    2    9
```

```
>> h=[-1 0 1];
>> imfilter(A,h)
ans =
    24   -16   -16    14    -8
     5   -16     9     9   -14
     6     9    14     9   -20
    12     9     9   -16   -21
    18    14   -16   -16    -2
```

注意到结果中含有负值，因此先把数据类型转化为 uint8。

```
>> A=uint8(magic(5));
>> imfilter(A,h)
ans =
   24    0    0   14    0
    5    0    9    9    0
    6    9   14    9    0
   12    9    9    0    0
   18   14    0    0    0
```

因为输入图像的数据类型是 uint8，所以输出图像的数据类型也是 uint8，并且负值全部截断为 0。

2. 相关和卷积

利用 imfilter 函数进行滤波时可以使用相关核或卷积核进行操作，默认值为相关核，如果想使用卷积核进行滤波，可以把参数'conv'传递给滤波器，如下所示：

```
>> A=magic(5);
>> h=[-1 0 1];
>> imfilter(A,h)
ans =
    24   -16   -16    14    -8
     5   -16     9     9   -14
     6     9    14     9   -20
    12     9     9   -16   -21
    18    14   -16   -16    -2
>> imfilter(A,h,'conv')
ans =
   -24    16    16   -14     8
    -5    16    -9    -9    14
    -6    -9   -14    -9    20
   -12    -9    -9    16    21
   -18   -14    16    16     2
```

其中，imfilter(A,h)采用默认相关操作进行滤波，而 imfilter(A,h,'conv')采用指定的滤波方式即卷积。

3. 边界填充选项

当计算边界的输出像素值时，相关核或者卷积核的一部分通常位于图像边缘的外侧。这时 imfilter 函数默认操作会将边界的像素值补充为 0，称为 0 填充。

当使用 0 填充对图像进行滤波的时候，在图像周围可能产生黑色边界。为了去除产生的黑色边界，imfilter 函数使用另外一种称为边界复制的边界填充方法，在这种方法中，图像边界外的像素值由距离边界最近的像素值确定。

【例 5-2】 不同的填充选项对比。

```
>> clear all;
I = imread('peppers.png');
subplot(131);imshow(I);
title('原始图像');
h = ones(5,5)/25;                        % 均值滤波器的核函数
I2 = imfilter(I,h);                      % 滤波后的图像
subplot(132);imshow(I2);
title('0 填充');
I3 = imfilter(I,h,'replicate');
subplot(133);imshow(I3);
title('边界复制填充')
```

运行程序，效果如图 5-2 所示。

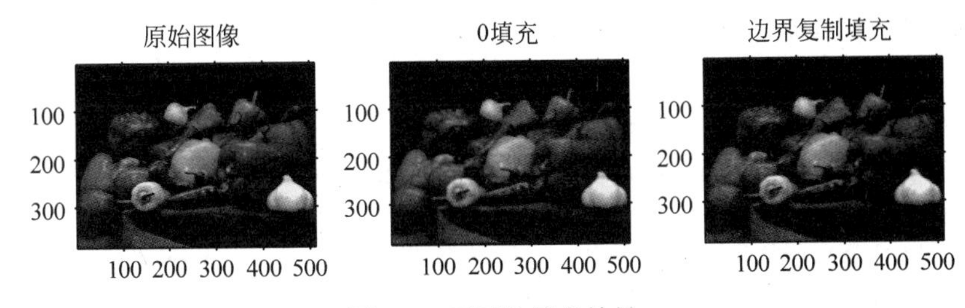

图 5-2　不同的填充效果

由图 5-2 可看出，使用 0 填充边界滤波后含有黑色边界，而使用复制填充得到的图像不含有黑色边界。

除此之外，imfilter 函数还支持其他填充选项，如'symmetric'和'circular'等，这些填充也不会产生黑色边界。

4. 多维滤波

imfilter 函数可以处理多维图像和多维滤波器。滤波的一个常用方法是，使用一个二维的滤波器对一幅三维图像进行滤波，等同于使用一个二维滤波器对三维图像的每一个颜色矩阵进行滤波。

【例 5-3】 对真彩色图像进行滤波。

```
>> clear all;
I = imread('peppers.png');
subplot(131);imshow(I);
title('原始图像');
h = ones(5,5)/25;                        % 均值滤波器的核函数
I2 = imfilter(I,h);                      % 滤波后的图像
subplot(132);imshow(I2);
title('均值滤波');
I3 = imfilter(I,h,'symmetric');
```

```
subplot(133);imshow(I3);
title('镜像反射填充滤波')
```

运行程序,效果如图 5-3 所示。

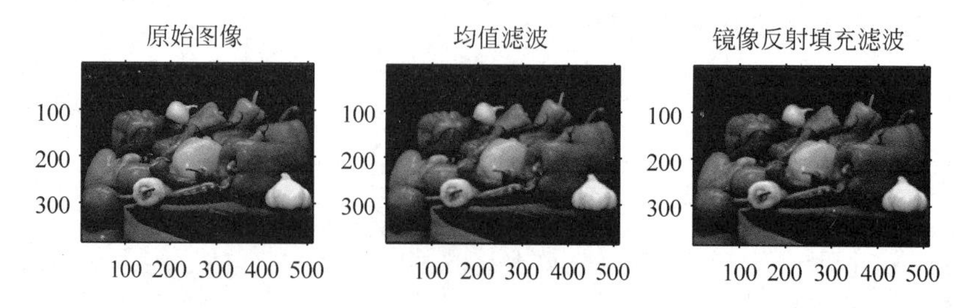

图 5-3　均值滤波前后的真彩色图像

MATLAB 中还有其他二统领和多维的滤波函数。filter2 函数用于二维相关处理,函数的调用格式为:

(1) Y = filter2(h,X),使用二维 FIR 滤波器 h 对矩阵 X 进行滤波操作。X 通常由函数 fspecial 输出得到。

(2) Y = filter2(h,X,shape),使用二维 FIR 滤波器 h 对矩阵 X 进行滤波操作。字符串参数量 shape 指定返回值 Y 的形式。shape 取值为 full 时,Y 的维数大于 X;取值为 same 时,Y 的维数等于 X 默认值为 same;取值为 valid 时,Y 的维数小于 X。

【例 5-4】 对矩阵 X 进行二维线性滤波处理。

```
>> X = magic(3);                      %3 阶魔方矩阵
>> h = fspecial('motion',20,45);     %生成长度为 20,角度 45°的近似线性移动滤波器
>> Y = filter2(h,X)                   %二维线性滤波
Y =
    0.4094   0.4793   0.9311
    0.4793   0.9311   0.9365
    0.9311   0.9365   0.2985
```

conv2 函数用于进行二维卷积处理,函数的调用格式为:

(1) C = conv2(A,B),计算矩阵 A 和 B 的二维卷积。

(2) C = conv2(h1,h2,A),先将矩阵 A 和行向量 h1 进行卷积,然后和列向量 h2 进行卷积。如果 h1 为列向量而 h2 为行向量,则等同于 C=conv2(h1 * h2,A)。

(3) C = conv2(...,shape),计算矩阵 A 和矩阵 B 的二维指定卷积。字符串参量 shape 指定卷积类型,取值为 full、same 或 valid。当取值为 full 时,计算全二维卷积,此为默认值;当取值为 same 时,返回矩阵 C 与 A 维数相同,为卷积的中间部分;当取值为 valid 时,只返回未补零部分的卷积计算结果。如果矩阵 A 的维数为[ma,na],矩阵 B 的维数为[mb,nb],当 size(A)≥size(B)时,C 的维数为[ma−mb+1,na−nb+1],否则 C 为[],其他参量及结果同上。

【例 5-5】 使用二维卷积运算演示图像处理中的 Sobel 算子边缘检测算法。

```
>> clear all;
s = [1 2 1; 0 0 0; -1 -2 -1];  %指定矩阵
%使用二维卷积运算从 A 中突起的基座提取水平边缘
```

```
A = zeros(10);
A(3:7,3:7) = ones(5);
H = conv2(A,s);
figure, mesh(H)
%对s进行转置,使用二维卷积运算提取A的垂直边缘
V = conv2(A,s');
figure, mesh(V)
%结合了水平边缘和垂直边缘
figure
mesh(sqrt(H.^2 + V.^2))
```

运行程序,效果如图5-4所示。

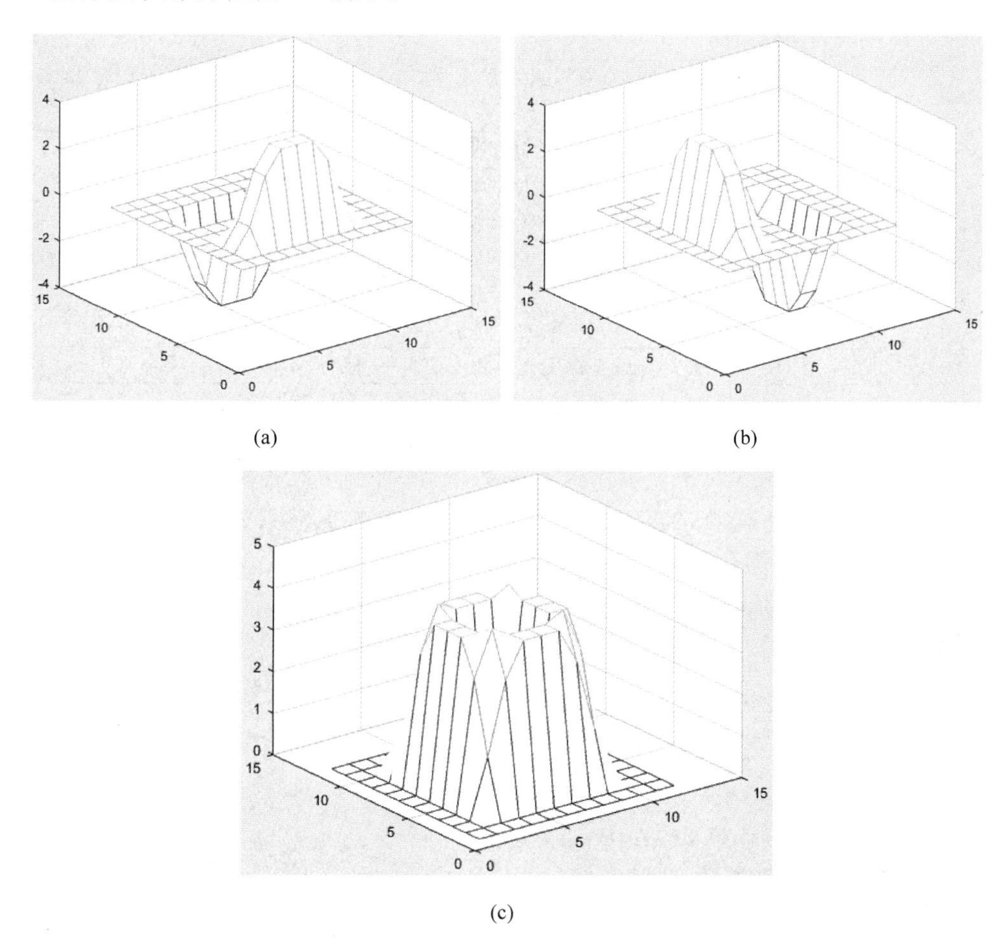

图5-4 使用二维卷积演示Sobel算子边缘检测

(a) 提取A的水平边缘;(b) 提取A的垂直边缘;(c) 结合水平与垂直边缘

5.3.4 预定义滤波器

MATLAB中,提供了fspecial函数,用相关核的方式可以产生多种预定义形式的滤

波器。在用 fspecial 函数创建相关核后，可以直接使用 imfilter 函数对图像进行滤波。函数的调用格式为：

(1) h = fspecial(type)，参数 type 为设置滤波算子各类的参数，包括 average(均值滤波)、gaussian(高斯滤波)、laplacian(拉普拉斯滤波)、log(拉普拉斯高斯滤波)等 7 种常用的滤波算子的构建。

(2) h = fspecial(type, parameters)，指定构建的滤波算子，并设置相应的滤波算子的参数 parameters，如表 5-2 所示。

表 5-2　fspecial 函数中 type 参数取值及说明

type	parameters	说　明
average	hsize	均值滤波，如果邻域为方阵，则 hsize 为标量，否则由两元素向量 hsize 指定邻域的行数与列数
disk	radius	有(radius×2+1)个边的圆形均值滤波器
gaussian	hsize,sigma	标准偏差为 sigma、大小为 hsize 的高斯低通滤波器
laplacian	alpha	系数由 alpha(0.0～1.0)决定的二维拉普拉斯操作
log	hsize,sigma	标准偏差为 sigma、大小 hsize 的高斯滤波器旋转对称拉氏算子
motion	len,theta	按角度 theta 移动 len 个像素的运动滤波器
prewitt	无	近似计算垂直梯度的水平边缘强调算子
sobel	无	近似计算垂直梯度光滑效应的水平边缘强调算子
unsharp	alpha	根据 alpha 决定的拉氏算子创建的掩模滤波器

对于每种滤波器类型会有不同含义的参数值，如对于均值滤波，其参数为返回的相关核的大小，默认值为 3×3 的矩阵，而对于圆周均值滤波，其参数为圆周的半径，默认值为 5，其他滤波器下也都有对应的参数和默认值。

【例 5-6】 不同的滤波器对图像进行滤波。

```
>> clear all;
I = imread('cameraman.tif');
subplot(2,2,1); imshow(I);
title ('原始图像');
H = fspecial('motion',20,45);
MotionBlur = imfilter(I,H,'replicate');
subplot(2,2,2);imshow(MotionBlur);
title ('运动滤波器');
H = fspecial('disk',10);
blurred = imfilter(I,H,'replicate');
subplot(2,2,3); imshow(blurred);
title ('圆形均值滤波器');
H = fspecial('unsharp');
sharpened = imfilter(I,H,'replicate');
subplot(2,2,4); imshow(sharpened);
title('掩模滤波器');
```

运行程序，效果如图 5-5 所示。

图 5-5　图像不同滤波效果

5.4　图像的统计特性

在 MATLAB 中，灰度图像是二维矩阵，RGB 彩色图像是三维矩阵。图像作为矩阵，可以计算其平均值、方差和相关等统计特征。

5.4.1　图像均值

在 MATLAB 中，采用 mean2 函数计算矩阵的均值。对于灰度图像，图像数据是二维矩阵，可以通过函数 mean2 计算图像的平均灰度值。对于 RGB 彩色图像数据 I，mean2(I)得到所有颜色值的平均值。如果要计算 RGB 彩色图像每种颜色的平均值，例如红色的平均值，可以采用 mean2(I(:,:,1))。

【例 5-7】　通过 mean2 函数计算灰度和彩色图像的平均值。

```
>> clear all;
I = imread('onion.png');
J = rgb2gray(I);                    % RGB 转换为灰度图像
gray = mean2(J);                    % 灰度图像的均值
rgb = mean2(I);                     % RGB 图像的均值
r = mean2(I(:,:,1))                 % 红色
g = mean2(I(:,:,2))                 % 绿色
b = mean2(I(:,:,3))                 % 蓝色
subplot(121);imshow(uint8(I));
title('原始图像');
subplot(122);imshow(uint8(J));
title('灰度图像');
```

运行程序,输出如下,效果如图 5-6 所示。

```
r =
  137.3282
g =
   92.7850
b =
   45.2651
```

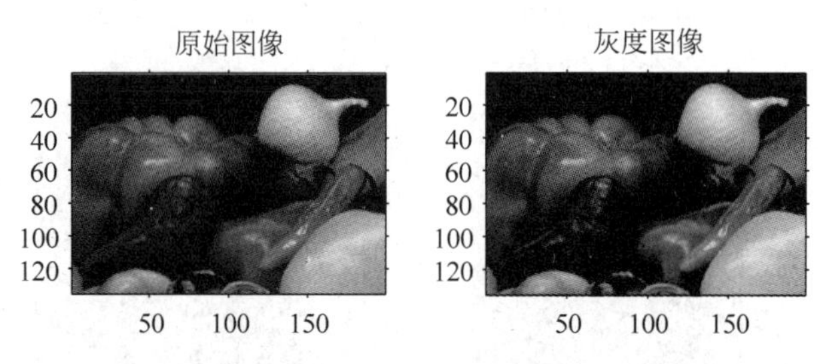

图 5-6　RGB 彩色图像和灰度图像的平均值

在彩色图像中,红色的平均值为 137.3282,绿色的平均值为 92.7850,蓝色的平均值为 45.265 1,这些数据和实际的图像完全相符,红色和绿色成分比较多,蓝色成分比较少。

5.4.2　图像的标准差

对于向量 $x_i, i=1,2,\cdots,n$,其标准差为:

$$s=\sqrt{\frac{1}{n-1}\sum_{i=1}^{n}(x_i-x)^2}$$

其中 $x=\frac{1}{n}\sum_{i=1}^{n}x_i$,该向量的长度为 n。

MATLAB 中,提供了 std 函数计算向量的标准差,通过 std2 函数计算矩阵的标准差。灰度图像的像素为二维矩阵 A,则该图像的标准差为 stdz(A)。

【例 5-8】 计算灰度图像的标准差。

```
>> clear all;
I = imread('liftingbody.png');
s1 = std2(I)                        %计算标准差
J = histeq(I);                      %直方图均衡化
s2 = std2(J)                        %计算直方图均衡化标准差
```

运行程序,输出如下:

```
s1 =
   31.6897
s2 =
   74.8417
```

5.4.3 图像的相关系数

灰度图像的像素为二维矩阵。两个大小相等的二维矩阵,可以计算其相关系数。

$$r=\frac{\sum_m\sum_n(A_{mn}-\bar{A})(B_{mn}-\bar{B})}{\sqrt{\left(\sum_m\sum_n(A_{mn}-\bar{A})^2\right)\left(\sum_m\sum_n(B_{mn}-\bar{B})^2\right)}}$$

式中,A_{mn} 和 B_{mn} 为 m 行 n 列的灰度图像(m,n)处的像素点的灰度值,$\bar{A}$ 为 mean2(A),$\bar{B}$ 为 mean2(B)。

MATLAB 提供了 corr2 函数计算两个灰度图像的相关系数。函数的调用格式为:

r = corr2(A,B)——A 和 B 为大小相等的二维矩阵,r 为两个矩阵的相关系数。

【例 5-9】 计算两个灰度图像的相关系数。

```
>> clear all;
I = imread('pout.tif');
J = medfilt2(I);                    % 中值滤波器
R = corr2(I,J)                      % 计算相关系数
subplot(121);imshow(I);
title('原始图像');
subplot(122);imshow(J);
title('中值滤波');
```

运行程序,输出如下,效果如图 5-8 所示。

```
R =
    0.9959
```

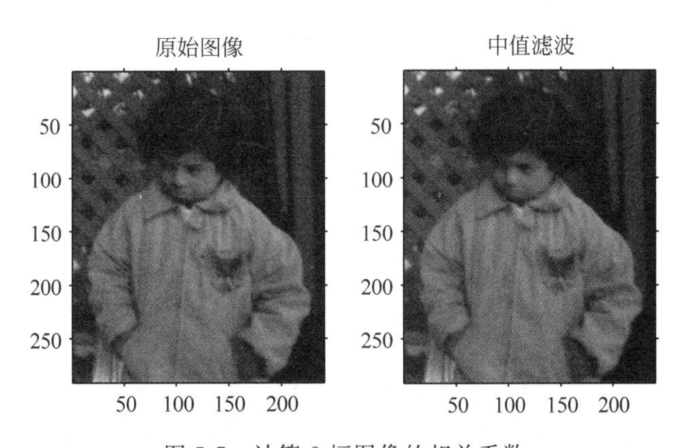

图 5-7 计算 2 幅图像的相关系数

在图 5-7 中,左图为原始图像,右图为二维中值滤波后得到的图像。这两幅图像的相关系数为 0.9959,相似度非常高。

5.4.4 图像的等高线

MATLAB 图像处理工具箱中提供 imcontour 函数来显示灰度图像中数据的轮廓

图,imcontour函数能够自动设置坐标轴,使输出图像在其方向和纵横比上能够与显示的图像吻合。

(1) imcontour(I):提取灰度图像的轮廓图。

(2) imcontour(I,n):提高设置n条的灰度图像轮廓图。

(3) imcontour(I,v):绘制灰度图像的轮廓图,并指定v为一个向量值。

(4) imcontour(x,y,...):x,y代表X和Y轴的取值。

(5) imcontour(...,LineSpec):设置灰度图像的轮廓图的颜色。

(6) [C,handle] = imcontour(...):除了返回灰度图像的轮廓图句柄值外,还返回其轮廓矩阵。

【例5-10】 通过imcontour函数计算灰度图像的等高线。

```
>> clear all;
I = imread('onion.png');
J = rgb2gray(I);                    % RGB 转换为灰度图像
subplot(121);imshow(J);
title('原始图像');
subplot(122);imcontour(J,3);        % 显示等高线
title('等高线');
```

运行程序,效果如图5-8所示。

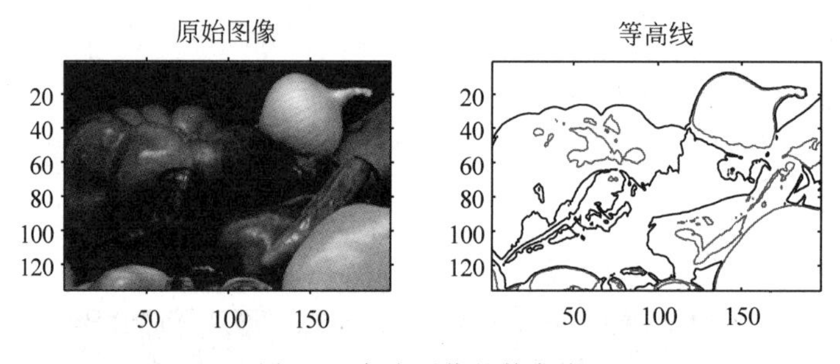

图5-8　灰度图像的等高线

5.5　空间域滤波

数字图像中往往存在各种各样的噪声,噪声能获取图像的像素值,却不能反映真实场景亮度的误差。根据图像的获取方法不同,有很多引入图像噪声的方法:

(1) 如果图像是通过扫描照片得到的,则照片上的灰尘是噪声源。另外,照片损坏和扫描过程本身都会引入噪声。

(2) 如果图像直接由数字设备得到,则获取图像数据的设备会引入噪声。

(3) 图像数据的传输会引入噪声。

5.5.1　图像加入噪声

为了模拟不同方法的去噪效果,MATLAB提供了imnoise函数对一幅图像加入不

同类型的噪声。该函数的用法在第2章已介绍，下面通过一个例子来演示在图像中加入噪声。

【例5-11】 在图像中加入不同的噪声。

```
>> clear all;
I = imread('eight.tif');
subplot(231);imshow(I);
title('原始图像');
J1 = imnoise(I,'gaussian',0.15);        % 添加高斯噪声
subplot(232);imshow(J1);
title('添加 Gaussian 噪声');
J2 = imnoise(I,'salt & pepper',0.15);   % 添加椒盐噪声
subplot(233);imshow(J2);
title('添加 salt & pepper 噪声');
J3 = imnoise(I,'poisson');              % 添加泊松噪声
subplot(234);imshow(J3);
title('添加 poission 噪声');
J4 = imnoise(I,'speckle',0.15);         % 加入乘法噪声
subplot(235);imshow(J4);
title('添加 speckle 噪声')
```

运行程序，效果如图5-9所示。

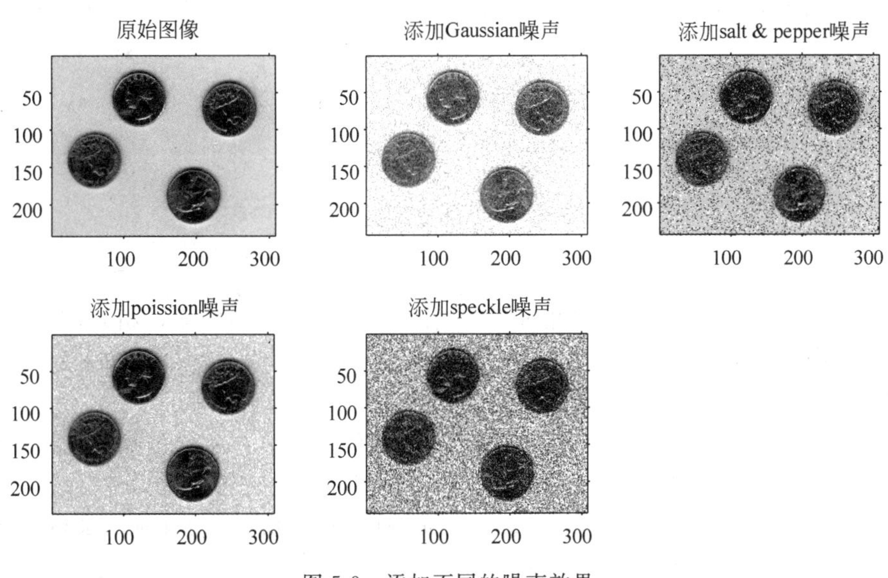

图5-9 添加不同的噪声效果

5.5.2 中值滤波器

中值滤波器是一种去除噪声的非线性处理方法，是由Turky在1971年提出的。基本原理是把数字图像或数字序列中一点的值用该点的一个邻域中各点值的中值代替。中值的定义如下：一组数字 $x_1,x_2,\cdots,x_n$，把 n 个数按值的大小顺序排列于下：$x_{i1}\leqslant x_{i2}\leqslant\cdots\leqslant x_{in}$

$$y=\mathrm{Med}\{x_1,x_2,\cdots,x_n\}=\begin{cases}x_{i(\frac{n+1}{2})}, & n\text{ 为奇数}\\ \frac{1}{2}[x_{i(\frac{n}{2})}+x_{i(\frac{n}{2}+1)}], & n\text{ 为偶数}\end{cases}$$

y 称为序列 $x_1,x_2,\cdots,x_n$ 的中值。把一个点的特定长度或形状的邻域称作窗口。在一维情形下,中值滤波器是一个含有奇数个像素的滑动窗口,窗口正中间那个像素的值用窗口内各像素值的中值代替。设输入序列为$\{x_i,i\in I\}$,I 为自然数集合或子集,窗口长度为 n,则滤波器输出为

$$y_i=\mathrm{Med}\{x_i\}=\mathrm{Med}\{x_{i-u},\cdots,x_i,\cdots,x_{i+u}\}$$

其中,$i\in I,u=\frac{(n-1)}{2}$。

中值滤波器的概念很容易推广到二维,此时可以利用某种形式的二维窗口。设$\{x_{ij},(i,j)\in I^2\}$表示数字图像各点的灰度值,滤波窗口为 A 的二维中值滤波可定义为:

$$y_i=\mathrm{Med}_A\{x_{ij}\}=\mathrm{Med}\{x_{i+r,j+s},(r,s)\in A(i,j)\in I^2\}$$

二维中值滤波器可以取方形,也可以取近似圆形或十字形,如图 5-10 所示。

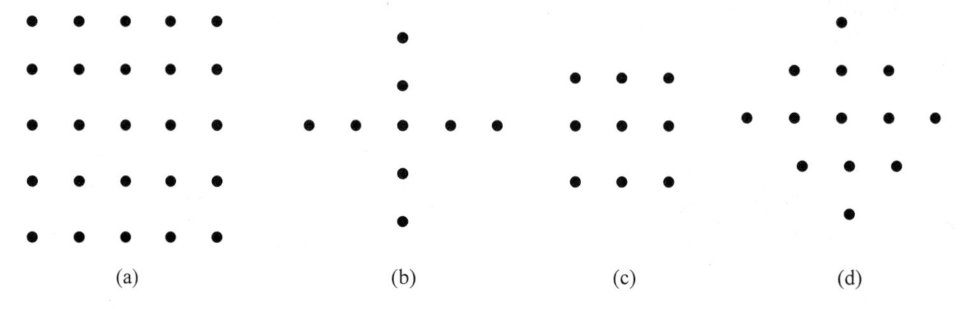

图 5-10　常用中值滤波器窗口

(a) 5×5 方形;(b) 5×5 十字形;(c) 3×3 方形;(d) 5×5 圆形

中值滤波器是非线性运算,因此对于随机性质的噪声输入,数学分析是相当复杂的。由大量实验可得,对于零均值正态分布的噪声输入,中值滤波器输出与输入噪声的密度分布有关,输出噪声方差与输入噪声密度函数的平方成反比。

对随机噪声的抑制能力,中值滤波性能要比平均值滤波差些。但对于脉冲干扰,特别是脉冲宽度较小、相距较远的窄脉冲,中值滤波是很有效的。

MATLAB 中,提供了 medfilt2 函数用于实现图像的中值滤波处理。函数的调用格式为:

(1) B = medfilt2(A, [m n]),A 为待滤波的图像的数据矩阵,B 为滤波后的数据矩阵,参数[m n]为中值滤波的邻域块的大小,默认为 3×3。

(2) B = medfilt2(A),使用默认的邻域块对图像 A 进行中值滤波。

(3) B = medfilt2(A, 'indexed', ...),参数'indexed'表明操作对象为索引图像。

【例 5-12】 利用 medfilt2 函数对图像进行中值滤波操作。

```
>> clear all;
I = imread('eight.tif');
figure;
subplot(211);imshow(I);
```

```
title('原始图像');
J = imnoise(I,'salt & pepper',0.02);       %为图像添加椒盐噪声
K = medfilt2(J);                           %图像的中值滤波操作
subplot(212);imshowpair(J,K,'montage');
title('中值滤波效果');
```

运行程序，效果如图 5-11 所示。

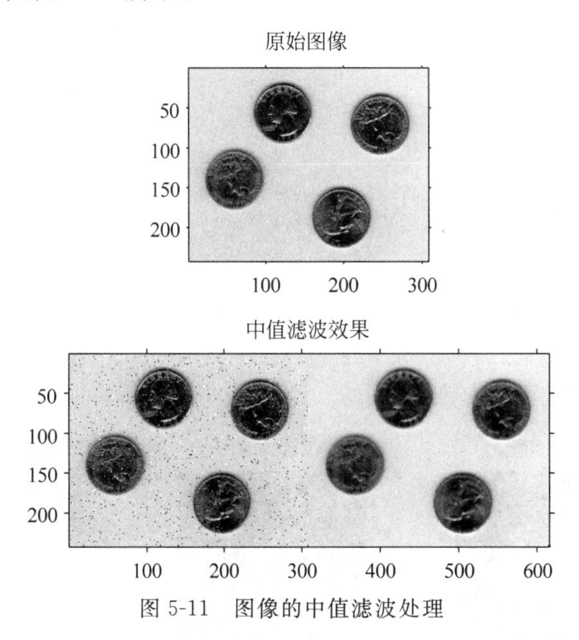

图 5-11 图像的中值滤波处理

5.5.3 自适应滤波器

MATLAB 中利用 wiener2 函数可以实现对图像噪声的自适应滤除。wiener2 函数根据图像的局部方差来调整滤波器的输出。当局部方差大时，滤波器的平滑效果较弱，滤波器的平滑效果强。

wiener2 函数采用的算法是首先估计出像素的局部矩阵和方差

$$\mu = \frac{1}{MN}\sum_{n_1,n_2\in\eta} a(n_1,n_2)$$

$$\sigma^2 = \frac{1}{MN}\sum_{n_1,n_2\in\eta} a^2(n_1,n_2) - \mu^2$$

其中 η 是图像中每个像素的 $M\times N$ 的邻域。然后，对每一个像素利用 wiener2 滤波器估计出其灰度值

$$b(n_1,n_2) = \mu + \frac{\sigma^2 - v^2}{\sigma^2}(a(n_1,n_2) - \mu)$$

这里 v^2 是图像中噪声的方差。

使用 wiener2 函数进行滤波会产生比线性滤波更好的效果，因为自适应滤波器保留了图像的边界和图像的高频成分，但花时间更多。函数的调用格式为：

(1) J = wiener2(I,[m n],noise)，使用自适应滤波对图像 I 进行滤降噪处理。参数

m与n为标量，指定m×m邻域来估计图像均值与方差，默认区域大小为3×3。参数noise为矩阵，表示指定噪声。

(2) [J,noise] = wiener2(I,[m n])，使用自适应滤波对图像I进行降噪处理，并返回函数的估计噪声noise。

【例5-13】 利用winener2函数对图像进行自适应滤波处理。

```
>> clear all;
RGB = imread('saturn.png');
subplot(131);imshow(RGB);
title('原始图像');
I = rgb2gray(RGB);                          %将彩色图像转换为灰度图像
J = imnoise(I,'gaussian',0,0.025);          %添加高斯噪声
subplot(132);imshow(J);
title('带高斯噪声的图像');
K = wiener2(J,[5 5]);
subplot(133), imshow(K);
title('自适应滤波');
```

运行程序，效果如图5-12所示。

图5-12　图像的自适应滤波效果

5.5.4　排序滤波

线性滤波通过对邻域像素的线性组合得到输出图像的像素值，这是一种线性处理方法。但线性滤波在图像去噪方面具有局限性，要么牺牲图像的细节换得信噪比的提高；要么以信噪比的下降为代价而保护图像的边缘，这两者往往不能同时兼顾。在此将介绍的排序滤波是一种非线性处理方法，它在保护图像细节方面有很大的优势，而且信噪比损失不大，在图像处理中有广泛的应用。

排序滤波通过对邻域像素的升序排序，取第r个像素值作为输出图像的像素值。排序滤波也有对应的滤波窗口，滤波窗口超出图像边界时需要考虑边界的处理，可以用0填充或是最近邻边界填充等。在MATLAB中利用函数ordfilt2对图像作排序滤波，函数的调用格式为：

(1) B = ordfilt2(A, order, domain)，对图像X作顺序统计滤波，order为滤波器输出的顺序值，domain为滤波窗口。

(2) B = ordfilt2(A, order, domain, S)，S是与domain大小相同的矩阵，它是对应

domain 中非零值位置的输出偏置，这在图形形态学中是很有用的。例如：

- Y＝ordfilt2(X,5,ones(3,3))，相当于3×3的中值滤波。
- Y＝ordfilt2(X,1,ones(3,3))，相当于3×3的最小值滤波。
- Y＝ordfilt2(X,9,ones(3,3))，相当于3×3的最大值滤波。
- Y＝ordfilt2(X,1,[0 1 0;1 0 1;0 1 0])，输出的是每个像素的东、西、南、北4个方向相邻像素灰度的最小值。

【例 5-14】 利用 ordfilt2 函数对图像进行排序滤波。

```
>> clear all;
I = imread('circuit.tif');
subplot(221);imshow(I);
title('原始图像');
B = ordfilt2(I,25,true(5));
subplot(222), imshow(B);
title('排序滤波');
J = imnoise(I,'gaussian',0,0.025);        %添加高斯噪声
subplot(223), imshow(J);
title('排序滤波');
C = ordfilt2(J,25,true(5));
subplot(224), imshow(C);
title('含噪排序滤波');
```

运行程序，效果如图5-13所示。

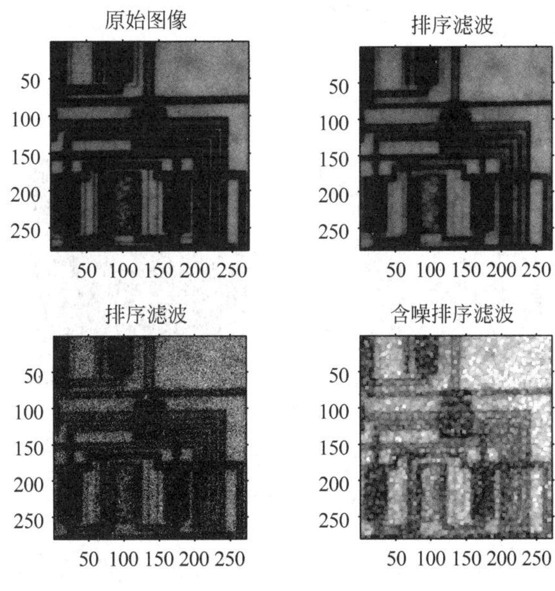

图 5-13 图像的排序滤波处理

5.5.5 锐化滤波

从数学上看，图像模糊的实质就是图像受到平均或积分运算的影响，因此对其进行逆运算即可使图像清晰。

1. 线性锐化滤波

线性高通滤波器是最常用的线性锐化滤波器。这种滤波器必须满足滤波器的中心系数为正数，其他系数为负数。线性高通滤波器 3×3 模板的典型系数如图 5-14 所示。

–1	–1	–1
–1	–8	–1
–1	–1	–1

图 5-14　线性高通滤波器 3×3 模板

事实上这是拉普拉斯算子，所有系数的和为 0。当这样的模板放在图像中灰度值是常数或变化很小的区域时，其输出为 0 或很小。有时会导致输出图像的灰度值为负数，而图像处理中一般仅考虑正灰度值，所以在这种情况下还要再进行灰度变换，使像素的灰度值保持在正整数范围内。

【例 5-15】 用线性锐化滤波对图像进行锐化滤波处理。

```
>> clear all;
% 下面是利用拉普拉斯算子对模糊图像进行增强
I = imread('lean.png');
subplot(1,2,1);imshow(I);
xlabel('(a)原始图像');
I = double(I);                              % 转换数据类型为 double 双精度型
H = [0 1 0,1 -4 1,0 1 0];                   % 拉普拉斯算子
J = conv2(I,H,'same');                      % 用拉普拉斯算子对图像进行二维卷积运算
% 增强的图像为原始图像减去拉普拉斯算子滤波的图像
K = I - J;
subplot(1,2,2),imshow(K,[])
xlabel('(b)锐化滤波处理')
```

运行程序，效果如图 5-15 所示。

(a)

(b)

图 5-15　拉普拉斯算子对模糊图像进行增强
(a) 原始图像；(b) 锐化滤波处理

运行结果如图 5-16 所示。由图可见，图像模糊的部分得到了锐化，边缘部分得到了增强，边界更加明显。但图像显示清楚的地方，经滤波后发生了失真，这也是拉普拉斯算子增强的一大缺点。

下面介绍两种常用的图像锐化算子。

(1) 拉普拉斯算子

拉普拉斯(Laplacian)算子法比较适用于改善因为光线的漫反射造成的图像模糊。拉普拉斯算子法是常用的边缘增强处理算子，它是各向同性的二阶导数。一个连续的二

元函数 $f(x,y)$，它在位置 (x,y) 处的拉普拉斯运算定义为

$$\nabla^2 f(x,y) = \frac{\partial^2 f}{\partial x^2} + \frac{\partial^2 f}{\partial y^2} \tag{5-1}$$

式中，$\nabla^2 f(x,y)$ 称为拉普拉斯算子。对数字图像可写出图像 $f(i,j)$ 的一阶偏导

$$\frac{\partial f(i,j)}{\partial x} = \Delta_x f(i,j) \quad \frac{\partial f(i,j)}{\partial y} = \Delta_y f(i,j) \tag{5-2}$$

二阶偏导

$$\frac{\partial^2 f(i,j)}{\partial x^2} = \Delta_x f(i+1,j) - \Delta_x f(i,j) \tag{5-3}$$

$$\frac{\partial^2 f(i,j)}{\partial y^2} = \Delta_y f(i,j+1) - \Delta_y f(i,j) \tag{5-4}$$

根据式(5-1)经整理可得

$$\begin{aligned} g(i,j) &= \nabla^2 f(i,j) = \frac{\partial^2 f(i,j)}{\partial x^2} + \frac{\partial^2 f(i,j)}{\partial y^2} \\ &= f(i+1,j) + f(i-1,j) + f(i,j+1) + f(i,j-1) - 4f(i,j) \end{aligned} \tag{5-5}$$

对于式(5-5)也可由拉普拉斯算子模板来表示：

$$H_1 = \begin{bmatrix} 0 & 1 & 0 \\ 1 & -4 & 1 \\ 0 & 1 & 0 \end{bmatrix}, \quad H_2 = \begin{bmatrix} 1 & 1 & 1 \\ 1 & -8 & 1 \\ 1 & 1 & 1 \end{bmatrix} \tag{5-6}$$

空间域锐化滤波用卷积形式表示为

$$g(i,j) = \nabla^2 f(x,y) = \sum_{r=-k}^{k} \sum_{s=-l}^{l} f(i-r,j-s) H(r,s) \tag{5-7}$$

式中，$H(r,s)$ 除了可取式(5-6)的拉普拉斯算子模板外，只要适当地选择滤波因子(权函数) $H(r,s)$，就可以组成不同性能的高通滤波器，从而使边缘锐化突出细节。

几种常用的归一化高通滤波的模板如下：

$$H_1 = \begin{bmatrix} 0 & -1 & 0 \\ -1 & 5 & -1 \\ 0 & -1 & 0 \end{bmatrix}, \quad H_2 = \begin{bmatrix} -1 & -1 & -1 \\ -1 & 9 & -1 \\ -1 & -1 & -1 \end{bmatrix}, \quad H_3 = \begin{bmatrix} 1 & -2 & 1 \\ -2 & 5 & -2 \\ 1 & -2 & 1 \end{bmatrix}$$

这些已经归一化的模板可以避免处理后的图像出现亮度偏移。其中，H_1 等效于用 Laplacian 算子增强图像。如果要增强具有方向性的边缘和线条，则应采用方向滤波，这时模板算子可由方向模板组成。

【例 5-16】 对图像进行 Laplacian 算子锐化。

```
>> clear all;
I = imread('cristal.jpg');
h1 = [0 -1 0; -1 5 -1;0 -1 0];
h2 = [ -1 -1 -1; -1 9 -1; -1 -1 -1];
BW1 = imfilter(I,h1);
BW2 = imfilter(I,h2);
subplot(131);imshow(I);
title('原始图像');
subplot(132);imshow(uint8(BW1));
title('四邻域');
subplot(133);imshow(uint8(BW2));
```

```
title('八邻域');
```

运行程序,效果如图 5-16 所示。

图 5-16　Laplacian 算子图像锐化

从图 5-17 可看出,图像经过 Laplacian 算子运算后边界变得清晰了许多,而且八邻域模板的滤波效果明显要好于四邻域模板,图像的边界更加清晰了。

(2) Wallis 算子

Wallis 根据 Laplacian 算子的特点,提出了一种改进的 Laplacian 算子,这是一个自适应算子。设$[f(i,j)]_{M\times N}$为原始图像,它的局部均值和局部标准偏差分别记为$\bar{f}(i,j)$和$\sigma(i,j)$,即

$$\bar{f}(i,j)=\frac{1}{M}\sum_{(m,n)\in D_{ij}}f(m,n)$$

$$\sigma^2(i,j)=\frac{1}{M}\sum_{(m,n)\in D_{ij}}[f(m,n)-\bar{f}(i,j)]^2$$

式中:D_{ij}为像素(i,j)的邻域;M为D_{ij}的个数。增强后的图像$[g(i,j)]_{M\times N}$像素点(i,j)的灰度

$$g(i,j)=[\alpha m_d+(1-\alpha)\bar{f}(i,j)]+[f(i,j)-\bar{f}(i,j)]\frac{A\sigma_d}{A\sigma(i,j)+\sigma_d}$$

式中:m_d和σ_d表示设计的平均值和标准偏差;A为增益系数;α为控制增强图像中边缘和背景组成的比例常数。

【例 5-17】 对图像进行 Wallis 算子锐化。

```
>> clear all;
I = imread('lean.jpg');
subplot(131);imshow(I);
title('原始图像');
I = im2double(I);
[height width R] = size(I);
for i = 2:height - 1
    for j = 2:width - 1 II(i,j) = log10(I(i,j) + 1) - 0.25 * (log10(I(i - 1,j) + 1) + log10(I(i
+ 1,j) + 1) + log10(I(i,j - 1) + 1) + log10(I(i,j + 1) + 1));
    end
end
min1 = min(II);
min2 = min(min1);
for i = 2:height - 1
   for j = 2:width - 1
      II(i,j) = 46 * II(i,j) - min2 + 0.4;
```

```
  end
end
subplot(132);imshow(II,[]);
title('四邻域');
for i = 1:height - 1
    for j = 1:width - 1
        if (II(i,j)<- 0.035)
           II(i,j) = 0;
        else II(i,j) = 1;
        end
    end
end
subplot(133);imshow(II,[]);
title('八邻域');
```

运行程序,效果如图 5-17 所示。

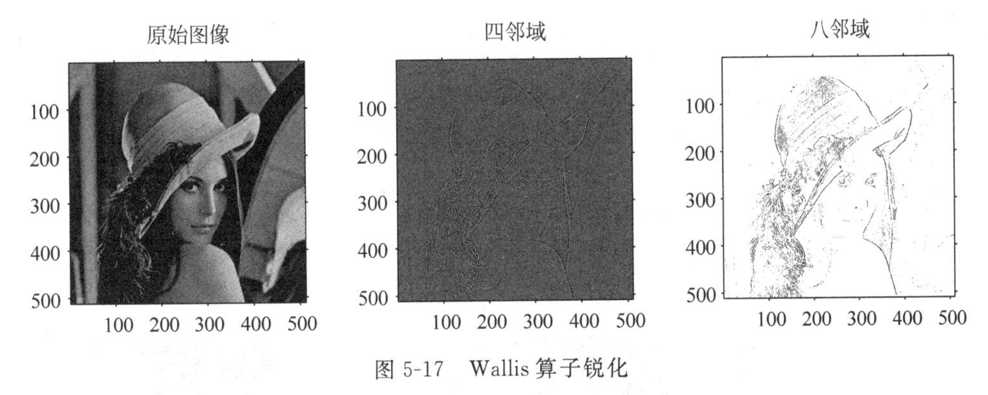

图 5-17 Wallis 算子锐化

2. 非线性锐化

邻域平均可以模糊图像,因为平均对应积分,所以可以利用微分来锐化图像。非线性锐化滤波器就是应用微分对图像进行处理,其中最常用的就是利用梯度,即图像沿某个方向上的灰度变化率。对于一个连续函数 $f(x,y)$,梯度定义如下:

$$\text{grad}[f(x,y)] = \left[\frac{\partial f}{\partial x},\frac{\partial f}{\partial y}\right] \underline{\underline{\text{def}}} \Delta f$$

梯度是一个向量,需要用两个模板分别沿 x 和 y 方向计算。梯度的模(以 2 为模,对应欧氏距离)为:

$$|\Delta f| = \left[\left(\frac{\partial f}{\partial x}\right)^2 + \left(\frac{\partial f}{\partial y}\right)^2\right]^{\frac{1}{2}}$$

$$|\Delta f| = [(\Delta_x f)^2 + (\Delta_y f)^2]^{\frac{1}{2}}$$

其中,

$$\Delta_x = \frac{\Delta f}{\Delta x} = f(x+1,y) - f(x,y)$$

$$\Delta_y = \frac{\Delta f}{\Delta y} = f(x,y+1) - f(x,y)$$

常用的空域非线性锐化滤波微分算子有 sobel 算子、prewitt 算子、log 算子(高斯-拉普拉斯算子)等。

【例 5-18】 梯度法锐化图像。

```
>> clear all;
[I,map] = imread('lean.png');
subplot(2,2,1);imshow(I);
xlabel('(a)原始图像');
I = double(I);                                %数据类型转换
[IX,IY] = gradient(I);                        %梯度
gm = sqrt(IX. * IX + IY. * IY);
out1 = gm;
subplot(2,2,2);imshow(out1,map);
xlabel('(b)梯度值');
out2 = I;
J = find(gm >= 15);                           %阈值处理
out2(J) = gm(J);
subplot(2,2,3);imshow(out2,map);
xlabel('(c)加阈值梯度值');
out3 = I;
J = find(gm >= 20);                           %阈值黑白化
out3(J) = 255;                                %设置为白色
K = find(gm < 20);                            %阈值黑白化
out3(K) = 0;                                  %设置为黑色
subplot(2,2,4);imshow(out3,map);              %二值化
xlabel('二值化')
```

运行程序,效果如图 5-18 所示。

(a)

(b)

(c)

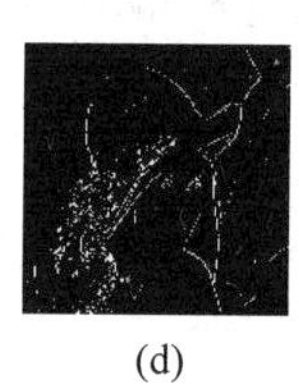
(d)

图 5-18 梯度法图像锐化效果

(a) 原始图像;(b) 梯度值;(c) 加阈值梯度值;(d) 二值化

由图 5-19 可看出,几种输出方法的效果不一样。直接梯度输出背景和图像目标不是很清楚,阈值梯度输出可以消除背景的影响,而二值图像输出强化的是边缘的效果。

5.6 频域滤波

频率域图像增强首先通过傅里叶变换将图像从空间域转换为频率域,然后在频率域内对图像进行处理,最后通过傅里叶反变换转换到空间域。频率域内的图像增强通常包括有限冲激响应滤波、低通滤波、高通滤波、高斯带阻滤波和同态滤波。

5.6.1 有限冲激响应滤波

有限冲激响应滤波器的很多特点使它适合在 MATLAB 环境下进行图像处理。

(1) FIR 滤波器系数容易用矩阵表示。

(2) 二维 FIR 滤波器是一维 FIR 滤波器的简单扩展。

(3) FIR 滤波器有很多可靠的设计方法。

(4) FIR 滤波器容易实现。

(5) FIR 滤波器可以设计成线性相位,防止图像失真。

1. 频率变换法

频率变换法是指把一个一维 FIR 滤波器转换成二维的 FIR 滤波器。频率转换方法保留了一维 FIR 滤波器的大部分特性,尤其是变换带宽和波纹特征。该方法使用了变换矩阵,矩阵中的元素定义了频率变换。

MATLAB 中,提供了 ftrans2 函数用来实现频率变换法。函数的调用格式为:

(1) h = ftrans2(b),b 为对应的一维 FIR 滤波器,其长度必须为奇数,一般为奇数 fir1,fir2 或 remez 返回值。h 返回的二维 FIR 滤波器。

(2) h = ftrans2(b, t),t 为转换矩阵,默认值为 t=[1 2 1;2 −4 2;1 2 1]/8。

【例 5-19】 利用 ftran2 函数将一维滤波器转化为二维滤波器。

```
>> clear all;
colormap(jet(64))                              % 颜色映射表
b = remez(10,[0 0.05 0.15 0.55 0.65 1],[0 0 1 1 0 0]);          % 一维带通滤波器
[H,w] = freqz(b,1,128,'whole');                % 一维带通滤波器的频率响应
subplot(121);plot(w/pi-1,fftshift(abs(H)));
title('一维带通');
h = ftrans2(b);                                % 二维带通滤波器
subplot(122);freqz2(h);                        % 二维带通滤波器的频率响应
title('二维带通');
```

运行程序,效果如图 5-19 所示。

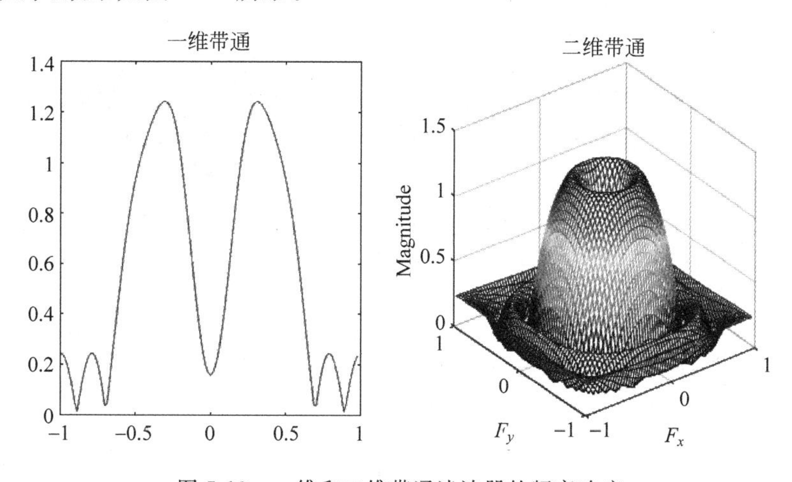

图 5-19 一维和二维带通滤波器的频率响应

2. 频率抽样法

频率抽样法用于创建一个基于所需频率响应的滤波器。给定一个定义频率响应的

矩阵,频率抽样法创建一个通过这些点的滤波器,而对给定点之间的频率响应并没有限制。

MATLAB中,提供了fsamp2函数用于设计二维FIR滤波器。该函数返回一个滤波器,它的频率响应跟给定的频率响应矩阵对应,函数的调用格式为:

(1) h = fsamp2(Hd),参数HD为频率响应,h为返回的频率响应系数。

(2) h = fsamp2(f1, f2, Hd,[m n]),f1、f2为给定的响应频率,产生一个m×n的FIR滤波器。

【例5-20】 利用fsamp2函数设计一个11×11的滤波器。

```
>> clear all;
[f1,f2] = freqspace(21,'meshgrid');
Hd = ones(21);
r = sqrt(f1.^2 + f2.^2);
Hd((r<0.1)|(r>0.5)) = 0;
colormap(jet(64))
subplot(121);mesh(f1,f2,Hd);
title('所需滤波产生的频率');
h = fsamp2(Hd);
subplot(122);freqz2(h);
title('频率抽样法产生的频率')
```

运行程序,效果如图5-20所示。

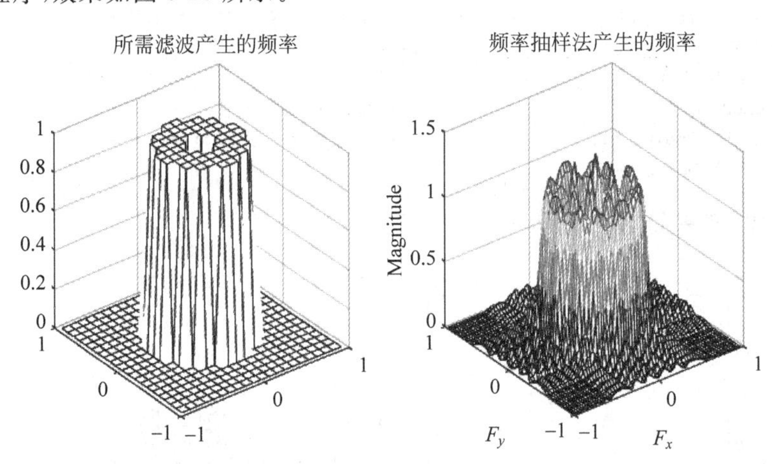

图5-20 所需滤波器的频率响应和频率抽样法产生的频率响应

由图5-21右图可注意到,实际产生的滤波器的频率响应中会产生波纹,这些波纹是频率抽样法设计滤波器固有的问题。

3. 窗函数法

窗函数法通过理想冲激响应和窗函数相乘产生相应的滤波器。与频率抽样法类似,窗函数法产生一个与所需滤波器响应类似的滤波器。但是,窗函数法会产生比频率抽样法效果更好的滤波器。

MATLAB图像处理工具箱提供了两个函数来设计滤波器fwind1和fwind2:

(1) fwind1 函数通过使用一个或两个一维窗口的二维窗口来设计二维滤波器。

(2) fwind2 函数直接使用指定的二维窗口来设计二维滤波器。

fwind1 函数支持两种不同的方法来创建二维窗口：

(1) 使用类似于旋转的方法，将一个一维窗口转化为一个二维窗口。

(2) 通过计算两个一维窗口的外积来创建一个矩形窗口。

fwind1 函数的调用格式为：

(1) h = fwind1(Hd, win)，参数 Hd 为所需要的频率响应，win 为一维窗函数，h 为返回的二维滤波器。

(2) h = fwind1(Hd, win1, win2)，根据给定的两个一维窗函数 win1、win2，创建一个二维滤波器 h。

(3) h = fwind1(f1, f2, Hd,...)，根据给定两个频率 f1、f2，创建一个二维滤波器 h。

【例 5-21】 利用 fwind1 函数产生二维滤波器。

```
>> clear all;
[f1,f2] = freqspace(21,'meshgrid');
Hd = ones(21);
r = sqrt(f1.^2 + f2.^2);
Hd((r<0.1)|(r>0.5)) = 0;
colormap(jet(64))
subplot(121);mesh(f1,f2,Hd);
title('二维频率响应');
h = fwind1(Hd,hamming(21));
subplot(122);freqz2(h);
title('hamming窗函数的频率响应');
```

运行程序，效果如图 5-21 所示。

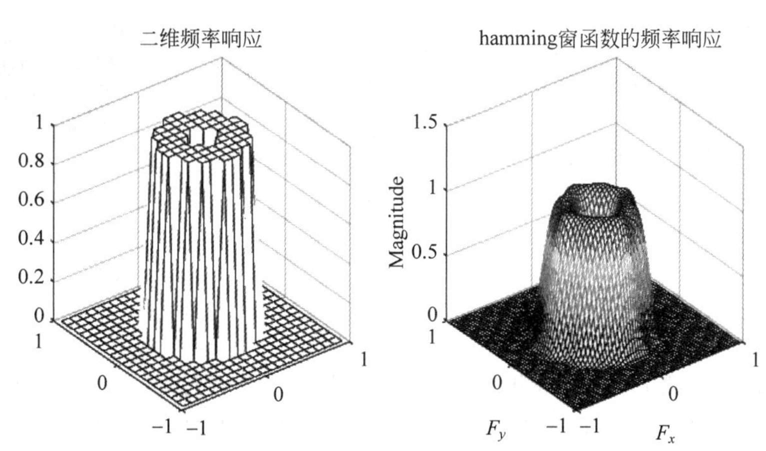

图 5-21 所需二维频率响应和 fwind1 窗函数法产生的频率响应

fwind2 函数与 fwind1 函数的用法类似，fwind2 函数的调用格式为：

(1) h = fwind2(Hd, win)，参数 Hd 为所需要的频率响应，win 为一维窗函数，返回参数 h 为二维滤波器。

(2) h = fwind2(f1, f2, Hd, win)，f1 与 f2 为给定的频率。

【例 5-22】 利用 fwind2 函数产生二维滤波器。

```
>> clear all;
[f1,f2] = freqspace(21,'meshgrid');
Hd = ones(21);
r = sqrt(f1.^2 + f2.^2);
Hd((r<0.1)|(r>0.5)) = 0;
colormap(jet(64))
subplot(131);mesh(f1,f2,Hd);
title('二维频率响应')
win = fspecial('gaussian',21,2);
win = win ./ max(win(:));
subplot(132);mesh(win);
title('高斯滤波器');
h = fwind2(Hd,win);
subplot(133);freqz2(h);
title('fwind2 窗函数频率响应');
```

运行程序,效果如图 5-22 所示。

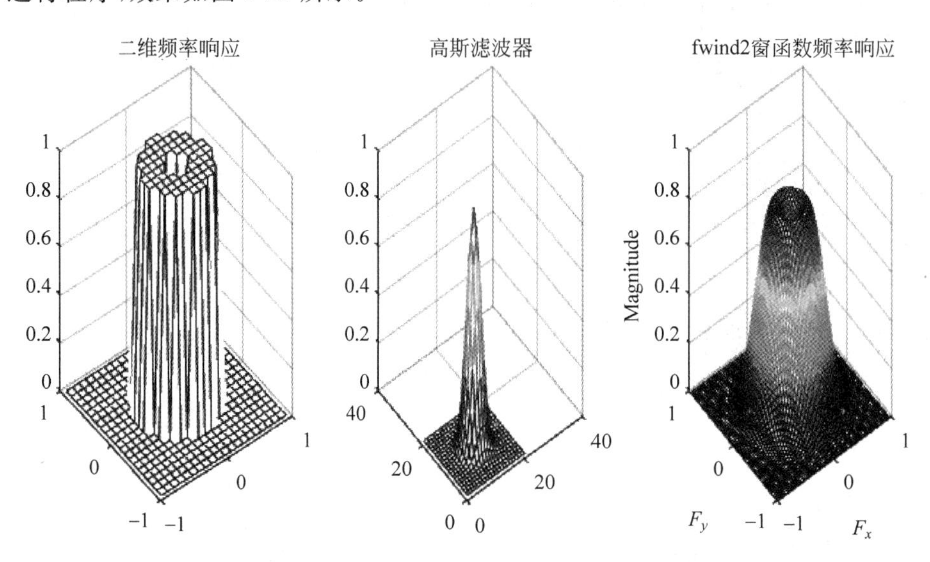

图 5-22 所需二维频率响应、高斯滤波器和 fwind2 窗函数法产生的频率响应

4. 频率响应矩阵

滤波器设计函数 fsamp2、fwind1、fwind2 所设计的滤波器是以幅频响应矩阵为基础的,幅频响应是描述一个滤波器对不同频率响应的函数。因此,可以直接使用 MATLAB 中提供的 freqspace 函数来创建所需的频率响应空间,函数的调用格式为:

(1) [f1,f2] = freqspace(n),n 是指频率响应为 n 维的方阵,参数 f1、f2 为返回的二维频率空间。

(2) [f1,f2] = freqspace([m n]),[m n]是指频率响应为 m×n 的矩阵。

(3) [x1,y1] = freqspace(...,'meshgrid'),利用 meshgrid 函数绘制的三维数据创建频率响应矩阵。

【例 5-23】 利用 freqspace 绘制一个低通圆形滤波器。

```
>> clear all;
[f1,f2] = freqspace(25,'meshgrid');            % 频率响应的频率空间
Hd = zeros(25,25);
d = sqrt(f1.^2 + f2.^2)< 0.5; % 低通滤波器的响应
Hd(d) = 1;
mesh(f1,f2,Hd);
```

运行程序,效果如图 5-23 所示。

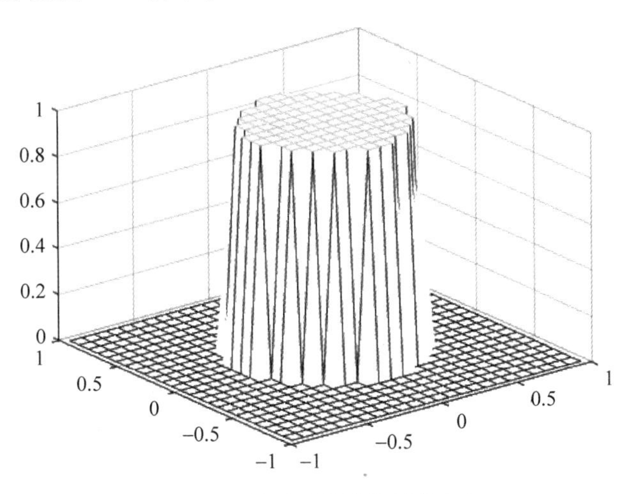

图 5-23 低通滤波器的频率响应

5.6.2 低通滤波

低通滤波器的功能是让低频率通过而滤掉或衰减高频,其作用是过滤掉包含在高频中的噪声。所以低通滤波的效果是图像去噪声平滑增强,但同时也抑制了图像的边界,造成图像不同程度上的模糊。对于大小为 $M\times N$ 的图像,频率点 (u,v) 与频域中心的距离

$$D(u,v)=\left[\left(u-\frac{M}{2}\right)^2+\left(v-\frac{N}{2}\right)^{1/2}\right]$$

1. 理想低通滤波器

理想低通滤波器的传递函数为

$$H(u,v)=\begin{cases}1, & D(u,v)\in D_0\\ 0, & D(u,v)\notin D_0\end{cases}$$

理论上,在 D_0 区域的频段上无损通过,而区域外的高频信号被滤除;如果在高频信号含有大量边缘信息也被滤除,会发生图像模糊现象。

2. 巴特沃斯低通滤波器

巴特沃斯低通滤波器的传递函数(D_0 为截频区域)为

$$H(u,v)=\frac{1}{1+\left[\frac{D(u,v)}{D_0}\right]^{2n}}$$

由于在通带与阻带间有个平滑的过渡带存在，高频信号并没有完全滤除，因此它的边缘模糊程度大大降低了。

3. 高斯低通滤波器

高斯低通滤波器的产生公式为

$$H(u,v)=\mathrm{e}^{-D^2(u,v)/2D_0^2}$$

其中，D_0 为高斯低通滤波器的截止频率。

【例 5-24】 对图像实现不同的低通滤波效果。

```
>> clear all;
I = imread('liftingbody.png');
I = im2double(I);
M = 2 * size(I,1);
N = 2 * size(I,2);
u = - M/2:(M/2 - 1);
v = - N/2:(N/2 - 1);
[U,V] = meshgrid(u, v);
D = sqrt(U.^2 + V.^2);
D0 = 80;
H1 = double(D <= D0);
J1 = fftshift(fft2(I, size(H1, 1), size(H1, 2)));          % 时域图像转换为频域
K1 = J1. * H1;
L1 = ifft2(ifftshift(K1));                                 % 频域图像转换为时频
L1 = L1(1:size(I,1), 1:size(I, 2));
subplot(221);imshow(I);
title('原始图像');
subplot(222);imshow(L1);
title('理想低通滤波器');
n = 6;
H2 = 1./(1 + (D./D0).^(2 * n));
J2 = fftshift(fft2(I, size(H2, 1), size(H2, 2)));          % 时域图像转换为频域
K2 = J2. * H2;
L2 = ifft2(ifftshift(K2));                                 % 频域图像转换为时频
L2 = L2(1:size(I,1), 1:size(I, 2));
subplot(223);imshow(L2);
title('巴特沃斯低通滤波器');
H3 = exp( - (D.^2)./(2 * (D0.^2)));
J3 = fftshift(fft2(I, size(H3, 1), size(H3, 2)));          % 时域图像转换为频域
K3 = J3. * H3;
L3 = ifft2(ifftshift(K3));                                 % 频域图像转换为时频
L3 = L3(1:size(I,1), 1:size(I, 2));
```

```
subplot(224);imshow(L3);
title('高斯低通滤波器');
```

运行程序,效果如图 5-24 所示。

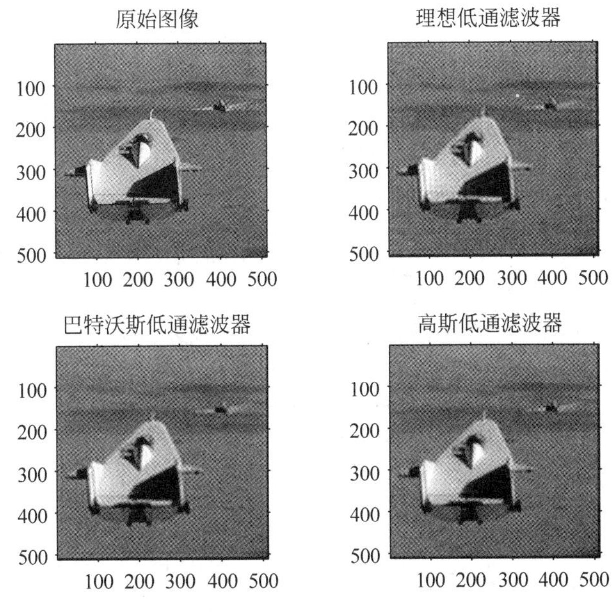

图 5-24　低通滤波效果

5.6.3　高通滤波

衰减或抑制低频分量,让高频分量通过称为高通滤波,其作用是使图像得到锐化处理,突出图像的边界。经理想高频滤波后的图像把信息丰富的低频去掉了,丢失了许多必要的信息。一般情况下,高通滤波对噪声没有任何抑制作用。如果进行简单的高通滤波,图像质量可能由于噪声严重而难以达到满意的改善效果。为了既加强图像的细节又抑制噪声,可采用高频加强滤波。这种滤波器实际上是由一个高通滤波器和一个全通滤波器构成的,这样便能在高通滤波的基础上保留低频信息。

1. 理想高通滤波器

理想高通滤波器的传递函数如下：

$$H(u,v)=\begin{cases}0, & D(u,v)\leqslant D_0\\ 1, & D(u,v)>D_0\end{cases}$$

式中：D_0 是一个非负整数,即理想高通滤波器的截止频率；$D(u,v)$是从点(u,v)到频域原点的距离,$D(u,v)=\sqrt{u^2+v^2}$。

理想高通滤波器的作用与理想低通滤波器相反,它将小于 D_0 的频率(半径为 D_0 的圆内)的所有频率完全截止,而大于 D_0 的频率(圆外的频率)则可以全部无衰减通过。

2. 巴特沃斯高通滤波器

截止频率为 D_0 的 n 阶巴特沃斯高通滤波器的传递函数

$$H(u,v)=\frac{1}{1+\left[\frac{D_0}{D(u,v)}\right]^{2n}}$$

同低通滤波器的情况一样,可以认为巴特沃斯高通滤波器比理想高通滤波器更平滑。巴特沃斯高通滤波器在通过和滤掉的频率之间没有不连续的分界,因此用巴特沃斯高通滤波器得到的输出图像振铃效果不明显。

当 $D(u,v)=D_0$ 时,$H(u,v)=\frac{1}{2}$。另一个常用的截止频率是使 $H(u,v)$降低到最大值的$\frac{1}{\sqrt{2}}$时的频率。这时,传递函数变为

$$H(u,v)=\frac{1}{1+(\sqrt{2}-1)\left[\frac{D_0}{D(u,v)}\right]^{2n}}$$

3. 高斯高通滤波器

高斯高通滤波器的产生公式

$$H(u,v)=1-\mathrm{e}^{-D^2(u,v)/2D_0^2}D_0$$

其中,D_0 为高斯高通滤波器的截止频率。

【例 5-25】 对图像实现不同的高通滤波效果。

```
>> clear all;
I = imread('coins.png');
I = im2double(I);
subplot(221);imshow(I);
title('原始图像');
M = 2 * size(I,1);
N = 2 * size(I,2);
u = - M/2:(M/2 - 1);
v = - N/2:(N/2 - 1);
[U,V] = meshgrid(u, v);
D = sqrt(U.^2 + V.^2);
D0 = 30;
n = 6;                                          % 巴特沃斯滤波器的阶数
H2 = 1./(1 + (D0./D).^(2 * n));
J2 = fftshift(fft2(I, size(H2, 1), size(H2, 2)));  % 时域图像转换为频域
K2 = J2. * H2;
L2 = ifft2(ifftshift(K2));                      % 频域图像转换为时频
L2 = L2(1:size(I,1), 1:size(I, 2));
subplot(222);imshow(L2);
title('巴特沃斯高通滤波器');
H3 = 1 - exp( - (D.^2)./(2 * (D0.^2)));
J3 = fftshift(fft2(I, size(H3, 1), size(H3, 2)));  % 时域图像转换为频域
K3 = J3. * H3;
```

```
L3 = ifft2(ifftshift(K3));                    % 频域图像转换为时频
L3 = L3(1:size(I,1), 1:size(I, 2));
subplot(223);imshow(L3);
title('高斯低通滤波器');
```

运行程序，效果如图 5-25 所示。

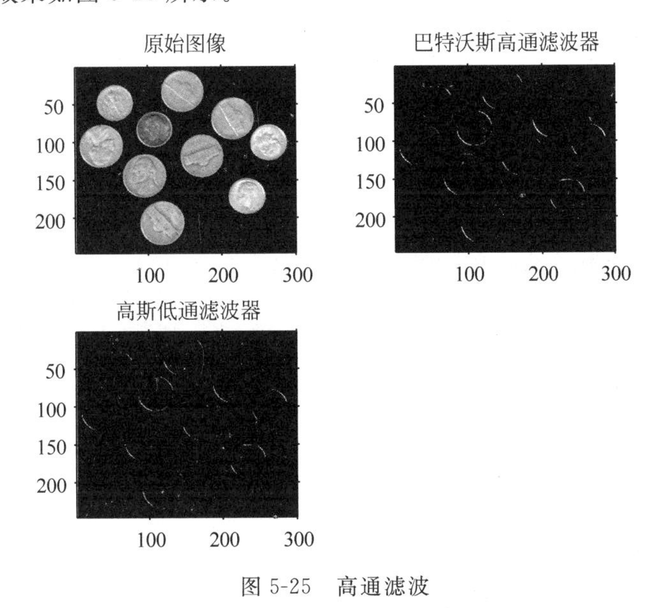

图 5-25　高通滤波

5.6.4　高斯带阻滤波

带阻滤波器是用来抵制距离频域中心一定距离的一个圆环区域的频率，可以用来消除一定频率范围的周期噪声。带阻滤波器包括理想带阻滤波器、巴特沃斯带阻滤波器和高斯带阻滤波器。

1. 理想带阻滤波器

理想带阻滤波器的公式为

$$H(u,v)=\begin{cases}1, & D(u,v)<D_0-\dfrac{W}{2}\\ 0, & D_0-\dfrac{W}{2}\leqslant D(u,v)\leqslant D_0+\dfrac{W}{2}\\ 1, & D(u,v)>D_0+\dfrac{W}{2}\end{cases}$$

式中：D_0 为需要阻止的频率点与频率中心的距离；W 为带阻滤波器的带宽。

2. 巴特沃斯带阻滤波器

巴特沃斯带阻滤波器的公式为

$$H(u,v)=\frac{1}{1+\left[\frac{D(u,v)W}{D^2(u,v)-D_0^2}\right]^{2n}}$$

式中：D_0 为需要阻止的频率点与频率中心的距离；W 为带阻滤波器的带宽；n 为巴特沃斯滤波器的阶数。

3. 高斯带阻滤波器

高斯带阻滤波器的公式为

$$H(u,v)=1-e^{\frac{1}{2}\left[\frac{D^2(u,v)-D_0^2}{D(u,v)W}\right]^2}$$

式中,D_0 为需要阻止的频率点与频率中心的距离；W 为带阻滤波器的带宽。

【例 5-26】 对图像实现不同的带阻滤波效果。

```
>> clear all;
I = imread('coins.png');
subplot(221);imshow(I);
title('原始图像');
I = imnoise(I,'gaussian',0,0.015); %添加噪声
subplot(222);imshow(I);
title('含有噪声图像');
I = im2double(I);
M = 2 * size(I,1);
N = 2 * size(I,2);
u = - M/2:(M/2 - 1);
v = - N/2:(N/2 - 1);
[U,V] = meshgrid(u, v);
D = sqrt(U.^2 + V.^2);
D0 = 50;
W = 30;                                            %滤波器的带宽
H1 = double(or(D<(D0 - W/2),D> D0 + W/2));
J1 = fftshift(fft2(I, size(H1, 1), size(H1, 2)));  %时域图像转换为频域
K1 = J1. * H1;
L1 = ifft2(ifftshift(K1));                         %频域图像转换为时频
L1 = L1(1:size(I,1), 1:size(I, 2));
subplot(223);imshow(L1);
title('理想带阻滤波器');
n = 6;                                             %巴特沃斯滤波器的阶数
H2 = 1./((1 + ((D. * W)./(D.^2 - D0.^2)).^(2 * n)));
J2 = fftshift(fft2(I, size(H2, 1), size(H2, 2)));  %时域图像转换为频域
K2 = J2. * H2;
L2 = ifft2(ifftshift(K2));                         %频域图像转换为时频
L2 = L2(1:size(I,1), 1:size(I, 2));
subplot(224);imshow(L2);
title('巴特沃斯高通滤波器');
```

运行程序,效果如图 5-26 所示。

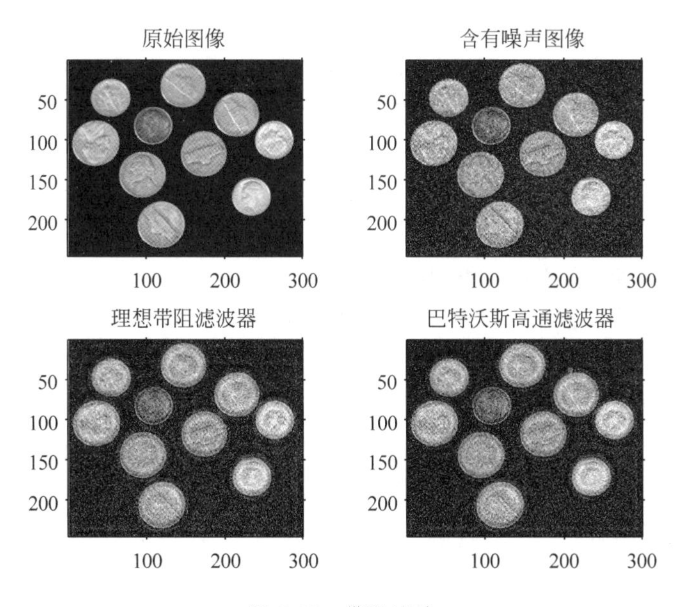

图 5-26 带阻滤波

5.6.5 同态滤波

同态滤波是一种特殊的滤波技术,可用于压缩灰度的动态范围,同时增强对比度。这种处理方法与其说是一种数学技巧,倒不如说是因为人眼视觉系统对图像亮度具有类似于对数运算的非线性特性。

一幅图像 $f(x,y)$可以用它的照明分量 $i(x,y)$及反射分量 $r(x,y)$来表示,即

$$f(x,y) = i(x,y) \cdot r(x,y)$$

根据这个模型可用下列方法把两个分量分开分别进行滤波,如图 5-27 所示。

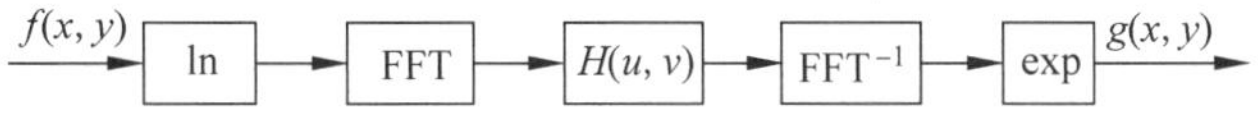

$f(x, y)$ → ln → FFT → $H(u, v)$ → FFT^{-1} → exp → $g(x, y)$

图 5-27 同态滤波器增强流程图

(1) 对式 $f(x,y)$取对数,$\ln f(x,y)=\ln i(x,y)+\ln r(x,y)$;

(2) 对上式取傅里叶变换,$F(u,v)=I(u,v)+R(u,v)$;

(3) 用一个频域函数 $H(u,v)$处理 $F(u,v)$,$H(u,v)F(u,v)=H(u,v)I(u,v)+H(u,v)R(u,v)$;

(4) 反变换到空间域,$h_f(x,y)=h_i(x,y)+h_r(x,y)$;

(5) 将上式两边取指数,$g(x,y)=\exp|h_f(x,y)|=\exp|h_i(x,y)|\cdot\exp|h_r(x,y)|$,令

$$i_0(x,y) = \exp|h_i(x,y)|$$

$$r_0(x,y) = \exp|h_r(x,y)|$$

则

$$g(x,y) = i_0(x,y) \cdot r_0(x,y)$$

式中：$i_0(x,y)$是处理后的照射分量；$r_0(x,y)$是处理后的反射分量。

一幅图像的照射分量一般是在空间缓慢变化的，而反射分量在不同物体的交界处急剧变化，这个特征使人们有可能把一幅图像取对数后的傅里叶变换的低频分量和照射分量联系起来，而把反射分量与高频分量联系起来。以上特性表明，可以设计一个对傅里叶变换的高频和低频分量影响不同的滤波函数 $H(u,v)$，处理结果会使像素灰度的动态范围或图像对比度得到增强。

【例 5-27】 对图像实现同态滤波处理。

```
>> clear all;
I = imread('lean.jpg');
subplot(121);imshow(I);
title('原始图像');
J = double(I);
f = fft2(J);                                    %傅里叶变换
g = fftshift(f);                                %数据矩阵平衡
[M,N] = size(f);
d0 = 10;
r1 = 0.5;
rh = 2;
c = 4;
n1 = floor(M/2);
n2 = floor(N/2);
for i = 1:M
    for j = 1:N
        d = sqrt((i - n1)^2 + (j - n2)^2);
        h = (rh - r1) * (1 - exp( - c * (d.^2/d0.^2))) + r1;
        g(i,j) = h * g(i,j);
    end
end
g = ifftshift(g);
g = uint8(real(ifft2(g)));
subplot(122);imshow(g);
title('同态滤波器')
```

运行程序，效果如图 5-28 所示。

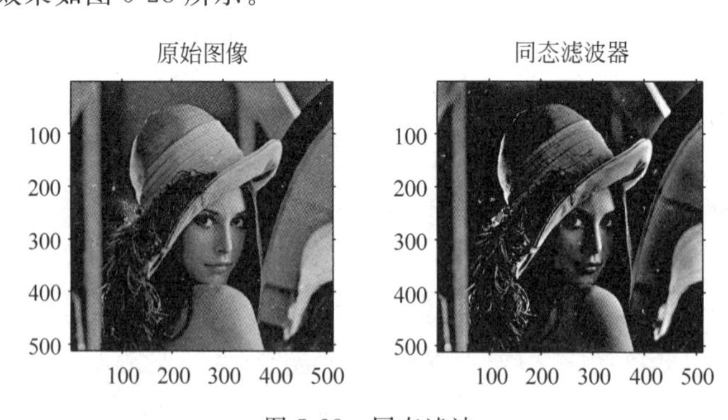

图 5-28　同态滤波

第6章 数字图像的复原

由于拍摄技术或自然条件的限制，使得很多图像的质量不高，甚至有些图像十分模糊，掩盖了想要得到的信息。图像的复原技术就是消除图像模糊，产生清晰的图像，如对于运动模糊产生的图片，当用肉眼直接观察很难对图像作出解释，这时需要利用图像复原技术得到清晰的图像。

图像的退化是指在图像的获取、传输过程中，由于成像系统、传输介质方面的原因，造成图像的质量下降，典型表现为图像模糊、失真、含有噪声等。

图像退化的原因很多，常见的有以下几种。

(1) 目标或拍摄装置的移动造成的运动模糊、长时间曝光引起的模糊等；

(2) 焦点没对准、广角引起的模糊、大气扰动引起的模糊、曝光时间太短引起拍摄装置捕获的光子太少引起的模糊等；

(3) 散焦引起的图像扭曲；

(4) 图像在成像、数字化、采集和处理过程引入的噪声。

6.1 图像复原概述

图像复原在数字图像处理中有非常重要的研究意义。图像复原最基本的任务是在去除图像中噪声的同时，不丢失图像的细节信息。然而抑制噪声和保持细节往往是一对矛盾体，也是图像处理中至今尚未很好解决的一个问题。图像复原的目的就是为了抑制噪声，改善图像的质量。

图像复原和图像增强都是为了改善图像的质量，但是两者是有区别的。图像复原和图像增强的区别在于：图像增强不考虑图像是怎样退化的，而是采用各种技术来增强图像的视觉效果；图像复原不同，需要知道图像退化的机制和过程等先验知识，据此找到相应的逆处理方法，从而得到恢复的图像。

假定成像系统是线性位移不变系统，则获取的图像 $g(x,y)$ 表示为

$$g(x,y)=f(x,y)h(x,y)+n(x,y)$$

式中：$f(x,y)$表示理想的、没有退化的图像；$g(x,y)$是退化后观察得到的图像；$n(x,y)$为加性噪声。图像复原是在已知 $g(x,y)$、$h(x,y)$和 $n(x,y)$的一些先验知识的条件下，来求解 $f(x,y)$的过程。图像退化线性模型如图 6-1 所示。

图像复原是根据图像退化的原因，建立相应的数学模型，从退化的图像中提取所需要的信息，沿着图像退化的逆过程来恢复图像的本来面目。实际的图像复原过程是设计一个滤波器，从降质图像 $g(x,y)$中计算得到真实图像的估计值，最大限度地接近真实图像 $f(x,y)$。图像复原是求逆问题，其流程如图 6-2 所示。

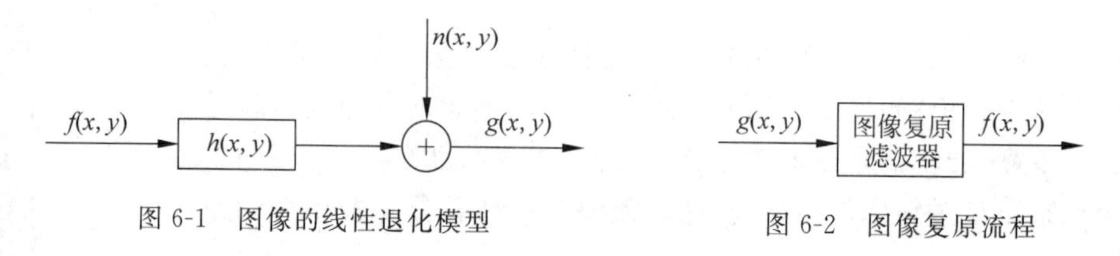

图 6-1　图像的线性退化模型

图 6-2　图像复原流程

6.2　图像的噪声

数字图像的噪声主要来自图像的采集和传输过程。图像传感器的工作受到各种因素的影响。例如，在使用 CCD 摄像机获取图像时，光照强度和传感器的温度是产生噪声的主要原因。图像在传输过程中也会受到噪声的干扰。

图像噪声按照噪声和信号之间的关系可以分为加性噪声和乘性噪声两种。假设图像的像素值为 $F(x,y)$，噪声信号为 $N(x,y)$。如果混合叠加信号为 $F(x,y)+N(x,y)$的形式，则这种噪声为加性噪声；如果叠加后信号为 $F(x,y)\times[1+N(x,y)]$的形式，则这种噪声为乘性噪声。

1. 高斯噪声

高斯噪声是源于电子电路噪声和由低照明度或高温带来的传感器噪声。高斯噪声也称为正态噪声，是自然界中最常见的噪声。高斯噪声可以通过空域滤波的平滑或图像复原技术来消除。它的概率密度函数为

$$P(z)=\frac{1}{\sqrt{2\pi\sigma}}e^{-(z-\mu)^2/2\sigma^2}$$

式中：z 表示像素值；μ 表示均值；σ 表示标准差。

2. 瑞利噪声

瑞利噪声的概率密度函数为

$$p(z)=\begin{cases}\frac{2}{b}(z-a)e^{-\frac{(z-a)^2}{b}}, & z\geqslant a\\ 0, & z<a\end{cases}$$

式中：z 表示像素值，其均值和方差由下式确定：

$$\mu = a + \sqrt{\frac{\pi b}{4}}, \quad \sigma = \frac{b(4-\pi)}{4}$$

3. 伽马噪声

伽马噪声的概率密度函数为

$$p(z) = \begin{cases} \frac{a^b z^{b-1}}{(b-1)!}\mathrm{e}^{-az}, & z \geqslant 0 \\ 0, & z < 0 \end{cases}$$

式中：z 表示像素值；$a>0$，b 为正整数，其均值和方差由下式确定：

$$\mu = \frac{b}{a}, \quad \sigma^2 = \frac{b}{a^2}$$

4. 均匀分布噪声

均匀分布的噪声的概率密度函数为

$$p(z) = \begin{cases} \frac{1}{b-a}, & a \leqslant z \leqslant b \\ 0, & \text{其他} \end{cases}$$

概率密度函数的期望值和方差为

$$\mu = \frac{a+b}{2}, \quad \sigma^2 = \frac{(b-a)^2}{12}$$

5. 指数分布噪声

指数分布噪声的概率密度函数为

$$p(z) = \begin{cases} a\mathrm{e}^{-az}, & z \geqslant 0 \\ 0, & z < 0 \end{cases}$$

式中：z 表示像素值；$a>0$，其均值和方差由下式确定：

$$\mu = \frac{1}{a}, \quad \sigma^2 = \frac{1}{a^2}$$

6. 脉冲(椒盐)噪声

（双极）脉冲噪声的 PDF 密度公式可表示为

$$p(z) = \begin{cases} P_a, & z = a \\ P_b, & z = b \\ 0, & \text{其他} \end{cases}$$

如果 $b>a$，灰度值 b 在图像中将显示一个亮点；相反，a 的值将显示为一个暗点。如果 P_a 或 P_b 为零，则脉冲噪声称为单极脉冲；如果 P_a 和 P_b 均不为零，尤其是它们近似相等时，脉冲噪声值将类似于随机分布在图像上的胡椒和盐粉微粒。由于这个原因，双极脉冲噪声也称为椒盐噪声，有时也称为散粒和尖峰噪声。

在前面已经介绍过了怎样利用 imnoise 函数对图像添加噪声，此处不再对该函数展开介绍，通过一个实例来重温利用该函数为图像添加不同的噪声效果。

【例 6-1】 为图像添加不同的噪声。

```
>> clear all;
I = imread('cameraman.tif');
I = im2double(I);
figure;subplot(121); imshow(I);
title('原始图像');
subplot(122);imhist(I);                    % 原始图像的直方图
title('原始图像的直方图')
J = imnoise(I, 'gaussian', 0, 0.015);      % 高斯噪声,方差为 0.15
figure;subplot(121); imshow(J);
title('添加高斯噪声');
subplot(122);imhist(J);                    % 高斯噪声图像的直方图
title('高斯噪声图像的直方图');
J2 = imnoise(I,'salt & pepper',0.015);     % 椒盐噪声
figure;subplot(121);imshow(J2);
title('添加椒盐噪声');
subplot(122);imhist(J2);                   % 椒盐噪声图像的直方图
title('椒盐噪声图像的直方图');
J3 = imnoise(I,'poisson');                 % 泊松噪声
figure;subplot(121);imshow(J3);
title('添加泊松噪声');
subplot(122);imhist(J3);                   % 泊松噪声图像的直方图
title('泊松噪声图像的直方图');
J4 = imnoise(I,'speckle',0.15);            % 乘性噪声
figure;subplot(121);imshow(J4);
title('添加乘性噪声');
subplot(122);imhist(J4);                   % 乘性噪声图像的直方图
title('乘性噪声图像的直方图');
```

运行程序，效果如图 6-3 所示。

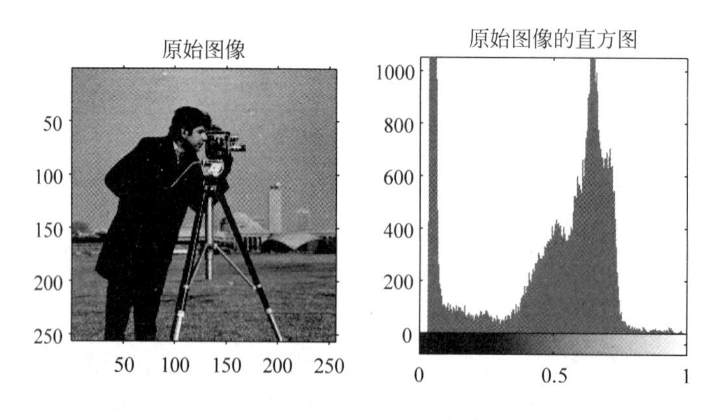

图 6-3　带噪声的图像及其对应的直方图

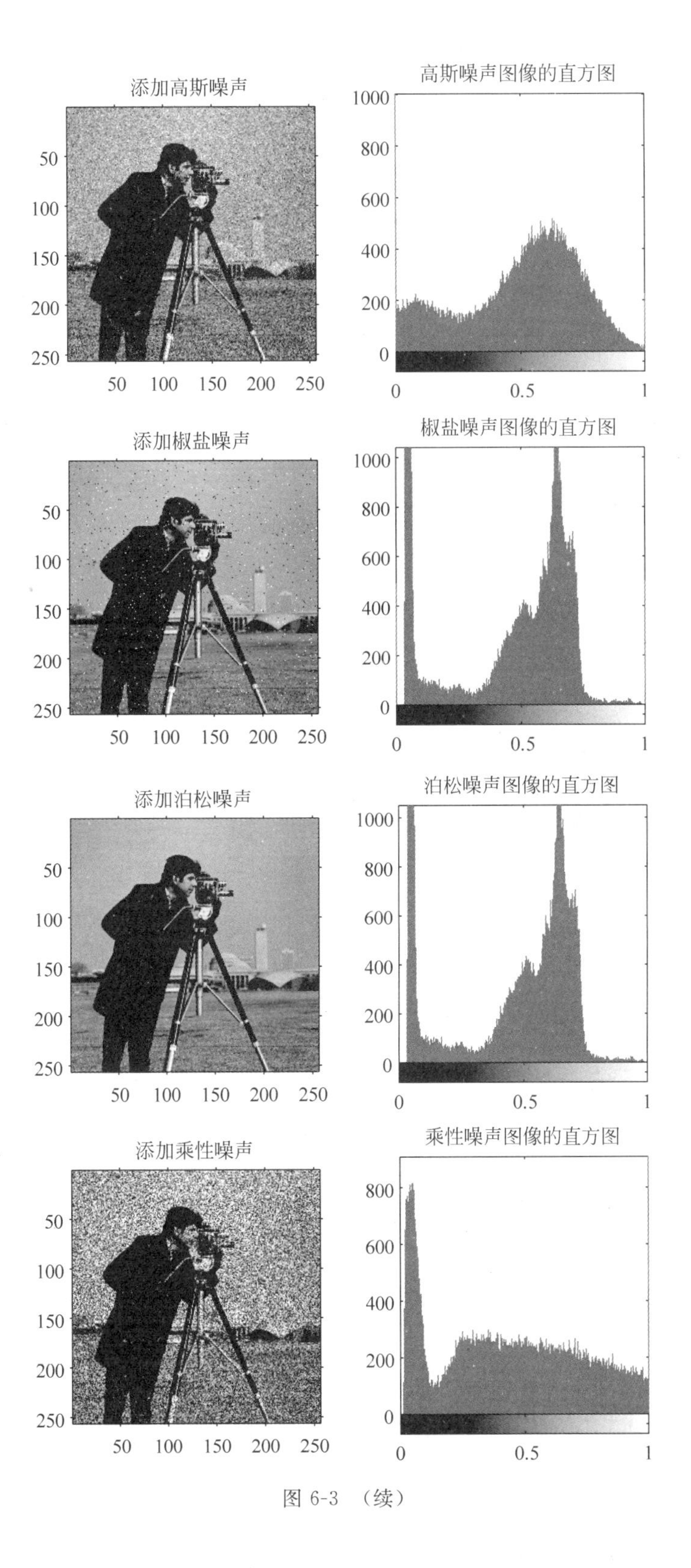
添加高斯噪声
高斯噪声图像的直方图
添加椒盐噪声
椒盐噪声图像的直方图
添加泊松噪声
泊松噪声图像的直方图
添加乘性噪声
乘性噪声图像的直方图

图 6-3 （续）

6.3 图像复原的模型

图像的复原是图像退化的逆过程，尽可能地复原退化图像的本来面目。一般来说，图像复原是指在建立系统退化模型的基础上，以退化图像为依据，运用某些先验知识，以最大的保真度将劣化了的图像复原。

可见，图像的复原关键取决于对图像退化过程的先验知识掌握的精度和建立的退化模型是否合适。

6.3.1 复原的模型

图像的退化模型可用图 6-4 来描述。其中：$g(x,y)$是退化的图像；$w(x,y)$是图像复原滤波器；$\hat{f}(x,y)$是复原的图像。

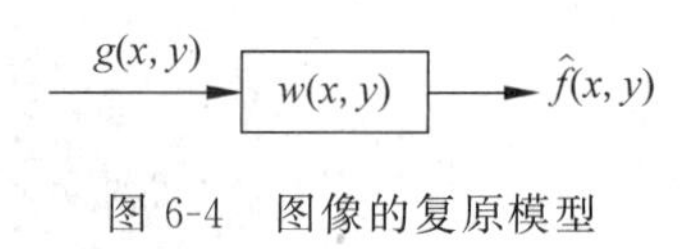

图 6-4 图像的复原模型

广义上讲，图像复原是求逆问题，逆问题经常不存在唯一解，甚至不存在解，因此图像复原一般比较困难。为了得到一个有用解，图像复原往往需要一个评价标准，即衡量其接近真实图像的程度，或者说对退化图像的估计是否得到了某种准则下的最优。这需要有先验知识及对解的附加约束条件。

由于引起图像质量退化的原因有很多，因此为了消除图像质量的退化而采取的图像复原方法有很多种，而复原的质量标准也不尽相同，因此图像的复原是复杂的数学过程，其方法技术也不尽相同。

在给定退化模型的情况下，图像复原可以分为无约束和有约束两大类；根据在频域复原还是在空域复原图像，图像复原可以划分为频域复原方法和空域复原方法。

6.3.2 无约束复原法

图像的噪声项可表示为

$$\boldsymbol{n}=\boldsymbol{g}-\boldsymbol{H}\boldsymbol{f}$$

在并不了解 $\boldsymbol{n}$ 的情况下，希望找到一个 $\boldsymbol{f}$，使得 $\boldsymbol{H}\boldsymbol{f}$ 在最小二乘法意义上来说近似于 $\boldsymbol{g}$。换言之，希望找到一个 $\boldsymbol{f}$ 的估计$\hat{\boldsymbol{f}}$，使得

$$\|\boldsymbol{n}\|^2=\|\boldsymbol{g}-\boldsymbol{H}\hat{\boldsymbol{f}}\|^2$$

为最小。由范数定义有

$$\|\boldsymbol{n}\|^2=\boldsymbol{n}^{\mathrm{T}}\cdot\boldsymbol{n}$$

$$\|\boldsymbol{g}-\boldsymbol{H}\hat{\boldsymbol{f}}\|^2=(\boldsymbol{g}-\boldsymbol{H}\hat{\boldsymbol{f}})^{\mathrm{T}}\cdot(\boldsymbol{g}-\boldsymbol{H}\hat{\boldsymbol{f}})$$

求 $\|\boldsymbol{n}\|^2$ 最小等效于求 $\|\boldsymbol{g}-\boldsymbol{H}\hat{\boldsymbol{f}}\|^2$ 最小，为此令

$$\boldsymbol{J}(\hat{\boldsymbol{f}})=\|\boldsymbol{g}-\boldsymbol{H}\hat{\boldsymbol{f}}\|^2 \tag{6-1}$$

则复原问题变为求 $J(\hat{\boldsymbol{f}})$的极小值问题。这里选择$\hat{\boldsymbol{f}}$除了要求 $J(\hat{\boldsymbol{f}})$为最小外，不受任何

其他条件约束，因此称为无约束复原。求式(6-1)极小值的方法就是一般的极值求解方法。为此，将 $J(\hat{f})$ 对 $\hat{f}$ 微分，并使结果为零，即

$$\frac{\partial J(\hat{f})}{\partial \hat{f}} = -2\boldsymbol{H}^{\mathrm{T}}(\boldsymbol{g} - \boldsymbol{H}\hat{f}) = 0$$

$$\boldsymbol{H}^{\mathrm{T}}\boldsymbol{H}\hat{f} = \boldsymbol{H}^{\mathrm{T}}\boldsymbol{g}$$

$$\hat{f} = (\boldsymbol{H}^{\mathrm{T}}\boldsymbol{H})^{-1}\boldsymbol{H}^{\mathrm{T}}\boldsymbol{g}$$

当 $M=N$ 时，$\boldsymbol{H}$ 为一方阵，并且假设 $\boldsymbol{H}^{-1}$ 存在，则可求得

$$\hat{f} = \boldsymbol{H}^{-1}(\boldsymbol{H}^{\mathrm{T}})^{-1}\boldsymbol{H}^{\mathrm{T}}\boldsymbol{g} = \boldsymbol{H}^{-1}\boldsymbol{g}$$

6.3.3 有约束复原法

在无约束复原方法的基础上，为了使用更多的先验信息，常常附加约束条件来提高图像复原的精度，如可以令 L 为 $\boldsymbol{f}$ 的线性算子，那么最小二乘复原问题可以转化为使形式为 $\| L\boldsymbol{f} \|^2$ 的函数服从约束条件 $\| \boldsymbol{g} - L\boldsymbol{f} \|^2 = \| \boldsymbol{n} \|^2$ 的最小值问题。这个最小值问题可使用拉格朗日乘子来求解，即寻找一个 $\hat{f}$，使得以下函数值最小：

$$\min \| Q\hat{f} \|^2 + \lambda(\| \boldsymbol{g} - L\boldsymbol{f} \|^2 - \| \boldsymbol{n} \|^2)^2$$

可使用微分法求解，得到如下形式：

$$\hat{f} = (\boldsymbol{H}^{\mathrm{T}}\boldsymbol{H} + \frac{1}{\lambda}\boldsymbol{Q}^{\mathrm{T}}\boldsymbol{Q})^{-1}\boldsymbol{H}^{\mathrm{T}}\boldsymbol{g}$$

6.3.4 复原法的评估

在使用各种图像复原法得到复原的图像后，需要评估各种方法的优劣。一般在计算机模拟中，使用信噪比的改善来评价复原质量的好坏。

计算信噪比改善的公式为

$$\mathrm{snr} = 10\log \frac{\sum\limits_{i,j \in D_f} [g(i,j) - f(i,j)]^2}{\sum\limits_{i,j \in D_f} [\hat{f}(i,j) - f(i,j)]^2}$$

式中：$g(i,j)$ 为退化的图像；$f(i,j)$ 为原图像；$\hat{f}(i,j)$ 为复原的图像；D_f 为 $f(i,j)$ 的限制域。

对于实际的图像，其信噪比的改善是无法计算的，因为无法获取真实的图像，因此实际处理的图像复原要比在计算机上验证复原算法困难得多。

6.4 MATLAB 图像的复原方法

图像复原的目的是在假设具备有关 $\boldsymbol{g}$、$\boldsymbol{H}$ 与 $\boldsymbol{n}$ 的某些知识的情况下，寻求估计原图像 $\boldsymbol{f}$ 的方法。这种估计应在某种预先选定的最佳准则下，具有最优的性质。

图像复原的方法很多，在 MATLAB 中只提供了维纳滤波、最小二乘迭代非线性复原算法、约束最小二乘(正则)滤波和盲卷积算法。

6.4.1 逆滤波复原法

由以上介绍可知，$\boldsymbol{n}=\boldsymbol{g}-\boldsymbol{H}\boldsymbol{f}$，在对 $\boldsymbol{n}$ 没有先验知识的情况下，需要寻找一个 $\boldsymbol{f}$ 的估计值$\hat{\boldsymbol{f}}$，使得 $\boldsymbol{H}\hat{\boldsymbol{f}}$在最小均方误差条件下最接近 $\boldsymbol{g}$，使 $\boldsymbol{n}$ 的范数最小：

$$\|\boldsymbol{n}\| = \boldsymbol{n}^{\mathrm{T}}\boldsymbol{n} = \|\boldsymbol{g}-\boldsymbol{H}\hat{\boldsymbol{f}}\|^2 = (\boldsymbol{g}-\boldsymbol{H}\hat{\boldsymbol{f}})^{\mathrm{T}}(\boldsymbol{g}-\boldsymbol{H}\hat{\boldsymbol{f}})$$

图像复原问题就转变成求 $L(\hat{f})=\|\boldsymbol{g}-\boldsymbol{H}\hat{\boldsymbol{f}}\|$ 的极小值问题。为此，只需要求其对$\hat{f}$的微分就可以得到复原公式，这种复原称为无约束复原，得到

$$\hat{\boldsymbol{f}} = \boldsymbol{H}^{-1}\boldsymbol{g}$$

对其进行离散傅里叶变换，得$\hat{F}(u,v)=\dfrac{G(u,v)}{H(u,v)}$，则复原后的图像为

$$\hat{f}(x,y) = \mathrm{IDFT}(\hat{F}(u,v)) = \mathrm{IFFT}\left[\frac{G(u,v)}{H(u,v)}\right]$$

将 $G(u,v)=H(u,v)F(u,v)+N(u,v)$代入$\hat{F}(u,v)=\dfrac{G(u,v)}{H(u,v)}$，得

$$\hat{F}(u,v) = F(u,v) + \frac{N(u,v)}{H(u,v)}$$

上式包含了所求的 $F(u,v)$，但同时又增加了由噪声带来的项$\dfrac{N(u,v)}{H(u,v)}$。而在许多实际应用中，$H(u,v)$离开原点后衰减很快，在 $H(u,v)$较小或者接近于 0 时对噪声具有放大作用，属于病态性质。这意味着退化图像中小的噪声干扰，在 $H(u,v)$取最小值的那些频谱上，将对复原的图像产生很大的影响。为此，任何图像复原方法的一项重要考虑就是，当存在病态时如何控制噪声对结果的干扰。

其中一种改进方法就是在 $H(u,v)=0$ 的那些频谱点及其附近，人为地设置 $H^{-1}(u,v)$的值，使得在这些频谱点附近$\dfrac{N(u,v)}{H(u,v)}$不会对$\hat{F}(u,v)$产生太大的影响。如将$\dfrac{N(u,v)}{H(u,v)}$修改为

$$\frac{1}{H(u,v)} = \begin{cases} k, & |H(u,v)| \leqslant d \\ \dfrac{1}{H(u,v)}, & \text{其他} \end{cases}$$

另外一种改进方法，就是考虑到退化系统的 $H(u,v)$带宽比噪声的带宽窄得多，其频率特性具有低通性质，因此可令 $H(u,v)$为一低通系统：

$$\frac{1}{H(u,v)} = \begin{cases} \dfrac{1}{H(u,v)}, & (u^2+v^2)^{1/2} \leqslant D_0 \\ 1, & \text{其他} \end{cases}$$

【例 6-2】 利用逆滤波法实现图像的复原。

```
>> clear all;
I = imread('rice.png');
```

```
subplot(1,3,1);imshow(I);
title('原始图像');
psf = fspecial('motion',40,75);                      % 生成运动模糊图像 MF
MF = imfilter(I,psf,'circular');                     % 用 PSF 产生退化图像
noise = imnoise(zeros(size(I)),'gaussian',0.01);     % 产生高斯噪声
MFN = imadd(MF,im2uint8(noise));
subplot(1,3,2);imshow(MFN,[]);
title('含噪图像')
NSR = sum(noise(:).^2)/sum(MFN(:).^2);               % 计算信噪比
subplot(1,3,3);imshow(deconvwnr(MFN,psf));
title('逆滤波复原')
```

运行程序,效果如图 6-5 所示。

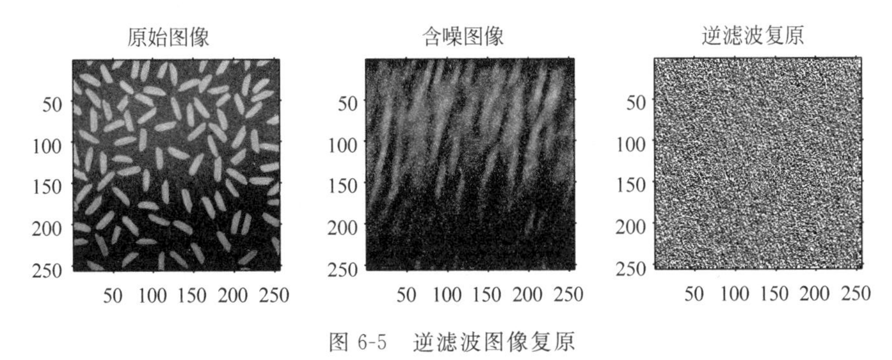

图 6-5　逆滤波图像复原

6.4.2　维纳滤波复原法

逆滤波比较简单,但没有清楚地说明如何处理噪声。而维纳滤波综合了退化函数和噪声统计特性两个方面进行复原处理。维纳滤波寻找一个滤波器,使得复原后图像$\hat{f}(x,y)$与原始图像$f(x,y)$的均方误差最小,即

$$E\{[\hat{f}(x,y)-f(x,y)]^2\}=\min$$

式中,$E[\,]$为数学期望算子。因此,维纳滤波器通常又称为最小均方误差滤波器。

$\boldsymbol{R}_f$ 和 $\boldsymbol{R}_n$ 分别为 $\boldsymbol{f}$ 和 $\boldsymbol{n}$ 的相关矩阵,即

$$E[\,]\boldsymbol{R}_f=E\{\boldsymbol{f}\boldsymbol{f}^{\mathrm{T}}\}$$

$$\boldsymbol{R}_s=E\{\boldsymbol{n}\boldsymbol{n}^{\mathrm{T}}\}$$

$\boldsymbol{R}_f$ 的第 ij 个元素是 $E\{f_i f_j\}$,代表 $\boldsymbol{f}$ 的第 i 个和第 j 个元素的相关。因为 $\boldsymbol{f}$ 和 $\boldsymbol{n}$ 中的元素都是实数,所以 $\boldsymbol{R}_f$ 和 $\boldsymbol{R}_n$ 都是实对称矩阵。对于大多数图像来说,像素间的相关不超过 20～30 个像素。所以典型的相关矩阵只在主对角线方向有一条带不为零,而右上角和左下角都是零。根据两个像素间的相关只是它们的相互距离而不是位置的函数的假设,可将 $\boldsymbol{R}_f$ 和 $\boldsymbol{R}_n$ 都用块循环矩阵来表示,即

$$\boldsymbol{R}_f=\mathrm{WAW}^{-1}$$

$$\boldsymbol{R}_n=\mathrm{WBW}^{-1}$$

式中,$\boldsymbol{A}$ 和 $\boldsymbol{B}$ 中的元素对应 $\boldsymbol{R}_f$ 和 $\boldsymbol{R}_n$ 中的相关元素的傅里叶变换。这些相关元素的傅里叶变换称为图像和噪声的功率谱。

令
$$Q^{\mathrm{T}}Q = R_f^{-1}R$$
则有
$$\begin{aligned}\hat{f} &= (H^{\mathrm{T}}H + \gamma R_f^{-1}R_n)^{-1}H^{\mathrm{T}}g \\ &= (WD * DW^{-1} + \gamma WA^{-1}BW^{-1})^{-1}WD * W^{-1}g\end{aligned} \tag{6-2}$$
因此可得
$$W^{-1}\hat{f} = (D * D + \gamma A^{-1}B)^{-1}D * W^{-1}g$$
如果 $M=N$,则有
$$\begin{aligned}\hat{F}(u,v) &= \left[\frac{H^*(u,v)}{|H(u,v)|^2 + \gamma\dfrac{P_n(u,v)}{P_f(u,v)}}\right]G(u,v) \\ &= \left[\frac{1}{H(u,v)} \cdot \frac{|H(u,v)|^2}{|H(u,v)|^2 + \gamma\dfrac{P_n(u,v)}{P_f(u,v)}}\right]G(u,v), \qquad u,v = 0,1,2,\cdots,N-1\end{aligned}$$

如果 $\gamma=1$,则称为维纳滤波器,当无噪声影响时,由于 $P_n(u,v)=0$,则退化为逆滤波器,又称为理想的逆滤波器,因此,逆滤波器是维纳滤波器的一种特殊情况。需要注意的是,$\gamma=1$ 并不是在有约束条件下的最佳解,此时并不满足约束条件 $\|n\|^2=\|g-H\hat{f}\|^2$。若 γ 为变参数,则称为变参数维纳滤波器。Slepian 将维纳去卷积推广用于处理卷积计算效率的方法。

MATLAB 中,提供了 deconvwnr 函数用于实现利用维纳滤波法复原图像。函数的调用格式为:

(1) J = deconvwnr(I,PSF,NSR),复原 PSF(点扩展函数)和可能的加性噪声卷积退化的图像 I。算法是基于最佳的估计图像和真实图像的最小均方误差,和噪声图像(数组)的相关运算。在没有噪声的情况下,维纳滤波就是理想逆滤波。参数 NSR 为噪信功率比,NSR 可以是标量或和 I 相同大小的数组,默认值为 0。

(2) J = deconvwnr(I,PSF,NCORR,ICORR),参数 NCORR 和 ICORR 分别为噪声和原始图像自相关函数。NCORR 和 ICORR 不大于原始图像大小或维数。一个 N 维 NCORR 和 ICORR 数组是对应于每一维的自相关。如果 PSF 为向量,NCORR 或 ICORR 向量表示第一维的自相关函数;如果 PSF 为数组,PSF 的所有非单维对称推断一维自相关函数。NCORR 或 ICORR 向量表明噪声或图像的功率。

【例 6-3】 利用维纳滤波对含有噪声的运动模糊图像进行复原。

```
>> clear all;
I = im2double(imread('cameraman.tif'));
subplot(231);imshow(I);
title('原始图像');
%模拟运动模糊.生成一个点扩散函数,PSF,相应的线性运动越过 21 像素长(LEN = 21),运动运行
%角度为 11(THETA = 11)
LEN = 21;                                         %设置 PSF 长度
THETA = 11;                                       %设置运动角度
PSF = fspecial('motion', LEN, THETA);             %生成滤波器
blurred = imfilter(I, PSF, 'conv', 'circular');   %图像卷积计算
```

```
subplot(232);imshow(blurred);
title('运动模糊图像');
%第一次模糊图像复原.为了考察 PSF 在图像复原中的重要性
wnr1 = deconvwnr(blurred, PSF, 0); %使用 PSF 进行图像复原
subplot(233);imshow(wnr1);
title('真实 PSF 复原图像');
%模拟添加噪声.使用正态分布随机数模拟生成噪声信号,加入模糊图像 blurred 中
noise_mean = 0;
noise_var = 0.0001;
blurred_noisy = imnoise(blurred, 'gaussian',noise_mean, noise_var);
subplot(234);imshow(blurred_noisy);
title('模糊噪声图像')
%恢复模糊,噪声图像使用 NSR = 0
wnr2 = deconvwnr(blurred_noisy, PSF, 0);
subplot(235);imshow(wnr2);
title('PSF 为 0 时的复原');
%第二次复原运动与噪声模糊图像
signal_var = var(I(:));
wnr3 = deconvwnr(blurred_noisy, PSF, noise_var / signal_var);
subplot(236);imshow(wnr3);
title('使用 NSR 复原图像')
```

运行程序,效果如图 6-6 所示。

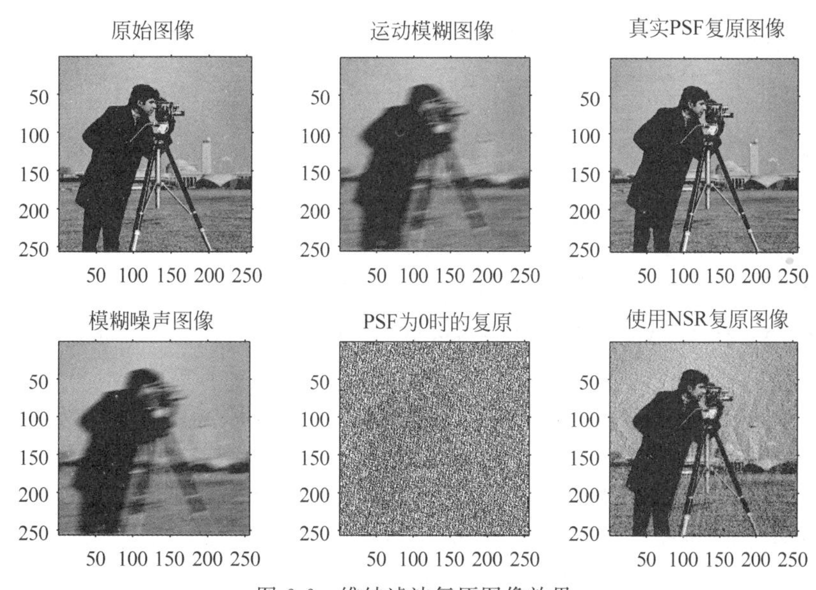

图 6-6　维纳滤波复原图像效果

6.4.3　最小约束二乘复原法

无约束复原是除了使准则函数 $J(\hat{f})=\|\boldsymbol{g}-\boldsymbol{H}\hat{f}\|^2$ 最小外,再没有其他约束条件。因此只需要了解退化系统的传递函数或点扩展函数 H,就可进行复原。但是由于传递函数 H 奇异性问题,复原只能局限在靠近原点的有限区域内进行,这就使得无约束图像复原方法具有较大的局限性。

最小二乘类约束复原是指除了要求了解关于退化系统的传递函数 H 之外，还需要知道某些噪声的统计特性或噪声与图像的某些相关情况。根据所了解的噪声的先验知识的不同，采用不同的约束条件，可得到不同的图像复原技术。

在最小二乘在约束复原中，复原问题表现为在满足 $\|\boldsymbol{n}\|^2=\|\boldsymbol{g}-\boldsymbol{H}\hat{\boldsymbol{f}}\|^2$ 的约束条件下，要设法寻找一个最优估计 $\hat{\boldsymbol{f}}$，使得形式为 $\|\boldsymbol{Q}\hat{\boldsymbol{f}}\|^2=\|\boldsymbol{n}\|^2$ 的函数最小化。对于这类问题的有约束最小化问题，通常采用拉格朗日乘数法进行处理，即寻找一个 $\hat{\boldsymbol{f}}$，使得如下准则函数最小。

$$J(\hat{\boldsymbol{f}})=\|\boldsymbol{Q}\hat{\boldsymbol{f}}\|^2+\lambda(\|\boldsymbol{g}-\boldsymbol{H}\hat{\boldsymbol{f}}\|^2-\|\boldsymbol{n}\|^2) \tag{6-3}$$

式中：Q 为 $\hat{f}$ 的线性算子；λ 为一常数(称为拉格朗日乘子)。对上式求导，可得

$$\frac{\partial}{\partial\hat{\boldsymbol{f}}}J(\hat{\boldsymbol{f}})=2\boldsymbol{Q}^{\mathrm{T}}\hat{\boldsymbol{f}}-2\lambda\boldsymbol{H}^{\mathrm{T}}(\boldsymbol{g}-\boldsymbol{H}\hat{\boldsymbol{f}})=0 \tag{6-4}$$

$$\hat{\boldsymbol{f}}=\left(\boldsymbol{H}^{\mathrm{T}}\boldsymbol{H}+\frac{1}{\lambda}\boldsymbol{Q}^{\mathrm{T}}\boldsymbol{Q}\right)^{-1}\boldsymbol{H}^{\mathrm{T}}\boldsymbol{g} \tag{6-5}$$

令 $\gamma=1/\lambda$，得

$$\hat{\boldsymbol{f}}=(\boldsymbol{H}^{\mathrm{T}}\boldsymbol{H}+\gamma\boldsymbol{Q}^{\mathrm{T}}\boldsymbol{Q})^{-1}\boldsymbol{H}^{\mathrm{T}}\boldsymbol{g} \tag{6-6}$$

常数 λ 必须反复迭代齐整，直到满足约束条件 $\|\boldsymbol{n}\|^2=\|\boldsymbol{g}-\boldsymbol{H}\hat{\boldsymbol{f}}\|^2$。求解式(6-6)的关键就是如何选用一个合适的变换矩阵 $\boldsymbol{Q}$。

相对于无约束问题，有约束条件的图像复原更符合图像退化的实际情况，因此其适应面更加广泛。对式(6-6)，若选择不同形式的 $\boldsymbol{Q}$ 矩阵，则可得到不同类型的有约束最小二乘方类图像复原方法。如果采用图像 $\boldsymbol{f}$ 和噪声的自相关矩阵 $\boldsymbol{R}_f$ 和 $\boldsymbol{R}_n$ 表示 $\boldsymbol{Q}$，就可以得到维纳滤波复原方法。若采用拉普拉斯算子形式，即使某个函数的二阶导数最小，也可推导出有约束最小平方复原方法。

MATLAB 中，提供了 deconvreg 函数用于利用约束最小二乘法复原图像。函数的调用格式为：

(1) J = deconvreg(I, PSF)，复原可能的加性噪声和 PSF 相关退化的图像 I。在保持图像的平滑的情况下，算法是估计图像和实际图像间最小二乘方误差最佳约束。

(2) J = deconvreg(I, PSF, NOISEPOWER)，参数 NOISEPOWER 为加性噪声功率，默认值为 0。

(3) J = deconvreg(I, PSF, NOISEPOWER, LRANGE)，参数 LRANGE 向量是寻找最佳解决定义值范围。运算法则就是在 LRANGE 范围内找到一个最佳的拉格朗日乘数。如果 LRANGE 为标量，算法的 LAGRA 假定给定并等于 LRANGE；NP 值被忽略。默认的范围为[1×10^{-9},1×10^{9}]。

(4) J = deconvreg(I, PSF, NOISEPOWER, LRANGE, REGOP)，参数 REGOP 为约束自相关的规则化算子。保持图像平滑度的默认规则化算子是 Laplacian 算子。REGOP 数组的维数不能超过图像的维数，任何非单独维与 PSF 的非单独维相对应。

(5) [J, LAGRA] = deconvreg(I, PSF,...)，输出拉格朗日乘数值 LAGRA，并且复原图像。

注意：输出图像J能够展示算法中的离散傅里叶变换而产生的振铃。在处理图像调用 deconvwnr 前，先调用 edgetaper 函数，可以减少振铃，例如 I=edgetaper(I,PSF)。

【例 6-4】 利用约束最小二乘复原法对图像进行复原。

```
>> clear all;
I = imread('tissue.png');
I = I(125 + [1:256],1:256,:);
subplot(231);imshow(I);
title('Original image')
PSF = fspecial('gaussian',7,10);
V = .01;
BlurredNoisy = imnoise(imfilter(I,PSF),'gaussian',0,V);
NOISEPOWER = V * prod(size(I));
[J LAGRA] = deconvreg(BlurredNoisy,PSF,NOISEPOWER);
subplot(232); imshow(BlurredNoisy);
title('A = Blurred and Noisy');
subplot(233); imshow(J);
title('[J LAGRA] = deconvreg(A,PSF,NP)');
subplot(234); imshow(deconvreg(BlurredNoisy,PSF,[],LAGRA/10));
title('deconvreg(A,PSF,[],0.1 * LAGRA)');
subplot(235); imshow(deconvreg(BlurredNoisy,PSF,[],LAGRA * 10));
title('deconvreg(A,PSF,[],10 * LAGRA)');
```

运行程序，效果如图 6-7 所示。

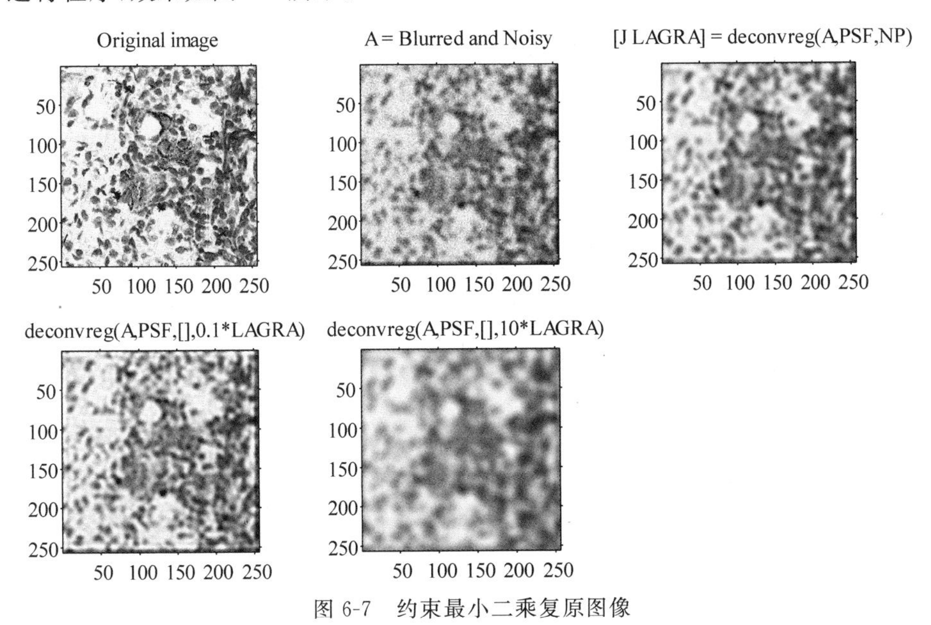

图 6-7 约束最小二乘复原图像

6.4.4 Lucy-Richardson 复原法

Lucy-Richardson 滤波器方法假设噪声服从泊松(Poisson)分布，基于贝叶斯理论使产生图像的似然性达到最大。一般来说，在抑制噪声放大与保留图像边缘信息方面，非线性类算法较线性类算法有优势，但非线性算法的计算复杂程度较高，并且还存在局部收敛问题和算法稳定性问题需要解决。

在许多情况下，图像需要用 Poisson 随机场来建模，如用斑纹干涉获得的短曝光天文图像，它是许多光子时间的结果，医学上透视、CT 图像也是如此。照相底片用银粒的密度来表示光学强度，其光学强度也具有 Poisson 分布的性质。在这些情况下，随机变量只在一个整数集合中取值，说一个随机变量 X 具有 Poisson 分布，是指它取整值的概率可以表达为

$$P(X=k)=\frac{\lambda^k e^{-\lambda}}{k!},\quad 0\leqslant k<\infty$$

为了简化起见，对图像使用一维描述。用 f 和 g 表示整个图像，而 x_n 和 y_n 表示单个像素。图像的退化模型为

$$g_n=\sum_i h_{n-i}f_i+\xi_n$$

考虑在给定原图像 f 条件下观测图像 g 的分布函数 $P(y|x)$。f 给定，即有

$$a_n=\sum_i h_{n-i}f_i$$

如果各像素之间独立，即有

$$P(y\mid x)=\prod_n \frac{a_n^{g_n}e^{-a_n}}{g_n!}$$

根据其联合分布，可以利用 MLE 方法对 g 进行估计，对上式取对数可得

$$\frac{\partial}{\partial f_k}\ln P(y\mid x)=\sum_n\left(g_n\frac{h_{n-k}}{\sum_i h_{n-i}f_i}-h_{n-k}\right)=0$$

或

$$\sum_n g_n\frac{h_{n-k}}{\sum_i h_{n-i}f_i}-1=0,\ k=0,1,\cdots,N-1$$

为了便于求 f，Meinel 建议使用乘法迭代算法。公式为

$$f_k^{j+1}=f_k^j\left(\sum_n g_n\frac{h_{n-k}}{\sum_i h_{n-i}f_{i_i}}\right)^p,k=0,1,\cdots,N-1$$

当 $p=1$ 时，就为 Lucy-Richardson 算法。

Lucy-Richardson 算法对处理噪声为 Poisson 噪声时，比较有效，该算法不会出现负的灰度值，但该算法在迭代次数过多的时候仍然会出现失真现象。

MATLAB 中，提供了 deconvlucy 函数用于利用 Lucy-Richardson 复原法复原图像。函数的调用格式为：

(1) J = deconvlucy(I, PSF)，使用 Lucy-Richardson 方法对图像 I 进行复原，参数 PSF 为矩阵，表示点扩展函数。

(2) J = deconvlucy(I, PSF, NUMIT)，使用 Lucy-Richardson 方法对图像 I 进行复原。参数 NUMIT 为迭代次数，默认值为 10。

(3) J = deconvlucy(I, PSF, NUMIT, DAMPAR)，使用 Lucy-Richardson 方法对图像 I 进行复原。参数 DAMPAR 表示输出图像与输入图像的偏离阈值。deconvlucy 对于超过阈值的像素，不再进行迭代计算，这既抑制了像素上的噪声，又保存了必要的图像细节。

(4) J = deconvlucy(I, PSF, NUMIT, DAMPAR, WEIGHT),使用 Lucy-Richardson 方法对图像 I 进行复原。参数 WEIGHT 为矩阵,其元素为图像每个像素的权值,默认值与输入图像相同的单位矩阵。

(5) J = deconvlucy(I, PSF, NUMIT, DAMPAR, WEIGHT, READOUT),使用 Lucy-Richardson 方法对图像 I 进行复原。参数 READOUT 为指定噪声类型,默认值为 0。

(6) J = deconvlucy(I, PSF, NUMIT, DAMPAR, WEIGHT, READOUT, SUBSMPL),使用 Lucy-Richardson 方法对图像 I 进行复原。参数 SUBSMPL 为指定采样不足的比例,默认值为 1。

【例 6-5】 利用 Lucy-Richardson 法复原图像。

```
>> clear all;
I = checkerboard(8);
subplot(231);imshow(I);
title('Original image')
PSF = fspecial('gaussian',7,10);
V = .0001;
BlurredNoisy = imnoise(imfilter(I,PSF),'gaussian',0,V);
WT = zeros(size(I));
WT(5:end - 4,5:end - 4) = 1;
J1 = deconvlucy(BlurredNoisy,PSF);
J2 = deconvlucy(BlurredNoisy,PSF,20,sqrt(V));
J3 = deconvlucy(BlurredNoisy,PSF,20,sqrt(V),WT);
subplot(232);imshow(BlurredNoisy);
title('A = Blurred and Noisy');
subplot(233);imshow(J1);
title('deconvlucy(A,PSF)');
subplot(234);imshow(J2);
title('deconvlucy(A,PSF,NI,DP)');
subplot(235);imshow(J3);
title('deconvlucy(A,PSF,NI,DP,WT)');
```

运行程序,效果如图 6-8 所示。

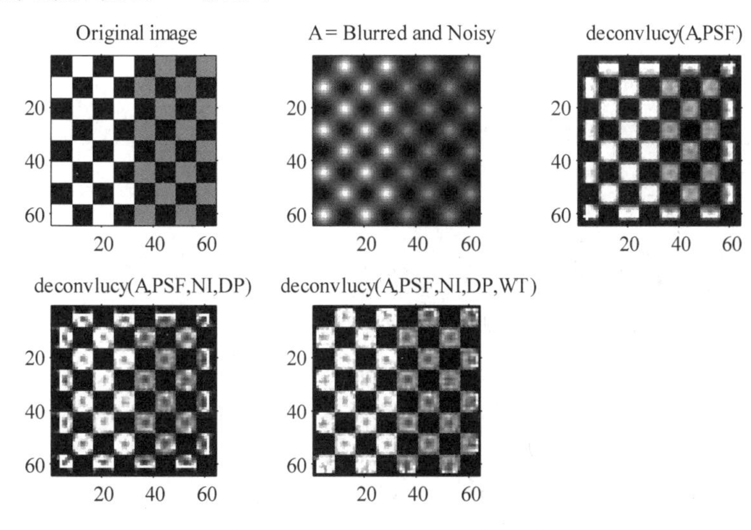

图 6-8 Lucy-Richardson 法复原图像

6.4.5 盲卷积复原法

逆滤波法有其局限性，很可能出现因为奇点而使解丢失和噪声被可观地放大，而且需要明确知道图像的模糊原因（即点扩展函数），但在实际过程中，点扩展函数不可能被精确地知道，因此就需要对图像进行盲卷积。

所谓盲卷积图像复原就是在未知点扩展函数的前提下，从模糊图像中最大限度地恢复出原图像的过程，即有

$$n(x,y)=g(x,y)-f(x,y)*h(x,y)$$

令 $E\left(\int n^2\mathrm{d}x\right)=\sigma^2$，$E(x)$ 为随机变量的期望，有

$$\|h\times f-g\|^2=E\left[\int(h\times f-g)^2\mathrm{d}x\right]=E\left(\int n^2\mathrm{d}x\right)=\sigma^2E(x)$$

则图像复原问题可归结为下面的最小约束问题

$$\min[\alpha_1 r(f)+\alpha_2 r(h)]$$

式中，$r(g)$为惩罚函数，α_1 为大于 0 的加权系数。与之对应的 Lagrange 形式为

$$\min L(f,h)=\min[\|h\times f-g\|^2+\alpha_1 r(f)+\alpha_2 r(h)] \tag{6-7}$$

这里的 α_1 综合了 Lagrange 乘子之后的系数。图像复原的问题在于如何定义惩罚项 $r(g)$，这里有 H_1 规则和 TV 规则：

$$H_1(u)=\int|\nabla u|^2\mathrm{d}x\mathrm{d}y,\quad \mathrm{TV}(u)=\int|\nabla u|\mathrm{d}x\mathrm{d}y$$

即 2 范数准则为 1 范数准则，其中∇为梯度算子。取 H_1 规则，则(6-7)转化为

$$\begin{aligned}\min L(f,h)&=\min\left[\|h\times f-g\|^2+\alpha_1\int|\nabla f|^2\mathrm{d}x\mathrm{d}y+\alpha_2\int|\nabla h|^2\mathrm{d}x\mathrm{d}y\right]\\&=\min\left[\int(h\times f-g)^2\mathrm{d}x\mathrm{d}y+\alpha_1\int|\nabla f|^2\mathrm{d}x\mathrm{d}y+\alpha_2\int|\nabla h|^2\mathrm{d}x\mathrm{d}y\right]\\&=\int\min\left[(h\times f-g)^2+\alpha_1\int|\nabla f|^2+\alpha_2\int|\nabla h|^2\right]\mathrm{d}x\mathrm{d}y\\&=\int\min Z\mathrm{d}x\mathrm{d}y\end{aligned}$$

用 Z 对 f 和 h 求偏导，并令其为 0，即有

$$\begin{aligned}\frac{\partial Z}{\partial f}&=h(-x,-y)\times(h\times f-g)-2\alpha_1\Delta f=0\\\frac{\partial Z}{\partial h}&=f(-x,-y)\times(h\times f-g)-2\alpha_2\Delta \mathrm{h}=0\end{aligned} \tag{6-8}$$

对于二维形式，$g=\boldsymbol{H}f+n$，其中 $\boldsymbol{H}$ 是由 h 决定的分块循环矩阵：

$$\boldsymbol{H}=\begin{pmatrix}\boldsymbol{H}_0&\boldsymbol{H}_{M-1}&\cdots&\boldsymbol{H}_1\\\boldsymbol{H}_1&\boldsymbol{H}_0&\cdots&\boldsymbol{H}_2\\\vdots&\vdots&\ddots&\vdots\\\boldsymbol{H}_{M-1}&\boldsymbol{H}_{M-2}&\cdots&\boldsymbol{H}_0\end{pmatrix}$$

其中

$$
\boldsymbol{H}_i = \begin{pmatrix} h(i,0) & h(i,N-1) & \cdots & h(i,1) \\ h(i,1) & h(i,0) & \cdots & h(i,2) \\ \vdots & \vdots & \ddots & \vdots \\ h(i,N-1) & h(i,N-2) & \cdots & h(i,0) \end{pmatrix}
$$

对应地,公式(6-8)变为

$$
[H \times H + \alpha_1(-\Delta)]f = H \times g
$$

$$
[F \times F + \alpha_2(-\Delta)]h = F \times g
$$

对应地,频域形式为

$$
F(u,v) = \frac{H \times (u,v)G(u,v)}{|H(u,v)|^2 + \alpha_1 R(u,v)}
$$

$$
H(u,v) = \frac{F \times (u,v)G(u,v)}{|F(u,v)|^2 + \alpha_2 R(u,v)}
$$

即对应的一个 R 经验公式为

$$
R(u,v) = 4 - 2\cos\left(\frac{2\pi u}{M}\right) - 2\cos\left(\frac{2\pi v}{N}\right)
$$

其中,M 与 N 表示 R 的大小。

MATLAB 中,提供了 deconvblind 函数利用盲卷积法复原图像。函数的调用格式为:

(1) [J,PSF] = deconvblind(I, INITPSF),使用盲卷积算法对图像 I 进行复原,得到复原后图像 J 和重建点扩散函数矩阵 PSF。参数 INITPSF 为矩阵,表示重建点扩展函数矩阵的初始值。

(2) [J,PSF] = deconvblind(I, INITPSF, NUMIT),使用盲卷积算法对图像 I 进行复原。参数 NUMIT 为迭代次数,其默认值为 10。

(3) [J,PSF] = deconvblind(I, INITPSF, NUMIT, DAMPAR),使用盲卷积算法对图像 I 进行复原。参数 DAMPAR 为输出图像与输入图像的偏离阈值。deconvblind 对于超过阈值的像素,不再进行迭代计算,这既抑制了像素上的噪声,又保存了必要的图像细节。

(4) [J,PSF] = deconvblind(I, INITPSF, NUMIT, DAMPAR, WEIGHT),用盲卷积算法对图像 I 进行复原。参数 WEIGHT 为矩阵,其元素为图像每个像素的权值,默认值为与输入图像有相同维数的单位矩阵。

(5) [J, PSF] = deconvblind(I, INITPSF, NUMIT, DAMPAR, WEIGHT, READOUT),用盲卷积算法对图像进行复原。参数 READOUT 指定噪声类型,其默认值为 10。

【例 6-6】 利用盲卷积法复原图像。

```
>> clear all;
I = checkerboard(8);
subplot(231);imshow(I);
title('Original image')
PSF = fspecial('gaussian',7,10);
V = .0001;                                              %高斯加性噪声的标准差
BlurredNoisy = imnoise(imfilter(I,PSF),'gaussian',0,V);   %加入高斯噪声
```

```
WT = zeros(size(I));                                      % 产生权重矩阵
WT(5:end - 4,5:end - 4) = 1;
INITPSF = ones(size(PSF));                                % 初始化最初的点扩散函数
[J P] = deconvblind(BlurredNoisy,INITPSF,20,10 * sqrt(V),WT); % 盲卷积
subplot(232);imshow(BlurredNoisy);
title('A = Blurred and Noisy');
subplot(233);imshow(PSF,[]);
title('True PSF');
subplot(234);imshow(J);
title('Deblurred Image');
subplot(235);imshow(P,[]);
title('Recovered PSF');
```

运行程序,效果如图 6-9 所示。

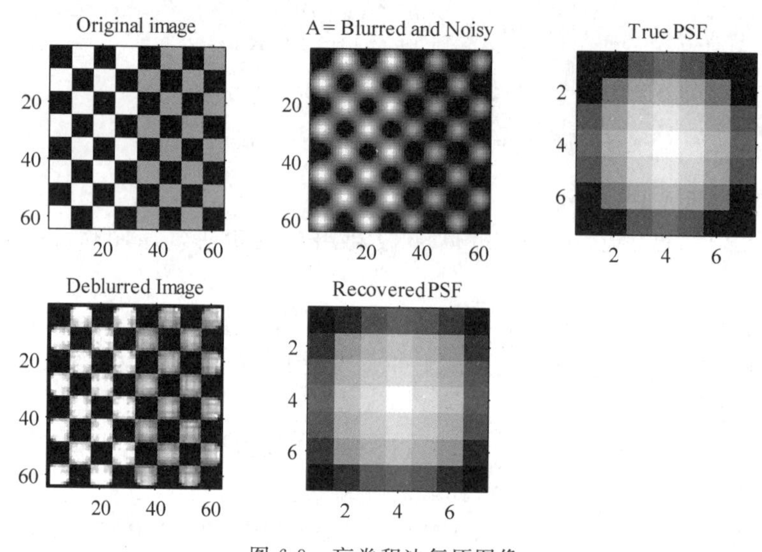

图 6-9　盲卷积法复原图像

6.5　图像复原的其他相关函数

除了前面介绍的函数外,MATLAB 还提供了其他相关函数。

1. edgetaper 函数

该函数用于对图像边缘进行模糊处理。函数的调用格式为:

J = edgetaper(I,PSF),使用点扩散函数矩阵 PSF 对输入图像 I 的边缘进行模糊处理。PSF 的大小不得超过图像任意维大小的一半。

【例 6-7】 对图像的边缘进行模糊处理。

```
>> clear all;
original = imread('cameraman.tif');
PSF = fspecial('gaussian',60,10);
edgesTapered = edgetaper(original,PSF);
subplot(121); imshow(original,[]);
```

```
title('原始图像');
subplot(122); imshow(edgesTapered,[]);
title('模糊图像边缘');
```

运行程序，效果如图 6-10 所示。

图 6-10 模糊图像边缘

2. otf2psf 函数

MATLAB 中，提供了 otf2psf 函数用于将光学转换函数转换成点扩散函数。函数的调用格式为：

(1) PSF = otf2psf(OTF)，对光学转换函数矩阵 OTF 进行快速傅里叶反变换(IFFT)，得到点扩散函数矩阵 PSF。其中，otf2psf 以原点为中心点进行计算。默认情况下，PSF 和 OTF 的维数相同。

(2) PSF = otf2psf(OTF, OUTSIZE)，转换 OFT 矩阵为 PSF。参数 OUTSIZE 为二元向量，其元素分别表示输出点扩散函数矩阵的行数和列数。其中，OUTSIZE 中的两元素分别不能超过 OTF 矩阵的行数和列数。

3. psf2otf 函数

MATLAB 中，提供了 psf2otf 函数将点扩散函数转换成光学转换函数。函数的调用格式为：

(1) OTF = psf2otf(PSF)，对点扩散函数矩阵 PSF 进行快速傅里叶变换(FFT)，得到光学转换函数矩阵 OTF。默认情况下，OTF 和 PSF 的维数相同。

(2) OTF = psf2otf(PSF,OUTSIZE)，转换 PSF 矩阵为 OTF 矩阵。参数 OUTSIZE 为二元向量，其元素分别表示输出光学转换函数矩阵的行数和列数。其中，OUTSIZE 中的两元素分别不能超过 PSF 矩阵的行数和列数。

【例 6-8】 将光学转换函数转换为点扩散函数。

```
>> clear all;
PSF = fspecial('gaussian',13,1);         % 添加高斯噪声
OTF = psf2otf(PSF,[31 31]);              % PSF --> OTF
PSF2 = otf2psf(OTF,size(PSF));           % OTF --> PSF2
subplot(1,2,1); surf(abs(OTF));
```

```
title('|OTF|');
axis square; axis tight
subplot(1,2,2); surf(PSF2);
title('Corresponding PSF');
axis square; axis tight
```

运行程序,效果如图 6-11 所示。

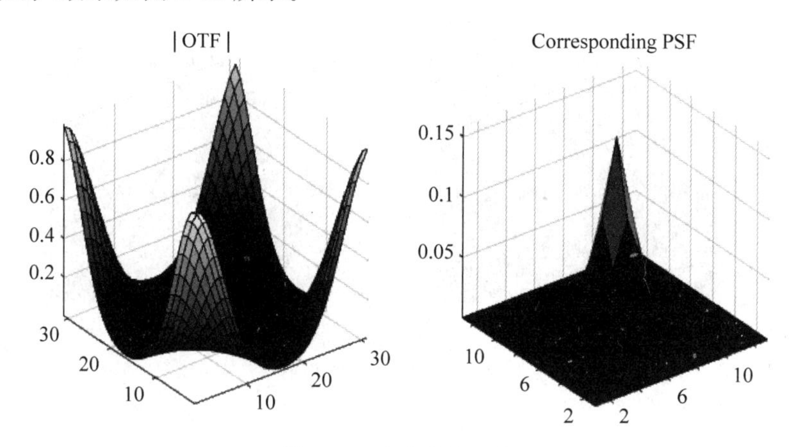

图 6-11　光学转换函数

第7章 数字图像的分割

图像分割就是把图像分成若干个特定的、具有独特性质的区域并提出感兴趣目标的技术和过程。它是由图像处理到图像分析的关键步骤。现有的图像分割方法主要分以下几类：基于阈值的分割方法、基于区域的分割方法、基于边缘的分割方法以及基于特定理论的分割方法等。

一般的图像处理过程如图7-1所示。从图中可以看出，图像分割是从图像预处理到图像识别和分析理解的关键步骤，在图像处理中占据重要的位置。一方面它是目标表达的基础，对特征测量有重要的影响。另一方面，图像分割以及基于分割的目标表达、特征提取和参数测量等将原始图像转化为更为抽象更为紧凑的形式，使得更高层的图像识别、分析和理解成为可能。

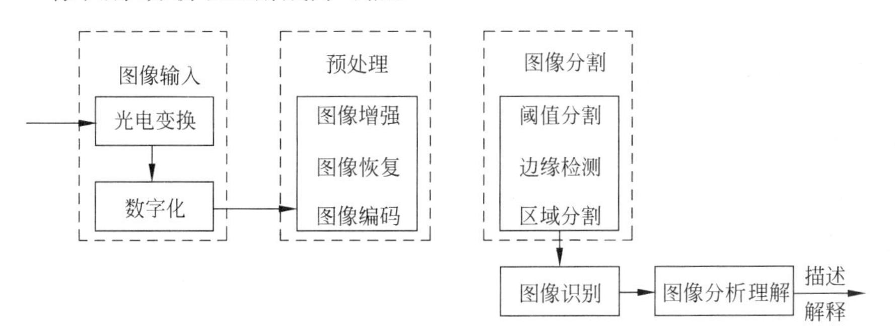

图7-1　一般的图像处理过程

图像的分割法主要有阈值分割法、区域分割法、边缘分割法、运动分割法等，下面对这几种分割法展开介绍。

7.1　阈值分割

阈值分割法的基本原理是通过设定不同的特征阈值，把图像像素点分为若干类。常用的特征包括直接来自原始图像的灰度或彩色特征，以及由原始灰度或彩色值变换得到的特征。设原始图像为$f(x,y)$，按照一定的准则在$f(x,y)$中找到若干个特征值$T_1,T_2,\cdots,T_N$，其中$N\geqslant 1$，将图像分割为几部分，分割后的图像为

$$g(x,y)=\begin{cases}L_N, & f(x,y)\geqslant T_N\\ L_{N-1}, & T_{N-1}\leqslant f(x,y)<T_N\\ \vdots & \vdots\\ L_1, & T_1\leqslant f(x,y)<T_2\\ L_0, & f(x,y)<T_1\end{cases}$$

一般意义下,阈值运算可以看作是对图像中某点的灰度、某种局部特性以及该点在图像中的位置的函数,这种阈值函数可记作

$$T(x,y,N(x,y),f(x,y))$$

式中:$f(x,y)$是点(x,y)的灰度值;$N(x,y)$是点(x,y)的局部邻域特性。根据对T的不同约束,可以得到3种不同类型的阈值。

(1) 全局阈值$T=T(f(x,y))$,只与点的灰度值有关。

(2) 局部阈值$T=T(N(x,y),f(x,y))$,与点的灰度值和局部邻域特征有关。

(3) 动态阈值$T(x,y,N(x,y),f(x,y))$,与点的位置、灰度值和该点邻域特征有关。

7.1.1 灰度阈值分割

此处主要讨论利用像素的灰度值,通过取阈值进行分类的过程。这种分类技术是基于下列假设的:每个区域是由许多灰度值相近的像素构成的,物体和背景之间或不同物体之间的灰度值有明显的差别,可以通过取阈值来区分。待分割图像的特性越接近于这个假设,用这种方法分割的效果就越好。其主要性质为:根据像素点的灰度不连续性进行分割,边缘微分算子就是利用该性质进行图像分割的;利用同一区域具有某种灰度特性(或相似的组织特性)进行分割,灰度阈值法就是利用这一特性进行分割的。

1. 灰度图像二值化

灰度阈值法是一种常用,也是最简单的分割方法。只要选取一个适当的灰度级阈值T,然后将每个像素灰度和它进行比较,将灰度点超过阈值T的像素点重新分配以最大灰度(如255),低于阈值的分配以最小灰度(如0),那么,就可以组成一个新的二值图像,这样可把目标从背景中分割开来。

图像阈值化处理实质是一种图像灰度级的非线性运算,阈值处理可用方程加以描述,并且随阈值的取值不同,可以得到具有不同特征的二值图像。

例如,如果原图像$f(i,j)$的灰度范围为$[r_1,r_2]$,那么在r_1与r_2之间选择一个灰度值T作为阈值,就可以有两种方法定义阈值化后的二值图像。

(1) 令阈值化的图像为

$$g(i,j)=\begin{cases}255, & f(i,j)\geqslant T\\ 0, & 其他\end{cases} \tag{7-1}$$

(2) 令阈值化后的图像为

$$g(i,j)=\begin{cases}255, & f(i,j)\leqslant T\\ 0, & 其他\end{cases} \tag{7-2}$$

这两种变换函数的曲线如图7-2所示。

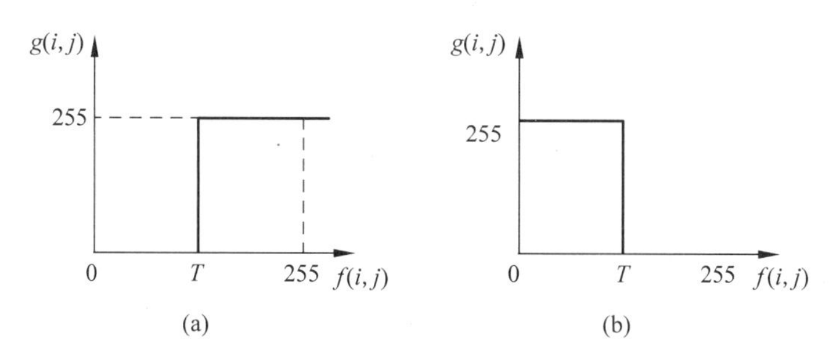

图 7-2 两种变换函数曲线

对式(7-1)和式(7-2)所定义的基本阈值分割有许多修正。一种是将图像分割为具有一个集合 D 内的灰度的区域而其他作为背景,即

$$g(i,j)=\begin{cases}255, & f(i,j)\in D\\ 0, & \text{其他}\end{cases}$$

还有一种分割,其定义为

$$g(i,j)=\begin{cases}f(i,j), & f(i,j)\geqslant T\\ 0, & \text{其他}\end{cases}$$

这种分割称为半阈值化,这样分割的目的是屏蔽图像背景,留下物体部分的灰度信息。

【例 7-1】 利用图像分割测试图像中的微小结构。

```
>> clear all;
I = imread('cell.tif');                    % 读入原始图像 I
subplot(221);imshow(I);
title('原始图像');
Ic = imcomplement(I);                      % 对图像求反色
BW = im2bw(Ic,graythresh(Ic));             % 转换为二值图像来阈值分割
subplot(222);imshow(BW);
title('阈值截取分割后图像');
se = strel('disk',7);                      % 创建一个半径为 7 个像素的圆盘形结构元素
BW2 = imclose(BW,se);                      % 闭运算
BW3 = imopen(BW2,se);                      % 开运算
subplot(223);imshow(BW3);
title('对小图像进行删除后图像');
mask = BW & BW3;                           % 对两幅图像进行逻辑"与"运算
subplot(224);imshow(mask);
title('检测的结果');
```

运行程序,效果如图 7-3 所示。

2. 灰度图像多区域阈值分割

在灰度图像中分离出有意义区域,最基本的方法是设置阈值的分割方法。假设图像中存在背景 S_0 和 n 个不同意义的部分 $S_1,S_2,\cdots,S_n$,如图 7-4 所示。

或者说图像由$(n+1)$个区域组成,各个区域内的灰度值相近,而各区域之间的灰度特性有明显差异,并设背景的灰度值最小,则可根据各区域的灰度差异设置 n 个阈值 T_0,$T_1,T_2,\cdots,T_{n-1}$($T_0<T_1<T_2\cdots<T_{n-1}$),并进行如下分割处理:

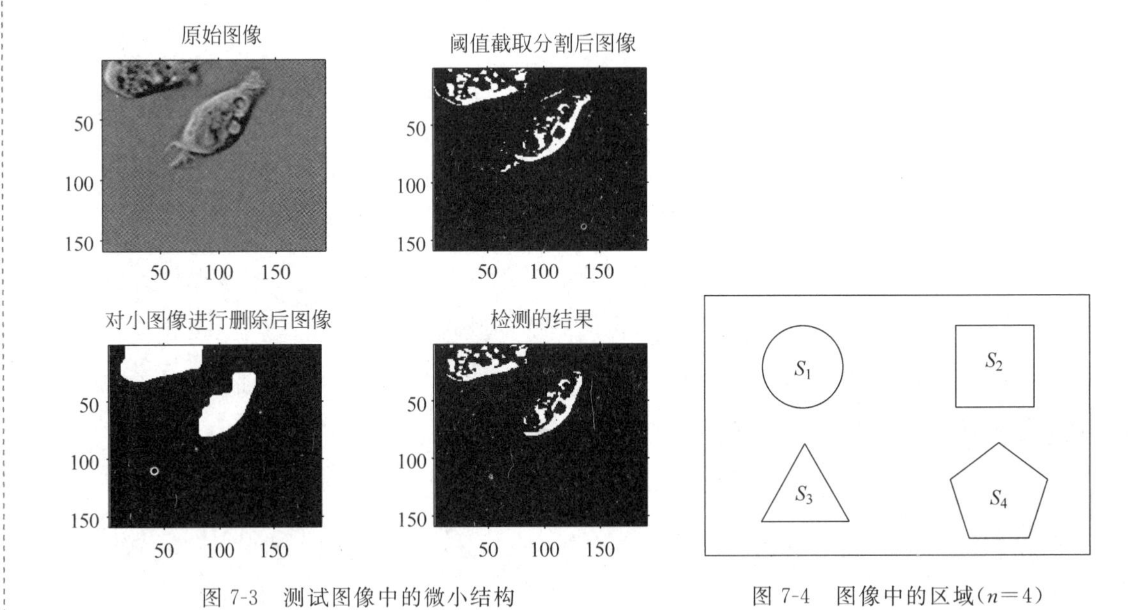

图 7-3　测试图像中的微小结构

图 7-4　图像中的区域($n=4$)

$$g(i,j)=\begin{cases} g_0, & f(i,j)\leqslant T_0 \\ g_1, & T_0<f(i,j)\leqslant T_1 \\ \vdots & \vdots \\ g_{n-1}, & T_{n-2}<f(i,j)\leqslant T_{n-1} \\ g_n, & f(i,j)>T_{n-1} \end{cases}$$

式中：$f(i,j)$为原图像像素的灰度值；$g(i,j)$为区域分割处理后图像上像素的输出结果；$g_0,g_1,g_2\cdots,g_n$分别为处理后背景S_0，区域S_1，区域S_2，…，区域S_n中像素的输出值或某种标记。含有多目标图像的直方图如图7-5所示。

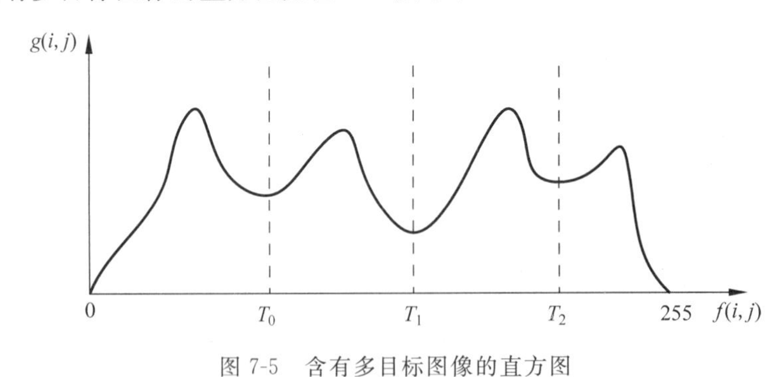

图 7-5　含有多目标图像的直方图

【例 7-2】　利用灰度图像分割法分割图像。

```
>> clear all;
I = imread('lean.jpg');
figure,
subplot(131);imshow(I),
title('原始图像');
```

```
C = histc(I,0:255);                    %histc是一个内部函数
n = sum(C');                           %n(k)表示灰度值 = k的像素的个数
N = sum(n);                            %求出图像像素总数
t = n/N;                               %t(k)表第k个灰度级出现的概率
subplot(132); bar(0:255,t);
title('直方图 ');
hold off;
axis([0,255,0,0.03]);
%开始利用阈值法分割图像
[p,threshold] = min(t(120:150));
%寻找阈值
threshold = threshold + 120;
tt = find(I > threshold);
I(tt) = 255;
tt = find(I <= threshold);
I(tt) = 0;
subplot(133); imshow(I);
title('阈值分割图像');
```

运行程序,效果如图7-6所示。

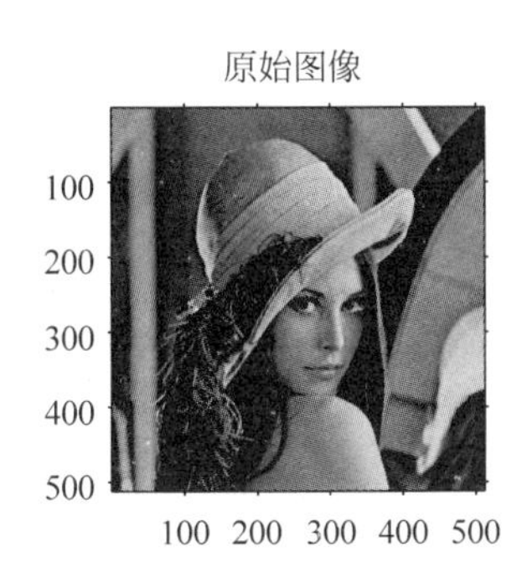

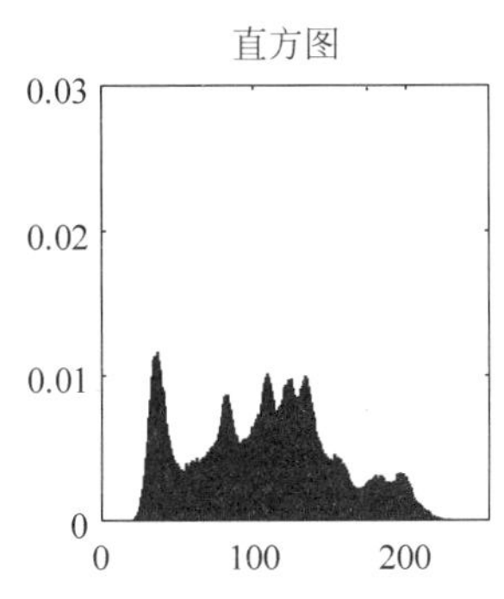

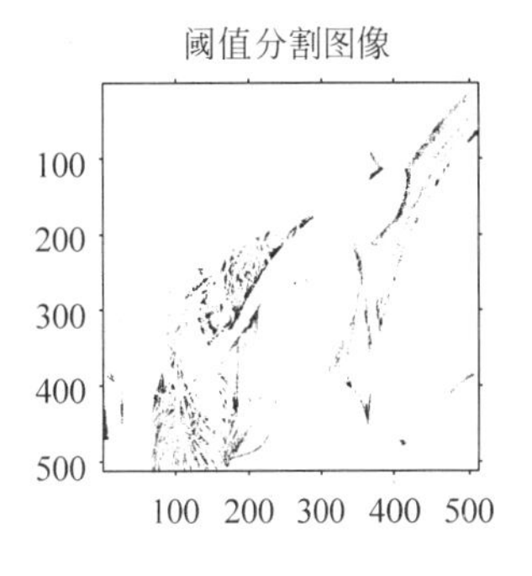

图7-6 灰度法分割图像

7.1.2 直方图阈值分割

1. 直方图阈值双峰法

如果灰度图像的灰度级范围为$i=0,1,\cdots,L-1$,当灰度级为k时的像素数为n_k,则一幅图像的总像素

$$N=\sum_{i=0}^{L-1}n_i=n_0+n_1+\cdots+n_{L-1}$$

灰度级i出现的概率

$$p_i=\frac{n_i}{N}=\frac{n_i}{n_0+n_1+\cdots+n_{L-1}}$$

当灰度图像中画面比较简单且对象物的灰度分布比较有规律时,背景和对象物在图像的灰度直方图上各自形成一个波峰,由于每两个波峰间形成一个低谷,因而选择双峰间低谷处所对应的灰度值为阈值,可将两个区域分离。

把这种通过选取直方图阈值来分割目标和背景的方法称为直方图阈值双峰法。如图 7-7 所示，在灰度级 t_1 和 t_2 两处有明显的峰值，而在 t 处是一个谷点。

具体实现的方法是，先作出图像 $f(x,y)$ 的灰度直方图，如果只出现背景和目标物两区域部分所对应的直方图，呈双峰且有明显的谷底，则可以将谷底点所对应的灰度值作为阈值，然后根据该阈值进行分割，就可以将目标从图像中分割出来。这种方法适用于目标和背景的灰度差较大，直方图有明显谷底的情况。

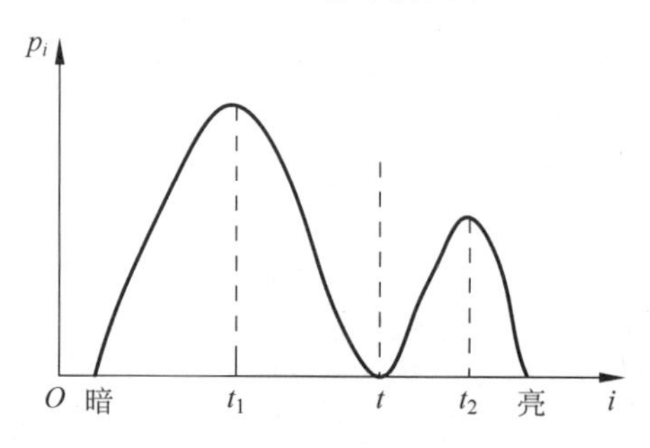

图 7-7　直方图的双峰与阈值

【例 7-3】 用直方图双峰法阈值分割图像。

```
>> clear all;
I = imread('pout.tif');
subplot(131);imshow(I);
title('原始图像');
subplot(132);imhist(I);                    %显示原始图像的直方图
title('原始图像的直方图');
%根据上面直方图选择阈值 120,划分图像的前景和背景
newI = im2bw(I,120/255);
subplot(133);imshow(newI);
title('双峰法分割图像');
```

运行程序，效果如图 7-8 所示。

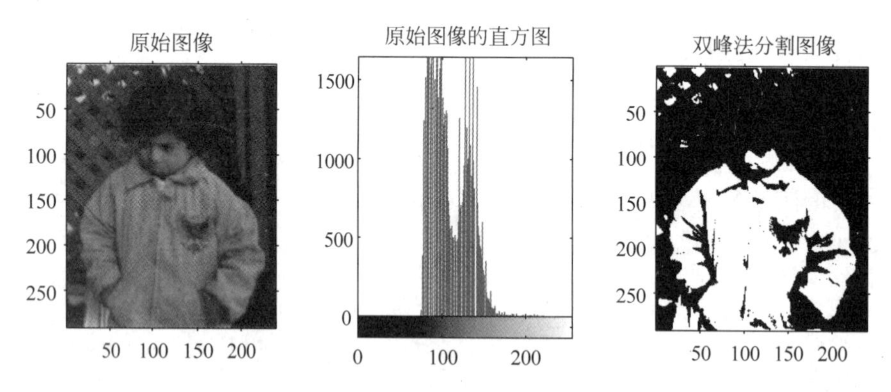

图 7-8　直方图阈值双峰法的图像分割

由图 7-8 可知，根据直方图设置一个阈值，就能完成分割处理，并形成仅有两种灰度二值图像。

双峰法比较简单，在可能的情况下常常作为首选的阈值确定方法，但是图像灰度直

方图的形状随着对象、图像输入系统、输入环境等因素的不同而千差万别，当出现波峰间的波谷平坦、各区域直方图的波形重叠等情况时，用直方图阈值法难以确定阈值，必须寻求其他方法来选择适宜的阈值。

2. 动态阈值法

虽然人工法可以选出令人满意的阈值，但是在无人介入的情况下自动选取阈值是大部分应用的基本要求，自动阈值法通常使用灰度直方图来分析图像中灰度值的分布，结合特定的应用领域知识来选取最合适的阈值。

1）迭代式阈值选择

迭代式阈值选择方法的基本思想是：开始选择一个阈值作为初始估计值，然后按某种策略不断地改进这一估计值，直到满足给定的准则为止。在迭代过程中，关键之处在于选择什么样的阈值改进策略。好的阈值改进策略应该具备两个特征：一是能够快速收敛；二是在每一个迭代过程中，新产生阈值优于上一次的阈值。下面介绍一种迭代式阈值选择算法，其具体步骤如下：

(1) 选择图像灰度中值作为初始阈值 T_0。

(2) 利用阈值 T 把图像分割成两个区域——R_1 和 R_2，计算区域 R_1 和 R_2 的灰度均值 μ_1 和 μ_2。

$$\mu_1=\frac{\sum_{i=0}^{T_i} i n_i}{\sum_{i=0}^{T_i} n_i},\quad \mu_2=\frac{\sum_{i=T_i}^{L-1} i n_i}{\sum_{i=T_i}^{L-1} n_i}$$

(3) 计算出 μ_1、μ_2 后，用下式计算出新的阈值 T_{i+1}。

$$T_{i+1}=\frac{1}{2}(\mu_1+\mu_2)$$

(4) 重复步骤(2)～(3)，直到 T_{i+1} 和 T_i 的差小于某个给定值。

【例 7-4】 利用迭代法对图像实现分割。

```
>> clear all;
I = imread('eight.tif');
ZMAX = max(max(I));                    % 取出最大灰度值
ZMIN = min(min(I));                    % 取出最小灰度值
TK = (ZMAX + ZMIN)/2;
BCal = 1;
iSize = size(I);                       % 图像的大小
while (BCal)
      % 定义前景和背景数
     iForeground = 0;
     iBackground = 0;
     % 定义前景和背景灰度总和
     ForegroundSum = 0;
     BackgroundSum = 0;
     for i = 1:iSize(1)
          for j = 1:iSize(2)
               tmp = I(i,j);
               if(tmp >= TK)
```

```
                % 前景灰度值
                iForeground = iForeground + 1;
                ForegroundSum = ForegroundSum + double(tmp);
            else
                iBackground = iBackground + 1;
                BackgroundSum = BackgroundSum + double(tmp);
            end
        end
    end
    %计算前景和背景的平均值
    ZO = ForegroundSum/iForeground;
    ZB = BackgroundSum/iBackground;
    TKTmp = uint8((ZO + ZB)/2);
    if(TKTmp == TK)
         BCal = 0;
    else
        TK = TKTmp;
    end
    %当阈值不再变化的时候,说明迭代结束
end
disp(strcat('迭代后的阈值:',num2str(TK)));
newI = im2bw(I,double(TK)/255);
subplot(1,2,1);imshow(I);
title('原始图像');
subplot(1,2,2);imshow(newI);
title ('迭代法分割效果图');
```

运行程序,输出如下,效果如图 7-9 所示。

```
迭代后的阈值:165
```

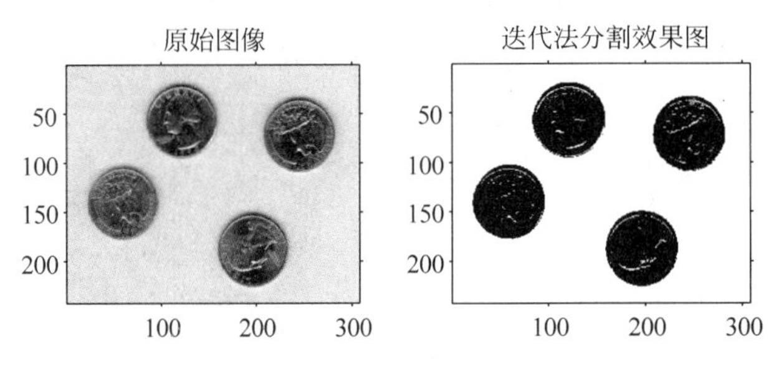

图 7-9　用迭代式阈值分割图像

2) Otsu 法阈值选择

Otsu 法是一种使类间方差最大的自动阈值的方法,该方法具有简单、处理速度快的特点,是一种常用的阈值选取方法。其基本思想如下:设图像像素数为 N,灰度范围为 $[0,L-1]$,对应灰度级 i 的像素数为 N_i,概率为:

$$p_i = \frac{n_i}{N},\quad i = 0,1,2,\cdots,L-1$$

$$\sum_{i=0}^{L-1} p_i = 1$$

把图像中的像素按灰度值用阈值 T 分成两类 C_0 和 C_1,C_0 由灰度值在 $[0,T]$ 的像素

组成，C_1 由灰度值在$[T+1,L-1]$的像素组成，对于灰度分布概率，整幅图像的均值

$$u_T = \sum_{i=0}^{L-1} ip_i$$

则 C_0 和 C_1 的均值为

$$u_T = \sum_{i=0}^{L-1} \frac{ip_i}{\bar{\omega}_0}$$

$$u_T = \sum_{i=T+1}^{L-1} \frac{ip_i}{\bar{\omega}_1}$$

其中

$$\bar{\omega}_0 = \sum_{i=0}^{T} p_i$$

$$\bar{\omega}_1 = \sum_{i=T+1}^{L-1} p_i = 1 - \bar{\omega}_0$$

由上面式子可得

$$u_T = \bar{\omega}_0 u_0 + \bar{\omega}_1 u_1$$

类间方差的定义为

$$\begin{aligned}
\sigma_B^2 &= \bar{\omega}_0 (u_0 - u_T)^2 + \bar{\omega}_1 (u_1 - u_T)^2 \\
&= \bar{\omega}_0 (u_0 - u_T)^2 + u_T^2 (\bar{\omega}_0 + \bar{\omega}_1) - 2(\bar{\omega}_0 u_0 + \bar{\omega}_1 u_1) u_T \\
&= \bar{\omega}_0 u_0^2 + \bar{\omega}_1 u_1^2 - u_T^2 \\
&= \bar{\omega}_0 u_0^2 + \bar{\omega}_1 u_1^2 - (\bar{\omega}_0 u_0 + \bar{\omega}_1 u_1)^2 \\
&= \bar{\omega}_0 u_0^2 (1 - \bar{\omega}_0) + \bar{\omega}_1 u_1^2 (1 - \bar{\omega}_1) - 2\bar{\omega}_0 \bar{\omega}_1 u_0 u_1 \\
&= \bar{\omega}_1 \bar{\omega}_0 (u_0 - u_1)^2
\end{aligned}$$

让 T 在$[0,L-1]$范围依次取值，使 σ_B^2 最大的 T 值即为 Otsu 法的最佳阈值。MATLAB 图像处理工具箱中提供了 graythresh 函数，求取阈值采用的就是 Otsu 法。graythresh 函数的调用格式为：

(1) level = graythresh(I)，计算图像 I 的全局阈值 level。level 为标准化灰度值，其范围为[0,1]。

(2) [level EM] = graythresh(I)，计算图像 I 的全局阈值 level。输出参量 EM 表示有效性度量(表明输入图像 I 的全局阈值的有效性)，其范围为[0,1]。

【例 7-5】 用 Otsu 法进行阈值选择。

```
>> clear all;
I = imread('coins.png');
subplot(121), imshow(I)
title('原始图像')
bw = im2bw(I, graythresh(getimage));
subplot(122), imshow(bw)
title ('Otsu 方法二值化图像')
bw2 = imfill(bw,'holes');
s = regionprops(bw2, 'centroid');
centroids = cat(1, s.Centroid);
imtool(I)
hold(imgca,'on')
```

```
plot(imgca,centroids(:,1), centroids(:,2), 'r+')
hold(imgca,'off')
```

运行程序,效果如图 7-10 及图 7-11 所示。

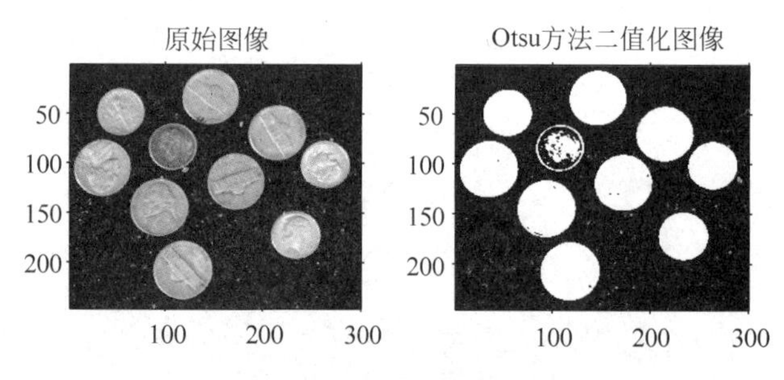

图 7-10　Otsu 法分割图像

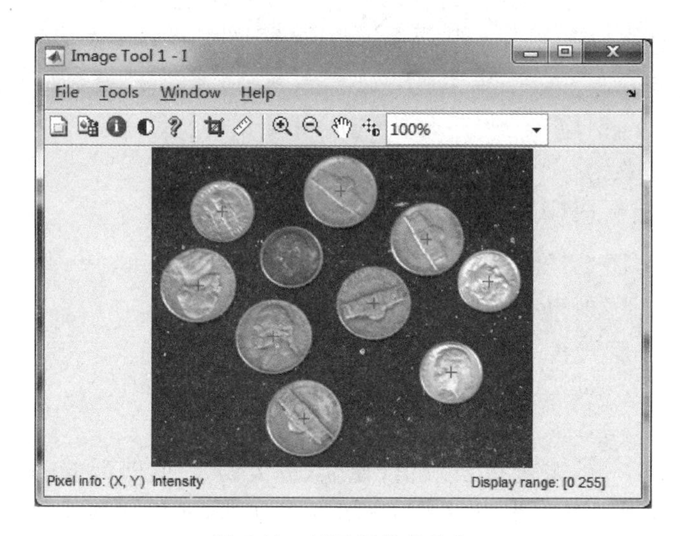

图 7-11　显示图像的重心

7.1.3　最大熵阈值分割

图像最大熵阈值分割方法是应用信息论中熵的概念与图像阈值化技术,使选择的阈值分割图像目标区域、背景区域两部分灰度统计的信息量为最大。

设分割阈值为 t,P_i 为灰度 i 出现的概率,$i \in \{0,1,2,\cdots,L-1\}$,$\sum_{i=0}^{L-1} P_i = 1$。

对数字图像阈值分割的图像灰度直方图如图 7-12 所示,其中,灰度级低于 t 的像素点构成目标区域 O,灰度级高于 t 的像素点构成背景区域 B,由此得到目标区域 O 的概率分布和背景区域 B 的概率分布。

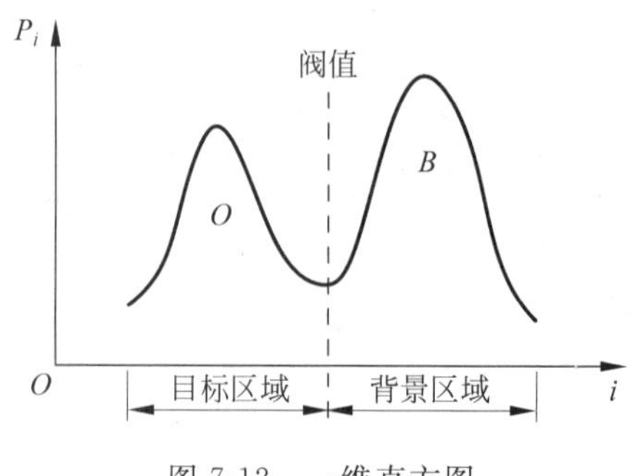

图 7-12　一维直方图

目标区域 O 的概率灰度分布

$$P_O = P_i/P_t, \quad i = 0,1,\cdots,t$$

背景区域B的概率灰度分布

$$P_B = P_i/(1-P_i), \quad i = t+1,t+2,\cdots,L-1$$

其中

$$P_t = \sum_{i=0}^{t} P_i$$

由此得到数字图像的目标区域和背景区域熵的定义为

$$H_O(t) = -\sum_{i=0}^{t} P_O \log_2 P_O, \quad i = 0,2,\cdots,t$$

$$H_B(t) = -\sum_{i=t+1}^{L-1} P_B \log_2 P_B, \quad i = t+1,t+2,\cdots,L-1$$

由目标区域和背景区域熵 $H_O(t)$ 和 $H_B(t)$ 得到熵函数 $\phi(t)$ 定义为

$$\phi(t) = H_{O(t)} + H_{B(t)}$$

当熵函数 $\phi(t)$ 取得最大值时,对应的灰度值 t^* 即为所求的最佳阈值:

$$t^* = \max_{0<t<L-1}[\phi(t)]$$

【例 7-6】 信息熵图像分割设计。

信息熵算法的具体描述为:

(1) 根据信息熵算法定义,求出原始图像信息熵 H_0,为阈值 T 选择一个初始估计值阈值 T_0,将其取为图像中最大和最小灰度的中间值。

(2) 根据 T_0 将图像分为 G_1 和 G_2 两部分,灰度大于 T_0 的像素组成区域 G_1,灰度小于 T_0 的像素组成区域 G_2。

(3) 计算 G_1 和 G_2 区域中像素的平均灰度值 M_1 和 M_2。更新的阈值

$$T_2 = \frac{M_1 + M_2}{2}$$

(4) 根据 T_2 分割图像,分别求出对象与背景的信息熵 H_d 和 H_b,比较原始图像信息熵 H_0 与 H_d+H_b 的关系,如果 H_0 与 H_d+H_b 相等或相差在规定的范围内,或达到规定的迭代次数,则可将 T_2 作为最终阈值结果,否则将 T_2 赋给 T_0,将 H_d+H_b 赋给 H_0,重复(2)~(4)步骤的操作,直到满足要求为止。

```
>> clear all;
I = imread('cameraman.tif');
subplot(121);imshow(I);
title('原始彩色图像');
if length(size(I)) == 3                   % 如果彩色图像转换为灰度图像
    I = rgb2gray(I);                      % RGB 图像转换为灰度图像
end
[X,Y] = size(I);
V_max = max(max(I));
V_min = min(min(I));
T0 = (V_max + V_min)/2;                   % 初始分割阈值
h = imhist(I);                            % 计算图像的直方图
grayp = imhist(I)/numel(I);               % 求图像像素概率
I = double(I);
H0 = - sum(grayp(find(grayp(1:end)> 0)). * log(grayp(find(grayp(1:end)> 0))));
```

```
cout = 100;                                 %设置迭代次数为 100 次
while(cout > 0)
    Tmax = 0;                               %初始化
    grayPd = 0; grayPb = 0;
    Hd = 0;  Hb = 0;
    T1 = T0;
    A1 = 0;  A2 = 0;
    B1 = 0;  B2 = 0;
    for i = 1:X                             %计算灰度平均值
        for j = 1:Y
            if(I(i,j)<= T1)
                A1 = A1 + 1;
                B1 = B1 + I(i,j);
            else
                A2 = A2 + 1;
                B2 = B2 + I(i,j);
            end
        end
    end
    M1 = B1/A1;
    M2 = B2/A2;
    T2 = (M1 + M2)/2;
    TT = round(T2);
    grayPd = sum(grayp(1:TT));              %计算分割区域 G1 的概率和
    if grayPd == 0
        grayPd = eps;
    end
    grayPb = 1 - grayPd;
    if grayPb == 0
        grayPb = eps;
    end
Hd = - sum((grayp(find(grayp(1:TT)> 0))/grayPd). * log((grayp(find(grayp(1:TT)> 0))/
grayPd)));                                  %计算分割后区域 G1 的信息熵
Hb = - sum(grayp(TT + (find(grayp(TT + 1:end)> 0)))/grayPb. * log(grayp(TT + (find(grayp(TT
 + 1:end)> 0)))/grayPb));                   %计算分割后区域 G2 的信息熵
    H1 = Hd + Hb;
    cout = cout - 1;
    if(abs(H0 - H1)< 0.0001)|(cout == 0)
        Tmax = T2;
        break;
    else
        T0 = T2;
        H0 = H1;
    end
end
Tmax
cout
for i = 1:X                                 %根据所求阈值 Tmax 转换图像
    for j = 1:Y
        if(I(i,j)<= Tmax)
            I(i,j) = 0;
        else
            I(i,j) = 1;
        end
```

```
    end
end
subplot(122);imshow(I);
title('图像处理分割后的效果');
```

运行程序,输出如下,效果如图 7-13 所示。

```
Tmax =
  88.5388
cout =
    95
```

最大信息熵算法通过编程可以迅速得到计算结果,但对大小不同尺寸的图像,运行速度会受到影响。总的来看,经过最大信息熵图像分割处理,照片画面清晰,图像信息得到最大的保留。

图 7-13 最大信息熵图像分割效果

7.1.4 分水岭法

在许多情况下,图像中目标区域与背景区域的灰度或平均灰度是不同的,而目标区域和背景区域内部灰度相关性很强,这时可将灰度的均一性作为依据进行分割。

这里介绍一种最简单的灰度分割方法——灰度门限法,它是基于灰度阈值的分割方法,也是基于区域的分割方法。其实现方法主要是将高于某一灰度的像素划分到一个区域中,低于某一灰度的像素划分到另一个区域中。

灰度阈值选择直接影响分割效果,下面介绍分水岭(watershed)法。

分水岭算法是一种借鉴了形态学理论的分割方法,在该方法中,将一幅图像看成一个拓扑地形图,其中灰度值 $f(x,y)$ 对应地形高度值。高灰度值对应山峰,低灰度值对应山谷。水总是朝地势低的地方流动,直到某一局部低洼处才停下来,这个低洼处称为吸水盆地。最终所有的水会分聚在不同的吸水盆地,吸水盆地之间的山脊称为分水岭。水从分水岭流下时,它朝不同的吸水盆地流去的可能性是相等的。将这种想法应用于图像分割,就是要在灰度图像中找出不同的吸水盆地和分水岭,由这些不同的吸水盆地和分水岭组成的区域即为要分割的目标。

分水岭阈值选择算法可以看成是一种自适应的多阈值分割算法,在图像梯度图上进行阈值选择时,经常遇到的问题是如何恰当地选择阈值。阈值若选得太高,许多边缘会丢失或边缘出现破碎现象；阈值若选得太低，容易产生虚假边缘，而且边缘变厚导致定位不精确。分水岭阈值选择算法可避免这个缺点。如图 7-14 所示，两个低洼处为吸水盆地，阴影部分为积水，水平面的高度相当于阈值，随着阈值的升高，吸水盆地的水位也跟着上升，当阈值升至 T_3 时，两个吸水盆地的水都升到分水岭处，此时，若再升高阈值，则两个吸水盆地的水会溢出分水岭合为一体。因此，通过阈值 T_3 可以准确地分割出两个由吸水盆地和分水岭组成的区域。其中，分水岭对应于原始原始图像中的边缘。

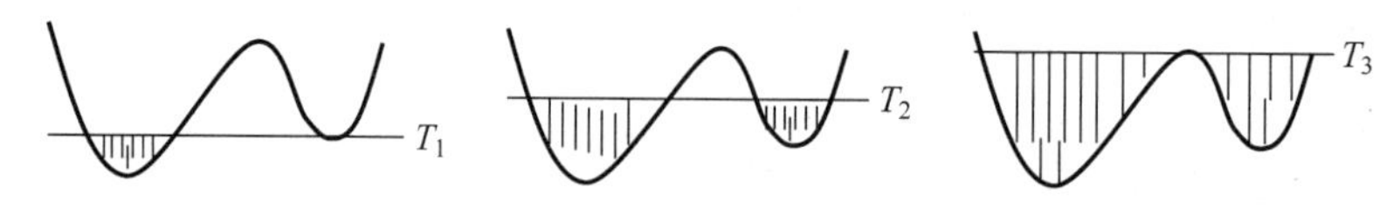

图 7-14　分水岭形成示意图

MATLAB 中，提供了 watershed 函数对图像进行分水岭分割，调用格式为：

(1) L = watershed(A)，其中，输入参数 A 为待分割的图像，实际上 watershed 函数不仅适用于图像分割，也可以用于对任意维区域的分割，A 是对这个区域的描述，可以是任意维的数组，每一个元素可以是任意实数。返回参数 A 与 A 维数相同的非负整数矩阵，标记分割结果，矩阵元素值为对应位置上像素点所属的区域编号，0 元素表示该对应像素点是分水岭，不属于任何一个区域。

(2) L = watershed(A, conn)，指定算法中使用的元素的连通方式，对图像分割问题，conn 有两种取值，当 conn=4 时，表示为 4 连通；当 conn=8 时表示为 8 连通。

分水岭阈值选择算法具有运算简单、性能优良、能够较好地提取对象轮廓、准确得到物体边界的优点。但由于分割时需要梯度信息，原始信号中噪声的影响会在梯度图中造成许多虚假的局部极小值，由此产生过分割现象。

【例 7-7】 用改进的 watershed 算法分割图像。

```
>> clear;
I = imread('cameraman.tif');
subplot(221);imshow(I);
title('原始图像')
%计算梯度图
I = double(I);
hv = fspecial('prewitt');
hh = hv.';
gv = abs(imfilter(I,hv,'replicate'));
gh = abs(imfilter(I,hh,'replicate'));
g = sqrt(gv.^2 + gh.^2);
%计算距离函数
df = bwdist(I);
%计算外部约束
L = watershed(df);
em = L == 0;
% 计算内部约束
im = imextendedmax(I,20);
subplot(222);imshow(im);
title('标记内约束')
%重构梯度图
g2 = imimposemin(g,im|em);
```

```
subplot(223);imshow(g2);
title('重构梯度图')
% watershed 算法分割
L2 = watershed(g2);
wr2 = L2 == 0;
I(wr2) = 255;
subplot(224);imshow(uint8(I));
title('分割结果')
```

运行程序，效果如图 7-15 所示。

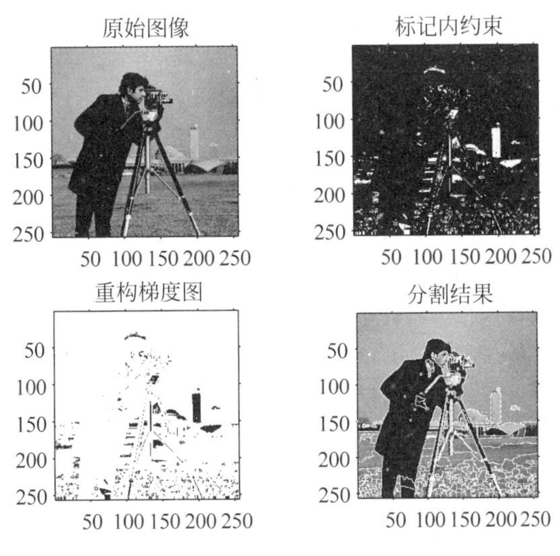

图 7-15　图像的分水岭分割

7.2　区域分割

阈值分割可以认为是将图像由大到小（即从上到下）进行拆分，而区域分割则相当于由小到大（从下到上）对图像进行合并。如果将上述两种方法结合起来对图像进行划分，就是分裂-合并法。区域生长法、分裂-合并法是区域图像分割的重要方法。

7.2.1　区域生长法

1. 区域生长原理

区域生长也称为区域增长，它的基本思想是将具有相似性质的像素集合起来构成一个区域。实质就是将具有相似特性的像素元素连接成区域。这些区域是互不相交的，每一个区域都满足特定区域的一致性。具体实现时，先在每个分割的区域找一个种子像素作为生长的起始点，再将种子像素周围邻域中与种子像素有相同或相似性质的像素（根据某种事先确定的生长或相似准则来判定）合并到种子像素所在的区域中。将这些新像素当作新的种子像素继续进行上面的过程，直到再没有满足条件的像素可被包括进来，通过区域生长,一个区域就长成了。其过程如图 7-16 所示。

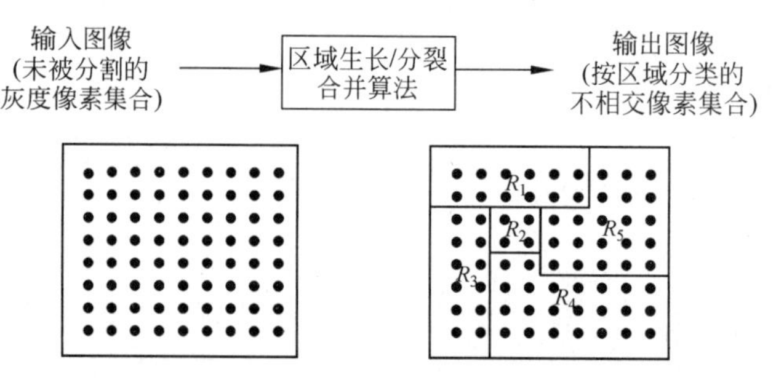

图 7-16　区域生长分割效果

实际应用区域生长法时需要解决 3 个问题:

(1) 选择或确定一组正确代表所需区域的种子像素。

(2) 确定在生长过程中能将相邻像素包括进来的准则。

(3) 制定生长过程停止的条件或规则。

种子像素的选取常可借助具体问题的特点进行。例如,军用红外图像中检测目标时,由于一般情况下目标辐射较大,所以可以选用图中最亮的像素作为种子像素。如果对具体问题没有先验知识,则常可借助生长所用准则对像素进行相应计算。如果计算结果呈现聚类的情况,则接近聚类中心的像素可取为种子像素。

生长准则的选取不仅依赖于具体问题本身,也和所用图像数据的种类有关。例如,当图像是彩色的时候,仅用单色的准则效果就会受到影响。另外还要考虑像素间的连通性和邻近性,否则有时会出现无意义的结果。

一般生长过程在进行到再没有满足生长准则的像素时停止,但常用的基于灰度、纹理、彩色的准则大都基于图像的局部性质,并没有充分考虑生长的“历史”。为增加区域生长的性能常需考虑一些与尺寸、形状等图像和目标的全局性质有关的准则。在这种情况下常需对分割结果建立一定的模型,或辅以一定的先验知识。

2. 区域生长准则

区域生长的一个关键是选择合适的生长相似准则,大部分区域生长准则使用图像的局部性质。生长准则可根据不同原则制定,而使用不同的生长准则会影响区域生长的过程。下面介绍 3 种基本的生长准则和方法。

1) 基于区域灰度差

基于区域灰度差的方法主要有以下步骤:

(1) 对像素进行扫描,找出尚没有归属的像素。

(2) 以该像素为中心检查它的领域像素,即将领域中的像素逐个与它比较,如果灰度差小于预先确定的阈值,将它们合并。

(3) 以新合并的像素为中心,返回到步骤(2),检查新像素的领域,直到区域不能进一步扩张。

(4) 返回到步骤(1),继续扫描,直到所有像素都归属,则结束整个生长过程。

采用上述方法得到的结果对区域生长起点的选择有较大的依赖性。为克服这个问题，可以将方法作以下改进：将灰度差的阈值设为零，这样具有相同灰度值的像素便合并到一起；然后比较所有相邻区域之间的平均灰度差，合并灰度差小于某一阈值的区域。

这种改进仍然存在一个问题，即当图像中存在缓慢变化的区域时，有可能会将不同区域逐步合并而产生错误分割结果。一个比较好的做法是，在进行生长时，不用新像素的灰度值与领域像素的灰度值比较，而是用新像素所在区域平均灰度值与各领域像素的灰度值进行比较，将小于某一阈值的像素合并进来。

2）基于区域内灰度分布统计性质

这里考虑以灰度分布相似性作为生长准则，来决定区域的合并。具休步骤为：

(1) 把像素分成互不重叠的小区域。

(2) 比较邻接区域的累积灰度直方图，根据灰度分布的相似性进行区域合并。

(3) 设定终止准则，通过反复进行步骤(2)中的操作，将各个区依次合并直到满足终止准则。

为了检测灰度分布情况的相似性，采用下面的方法。这里设 $h_1(X)$ 和 $h_2(X)$ 为相邻的两个区域的灰度直方图，X 为灰度值变量。从这个直方图求出累积灰度直方图 $H_1(X)$ 和 $H_2(X)$，根据以下两个准则：

(1) Kolomogorov-Smirnov 检测

$$\max_X |H_1(X) - H_2(X)| \tag{7-3}$$

(2) Smoothed-Difference 检测

$$\sum_X |H_1(X) - H_2(X)| \tag{7-4}$$

如果检测结果小于给定的阈值，就把两个区域合并。这里灰度直方图 $h(X)$ 的累积灰度直方图 $H(X)$ 定义为

$$H(X) = \int_0^X h(x)\mathrm{d}x$$

在离散情况下

$$H(X) = \sum_{i=0}^{X} h(i) \int_0^X \tag{7-5}$$

对上述两种检测方法有两点值得说明：

(1) 小区域的尺寸对结果影响较大，尺寸太小时检测可靠性降低，尺寸太大时得到的区域形状不理想，小的目标可能漏掉。

(2) 式(7-4)比式(7-3)在检测直方图相似性方面较优，因为它考虑了所有灰度值。

3）基于区域形状

在决定对区域合并时也可以利用对目标形状的检测结果，常用方法有：把图像分割成灰度固定的区域，设两相邻区域的周长 p_1 和 p_2，把两区域共同边界线两侧灰度差小于给定值的那部分设为 L，T_2 为预定阈值，如果

$$\frac{L}{\min\{p_1, p_2\}} > T_2 \tag{7-6}$$

则合并两区域

3. 区域生长法 MATLAB 实现

区域生长法的优点是计算简单，比较适合分割均匀的小结构，与其他分割方法联合

使用，往往能得到更精确的分割结果。区域生长法的缺点是对初始种子的依赖性，而且对噪声也比较敏感，使得分割出的区域出现空洞或分割过度。

【例 7-8】 使用区域生长法对图像进行分割。

```
>> clear all;
I = imread('peppers.png');
I = rgb2gray(I);                              % 将灰度图像转换
I1 = double(I);                               % 数据类型转换
s = 255;
t = 55;
if numel(s) == 1
    si = I1 == s;
    s1 = s;
else
    si = bwmorph(s,'shrink',Inf);
    j = find(si);
    s1 = I1(j);
end
ti = false(size(I1));
for k = 1:length(s1)
    sv = s1(k);
    s = abs(I1 - sv)<= t;
    ti = ti|s;
end
[g,nr] = bwlabel(imreconstruct(si,ti)); % 图像标记
subplot(121);imshow(I);
title('原始灰度图像');
subplot(122);imshow(g);
title ('区域生长法分割');
disp('No. of regions')
nr
```

运行程序，输出如下，效果如图 7-17 所示。

```
No. of regions
nr =
     2
```

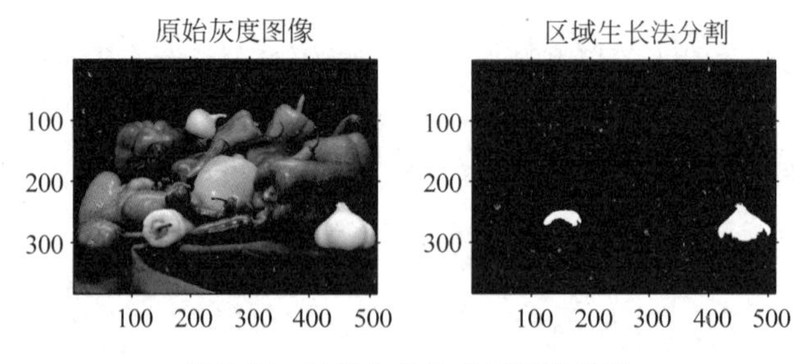

图 7-17　区域生长法分割图像效果

7.2.2 分裂-合并法

分裂-合并分割方法是指从树的某一层开始，按照某种区域属性的一致性测度，对应该合并的相邻块加以合并，对应该进一步划分的块再进行划分的分割方法。分裂-合并分割方法差不多是区域生长法的逆过程，它从整个图像出发，不断分裂得到各个子区域，然后再把前景区域合并，实现目标提取。典型的分割技术是以图像四叉树或金字塔作为基本数据结构的分裂-合并法。

1. 四叉树结构

四叉树结构要求输入图像 $f(x,y)$ 的大小为 2 的整数次幂。设 $N=2^n$，对于 $N\times N$ 大小的输入图像 $f(x,y)$，可以连续进行 4 次等分，一直分到正方形的大小正好与像素的大小相等为止。换句话说，就是设 R 代表整个正方形图像区域，一个四叉树从最高 0 层开始，把 R 连续分成越来越小的 1/4 的正方形子区域 R_i，不断地将该子区域 R_i 进行 4 等分，并且最终使子区域 R_i 处于不可分状态。图像四叉树分裂与结构如图 7-18 所示。区域生长是先从单个生长点开始，通过不断接纳满足接收准则的新生长点，最后得到整个区域，这其实是从树的叶子开始，由下到上最终到达树的根，最终完成图像的区域划分。无论由树的根开始，由上至下决定每个像元的区域类归属，还是由树的叶子开始，由下至上完成图像的区域划分，它们都要遍历整个树。

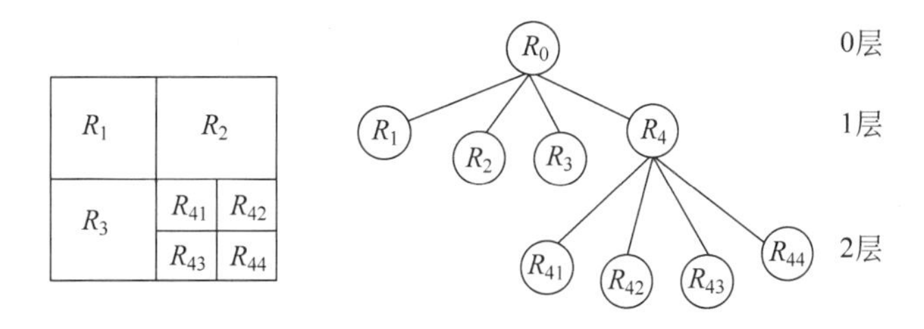

图 7-18　分裂-合并基本数据结构

2. 四叉树的实现

图像的四叉树分解指的是将一幅图像分解成一个个具有同样特性的子块。这一方法能揭示图像的结构信息，同时，它作为自适应压缩算法的第一步。实现四叉树分解可以使用 qtdecomp 函数。该函数首先将一幅方块图像分解成 4 个小方块图像，然后检测每一小块中像素值是否满足规定的同一性标准。如果满足就不再分解。如果不满足，则继续分解，重复迭代，直到每一小块达到同一性标准。这时小块之间进行合并，最后的结果是几个大小不等的块。

qtdecomp 函数的调用格式为：

(1) S = qtdecomp(I)，对灰度图像 I 执行四叉树分解，返回一个四叉树结构 S，S 为一个稀疏矩阵。如果 S(k,m)非零，那么像素点(k,m)为分解结构中一个子图像块的左上顶点，而这个图像块的大小由 S(k,m)给定。默认情况下，qtecomp 函数分割图像块所有图像块中的像素点直到符合一个阈值为止。

(2) S = qtdecomp(I, threshold)，分割图像块直到块中的最大值和最小值不大于阈值 thresh。参数 thresh 定义值的范围为 0～1。如果 I 为 uint8 类型，把阈值乘以 255 作为实际的阈值使用；如果 I 为 uint16 类型，把阈值乘以 65535 作为实际阈值使用。但注意，如果定义其他的类型则有所不同。

(3) S = qtdecomp(I, threshold, mindim)，将不产生小于 mindim 的图像块，以至结果图像块不满足阈值条件(一致性条件)。

(4) S = qtdecomp(I, threshold, [mindim maxdim])，将不产生比 mindim 小的图像块或比 maxdim 大的图像块，以至结果图像块满足阈值条件。maxdim/mindim 必须为 2 的整数次幂。

(5) S = qtdecomp(I, fun)，用 fun 函数确定是否分割图像块。qtdecomp 函数为 m×m×k 堆栈所有当前 m×m 大小的块进行 fun 函数处理，这里 k 为 m×m 块的个数。fun 函数应该返回一个函数句柄，该句柄由@或内联函数创建。

【例 7-9】 利用四叉树分割图像。

```
>> clear all;
I = imread('liftingbody.png');
S = qtdecomp(I,.27);                        % 四叉树分解,返回四叉树结构稀疏矩阵
blocks = repmat(uint8(0),size(S));
for dim = [512 256 128 64 32 16 8 4 2 1];    % 定义新区域显示分块
  numblocks = length(find(S == dim));       % 各分块的可能维数
  if (numblocks > 0)                        % 找出分块的现有维数
    values = repmat(uint8(1),[dim dim numblocks]);
    values(2:dim,2:dim,:) = 0;
    blocks = qtsetblk(blocks,S,dim,values);
  end
end
blocks(end,1:end) = 1;
blocks(1:end,end) = 1;
subplot(121);imshow(I);
subplot(122);imshow(blocks,[]);
title('四叉树分割图像');
```

运行程序，效果如图 7-19 所示。

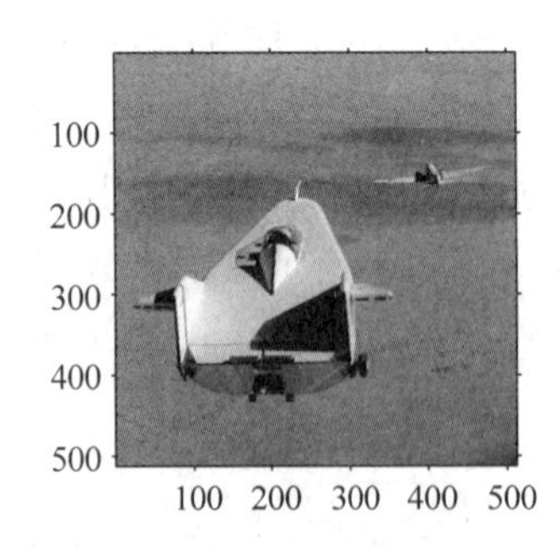

图 7-19　实现四叉树分割

7.3 边缘分割

数字图像的边缘检测是图像分割、目标区域识别、区域形状提取等图像分析领域十分重要的基础,也是图像识别中提取图像特征的一个重要属性。在进行图像理解和分析时,第一步往往就是边缘检测。目前它已成为机器视觉研究领域最活跃的课题之一,在工程应用中占有十分重要的地位。

物体边缘是以图像局部特征不连续的形式出现的,即图像局部亮度变化最显著的部分,例如,灰度值的突变、颜色的突变、纹理结构的突变等,同时物体的边缘也是不同区域的分界处。图像边缘具有方向和幅度两个特性,通常沿边缘的走向灰度变化平缓,垂直于边缘走向的像素灰度变化剧烈。根据灰度变化的特点,可分为阶跃型、房顶型和凸缘型,如图 7-20 所示。

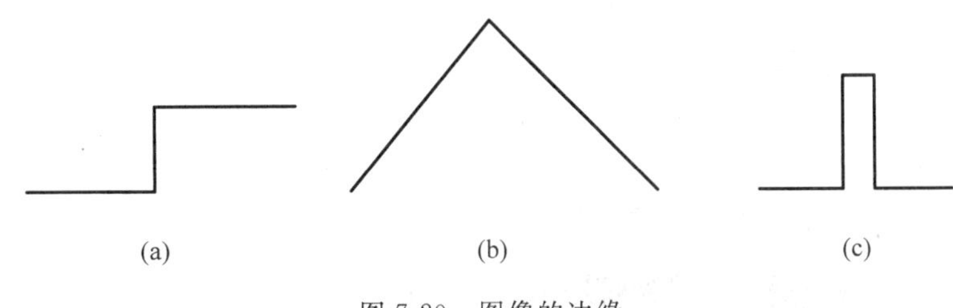

图 7-20 图像的边缘

(a) 阶跃型;(b) 房顶型;(c) 凸缘型

边缘检测在实际应用中非常重要。首先,人眼通过追踪未知物体的轮廓(轮廓是由一段段的边缘片段组成的)而扫视一个未知物体。其次,如果能成功地得到图像的边缘,那么图像分析就会大大简化,图像识别就会容易得多。再次,很多图像并没有具体的物体,对这些图像的理解取决于它们的纹理性质,而提取这些性质与边缘检测有极其密切的关系。

边缘检测的实质是采用某种算法来提取出图像中对象与背景间的交界线。图像灰度的变化情况可以用图像灰度分布的梯度来反映,因此可以用局部图像微分技术来获得边缘检测算子。经典的边缘检测方法是对原始图像中像素的某小邻域来构造边缘检测算子。以下是对几种经典的边缘检测算子进行理论分析,并对各自的性能特性作出比较和评价。

7.3.1 梯度算子

梯度算子是一阶导数算子。对于图像函数 $f(x,y)$,它的梯度定义为一个向量

$$\nabla f(x,y)=\begin{bmatrix}G_x\\G_y\end{bmatrix}=\begin{bmatrix}\dfrac{\partial f}{\partial x}\\\dfrac{\partial f}{\partial y}\end{bmatrix}$$

这个向量的幅度值

$$\text{mag}(f) = (G_x^2 + G_y^2)^{\frac{1}{2}}$$

为简化计算，幅度值也可用下边 3 式来近似表示：

$$M_1 = |G_x| + |G_y|$$

$$M_2 = G_x^2 + G_y^2$$

$$M_\infty = \max(G_x, G_y)$$

该向量的方向角

$$\alpha(x, y) = \arctan\left(\frac{G_y}{G_x}\right)$$

由于数字图像是离散的，计算偏导数 G_x 与 G_y 时，常用差分来代替微分。为计算方便，常用小区域模板和图像卷积来近似计算梯度值。采用不同的模板计算 G_x 与 G_y 可产生不同的边缘检测算子，最常见的有 Roberts、Sobel 和 Prewitt 算子，每一种方法都具有不同的优缺点。

【例 7-10】 对图 7-21(a)求梯度。

图 7-21(a)为二值图像，设二值图像黑色为 0，白色为 1。如图 7-21(a)黑线标注的任意一行，其像素可表示为 000000000111100000001111000000000，现对该行进行梯度运算，可得到 000000001000010000001000010000000000，即得到图 7-21(b)标注的对应的图像，如果对所有行逐行梯度运算就会得到图 7-20(b)所示的边缘图像。

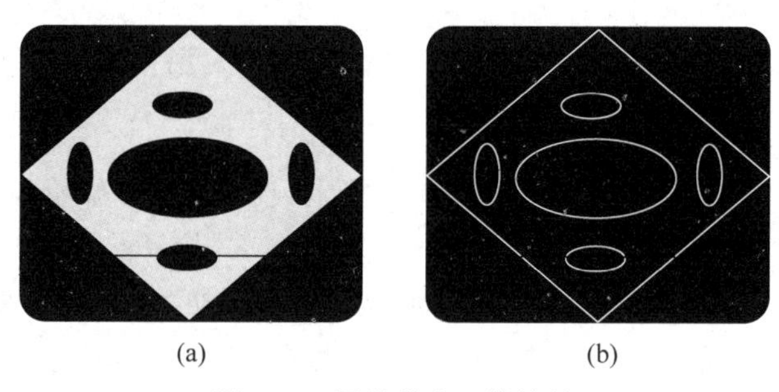

(a) (b)

图 7-21 图像梯度运算效果

(a) 二值图像；(b) 梯度运算

以梯度算子作为理论依据，人们提出了许多算法，其中比较常用的边缘检测方法有 Sobel 边缘检测算子、Roberts 边缘检测算子、Prewitt 边缘检测算子，它们是一阶微分算子，而 Canny 算子和 LOG 算子是二阶微分算子。

7.3.2 一阶微分算子

1. Roberts 边缘检测算子

Roberts 边缘检测算子是一种斜向偏差分的梯度计算方法，梯度的大小代表边缘的强度，梯度的方向与边缘走向垂直。两个卷积核分别为 $G_x = \begin{bmatrix} 1 & 0 \\ 0 & -1 \end{bmatrix}$，$G_y = \begin{bmatrix} 0 & 1 \\ -1 & 0 \end{bmatrix}$。采用 1 范数衡量梯度的幅度，$|G(x,y)| = |G_x| + |G_y|$。Roberts 算子对具有陡峭的低噪声的图像效果较好。

2. Sobel 算子

Sobel 算子不是简单求平均再差分，而是加强了中心像素上下左右 4 个方向像素的权重，运算结果是一幅边缘图像。该算子通常由下列计算公式表示：

$$f'_x(x,y) = f(x-1,y+1) + 2f(x,y+1) + f(x+1,y+1) - f(x-1,y-1) - 2f(x,y-1) - f(x+1,y-1)$$

$$f'_y(x,y) = f(x-1,y-1) + 2f(x-1,y) + f(x-1,y+1) - f(x+1,y-1) - 2f(x+1,y) - f(x+1,y+1)$$

$$G[f(x,y)] = |f'_x(x,y)| + |f'_y(x,y)|$$

式中：$f'_x(x,y)$和 $f'_y(x,y)$分别表示 x 方向和 y 方向的一阶微分，$G[f(x,y)]$为 Sobel 算子的梯度，$f(x,y)$是具有整数像素坐标的输入图像。求出梯度后，可设定一个常数 T，当 $G[f(x,y)]>T$ 时，标出该点为边界点，其像素值设定为 0，其他的设定为 255，适当调整常数 T 的大小来达到最佳效果。

Sobel 算子通常对灰度渐变和噪声较多的图像处理得较好。

3. Prewitt 算子

Prewitt 边缘算子是一种边缘样板算子，利用像素点上下左右邻点灰度差，在边缘处达到极值检测边缘，对噪声具有平滑作用。由于边缘点像素的灰度值与其邻域点像素的灰度值有显著不同，在实际应用中通常采用微分算子和模板匹配方法检测图像的边缘。

Prewitt 算子的两个卷积计算核分别为 $\boldsymbol{G}_x = \begin{bmatrix} -1 & 0 & 1 \\ -1 & 0 & 1 \\ -1 & 0 & 1 \end{bmatrix}$ 和 $\boldsymbol{G}_y = \begin{bmatrix} -1 & 1 & 1 \\ 0 & 0 & 0 \\ -1 & -1 & -1 \end{bmatrix}$，与 Sobel 算子一样，采用∞范数作为输出。Prewitt 算子对灰度渐变和噪声较多的图像处理得较好。

4. MATLAB 实现

MATLAB 中，提供了 edge 函数用于实现一阶与二阶的算子边缘检测，实现一阶微分算子的边缘检测调用格式为：

(1) BW = edge(I)，对灰度或二值图像 I 采用 sobel 算子进行边缘检测，返回二值图像 BW，BW 与 I 的维数相同，BW 中 I 表示边缘，0 表示其他部分。

(2) BW = edge(I,'Sobel')，等价于 BW = edge(I)。

(3) BW = edge(I,'Sobel',thresh)，对灰度或二值图像 I 采用指定阈值的 Sobel 算子进行边缘检测。参数 thresh 表示阈值。

(4) BW = edge(I,'Sobel',thresh,direction)，对灰度或二值图像 I 采用 Sobel 算子进行边缘检测。direction 参数为指定算子的方向。

(5) [BW,thresh] = edge(I,'Sobel',...)，根据默认的阈值进行边缘检测，并由 thresh 返回函数自动选取的阈值。用户可以在观察边缘检测效果的同时，根据返回的阈值进行调整，直到满意为止。

(6) BW = edge(I,'prewitt'),对灰度或二值图像I采用prewitt算子进行边缘检测。

(7) BW = edge(I,'prewitt',thresh),对灰度或二值图像I采用指定阈值的prewitt算子进行边缘检测,参数thresh为阈值。

(8) BW = edge(I,'prewitt',thresh,direction),对灰度或二值图像采用prewitt算子进行边缘检测。字符串参数direction为指定检测算法的方向。

(9) [BW,thresh] = edge(I,'prewitt',...),对灰度或二值图像采用prewitt算子进行边缘检测。返回的thresh表示edge使用的阈值。

(10) BW = edge(I,'roberts'),对灰度或二值图像I采用roberts算子进行边缘检测。

(11) BW = edge(I,'roberts',thresh),对灰度或二值图像I采用指定阈值的Roberts算子进行边缘检测。参数thresh表示阈值。

(12) [BW,thresh] = edge(I,'roberts',...),对灰度或二值图像I采用Roberts算子进行边缘检测。返回的thresh表示edge使用的阈值。

【例7-11】 利用edge函数,分别采用Sobel、Roberts、Prewitt三种不同的边缘检测算子实现图像的分割。

```
>> clear all;
I = imread('tire.tif');                %原始灰度图像
subplot(221);imshow(I);
title('原始图像');
BW1 = edge(I,'sobel',0.15);            %用Sobel算子进行边缘检测,判别阈值为0.15
subplot(222);imshow(BW1);
title('Sobel算子边缘检测');
BW2 = edge(I,'Roberts',0.15);          %用Roberts算子进行边缘检测,判别阈值为0.15
subplot(223);imshow(BW2);
title('Roberts算子边缘检测');
BW3 = edge(I,'Prewitt',0.15);          %用Prewitt算子进行边缘检测,判别阈值为0.15
subplot(224);imshow(BW2);
title('Prewitt算子边缘检测');
```

运行程序,效果如图7-22所示。

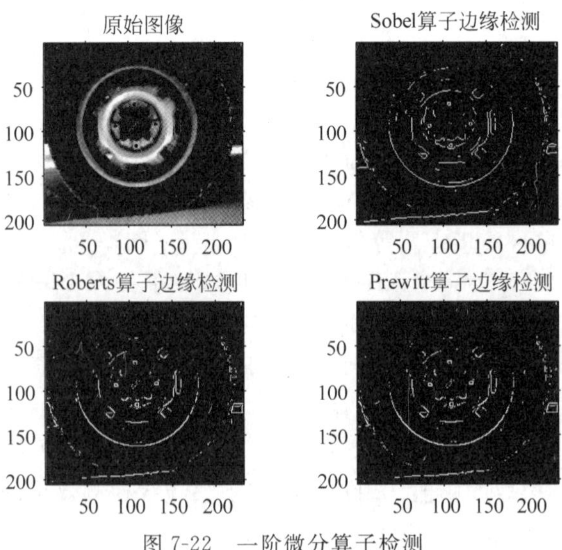

图7-22 一阶微分算子检测

从图 7-22 可看出,在采用一阶微分算子进行边缘检测时,除了微分算子对边缘检测结果有影响外,阈值选择也对边缘检测有着重要的影响。比较几种算法的边缘检测结果,可看出 Sobel 算子提取边缘较其他两种算子完整。

7.3.3 二阶微分算子

1. Canny 算子边缘检测

Canny 算子边缘检测的基本原理是:采用二维高斯函数的任一方向上的一阶方向导数为噪声滤波器,通过与图像 $f(x,y)$卷积进行滤波,然后对滤波后的图像寻找图像梯度的局部极大值,以确定图像边缘。

Canny 边缘检测算子是一种最优边缘检测算子,其实现检测图像边缘的步骤与方法为:

(1) 用高斯滤波器平滑图像。

(2) 计算滤波后图像梯度的幅值和方向。

(3) 对梯度幅值应用非极大值抑制,其过程为找出图像梯度中的局部极大值点,把其他非局部极大值置零以得到细化的边缘。

(4) 用双阈值算法检测和连接边缘。

具体的数学描述如下。

首先,取二维高斯函数

$$G(x,y)=\frac{1}{2\pi\sigma^2}\exp\left[\frac{-(x^2+y^2)}{2\sigma^2}\right]$$

然后,求高斯函数 $G(x,y)$在某一方向 n 上的一阶方向导数

$$G_{\boldsymbol{n}}=\frac{\partial G(x,y)}{\partial \boldsymbol{n}},\quad \boldsymbol{n}=\begin{bmatrix}\cos\theta\\ \sin\theta\end{bmatrix},\nabla G(x,y)=\begin{bmatrix}\frac{\partial G}{\partial x}\\ \frac{\partial G}{\partial y}\end{bmatrix}$$

式中:$\boldsymbol{n}$ 为方向矢量;$\nabla G(x,y)$为梯度矢量。

Canny 算子建立在二维$\nabla G(x,y)\times f(x,y)$基础上,边缘强度由$|\nabla G(x,y)\times f(x,y)|$和方向 $\boldsymbol{n}=\dfrac{\nabla G(x,y)\times f(x,y)}{|\nabla G(x,y)\times f(x,y)|}$来决定。为了提高 Canny 算子的运算速度,将$\nabla G(x,y)$的二维卷积模板分解为两个一维滤波器:

$$\frac{\partial G(x,y)}{\partial x}=kx\cdot\exp\left[\frac{-x^2}{2\sigma^2}\right]\exp\left[\frac{-y^2}{2\sigma^2}\right]=h_1(x)h_2(y)$$

$$\frac{\partial G(x,y)}{\partial y}=ky\cdot\exp\left[\frac{-y^2}{2\sigma^2}\right]\exp\left[\frac{-x^2}{2\sigma^2}\right]=h_1(y)h_2(x)$$

式中,k 为常数。其中

$$h_1(x)=\sqrt{k}x\cdot\exp\left[\frac{-x^2}{2\sigma^2}\right],\quad h_2(y)=\sqrt{k}x\cdot\exp\left[\frac{-y^2}{2\sigma^2}\right]$$

$$h_1(y)=\sqrt{k}x\cdot\exp\left[\frac{-y^2}{2\sigma^2}\right],\quad h_2(x)=\sqrt{k}x\cdot\exp\left[\frac{-x^2}{2\sigma^2}\right]$$

可见

$$h_1(x) = xh_2(x)$$

$$h_1(y) = yh_2(y)$$

然后将这两个模板分别与图像 $f(x,y)$进行卷积,得到:

$$E_x = \frac{\partial G(x,y)}{\partial x} * f(x,y), \quad E_y = \frac{\partial G(x,y)}{\partial y} * f(x,y)$$

令

$$A(i,j) = \sqrt{E_x^2(i,j) + E_y^2(i,j)}, \quad \alpha(i,j) = \arctan \frac{E_y(x,y)}{E_x(x,y)}$$

式中:$A(i,j)$反映了图像上(i,j)点处的边缘强度;$\alpha(i,j)$为垂边缘的方向。

判断一个像素是否为边缘点有多种方法,例如,用双阈值法进行边缘判别。凡是边缘强度大于高阈值的一定是边缘点。凡是边缘强度小于低阈值的一定不是边缘点。如果边缘强度大于低阈值但小于高阈值,则看这个像素的邻接像素中有没有超过高阈值的边缘点——如果有,它就是边缘点;如果没有,它就不是边缘点。

2. 拉普拉斯高斯算子(LOG)

基本思想是,先用高斯函数对图像滤波,然后对滤波后的图像进行拉普拉斯运算,算得的值等于零的点认为是边界点。

LOG 运算

$$h(x,y) = \nabla^2[g(x,y)] * f(x,y)$$

根据卷积求导法有

$$h(x,y) = [\nabla^2 g(x,y)] * f(x,y)$$

式中:$f(x,y)$为图像;$g(x,y)$为高斯函数,$g(x,y)=\frac{1}{2\pi\sigma^2}\exp\left[-\frac{x^2+y^2}{2\sigma^2}\right]$,则

$$\nabla^2 g(x,y) = \left(\frac{x^2+y^2-2\sigma^2}{\sigma^4}\right)e^{\frac{x^2+y^2}{2\sigma^2}}$$

$$\frac{\partial G(x,y)}{\partial x} = \frac{\partial \frac{1}{2\pi\sigma^2}\exp\left[-\frac{x^2+y^2}{2\sigma^2}\right]}{\partial x} = \frac{1}{2\pi\sigma^2}\exp\left[-\frac{x^2+y^2}{2\sigma^2}\right]\left(-\frac{x}{\sigma^2}\right)$$

$$\begin{aligned}\frac{\partial^2 G(x,y)}{\partial^2 x} &= \frac{1}{2\pi\sigma^2}\exp\left[-\frac{x^2+y^2}{2\sigma^2}\right]\left(-\frac{x^2}{\sigma^4}\right)+\frac{1}{2\pi\sigma^2}\exp\left[-\frac{x^2+y^2}{2\sigma^2}\right]\left(-\frac{1}{\sigma^2}\right)\\ &= \frac{1}{2\pi\sigma^4}\exp\left[-\frac{x^2+y^2}{2\sigma^2}\right]\left(\frac{x^2}{\sigma^2}-1\right)\end{aligned}$$

同理

$$\frac{\partial^2 G(x,y)}{\partial^2 y} = \frac{1}{2\pi\sigma^4}\exp\left[-\frac{x^2+y^2}{2\sigma^2}\right]\left(\frac{y^2}{\sigma^2}-1\right)$$

故

$$\nabla^2 G(x,y) = \frac{\partial^2 G(x,y)}{\partial^2 x} + \frac{\partial^2 G(x,y)}{\partial^2 y} = \frac{1}{2\pi\sigma^4}\left(\frac{x^2+y^2}{\sigma^2}-2\right)\exp\left[-\frac{x^2+y^2}{2\sigma^2}\right]$$

在实际使用中,常常对 LOG 算子进行简化,使用差分高斯函数(DOG)代替 LOG 算子。

$$\mathrm{DOG}(\sigma_1,\sigma_2)=\frac{1}{\sqrt{2\pi}\sigma_1}\exp\left[-\frac{x^2+y^2}{2\sigma_1^2}\right]-\frac{1}{\sqrt{2\pi}\sigma_2}\exp\left[-\frac{x^2+y^2}{2\sigma_2^2}\right]$$

研究表明，差分高斯算子较好地符合人的视觉特性。根据二阶导数的性质，检测边界就是寻找$\nabla^2 * f$的过零点。有两种等效计算方法：

(1) 图像与高斯函数卷积，再求卷积的拉普拉斯微分；

(2) 求高斯函数的拉普拉斯微分，再与图像卷积。

LOG算子能有效地检测边界，但存在两个问题：一是LOG算子会产生虚假边界，二是定位精度不高。在实际应用中，还应作如下的一些考虑：σ的选择；模板尺寸N的确定；边界强度和方向；提取边界的精度。其中高斯函数中方差参数σ的选择很关键，对图像边缘检测效果有很大的影响。高斯滤波器为低通滤波器，方差参数越大，通频带越窄，对较高频率的噪声的抑制作用越大，避免了虚假边缘的检测，同时信号的边缘也被平滑了，造成某些边缘点的丢失。反之，通频带越宽，可以检测到图像更高频率的细节，但对噪声的抑制能力相对下降，容易出现虚假边缘。因此，应用LOG算子，为取得更佳的效果，对于不同图像选择不同参数。

在LOG算子中对边缘判断采用的技术是零交叉(zero-crossing)检测，把零交叉检测推广一下，只要在检测前用指定的滤波器对图像进行滤波，然后再寻找零交叉点作边缘。

【例7-12】 用MATLAB编程可得到二维LOG算子的图像与边缘提取。

```
>> clear all;
x = -2:0.1:2;
y = -2:0.1:2;
sigma = 0.5;
y = y';
for i = 1:(4/0.1 + 1)
    xx(i,:) = x;
    yy(:,i) = y;
end
r = 1/(pi * sigma^4) * ((xx.^2 + yy.^2)/(2 * sigma^2) - 1). * exp( - (xx.^2 + yy.^2)/(2 *
sigma^2));
figure;
colormap(jet(16));
mesh(xx,yy,r);
```

运行程序，如图7-23所示。

LOG滤波器在(x,y)空间中的图形，其形状与墨西哥草帽相似，因此又称为墨西哥草帽算子。

3. MATLAB实现

edge函数也可以二阶微分算子的边缘检测，其调用格式为：

(1) BW = edge(I,'canny')，用Canny算子自动选择阈值进行边缘检测。

(2) BW = edge(I,'canny',thresh)，根据给定的敏感阈值thresh对图像进行Canny算子边缘检测。参量thresh为一个二元向量，第一个元素为低阈值，第二个元素为高阈值。如果thresh为一元参量，则此值作为高阈值，0.4thresh用作低阈值。如果没有指定阈值thresh或为空[]，函数自动选择参量值。

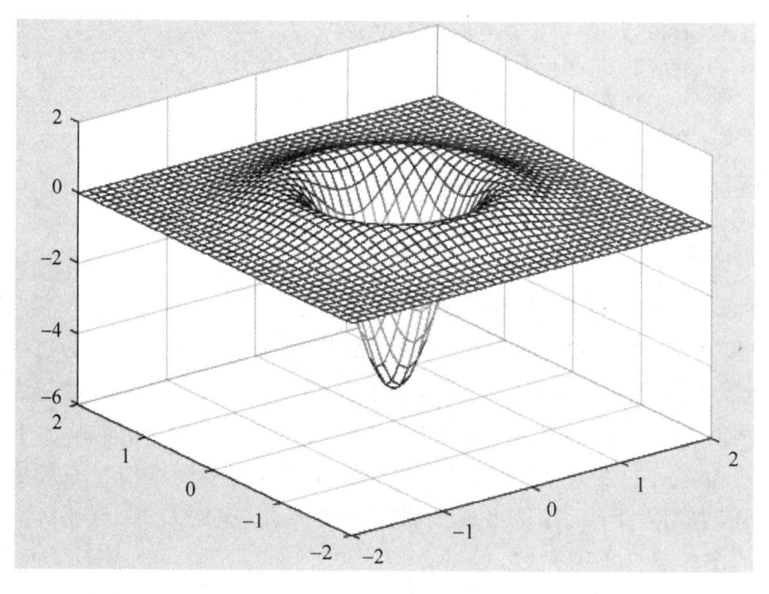

图 7-23　LOG 算子

(3) BW = edge(I,'canny',thresh,sigma),用指定的阈值和高斯滤波器的标准偏差 signa。默认的 sigma 值为 1,滤波器的尺寸基于 sigma 自动选择。

(4) [BW,threshold] = edge(I,'canny',...),返回二元阈值和图像 BW。

(5) BW = edge(I,'log'),对灰度或二值图像 I 采用 LOG 算子进行边缘检测。

(6) BW = edge(I,'log',thresh),对灰度或二值图像 I 采用指定阈值的 LOG 算子进行边缘检测。thresh 指定阈值。

(7) BW = edge(I,'log',thresh,sigma),对灰度或二值图像 I 采用指定阈值的 LOG 算子进行边缘检测;thresh 指定阈值;参数 sigma 指定高斯滤波器的标准差,默认值为 2。

(8) [BW,threshold] = edge(I,'log',...),对灰度或二值图像 I 采用指定阈值的 LOG 算子进行边缘检测。返回的 threshold 表示 edge 使用的阈值。

【例 7-13】 利用二阶微分算子检测图像。

```
>> clear all;
I = imread('tire.tif');              % 原始灰度图像
subplot(131);imshow(I);
title('原始图像');
BW1 = edge(I,'log',0.015);           % 用 LOG 算子进行边缘检测,判别阈值为 0.015
subplot(132);imshow(BW1);
title('LOG 算子边缘检测');
BW2 = edge(I,'canny',0.15);          % 用 Canny 算子进行边缘检测,判别阈值为 0.15
subplot(133);imshow(BW2);
title('Canny 算子边缘检测');
```

运行程序,效果如图 7-24 所示。

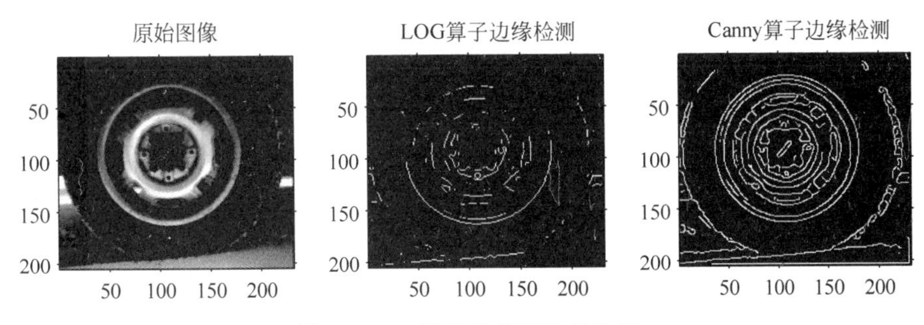

图 7-24 二阶微分算子边缘检测

7.4 彩色空间分割

以上介绍的图像分割方法是基于灰度图像的，对于彩色图像来说不一定都适用。本节介绍彩色图像的相关分割方法。

彩色图像分割是数字图像处理领域一类非常重要的图像分析技术，在对图像的研究和应用中，根据不同领域的不同需要，在某一领域往往仅对原始图像中的某些部分感兴趣。这些目标区域一般来说都具备自身特定的一些诸如颜色、纹理等性质。彩色图像的分割主要根据图像在各个区域的不同特性，对其进行边界或区域上的分割，并从中提取出所关心的目标。

图像分割注重对图像中的目标进行检测与测量，这与在像素级对图像进行操作的图像处理技术，以及为改善图像视觉效果而强调在图像之间所进行的变换是有所区别的。通过对图像的分割、目标特征的提取，可将经初步图像处理的图像特征向量提取出来，并将原始的数字图像转化成为一种有利于目标表达的更抽象、更紧凑的表现形式，从而使高层的图像分析、图像理解以及计算机的模式自动识别成为可能。多年来，彩色图像分割技术一直在工业自动化控制、遥感遥测、微生物工程以及合成孔径雷达(SAR)成像等多种工程应用领域得到相当广泛的应用。

彩色图像分割是图像处理中的一个主要问题，也是计算机视觉领域低层次视觉中的主要问题。

总的来说，彩色图像分割的方法可以分为基于像元、区域、边缘的分割这 3 大类，前两类利用的是相似性，基于边缘的分割则是利用不连续性。

1. 基于像元的分割方法

基于像元的分割方法又可分为 3 类：直方图门限技术、色彩空间聚类法以及模糊聚类分割方法。其中直方图门限技术是最常用的，由于图像门限处理的直观性和易于实现的性质，使它在彩色图像分割应用中处于中心地位。

(1) 直方图门限技术：Tominaga 提出可将 RGB 色彩空间转换成 HVC 或其他色彩空间，如 HSI，再分别求 H、V、C(或 H、S、I)的一维直方图，寻找最明显的峰值，一般是选定两个作为门限。Holla 将 RGB 色彩空间转换成 RG、YB、I，再将这 3 个通道用带通滤波器平滑，滤波器中心频率过滤这 3 种色彩特征的比率是 I∶RG∶YB=4∶2∶1，然后在二维直方图 RG-YB 中寻找峰值点和基点，从而将像素点分成两个区域。但是该方法会在图像中留下捕捉不到的部分，因此可以再考虑其他的特征，如亮度或者像素的局部相连性，这样可以增强分割效果。Stein 的方法是对 Holl 的改进。算法中加入了领域的特征。当留下了一些没有被分配到的像素点时，就取它周围的 3×3 的模板，如果模板中有一个或者多个像素点被指派到区域 A，则该像素点也被指派到同样的区域 A 中去。如果该领域模板中的像素点也没被指派到任何区域或者被指派到了不同的区域，那么该像素点仍然不被指派。这样的话可能还是有残留点，但是比率要少得多。R. Ohta 的方法是比较经典的，它采用 9 个色彩特征：R、G、B、H、S、V、Y、I、Q，对这 9 个特征分别计算直方图，再选择最好的峰值作为门限。Ohta 等提出的方法和前面不同点在于，它将 RGB 色彩空间转换为另外定义的 I1、I2、I3 特征，再分别对它们进行直方图化，3 个一维直方图上可以看到各自的峰值点，该算法给出的 I1、I2、I3 的表达式相当动态 K-L 变换的结果，而且都是对 R、G、B 的线性变换，不存在奇异点。不同的图像对 I1、I2、I3 各自峰值点分割的效果有差别，需要自动选取合适的门限。根据 I1、I2、I3 的直方图，有明显双峰的更适合该图像。

(2) 色彩空间聚类法：该方法也结合了直方图阈值选取技术。先将 RGB 色彩空间转换成 HLS 色彩空间(H、L、S 的表达式已给出)，根据 L 的值将图像分为过亮区域和非过亮区域，在过亮区域里以 H 为主要特征，根据直方图取峰值进行分割，在非过亮区域里以 S 为主要特征，根据直方图取峰值进行分割，最后将分割的两副图像合并。Ferri 则是通过神经网络将像素分成几个区域，再利用编辑和压缩技术来减少分类的个数。该方法用的是 YUV 色彩空间，它对每个像素点(i,j)扩展成矢量 $\boldsymbol{F}(i,j)=\{U(i,j),V(i,j),U(i+h,j),V(i+h,j),U(i-h,j),V(i-h,j),U(i,j+h),V(i,j+h),U(i,j-h),V(i,j-h)\}$，其中 h 是期望分割的目标的大小。Lauterbach 是在 LUV 色彩空间中进行分割的，首先求二维 UV 直方图的最高点，这个最高点是通过计算累计直方图的值和一个领域窗的均值之差得到的。然后添加色彩匹配线(acl)，这条线是通过两个聚类中心的一根直线。像素值在 UV 空间的那两个聚类中心之间的 acl 的欧氏距离决定了像素点被分派到哪两个类中去。最后再在两类中用最小距离准则找一类。但是，该方法没有考虑亮度，所以在某些情况下不太适用。

(3) 模糊聚类分割方法：是基于门限和模糊 C-均值法。先粗糙地用标量空间分析的一维直方图分割。具体步骤：计算图像每一个色彩特征的直方图；标量分析直方图；定义合法的几个类 $V_2,V_2,\cdots,V_c$；对属于类别 V_i 的每一个像素点 p，用 i 标记 p；计算每一类 Vi 的重心；对没有被分类的像素值 $p(x,y)$，用模糊成员函数 U 计算，取最大的 $U(x,y)$(此时类别为 V_k)，则将该像素 p 分派到 V_k。

【例 7-14】 基于 L＊a＊b＊空间的彩色分割。

基于 L＊a＊b＊空间的彩色分割，是根据图像中彩色空间不同的颜色，来确定不同色彩所在的区域，从而对图像进行划分。例如，一幅包含红色、蓝色、绿色、黄色 4 种颜色的图像可以分割成红色区域、蓝色区域、绿色区域和蓝色区域。

这种基于色彩的图像分割方法简单而且易于理解，并且在实际应用中颜色通常具有很明显的区域特征，因此这种方法在实际应用中也有很广泛的用途。

```
>> clear all;
fabric = imread('fabric.png');                        % 读取图像
figure; subplot(121); imshow(fabric),                 % 显示
title('原始图像');
load regioncoordinates;                               % 下载颜色区域坐标到工作空间
nColors = 6;
sample_regions = false([size(fabric,1) size(fabric,2) nColors]);
for count = 1:nColors
  sample_regions(:,:,count) = roipoly(fabric,...
  region_coordinates(:,1,count), ...
  region_coordinates(:,2,count));                     % 选择每一小块颜色的样本区域
end
subplot(122),
imshow(sample_regions(:,:,2));                        % 显示红色区域的样本
title('红色区域的样本');
cform = makecform('srgb2lab');                        % rgb 空间转换成 L*a*b* 空间结构
lab_fabric = applycform(fabric,cform);                % rgb 空间转换成 L*a*b* 空间
a = lab_fabric(:,:,2); b = lab_fabric(:,:,3);
color_markers = repmat(0, [nColors, 2]);              % 初始化颜色均值
for count = 1:nColors
color_markers(count,1) = mean2(a(sample_regions(:,:,count)));       % a 均值
color_markers(count,2) = mean2(b(sample_regions(:,:,count)));       % b 均值
end
disp(sprintf('[%0.3f,%0.3f]',color_markers(2,1),...
    color_markers(2,2)));                             % 显示红色分量样本的均值
color_labels = 0:nColors-1;
a = double(a); b = double(b);
distance = repmat(0,[size(a), nColors]);              % 初始化距离矩阵
for count = 1:nColors
  distance(:,:,count) = ( (a - color_markers(count,1)).^2 + ...
     (b - color_markers(count,2)).^2 ).^0.5;          % 计算到各种颜色的距离
end
[value, label] = min(distance,[],3);                  % 求出最小距离的颜色
label = color_labels(label);
clear value distance;
rgb_label = repmat(label,[1 1 3]);
segmented_images = repmat(uint8(0),[size(fabric), nColors]);
for count = 1:nColors
  color = fabric;
  color(rgb_label ~= color_labels(count)) = 0; % 不是标号颜色的像素置 0
  segmented_images(:,:,:,count) = color;
end
figure;
subplot(231);imshow(segmented_images(:,:,:,1)),  % 显示背景
title('背景');
subplot(232);imshow(segmented_images(:,:,:,2)),  % 显示红色目标
title('红色目标');
subplot(233);imshow(segmented_images(:,:,:,3)), % 显示绿色目标
title('绿色目标');
subplot(234);imshow(segmented_images(:,:,:,4)), % 显示紫色目标
title('紫色目标');
subplot(235);imshow(segmented_images(:,:,:,5)), % 显示红紫色目标
title('红紫色目标');
subplot(236);imshow(segmented_images(:,:,:,6)), % 显示黄色目标
```

```
title('黄色目标');
purple = [119/255 73/255 152/255];
plot_labels = {'k', 'r', 'g', purple, 'm', 'y'};
figure
for count = 1:nColors
plot(a(label == count - 1),b(label == count - 1),'.','MarkerEdgeColor', ...
    plot_labels{count});                                %显示各种颜色的散点图
hold on;
end
title('a * b * 空间散点图');
xlabel('''a * ''values'); ylabel('''b * ''values');
```

运行程序,输出如下,效果如图 7-25～图 7-27 所示。

```
[198.183,149.722]
```

图 7-25　背景图与包含 6 种颜色的原始图像

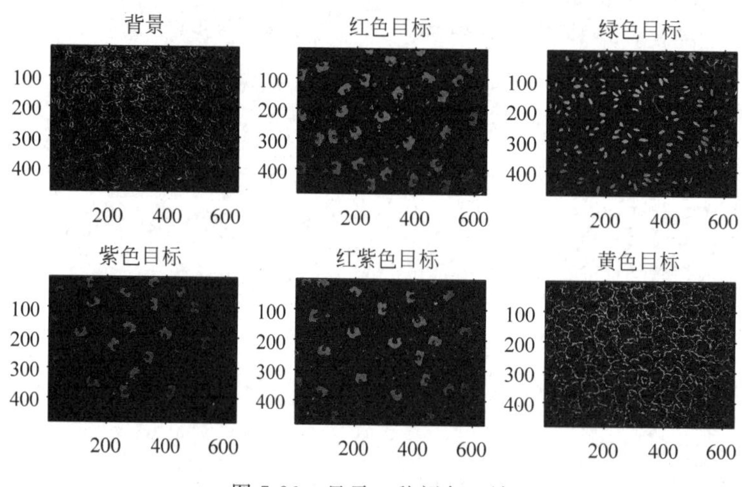

图 7-26　显示 6 种颜色区域

2. 聚类算法

聚类算法不需要训练样本,因此聚类是一种无监督的(unsupervised)统计方法。因为没有训练样本集,聚类算法迭代的执行对图像分类和提取各类的特征值。从某种意义上说,聚类是一种自我训练的分类。其中,k 均值、模糊 C 均值(fuzzy C-means)、EM(Expectation-Maximization)和分层聚类方法是常用的聚类算法。

k 均值算法先对当前的每一类求均值,然后按新生的均值对象进行重新分类(将像素

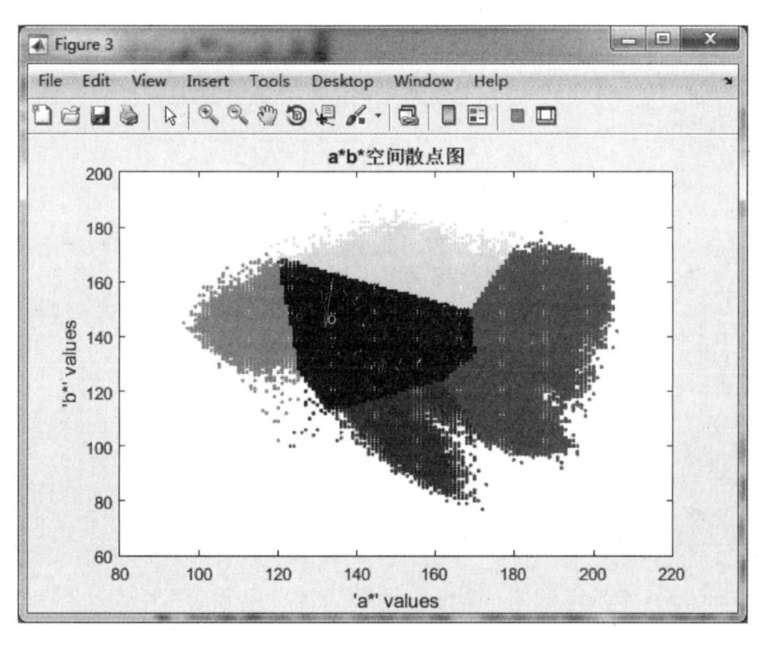

图 7-27　6 种彩色的散点图

归入均值最近的类)，对新生成的类再迭代执行前面的步骤。模糊 C 均值算法从模糊集合理论的角度对 k 均值进行了推广。EM 算法把图像中每一个像素的灰度值看作是几个概率分布(一般用高斯分布)按一定的比例的混合，通过优化基于最大后验概率的目标函数来估计这几个概率分布的参数和它们之间的混合比例。分层聚类方法通过一系列类别的连续合并和分裂完成，聚类过程可以用一个类似树的结构来表示。聚类分析不需要训练集，但是需要有一个初始分割提供初始参数，初始参数对最终分类结果影响较大。另一方面，聚类也没有考虑空间关联信息，因此也对噪声和灰度不均匀敏感。

【例 7-15】　基于色彩空间，使用 k 均值聚类算法对图像进行分割。目标是自动使用 L＊a＊b＊色彩空间和 k 均值聚类算法实现图像分割。

```
>> clear all;
I = imread('hestain.png');
subplot(2,3,1);imshow(I);
xlabel('(a)H&E 图像');
%将图像的色彩空间由 RGB 色彩空间转换到 L*a*b*色彩空间
cform = makecform('srgb2lab');                    %色彩空间转换
lab_I = applycform(I,cform);
%使用 k 均值聚类算法对 L*a*b*空间中的色彩进行分类
ab = double(lab_I(:,:,2:3));                      %数据类型转换
nrow = size(ab,1);                                %求矩阵尺寸
ncol = size(ab,2);                                %求矩阵尺寸
ab = reshape(ab,nrow*ncol,2);                     %矩阵形状变换
ncolors = 3;
%重复聚类 3 次,以避免局部最小值
[c_idx,c_center] = kmeans(ab,ncolors,'distance','sqEuclidean','Replicates',3);
%使用 k 均值聚类算法得到的结果对图像进行标记
pixel_labels = reshape(c_idx,nrow,ncol);          %矩阵形状改变
subplot(2,3,2);imshow(pixel_labels,[]);
```

```
xlabel('(b)使用簇索引对图像进行记');
s_image = cell(1,3);                                    %元胞型数组
rgb_label = repmat(pixel_labels,[1 1 3]);               %矩阵平铺
for k = 1:ncolors
    color = I;
    color(rgb_label~ = k) = 0;
    s_image{k} = color;
end
subplot(2,3,3);imshow(s_image{1});
xlabel('(c)簇 1 中的目标');
subplot(2,3,4);imshow(s_image{2});
xlabel('(d)簇 2 中的目标');
subplot(2,3,5);imshow(s_image{3});
xlabel('(e)簇 3 中的目标');
%分割细胞核到一个分离图像
mean_c_value = mean(c_center,2);
[tmp,idx] = sort(mean_c_value);
b_c_num = idx(1);
L = lab_I(:,:,1);
b_indx = find(pixel_labels == b_c_num);
L_blue = L(b_indx);
i_l_b = im2bw(L_blue,graythresh(L_blue));               %图像黑白转换
%使用亮蓝色标记属于蓝色细胞核的像素
n_labels = repmat(uint8(0),[nrow,ncol]);                %矩阵平铺
n_labels(b_indx(i_l_b == false)) = 1;
n_labels = repmat(i_l_b,[1,1,3]);                       %矩阵平铺
b_n = I;
b_n(n_labels~ = 1) = 1;
subplot(2,3,6);imshow(b_n);
xlabel('(f)使用簇索引对图像进行标记');
```

运行程序,效果如图 7-28 所示。

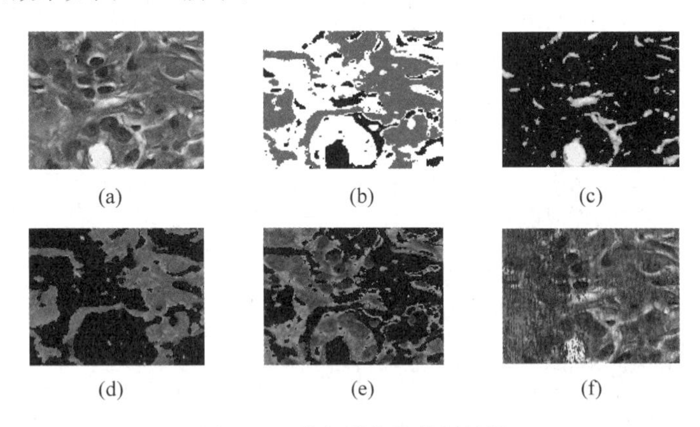

图 7-28　彩色图像的分割效果

(a) H&E 图像;(b) 使用簇索引对图像进行记;(c) 簇 1 中的目标;
(d) 簇 2 中的目标;(e) 簇 3 中的目标;(f) 使用簇索引对图像进行标记

第8章 数字图像的编码

在满足一定保真度的要求下，对图像数据进行变换、编码和压缩，去除多余数据，减少表示数字图像时需要的数据量，以便于图像的存储和传输，即以较少的数据量有损或无损地表示原来的像素矩阵的技术，也称图像编码.

图像压缩编码可分为两类：一类压缩是可逆的，即从压缩后的数据可以完全恢复原来的图像，信息没有损失，称为无损压缩编码；另一类压缩是不可逆的，即从压缩后的数据无法完全恢复原来的图像，信息有一定损失，称为有损压缩编码。

8.1 图像压缩编码基础

8.1.1 图像压缩编码的必要性

数字图像已经在人们生活中随处可见，并且成为生活中不可缺少的一部分。但是图像数字化之后，其数据量是非常庞大的。例如，一幅 640×480 分辨率的彩色图像(24 位/像素)，其数据量为 900KB。如果以每秒 30 帧的速度播放，则每秒的数据量为：640×480×24×30＝210.9Mb＝26.4MB，需要 210.9Mb/s 的通信回路；如果存放在 650MB 的光盘中，在不考虑音频信号的情况下，每张光盘也只能播放 24s。无疑，如不进行编码压缩处理，图像存储中所遇到的困难和成本之高是可想而知的。对于利用电话线传送黑白二值图像的传真，如果以 200dpi(点/英寸)的分辨率传输，一张 A4 稿纸内容的数据量为(200×210/25.4)×(200×297/25.4)b ＝ 3866948b，按目前 14.4kb/s 的电话线传输速率，需要传送的时间是 263s(4.4min)。

总之，大数据量的图像信息会给存储器的存储容量、通信干线信道的带宽以及计算的处理速度增加极大的压力。单纯靠增加存储容量、提高信道带宽以及计算机的处理速度等方法来解决这个问题是不现实的，这时就要考虑压缩。因此，图像数据在传输和存储中，数据的压缩都是必不可少的。

8.1.2 图像压缩编码的可能性

数据是用来表示信息的，如果不同的方法为表示给定量的信息使用了不同的数据量，那么使用较多数据量的方法中，有些数据必然是代表了无用的信息，或者是重复地表示了其他数据已经表示的信息，这就是数据冗余的概念。

由于图像数据本身固有的冗余性和相关性，使得将一个大的图像数据文件转换成较小的图像数据文件成为可能，图像数据压缩就是去掉信号数据的冗余性。一般来说，图像数据中存在以下几种冗余。

(1) 空间冗余(像素间冗余、几何冗余)：这是图像数据中经常存在的一种冗余。在同一幅图像中，规则物体和规则背景(所谓规则是指表面有序的，而不是完全杂乱无章的排列)的表面物理特性具有相关性，这些相关性的光成像结果在数字化图像中就表现为数据冗余。

(2) 时间冗余：在序列图像(电视图像、运动图像)中，相邻两帧图像之间有较大的相关性。如图 8-1 所示，F1 帧中有一个人和一个路标，在时间 T 后的 F2 图像中仍包含以上两个物体，只是人向前走了一段路程，此时 F1 和 F2 的路标和背景都是时间相关的，人也是时间相关的，因而 F2 和 F1 具有时间冗余。

(a)

(b)

图 8-1　时间冗余

(a) F1 帧；(b) F2 帧

(3) 信息熵冗余：也称为编码冗余，如果图像中平均每个像素使用的比特数大于该图像的信息熵，则图像中存在冗余，称为信息熵冗余。

(4) 结构冗余：有些图像(如墙纸、草席等)存在较强的纹理结构，称为结构冗余。

(5) 知识冗余：有许多图像对其理解与某些基础知识有相当大的相关性，例如，人脸的图像有固定的结构，嘴的上方有鼻子，鼻子的上方有眼睛，鼻子位于正脸图像的中线上等。这类规律性的结构可由先验知识和背景知识得到，称此类冗余为知识冗余。

(6) 心理视觉冗余：人类的视觉系统对于图像场的注意程度是非均匀和非线性的，特别是视觉系统并不是对图像场的任何变化都能感知，即眼睛并不是对所有信息都有相同的敏感度。有些信息在通常的视觉感觉过程中与另外一些信息相比并不是那么重要，这些信息可认为是心理视觉冗余的，去除这些信息并不会明显地降低所感受到的图像的质量。心理视觉冗余的存在是与人观察图像的方式有关的，人在观察图像时主要是寻找某些比较明显的目标特征，而不是定量地分析图像中每个像素的亮度，或至少不是对每个像素等同地分析。人通过在脑子里分析这些特征并与先验知识结合以完成对图像的解释过程，由于每个人所具有的先验知识不同，对同一幅图像的心理视觉冗余也就因人而异。

8.1.3 图像压缩编码的性能指标

由于图像数据本身存在固有的冗余性和相关性，使得通过去除这些冗余信息，将一幅大的图像数据文件转换为较小的图像数据文件成为可能。图像压缩编码就是要通过编码技术去除这些冗余信息量以减少图像数据量。而图像的编码必须在保持信息源内容不变或损失不大的前提下才有意义。

1. 信息量

设信息源 X 可发出的信息符号集合表示为 $A=\{a_i|i=1,2,\cdots,m\}$，X 发现的符号 a_i 出现的概率为 $p(a_i)$，则定义符号 a_i 出现的自信息量为

$$I(a_i)=-\log_2 p(a_i)$$

式中信息量的单位为比特(b)。

2. 信息熵

对信息源 X 的各符号的自信息量取统计平均，可得每个符号的平均自信息量 $H(X)$，称为信息源 X 的源，定义为

$$H(X)=-\sum_{i=1}^{n}p(a_i)\log_2 p(a_i)$$

式中信息源的熵单位为比特/符号。如果信息源为图像，图像的灰度级为[1,M]，通过直方图获得各灰度级出现的概率为 $p_s(s_i)$，$i=1,2,\cdots,M$，可以得到图像的熵定义：

$$H=-\sum_{i=1}^{M}p(s_i)\log_2 p_s(s_i)$$

图像数据中存在的基本数据冗余包括编码冗余，也称为信息熵冗余，即所用的代码大于最佳编码长度(即最小长度)时出现的编码冗余；像素间冗余，也称为空间冗余或几何冗余，即在同一幅图像像素间的相关性造成的冗余；心理视觉冗余，即人类的视觉系统对数据忽略的冗余。此外，冗余信息还包括时间冗余、知识冗余和结构冗余等。

3. 编码效率

编码效率定义为

$$\eta=\frac{H}{R}$$

如果 R 和 H 相等，编码效果最佳；如果 R 和 H 接近，编码效果为佳；如果 R 远大于 H，则编码效果差。

4. 压缩比

压缩比是衡量数据压缩程度的指标之一，到目前为止尚无压缩比的统一定义，目前

常用的压缩比 P_r 定义为

$$P_r = \frac{L_s - L_d}{L_s} \times 100\%$$

式中：L_s 为源代码长度；L_d 为压缩后的代码长度。

压缩比的物理意义是被压缩掉的数据占源数据的百分比，一般来讲，压缩比大，则说明被压缩掉的数据量多，当压缩比 P_r 接近 100%时，压缩效率最理想。

5. 冗余度

如果编码效果 $\eta \neq 100\%$，即说明还有冗余，冗余度 r 定义为

$$r = 1 - \eta$$

r 越小，说明可压缩的余地越小。

总之，一个编码系统要研究的问题是设法减小编码平均长度 R，使编码效率尽量趋于 1，而冗余度尽量趋于 0。

8.1.4 保真度准则的评价

图像信息在编码和传输过程中会产生误差，尤其是在有损编码中，产生的误差应在允许的范围内。在这种情况下，保真度准则可以用来衡量编码方法或系统质量的优劣。通常，这种衡量的尺度可分为客观保真度准则和主观保真度准则。

1. 客观保真度准则

当输入图像与压缩解码后的图像可用函数表示时，最常用的一个准则是输入图像和输出图像之间的均方误差或均方根误差。

设 $f(i,j)(i=1,2,\cdots,N,j=1,2,\cdots,M)$ 为原始图像，$\hat{f}(i,j)(i=1,2,\cdots,N,j=1,2,\cdots,M)$ 为压缩后的还原图像。则 $f(i,j)$ 与 $\hat{f}(i,j)$ 之间的均方误差(EMS)定义为

$$E_{ms} = \frac{1}{MN}\sum_{i=1}^{N}\sum_{j=1}^{M}[f(i,j) - \hat{f}(i,j)]^2$$

如果对上式求平方根，就可以得到 $f(i,j)$ 与 $\hat{f}(i,j)$ 之间均方根差(ERMS)，即 $E_{rms} = \sqrt{E_{ms}}$。

另一种关系更紧密的客观评价准则是输入图像和输出图像之间的均方信噪比

$$\mathrm{SNR} = \frac{\sum_{i=1}^{N}\sum_{j=1}^{M}[f(i,j)]^2}{\sum_{i=1}^{N}\sum_{j=1}^{M}[f(i,j) - \hat{f}(i,j)]^2}$$

除了均方根信噪比，还有基本信噪比，它们用于表示压缩图像的定量性评价，单位为分贝。设

$$\bar{f} = \frac{1}{MN}\sum_{i=1}^{N}\sum_{j=1}^{M}f(i,j)$$

则基本信噪比定义为

$$\mathrm{SNR} = 10\lg\left[\frac{\sum_{i=1}^{N}\sum_{j=1}^{M}[f(i,j)-\bar{f}]^2}{\sum_{i=1}^{N}\sum_{j=1}^{M}[f(i,j)-\hat{f}(i,j)]^2}\right]$$

最常用的是峰值信噪比(PSNR),设 $f_{\max}=2^k-1$,k 为图像中表示一个像素点的所用的二进制位数,则峰值信噪比定义为

$$\mathrm{PSNR} = 10\lg\left[\frac{NMf_{\max}^2}{\sum_{i=1}^{N}\sum_{j=1}^{M}[f(i,j)-\hat{f}(i,j)]^2}\right]$$

2. 主观保真度准则

图像处理的结果,绝大多数是给人观看,由研究人员来解释的,因此,图像质量的好坏是否与图像本身的客观质量有关,也与人的视觉系统的特性有关。有时客观评价完全一样的两幅图像可能会有完全不同的视觉质量,所以又规定了主观评价准则。这种方法是把图像显示给观察者,然后把评价结果加以平均,以此评价一幅图像的主观质量。

主观评价也可对照某种绝对尺度进行。表 8-1 为对图像质量的主观评价标准。

表 8-1 对图像质量的主观评价标准

得分	第一种评价标准	第二种平均评价标准
5	优秀	没有失真的感觉
4	良好	感觉到失真,但没有不舒服的感觉
3	可用	感觉有点不舒服
2	较差	感觉较差
1	差	感觉非常不舒服

设每一种得分为 C_i,每一种得分的评分人数为 n_i,那么一个被称为感觉平均分的主观评价可定义为

$$\mathrm{MOS} = \frac{\sum_{i=1}^{k} n_i C_i}{\sum_{i=1}^{k} n_i}$$

MOS 越高,表示解码后图像的主观评价越高。

8.1.5 压缩编码的分类

图像编码压缩的方法目前有很多种,其分类方法根据出发点不同而有差异。

(1) 根据解压重建后的图像和原始图像之间是否有误差,图像编码压缩分为无损(亦称无失真、无误差、信息保持型)编码和有损(有失真、有误差、信息非保持型)编码两大类。

- 无损编码:这类压缩算法中删除的仅仅是图像数据中冗余的信息,因此在解压缩时能精确恢复原图像。无损编码用于要求重建后图像严格地与原始图像保持相

同的场合,如复制、保存十分珍贵的历史和文物图像等。

- 有损编码:这类算法把不相干的信息删除了,因此在解压缩时只能对原始图像进行近似重建,而不能精确地复原,有损编码适合大多数用于存储数字化的模拟数据。

(2) 根据编码原理,图像压缩编码分为熵编码、预测编码、变换编码和混合编码等。

- 熵编码:这是纯粹基于信号统计特性的编码技术,是一种无损编码。熵编码的基本原理是给出现概率较大的符号赋予一个短码字,而给出现概率较小的符号赋予一个长码字,从而使得最终的平均码长很小。常见的熵编码方法有哈夫曼编码、算术编码和行程编码。
- 预测编码:它是基于图像数据的空间或时间冗余特性,用相邻的已知像素(或像素块)来预测当前像素(或像素块)的取值,然后再对预测误差进行量化和编码。预测编码可分为帧内预测和帧间预测,常用的预测编码有差分脉码调制(differential pulse code Modulation,DPCM)和运动补偿法。
- 变换编码:通常是将空间域上的图像经过正交变换映射到另一变换域上,使变换后的系数之间的相关性降低。图像变换本身并不能压缩数据,但变换后图像的大部分能量只集中到少数几个变换系数上,再采用适当的量化和熵编码就可以有效地压缩图像。
- 混合编码:是指综合了熵编码、变换编码或预测编码的编码方法,如 JPEG 标准和 MPEG 标准。

(3) 根据图像的光谱特征,图像压缩编码分为单色图像编码、彩色图像编码和多光谱图像编码。

(4) 根据图像的灰度,图像压缩编码分为多灰度编码和二值图像编码。

8.2 熵编码

这是纯粹基于信号统计特性的编码技术,是一种无损编码。熵编码的基本原理是给出概率较大的符号赋予一个短码字,而给出概率较小的符号赋予一个长码字,从而使最终的平均码长很小。常见的熵编码方法有哈夫曼编码、算术编码和行程编码。

8.2.1 哈夫曼编码

哈夫曼编码(Huffman coding),又称霍夫曼编码,是一种编码方式,哈夫曼编码是可变字长编码(VLC)的一种。Huffman 于 1952 年提出一种编码方法,该方法完全依据字符出现概率来构造异字头的平均长度最短的码字,有时称之为最佳编码,一般就叫做 Huffman 编码。

哈夫曼编码的基本方法是先对图像数据扫描一遍,计算出各种像素出现的概率,按概率的大小指定不同长度的唯一码字,由此得到一张该图像的哈夫曼码表。编码后的图像数据记录的是每个像素的码字,而码字与实际像素值的对应关系记录在码表中。

设信源 X 的信源空间为

$$[X \cdot P]:\begin{cases} X: & x_1 & x_2 & \cdots & x_N \\ P(X): & P(x_1) & P(x_2) & \cdots & P(x_N) \end{cases}$$

其中，$\sum_{i=1}^{N} P(x_i) = 1$。现用二进制对信源 X 中每一个符号 $x_i(i=1,2,\cdots,N)$进行编码。

根据变长最佳编码定理，Huffman 编码步骤为：

(1) 将信源符号 x_i 按其出现的概率，由大到小顺序排列。

(2) 将两个最小概率的信源符号进行组合相加，并重复这一步骤，始终将较大的概率分支放在上部。直到只剩下一个信源符号且概率达到 1.0 为止。

(3) 对每对组合的上边一个指定为 1，下边一个指定为 0(或相反地对上边一个指定为 0，下边一个指定为 1)。

(4) 画出由每个信源符号到概率 1.0 处的路径，记下沿路径的 1 和 0。

如图 8-2 所示，设原始数据序列概率为 U

U：(a1　a2　a3　a4　a5　a6　a7)

0.20　0.19　0.18　0.17　0.15　0.10　0.01(大小顺序已经排列)

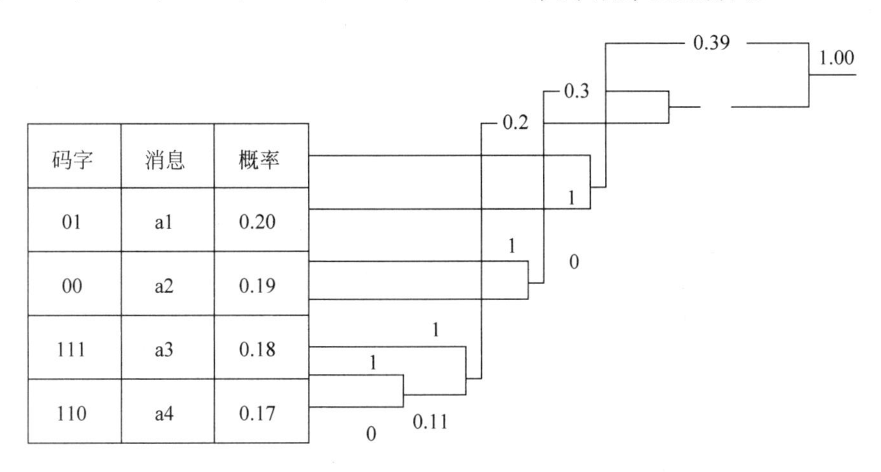

码字	消息	概率
01	a1	0.20
00	a2	0.19
111	a3	0.18
110	a4	0.17

图 8-2　哈夫曼编码过程

给概率最小的两个符号 a6 和 a7 分别指定为“1”与“0”，然后将它们的概率相加再与原来的 a1～a5 组合并重新排序成新的序列

U'：(a1　a2　a3　a4　a5　a6')

0.20　0.19　0.18　0.17　0.15　0.11

对 a5 与 a6'分别指定“1”与“0”后，再作概率相加并重新按概率排序得

U''：(0.26　0.20　0.19　0.18　0.17)…

直到最后得 U^0=(0.61　0.39)，分别指定“0”“1”为止。

由于编码需要建立哈夫曼二叉树，并遍历二叉树生成编码，因此数据压缩和还原速度都较慢，但简单有效，因而得到广泛的应用，在 H.264 中采用的统一变长编码 UVLC 就是一种固定码表的哈夫曼编码。由于固定了码表，因而相对于传统哈夫曼编码性能稍差，但编码复杂性降低、编码速度上升。

【例 8-1】 对一个读入图像实现哈夫曼编码。

```
>> clear all;
I = [0 1 3 2 1 3 2 1;0 5 7 6 2 5 6 7;1 6 0 6 1 6 3 4;2 6 7 5 3 5 6 5;3 2 2 7 2 6 1 6;...
    2 6 5 0 2 7 5 0;1 2 3 2 1 2 1 2;3 1 2 3 1 2 2 1]; %读入一幅图像的灰度值
[m,n] = size(I);
%将矩阵的不同数统计在数组 c 的第一列中
p1 = 1; s = m * n;
for k = 1:m
    for L = 1:n
        f = 0;
        for b = 1:p1 - 1;
            if(c(b,1) == I(k,L))
                f = 1;
                break;
            end
        end
        if(f == 0)
            c(p1,1) = I(k,L);
            p1 = p1 + 1;
        end
    end
end
%将相同的数占整个数组总数的比例统计在数组 p 中
for g = 1:p1 - 1
    p(g) = 0; c(g,2) = 0;
    for k = 1:m
        for L = 1:n
            if(c(g,1) == I(k,L))
                p(g) = p(g) + 1;
            end
        end
    end
    p(g) = p(g)/s;
end
p11 = p;
%找到最小的概率,相加直到等于 1,把最小概率的序号存在 tree 第一列中,次小的放在第二列,
%和放在 p 像素比例之后
pn = 0; po = 1;
while(1)
    if(pn >= 1.0)
        break;
    else
        [pm,p2] = min(p(1:p1 - 1));
        p(p2) = 1.1;
        [pm2,p3] = min(p(1:p1 - 1));
        p(p3) = 1.1;
        pn = pm + pm2;
        p(p1) = pn;
        tree(po,1) = p2;
        tree(po,2) = p3;
        po = po + 1; p1 = p1 + 1;
    end
end
```

```
%数组第一维表示值,第二维表示代码数值大小,第三维表示代码的位数
for k = 1:po - 1;
    tt = k;
    m1 = 1;
    if(or(tree(k,1)<= g,tree(k,2)<= g));
        if(tree(k,1)<= g)
            c(tree(k,1),2) = c(tree(k,1),2) + m1;
            m2 = 1;
            while(tt < po - 1);
                m1 = m1 * 2;
                for L = tt:po - 1
                    if(tree(L,1) == tt + g)
                        c(tree(k,1),2) = c(tree(k,1),2) + m1;
                        m2 = m2 + 1; tt = L;
                        break
                    elseif(tree(L,2) == tt + g)
                        m2 = m2 + 1;tt = L;
                        break;
                    end
                end
            end
            c(tree(k,1),3) = m2;
        end
        tt = k;m1 = 1;
        if(tree(k,2)< g)
            m2 = 1;
            while(tt < po - 1)
                m1 = m1 * 2;
                for L = tt:po - 1
                    if(tree(L,1) == tt + g)
                        c(tree(k,2),2) = c(tree(k,2),2) + m1;
                        m2 = m2 + 1; tt = L;
                        break;
                    elseif(tree(L,2) == tt + g)
                        m2 = m2 + 1; tt = L;
                        break;
                    end
                end
            end
            c(tree(k,2),3) = m2;
        end
    end
end
%把概率小的值用1标识,概率大的值用0标识
[M,N] = size(c);
disp('编码')
A1 = dec2bin(c(1,2),c(1,3))
%这里可以把编码存在高维数组或结构数组,元胞数组同时显示
A2 = dec2bin(c(2,2),c(2,3))
A3 = dec2bin(c(3,2),c(3,3))
A4 = dec2bin(c(4,2),c(4,3))
A5 = dec2bin(c(5,2),c(5,3))
A6 = dec2bin(c(6,2),c(6,3))
A7 = dec2bin(c(7,2),c(7,3))
```

```
A8 = dec2bin(c(8,2),c(8,3))
for m = 1:M
    if(p11(m)~ = 0)
        H(m) = - p11(m) * log2(p11(m));
    end
end
disp('信源的熵')
H1 = sum(H)                          % 信源的熵
NN = 0;
for i = 1:M
    NN = NN + p11(1,i) * c(i,3);     % 平均码长
end
disp('平均码长')
NN
disp('编码效率')
yita = H1/(NN * log2(2))             % 效率
disp('冗余度')
Rd = 1 - yita                        % 冗余度
```

运行程序,输出如下:

```
编码
A1  = 00000
A2  = 11
A3  = 100
A4  = 01
A5  = 101
A6  = 0001
A7  = 001
A8  = 00001
信源的熵
H1  =  2.7639
平均码长
NN  =  2.8281
编码效率
yita  =
   0.9773
冗余度
Rd  =
   0.0227
```

在 MATLAB 中,用户还可调用哈夫曼编码相关的函数,分别为 huffmandict、huffmanenco 和 huffmandeco,其具体的调用格式为:

(1) [dict,avglen] = huffmandict(symbols,p),该函数用于产生哈夫曼编码的编码词典。参数 symbols 是待编码的符号数组,p 为每个符号出现的概率,要求 symbols 和 p 的数组大小相同。函数返回哈夫曼编码的编码词典 dict 和平均码字长度 avglen。

(2) dsig = huffmandeco(comp,dict),利用上面 huffmandict 函数中产生的编码词典 dict 对 sig 编码,其结果存放在 enco 中。

(3) comp = huffmanenco(sig,dict),函数利用 huffmandict 中产生的编码词典 dict 对 sig 解码,其结果存放在 comp 中。

【例 8-2】 利用 MATLAB 提供的函数实现图像的哈夫曼编码和解码。

```
>> clear all;                    % 清除工作空间所有变量
I = imread('lean.jpg');
I = im2double(I) * 255;
[height,width] = size(I);        % 求图像的大小
HWmatrix = zeros(height,width);
Mat = zeros(height,width);  % 建立大小与原图像大小相同的矩阵 HWmatrix 和 Mat,矩阵元素为 0
HWmatrix(1,1) = I(1,1);          % 图像第一个像素值 I(1,1)传给 HWmatrix(1,1)
for i = 2:height                 % 以下将图像像素值传递给矩阵 Mat
    Mat(i,1) = I(i - 1,1);
end
for j = 2:width
    Mat(1,j) = I(1,j - 1);
end
for i = 2:height               % 以下建立待编码的数组 symbols 和每个像素出现的概率矩阵 p
    for j = 2:width
        Mat(i,j) = I(i,j - 1)/2 + I(i - 1,j)/2;
    end
end
Mat = floor(Mat);HWmatrix = I - Mat;
SymPro = zeros(2,1); SymNum = 1; SymPro(1,1) = HWmatrix(1,1); SymExist = 0;
for i = 1:height
    for j = 1:width
        SymExist = 0;
        for k = 1:SymNum
            if SymPro(1,k) == HWmatrix(i,j)
                SymPro(2,k) = SymPro(2,k) + 1;
                SymExist = 1;
                break;
            end
        end
        if SymExist == 0
          SymNum = SymNum + 1;
          SymPro(1,SymNum) = HWmatrix(i,j);
          SymPro(2,SymNum) = 1;
        end
    end
end
for i = 1:SymNum
    SymPro(3,i) = SymPro(2,i)/(height * width);
end
symbols = SymPro(1,:);p = SymPro(3,:);
[dict,avglen]  =  huffmandict(symbols,p);
                           % 产生哈夫曼编码词典,返回编码词典 dict 和平均码长 avglen
actualsig = reshape(HWmatrix',1,[]);
compress = huffmanenco(actualsig,dict);
                                  % 利用 dict 对 actuals 来编码,其结果存放在 compress 中
UnitNum = ceil(size(compress,2)/8);
Compressed = zeros(1,UnitNum,'uint8');
for i = 1:UnitNum
    for j = 1:8
        if ((i - 1) * 8 + j)<= size(compress,2)
        Compressed(i) = bitset(Compressed(i),j,compress((i - 1) * 8 + j));
```

```
        end
    end
end
NewHeight = ceil(UnitNum/512);Compressed(width * NewHeight) = 0;
ReshapeCompressed = reshape(Compressed,NewHeight,width);
imwrite(ReshapeCompressed,'Compressed Image.bmp','bmp');
Restore = zeros(1,size(compress,2));
for i = 1:UnitNum
    for j = 1:8
        if ((i - 1) * 8 + j)<= size(compress,2)
        Restore((i - 1) * 8 + j) = bitget(Compressed(i),j);
        end
    end
end
decompress = huffmandeco(Restore,dict);
                                    %利用 dict 对 Restore 来解码,其结果存放在 decompress 中
RestoredImage = reshape(decompress,512,512);
RestoredImageGrayScale = uint8(RestoredImage' + Mat);
imwrite(RestoredImageGrayScale,'Restored Image.bmp','bmp');
subplot(1,3,1);imshow(I,[0,255]);
title('原始图像');
subplot(1,3,2);imshow(ReshapeCompressed);
title('压缩后的图像');
subplot(1,3,3);imshow('Restored Image.bmp');
title('解压后的图像')
```

运行程序,在 MATLAB 命令行中输入得到结果:

```
>> whos I %原始图像的尺寸
  Name   Size       Bytes     Class    Attributes
  I      512x512    2097152   double
>> whos compress                        %压缩后的图像尺寸
  Name        Size         Bytes      Class    Attributes
  compress    1x1182902    9463216    double
>> whos decompress                      %解码后的图像尺寸
  Name          Size         Bytes      Class    Attributes
  decompress    1x262144     2097152    double
```

运行程序,效果如图 8-3 所示。

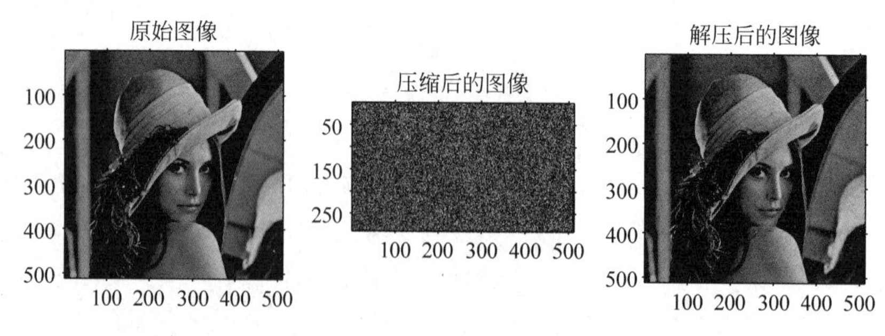

图 8-3　哈夫曼编码与解码效果

由图 8-3 可看出,原始图像与解压后的图像在视觉上基本没有差异,实现了无失真编码。

8.2.2 香农编码

香农编码也是一种常见的可变字长编码,解决了哈夫曼编码过程中需要多次排序的问题。

1. 基本原理

香农第一定理指出了平均码长与信源之间的关系,同时也指出了可以通过编码使平均码长达到极限值,这是一个很重要的极限定理。如何构造这种码呢?香农第一定理指出,选择每个码字的长度 K_i 满足

$$I(x_i) \leqslant K < I(x_i) + 1, \quad \forall i$$

就可以得到这种码。这种编码方法就是香农编码。

2. 编码步骤

香农编码法冗余度稍大,实用性不大,但有重要的理论意义。编码步骤如下:

(1) 将信源消息符号按其出现的概率大小依次排列

$$p(x_1) \geqslant p(x_2) \geqslant \cdots \geqslant p(x_n)$$

(2) 确定整数码长 K_i 满足不等式

$$-\log_2 p(x_i) \leqslant K_i < -\log_2 p(x_i) + 1$$

(3) 为了编成唯一可译码,计算第 i 个消息的累加概率

$$p_i = \sum_{k+1}^{i-1} p(x_k)$$

(4) 将累加概率 p_i 变成二进制数。

(5) 取 p_i 二进制数的小数点后 K_i 位,即为该消息符号的二进制码字。

【例 8-3】 设输入图像的灰度级$\{l_1, l_2, l_3, l_4\}$出现的概率对应为$\{0.5, 0.19, 0.19, 0.12\}$,试进行香农编码。

```
>> clear all;                          % 清除工作空间所有变量
p = [0.5 0.19 0.19 0.12]               % 输入信息符号对应的概率
n = length(p);                         % 输入概率的个数
y = fliplr(sort(p));                   % 大到小排序
D = zeros(n,4);                        % 生成 n*4 的零矩阵
D(:,1) = y';                           % 把 y 赋给零矩阵的第一列
for i = 2:n
D(1,2) = 0;                            % 令第一行第二列的元素为 0
D(i,2) = D(i-1,1) + D(i-1,2);          % 求累加概率
end
   for i = 1:n
D(i,3) = - log2(D(i,1));               % 求第三列的元素
D(i,4) = ceil(D(i,3));                 % 求第四列的元素,对 D(i,3)向无穷方向取最小正整数
   end
D
A = D(:,2)';                           % 取出 D 中第二列元素
B = D(:,4)';                           % 取出 D 中第四列元素
for j = 1:n
C = binary(A(j),B(j))                  % 生成码字
```

```
end
```

运行程序，输出如下：

```
p =
    0.5000   0.1900   0.1900   0.1200
D =
    0.5000        0   1.0000   1.0000
    0.1900   0.5000   2.3959   3.0000
    0.1900   0.6900   2.3959   3.0000
    0.1200   0.8800   3.0589   4.0000
C =
     0
C =
     1     0     0
C =
     1     0     1
C =
     1     1     1     0
```

在以上代码中用到自定义求小数的二进制转换函数 binary. m，源代码为：

```
function [C] = binary(A,B) % 对累加概率求二进制的函数
C = zeros(1,B);             % 生成零矩阵用于存储生成的二进制数,对二进制的每一位进行操作
temp = A;                   % temp 赋初值
for i = 1:B         % 累加概率转化为二进制,循环求二进制的每一位,A 控制生成二进制的位数
  temp = temp * 2;
if temp > = 1
  temp = temp - 1;
C(1,i) = 1;
  else
C(1,i) = 0;
  end
end
```

8.2.3 算术编码

算术编码是图像压缩的主要算法之一，是一种无损数据压缩方法，也是一种熵编码的方法。和其他熵编码方法不同的地方在于，其他的熵编码方法通常是把输入的消息分割为符号，然后对每个符号进行编码，而算术编码是直接把整个输入的消息编码为一个数，一个满足(0.0≤n<1.0)的小数 n。

算术压缩接近压缩的理论极限，并且不需要码表只需要编码一次就可以得到编码结果，但是算法较为复杂，硬件实现难度较大。H.264 中可选的基于内容的二进制算术编码(CABAC)就是一种性能非常优越的算术编码。算术编码在图像数据压缩标准(如 JPEG、JBIG)中扮演了重要的角色。在算术编码中，消息用 0～1 的实数进行编码，算术编码用到两个基本的参数：符号的概率和它的编码间隔。信源符号的概率决定压缩编码的效率，也决定编码过程中信源符号的间隔，而这些间隔包含在 0～1。编码过程中的间隔决定了符号压缩后的输出。

图 8-4 是一个算术编码的实例。表 8-2 给出了信源符号的概率和初始区间。

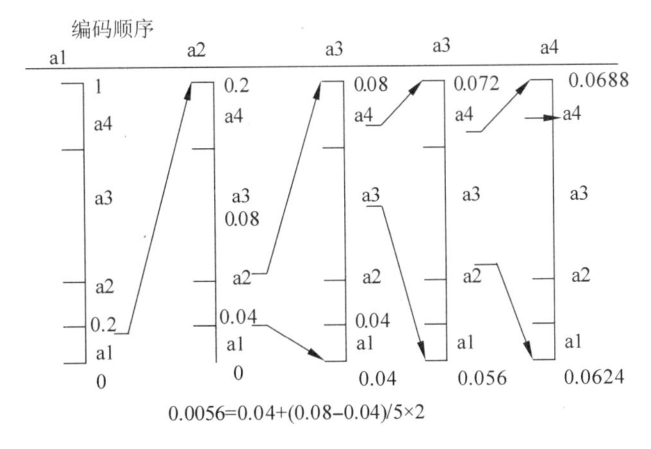

图 8-4 算术编码实例

表 8-2 信源符号说明

信源符号	概率	初始区间
a1	0.2	[0.0　0.2]
a2	0.2	[0.2　0.4]
a3	0.4	[0.4　0.8]
a4	0.2	[0.8　1.0]

从左到右把信源符号概率按从小到大的顺序排列。

算术编码的特点：

- 不必预先定义概率模型，自适应模式具有独特的优点；
- 信源符号概率接近时，建议使用算术编码，此时效率高于哈夫曼编码；
- 算术编码绕过了用一个特定的代码替代一个输入符号的想法，用一个浮点输出数值代替一个符号流的输入。

算术编码的主要步骤为：

(1) 先将数据符号当前区间定义为[0,1)。

(2) 对输入流中的每个符号 s 重复执行两步操作，首先把当前区间分割为长度正比于符号概率的子区间；然后为 s 选择一个子区间，并将其定义为新的当前区间。

(3) 当整个输入流处理完毕，输出的即为能唯一确定当前区间的数字。

在给定符号集和符号概率的情况下，算术编码可以给出接近最优的编码结果。使用算术编码的压缩算法通常先要对输入符号的概率进行估计，然后再编码。这下估计越准，编码结果就越接近最优的结果。

在算术编码中需要注意以下几个问题：

(1) 由于实际的计算机的精度不可能无限长，运算中出现溢出是一个明显的问题，但多数机器都有 16 位、32 位或者 64 位的精度，因此这个问题可使用比例缩放方法解决。

(2) 算术编码器对整个消息只产生一个码字，这个码字是在间隔[0,1)中的一个实数，因此译码器在接受到表示这个实数的所有位之前不能进行译码。

(3) 算术编码也是一种对错误很敏感的编码方法,如果有一位发生错误就会导致整个消息译错。

算术编码可以是静态的或者自适应的。在静态算术编码中,信源符号的概率是固定的。在自适应算术编码中,信源符号的概率根据编码时符号出现的频繁程度动态地进行修改,在编码期间估算信源符号概率的过程叫做建模。需要开发动态算术编码的原因是,事先知道精确的信源概率是很难的,而且是不切实际的。当压缩消息时,不能期待一个算术编码器获得最大的效率,所能做的最有效的方法是在编码过程中估算概率。因此动态建模就成为确定编码器压缩效率的关键。

算术编码是一种高效清除字串冗余的算法。它避开用一个特定码字代替输入符号的思想,而用一个单独的浮点数来代替一串输入符号,避开了特殊字符串编码中比特数必须取整的问题。但是算术编码的实现有两大缺陷:

- 很难在具有固定精度的计算机完成无限精度的算术操作;
- 高度复杂的计算量不利于实际应用。

【例 8-4】 利用算术编码方法对矩阵进行编码。

```
>> clear all;                                   %清除工作空间所有变量
I = [0 0 1 1 0 0 1 1;1 0 0 1 0 0 1 1;1 1 0 0 0 0 1 0]; %待编码的矩阵
[m,n] = size(I);                                %计算矩阵大小
I = double(I);
p_table = tabulate(I(:));                       %统计矩阵中元素出现的概率,第一列为矩阵元素,第二列
                                                %为个数,第三列为概率百分数
color = p_table(:,1)';
p = p_table(:,3)'/100;                          %转换成小数表示的概率
psum = cumsum(p_table(:,3)');                   %数组各行的累加值
allLow = [0,psum(1:end - 1)/100];               %由于矩阵中元素只有两种,将[0,1)区间划分为两个区域
                                                %allLow 和 allHigh
allHigh = psum/100;
numberlow = 0;                                  %算术编码的上下限 numberlow 和 numberhigh
numberhigh = 1;
for k = 1:m                                     %计算算术编码的上下限,指编码结果
   for kk = 1:n
       data = I(k,kk);
       low = allLow(data == color);
       high = allHigh(data == color);
       range = numberhigh - numberlow;
       tmp = numberlow;
       numberlow = tmp + range * low;
       numberhigh = tmp + range * high;
   end
end
fprintf('算术编码下限为%16.15f\n\n',numberlow);
fprintf('算术编码上限为%16.15f\n\n',numberhigh);
```

运行程序,输出如下:

```
算术编码下限为0.248453061949268
算术编码上限为0.248453126740064
```

8.3 变换编码

变换编码的基本概念是将原来在空间域上描述的图像等信号，通过一种数学变换(常用二维正交变换，如傅里叶变换、离散余弦变换、沃尔什变换等)，变换到变换域中进行描述，达到改变能量分布的目的，即将图像能量在空间域的分散分布变为在变换域的能量的相对集中分布，达到去除相关的目的，再经过适当的方式量化编码，进一步压缩图像。

信息论的研究表明，正交变换不改变信源的熵值，变换前后图像的信息量并无损失，完全可以通过反变换得到原来的图像值。统计分析表明，图像经过正交变换后，把原来分散在原空间的图像数据在新的坐标空间中得到集中，对于大多数图像，大量的变换系数很小，只要删除接近于0的系数，并且对较小的系数进行粗量化，而保留包含图像主要信息的系数，以此进行压缩编码。在重建图像进行解码(逆变换)时，所损失的将是一些不重要的信息，几乎不会引起图像的失真。图像的变换编码就是利用这些来压缩图像的，这种方法可得到很高的压缩比。

变换编码的基本流程如图8-5所示，图像数据经过某种变换、量化和编码(通常为变长编码)后由信道传输到接收端，接收端进行相反的处理，即编码、反量化以及逆变换，然后输出原图像数据。

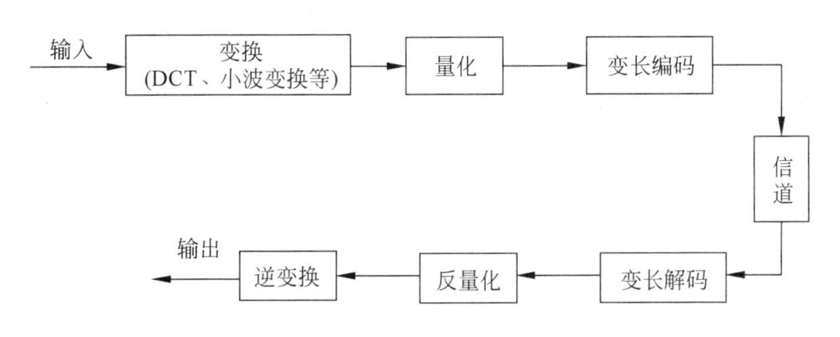

图8-5 变换编码、解码工作流程

图像数据经过正交变换后，空域中的总能量在变换域中得到保持，但能量将会重新分布，并集中在变换域中少数的变换系数上，以达到压缩数据的目的。

根据图像变换编码的原理以及如图8-5所示的编码、解码逻辑流程，实现变换编码一般包含以下步骤。

1) 原始图像分块

根据编码的具体要求，将图像划分为若干 $N\times N$ 的子块，即

$$\boldsymbol{X}=\begin{bmatrix} x_{00} & x_{01} & \cdots & x_{0N-1} \\ x_{10} & x_{11} & \cdots & x_{1N-1} \\ x_{20} & x_{21} & \cdots & x_{2N-1} \\ \vdots & \vdots & \ddots & \vdots \\ x_{N-10} & x_{N-11} & \cdots & x_{N-1N-1} \end{bmatrix}$$

通常情况下 N 取值为 8 或 16。图像分块之后，应同时根据编码的性能要求，综合考虑相关要素，选择变换矩阵 $\boldsymbol{A}$ 对各图像子块进行相应的正交变换。

设 $\boldsymbol{Y}$ 表示变换域中的图像数据，则可表示为

$$\boldsymbol{Y} = \boldsymbol{AX}$$

2）变换域采样

根据一定的准则，对变换域中的系数进行合理的取舍。

3）系数量化

由于变换之后的系数是不相关的，因此具有更大的独立性和有序性，利用量化使图像数据得到压缩。量化是产生有损压缩的原因，因此应选择合适的量化方法，以使量化失真最小。均方误差是衡量各种变换编码效能的一个重要准则，该准则可在较高的压缩比和一定的允许失真度之间寻求一个较理想的、可用的变换编码方式。

均方误差定义为

$$e = E\left[\sum_{i=0}^{N-1}\sum_{j=0}^{M-1}(y_{ij} - \hat{y}_{ij})^2\right]$$

式中，$\hat{y}_{ij}$ 为 y_{ij} 的量化值。

20 世纪 50 年代期间，Panter、Dire 和 Max 研究了使单个系数均方误差极小化的量化方案。研究发现，如果 y_{ij} 的概率密度函数是均匀的，那么具有均匀间隔输出的量化器是最佳的。对于其他的分布，使用非均匀量化器则能够起到减小均方差的作用。

4）解码与反变换

在变换编码系统的接收端对所接收的比特流进行解码，分离出各变换系数 $\hat{y}_{ij}$，并进行系数的舍入，被舍弃的系数均以 0 代替，并进行逆变换运算，恢复各图像子块及整幅图像。

【例 8-5】 对图像实现离散余弦变换编码。

```
>> clear all;
I = imread('coins.png');
I = im2double(I);
T = dctmtx(8);                          % 图像存储类型转换
B = blkproc(I,[8 8],'P1 * x * P2',T,T'); % 离散余弦变换
mask = [1 1 1 1 0 0 0 0;1 1 1 0 0 0 0 0;...
      1 1 0 0 0 0 0 0;1 0 0 0 0 0 0 0;...
      0 0 0 0 0 0 0 0;0 0 0 0 0 0 0 0;...
      0 0 0 0 0 0 0 0;0 0 0 0 0 0 0 0];
  B2 = blkproc(B,[8 8],'P1. * x',mask);
  I2 = blkproc(B2,[8 8],'P1 * x * P2',T',T);
  subplot(1,2,1);imshow(I);
title('原始图像');
  subplot(1,2,2);imshow(I2);
title('压缩后的图像');
```

运行程序，效果如图 8-6 所示。

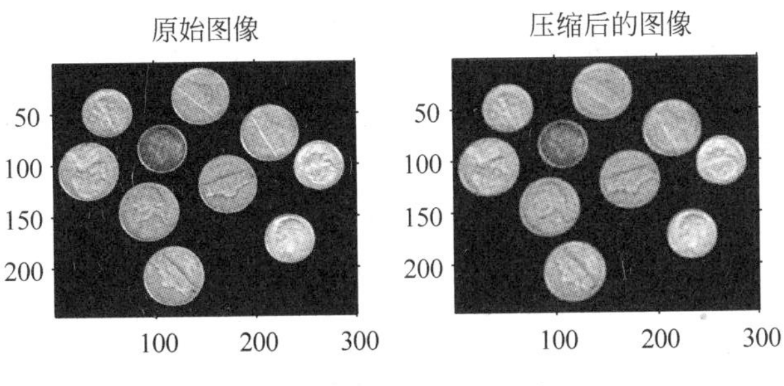

图 8-6 图像的余弦变换编码

8.4 行程编程

1. 基本原理

行程编码也称游程编码，常用RLE(run-length encoding)表示，是一种利用空间冗余度压缩图像的方法。对某些相同灰度级成片连续出现的图形，行程编码也是一种高效的编码方法，特别是对二值图像效果尤为显著。该压缩编码技术相当直观和经济，运算也相当简单，因此解压缩速度很快。RLE压缩编码尤其适用于计算机生成的图形图像，对减少存储容量很有效果。

设$(x_1,x_2,\cdots,x_N)$为图像中某一行像素，如图8-7所示，每一行图像都由k段长度为l_k、灰度值为g_i的片段组成，$1\leqslant i\leqslant k$，那么该行图像可由偶对(g_i,l_i)（其中$1\leqslant i\leqslant k$）来表示：

$$(x_1,x_2,\cdots,x_N)\rightarrow(g_1,l_1),(g_2,l_2),\cdots,(g_k,l_k) \tag{8-1}$$

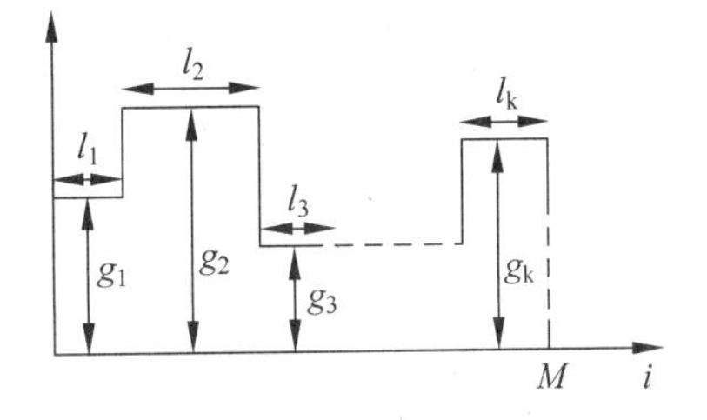

图 8-7 一行图像的行程编码

每一个偶对(g_i,l_i)称为灰度级行程。如果灰度级行程较大，则表达式(8-1)可认为是对原像素行的一种压缩表示，如果图像为二值图像，则压缩效果将更为显著。假设二值图像行从白的行程开始，则对二值图像，式(8-1)可以改写为

$$(x_1,x_2,\cdots,x_N)\rightarrow l_1,l_2,\cdots,l_k \tag{8-2}$$

这样，只需要对行程编码，由此得到的编码是一维的。行程编码常用于二值图像的压缩，这种方法已经被CCITT制定为标准，并归入了第3组编码方法，主要用于在公用电话网上传真二值图像。

2. 自身特点

行程编码所能获得的压缩比有多大，这主要取决于图像本身的特点。如果图像中具有相同颜色的图像块越大，图像块数目越少，获得的压缩比就越高。反之，行程编码对颜色丰富的自然图像就显得力不从心，这种图像在同一行上具有相同颜色的连续像素往往很少，而连续几行都具有相同颜色值的连续行数就更少。如果仍然使用行程编码方法，

不仅不能压缩图像数据，反而可能使原来的图像数据变得更大。因此，具体实现时需要和其他的压缩编码技术联合应用。

3. 算法局限性

行程编程数据压缩中，只有当重复的字节数大于 3 时才可以起到压缩作用，并且还需要一个特殊的字符用作标志位。因此在采用 RLE 压缩方法时，必须处理以下几个制约压缩比的问题。

(1) 在原始图像数据中，除部分背景图像的像素值相同外，没有更多连续相同的像素。因此如何提高图像中相同数据值是提高数据压缩比的关键。

(2) 如何寻找一个特殊的字符，使它在处理的图像中不用或很少使用。

(3) 在有重复字节的情况下，如何提高重复字节数(最多为 255)上限。

行程编程的方法与哈夫曼编码、算术编码等方法相比，算法实现相对简单。

【例 8-6】 利用行程编码对二值图像进行编解码。

```
>> clear all;                           % 清除工作空间所有变量
I1 = imread('lena.bmp');                % 读入图像
I2 = I1(:);                             % 将原始图像写成一维的数据并设为 I2
I2length = length(I2);                  % 计算 I2 的长度
I3 = im2bw(I1,0.5);                     % 将原图转换为二值图像，阈值为 0.5
% 以下程序为对原图像进行行程编码和压缩
X = I3(:);                              % 令 X 为新建的二值图像的一维数据组
L = length(X);
j = 1;
I4(1) = 1;
for z = 1:1:(length(X) - 1)             % 行程编码程序段
if X(z) == X(z + 1)
I4(j) = I4(j) + 1;
else
data(j) = X(z);                         % data(j)代表相应的像素数据
j = j + 1;
I4(j) = 1;
end
end
data(j) = X(length(X));                 % 最后一个像素数据赋给 data
I4length = length(I4);                  % 计算行程编码后的所占字节数，记为 I4length
CR = I2length/I4length;                 % 比较压缩前于压缩后的大小
% 下面程序是行程编码解压
l = 1;
for m = 1:I4length
    for n = 1:1:I4(m);
        decode_image1(l) = data(m);
        l = l + 1;
    end
end
decode_image = reshape(decode_image1,512,512); % 重建二维图像数组
```

```
x = 1:1:length(X);
subplot(131),plot(x,X(x));
title('行程编码之前的图像数据');
y = 1:1:I4length ;
subplot(132),plot(y,I4(y));
title('编码后数据信息');
u = 1:1:length(decode_image1);
subplot(133),plot(u,decode_image1(u));
title('解压后的图像数据');
figure;
subplot(121);imshow(I3);
title('原图的二值图像');
subplot(122),imshow(decode_image);
title('解压恢复后的图像');
disp('压缩比: ')
disp(CR);
disp('原图像数据的长度: ')
disp(L);
disp('压缩后图像数据的长度: ')
disp(I4length);
disp('解压后图像数据的长度: ')
disp(length(decode_image1));
```

运行程序,输出如下,效果如图 8-8 及图 8-9 所示。

```
压缩比:
   29.5673
原图像数据的长度:
       262144
压缩后图像数据的长度:
         8866
解压后图像数据的长度:
       262144
```

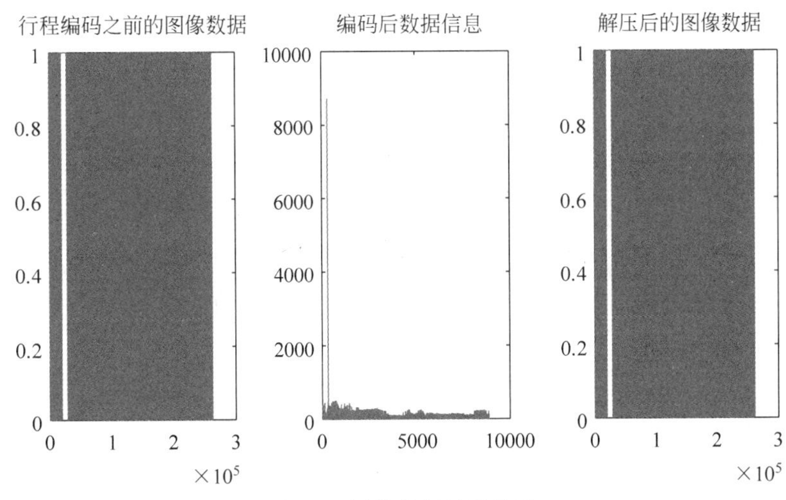

图 8-8　图像数据效果显示

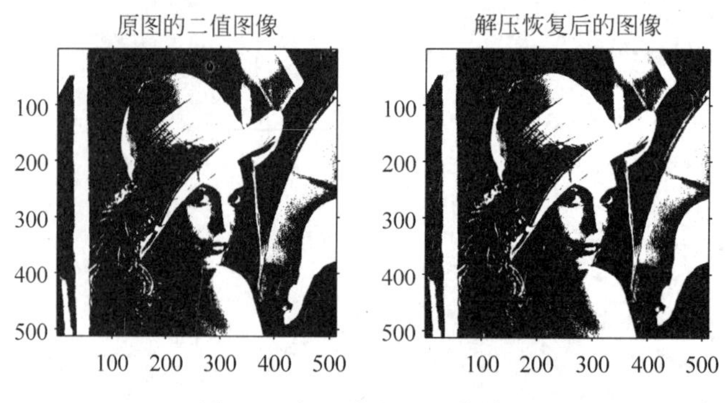

图 8-9 行程编解码图像效果

8.5 预测编码

预测编码是建立在信号(语音、图像等)数据的相关性之上,根据某一模型利用以往的样本值对新样本进行预测,减少数据在时间和空间上的相关性,以达到压缩数据的目的。但实际利用预测器时,并不是利用数据源的某种确定型数学模型,而是基于估计理论、现代统计学理论设计预测器,这是因为数据源数学模型的建立是十分困难的,有时无法得到其数学模型。例如,时变随机系统,预测器对样本的预测,通常是利用样值的线性或非线性函数关系预测现时的系统输出,由于非线性的复杂性,大部分预测器采用线性预测函数。

预测方法有多种,其中差分脉冲编码调制(Differential Pulse Code Modulation, DPCM),是一种具有代表性的编码方法,本节将着重介绍 DPCM 的基本原理、最佳线性预测及其自适应编码法。

8.5.1 DPCM 编码

1. 差值图像的统计特性

由图像的统计特性可知,相邻像素之间有较强的相关性,即相邻像素的灰度值相同或相近,因此,某像素的值可根据以前已知的几个像素值来估计。正是由于像素间的相关性,才使预测成为可能。

图像在扫描行方向(或称水平方向)相邻两像素的相关性是指:如果某像素的灰度值为 h,则相邻它的上一个像素的灰度值也为 h 或 $h+\Delta$ 的可能性最大,Δ 为一个小量(如灰度级为 256 时,$\Delta=1$)。一般来说,相邻两像素灰度值突变的概率小,水平方向如此,在图像的垂直方向也是如此。如果取一幅图像第 i 行的第 j 列像素的亮度离散值为 $f(i,j)$,则

$$\Delta_{水平} = f(i,j) - f(i,j-1)$$

$$\Delta_{垂直} = f(i,j) - f(i-1,j)$$

式中,Δ 为差值信号。

从对大量的自然景物、人物图像的统计分析看出，低亮度层次的像素有较大的概率，如图 8-10 所示。而经过对大量图像的差值信号统计，其概率分布如图 8-11 所示。幅度差值愈大的差值信号出现的概率愈小，而零值或接近零值的差值信号出现的概率最大，也就是一幅图像中都含有亮度值恒定或变化很小的大面积区域，从而使差值信号的 80%～90%落在约 16～18 个量化层(量化层总数为 256 时)中。因此，利用图像水平方向(或垂直方向)两个像素真实的离散幅度相减而得到它们的差值，然后对差值进行编码、传送就能达到压缩图像数据的目的，预测法的图像压缩编码就是在这基础上发展起来的。

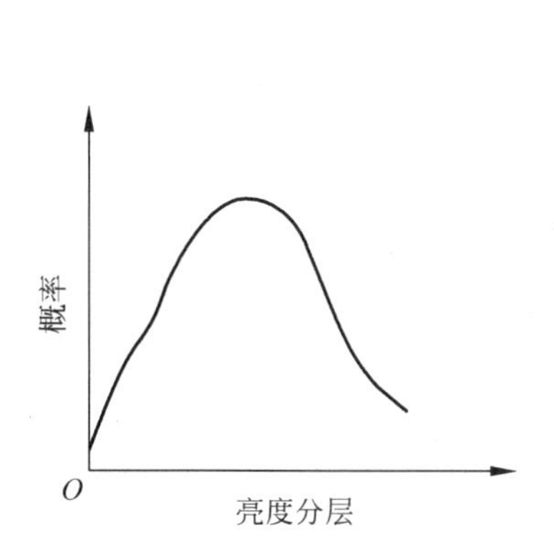

图 8-10　自然景物及人物图像的直方图

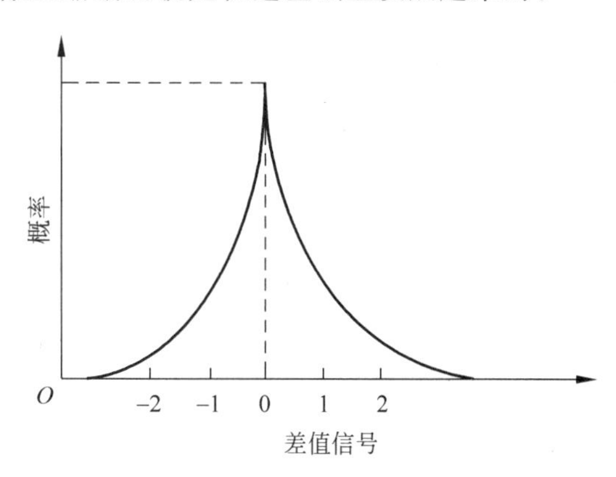

图 8-11　图像差分信号的概率分布

2. 基本原理

图 8-12 是 DPCM 的原理框图，为便于分析，把像素按某种次序排成一维序列(如按电视扫描次序)表示某个像素的灰度值。

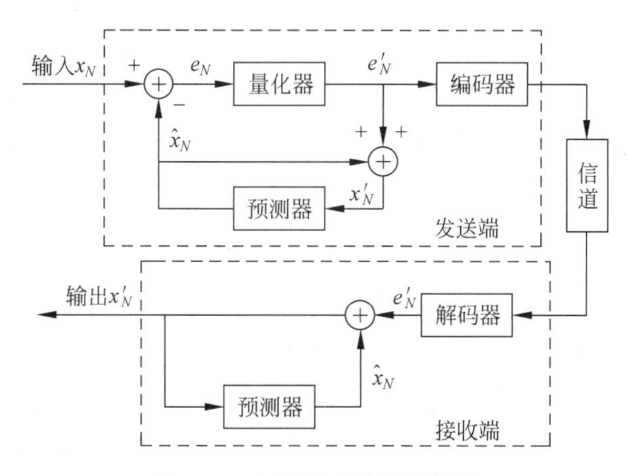

图 8-12　DPCM 系统原理框图

DPCM 的工作过程为：

(1) x_N 与发端预测器产生的预测值$\hat{x}_N$ 相减得到预测差 e_N。

(2) e_N 经量化后变为 e'_N，同时引入量化误差。

(3) e'_N再经过编码器编成码字(如 Huffman 码)发送，同时又将 e'_N加上$\hat{x}_N$ 恢复输入信号。因存在量化误差，$x_N \neq \hat{x}_N$，但相当接近。发端的预测器及其环路作为发端本地解码器。

(4) 发端预测器带有存储器，将$\hat{x}_{N-1}$，…$\hat{x}_{N-m}$存储起来以供对 x_N 进行预测得到$\hat{x}_N$。

(5) 继续输入下一个像素，即 $N=N+1$，重复上述过程。

接收端和发送端的本地解码部分动作完全一样。如果不存在传输误码，则接收端的环路工作和发送端的"小环"完全相同。

预测器的设计是 DPCM 的关键，预测愈准，σ_m^2 愈小，压缩倍数愈高。预测器可以是固定的，也可以是自适应的；可以是线性的，也可以是非线性的。

由于 DPCM 带有量化环节，是个带反馈的非线性系统，对它进行严格分析是相当困难的。实际中常用简化的分析方法对预测器和量化器进行分析，得到局部最优解。

在线性预测中，预测值$\hat{x}_N$ 是$\hat{x}_{N-1}$，…$\hat{x}_{N-m}$的线性组合，即

$$\hat{x}(N)=\sum_{k=1}^{m}a_k x(N-k)$$

式中：a_k 为预测系数；m 为预测阶数。分析可知，须选择适当的 a_k 使得预测误差最小。这是一个求取最佳线性预测的问题。

不失一般性，设 $x(N)$是期望 $e[x(N)]=0$ 的广义平稳随机过程，即

$$\sigma_m^2=e\{E_N^2\}=e\left\{\left[x(N)-\sum_{k=1}^{m}ax(N-k)\right]\right\}$$

为了使 σ_m^2 最小，必须有$\frac{\sigma_m^2}{\partial\alpha_i}=0$。设 $x(N)$的自相关函数 $R(k)=e\{x(N)x(N-k)\}$，且 $R(-k)=R(k)$。将其代入上式，即有

$$\begin{bmatrix} R(0) & R(1) & \cdots & R(m-1) \\ R(1) & R(0) & \cdots & R(m-2) \\ \vdots & \vdots & \ddots & \vdots \\ R(m-1) & R(m-2) & \cdots & R(0) \end{bmatrix}\begin{bmatrix} a_1 \\ a_2 \\ \vdots \\ a_m \end{bmatrix}=\begin{bmatrix} R(1) \\ R(2) \\ \vdots \\ R(m) \end{bmatrix}$$

上式左边的矩阵是 $x(N)$的相关矩阵，为 Toeplitz 矩阵，因此用 Levinson 算法可解出各 a_k，从而得到在均方差最小意义下的最优线性预测，以最小熵为准则进行预测也是常用的方法。

线性预测可以减小方差：

$$\sigma_m^2=R(0)-\sum_{k=1}^{m}a_k R(k)$$

这里不加证明地给出如上所示的预测方差表达式。由于 $e(x(N))=0$，$R(0)$即$x(N)$的方差，可见 $\sigma_m^2<\sigma_{xN}^2$，所以传递差值比直接传递原始信号更有利于数据压缩。$R(k)$愈大，即 $x(N)$的相关性越大，则 σ_m^2 越小，所能达到的压缩比就愈大，当 $R(k)=0(k>0)$时，即相邻点不相关时，$\sigma_m^2=\sigma_{xN}^2$，此时预测并不能提高压缩比。

二维线性预测的情况与一维完全类似。设原始图像用 $f(m,n)$来表示，则二维线性预测公式为

$$f(m,n)=\sum_{(k,j\in Z)}\sum a_{kj}f(m-k,N-l)$$

式中：a_{kj} 为二维预测系数；Z 定义了预测区域，一般取为(m,n)点的邻域，但不包括(m,n)点本身。与一维情况完全类似，系数 a_{kj} 的求取由相关矩阵运算获得，则

$$R(i,j)-\sum_{(k,j\in Z)}\sum a_{kj}R(k-i,l-j)=0$$

预测差的方差为

$$\sigma_{emm}^2=e\left\{\left[f(m,n)-\sum_{(k,j\in Z)}\sum a_{kj}R(k-i,l-j)=0\right]^2\right\}$$

$$=e\left\{f(m,n)\left[f(m,n)-\sum_{(k,j\in Z)}\sum a_{kj}R(k-i,l-j)=0\right]\right\}$$

$$=R(0,0)-\sum_{(k,j\in Z)}\sum a_{kj}R(k,l)$$

这与一维时一样，如果 $R(k,l)$大，即原图各像素间相关性大，则预测差的方差较小，压缩比可达到很高。同样，如果预测域达到某个范围以后，各预测差已不相关，即

$$e\{E(m,n)E(m+i,m+j)\}=0,\quad i,j\neq 0$$

那么，再加大预测区域也不会使预测差的方差下降。

【例 8-7】 利用预测编码实现图像的编解码。

```
>> clear all;
I = imread('lena.bmp');
I2 = I;
I = double(I);
fid  =  fopen( 'mydata.dat','w');
[m,n] = size(I);
J = ones(m,n);
J(1:m,1) = I(1:m,1);
J(1,1:n) = I(1,1:n);
J(1:m,n) = I(1:m,n);
J(m,1:n) = I(m,1:n);
for k = 2:m - 1
    for L = 2:n - 1
        J(k,L) = I(k,L) - (I(k,L - 1)/2 + I(k - 1,L)/2);
    end
end
J = round(J)
cont = fwrite(fid,J,'int8');
cc = fclose(fid);
fid = fopen('mydata.dat','r');
I1 = fread(fid,cont,'int8');
tt = 1;
for L = 1:n
    for k = 1:m
        I(k,L) = I1(tt);
        tt = tt + 1;
    end
end
I = double(I);
J = ones(m,n);
J(1:m,1) = I(1:m,1);
J(1,1:n) = I(1,1:n);
J(1:m,n) = I(1:m,n);
J(m,1:n) = I(m,1:n);
for k = 2:m - 1
    for L = 2:n - 1
```

```
            J(k,L) = I(k,L) + ((J(k,L-1))/2 + (J(k-1,L))/2);
        end
    end
    cc = fclose(fid);
    J = uint8(J);
    subplot(1,2,1),imshow(I2);title('原图');
    subplot(1,2,2),imshow(J);title('解码图像');
    for k = 1:m
        for l = 1:n
            A(k,l) = J(k,l) - I2(k,l);
        end
    end
    for k = 1:m
        for l = 1:n
            A(k,l) = A(k,l) * A(k,l);
        end
    end
    b = sum(A(:));
    s = b/(m * n)                          %两幅图的方差
```

运行程序，输出如下，效果如图 8-13 所示。

```
s =
    5.1956
```

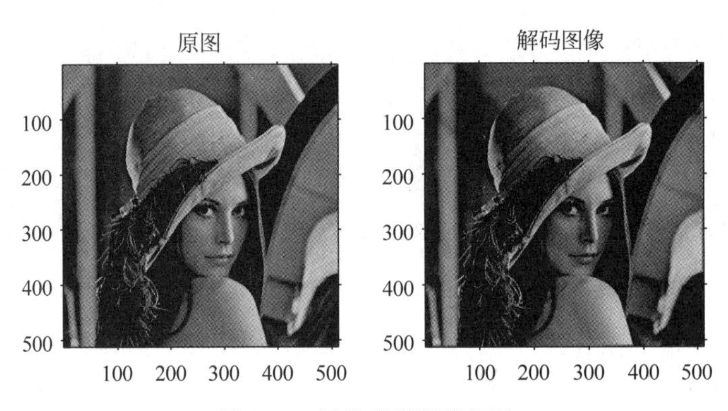

图 8-13　图像的预测编解码

8.5.2　最佳线性预测编码法

所谓最佳线性预测就是按照均方误差最小准则，选择下式中的线性预测系数 a_i，使得预测的偏差值 $e_N = x_N - \hat{x}_N$ 为最小：

$$\hat{x}_N = \sum_{i=1}^{N-1} a_i x_i \tag{8-3}$$

假定二维图像信号 $x(t)$是一个均值为零，方差为 σ^2 的平稳随机过程，$x(t)$在 $t_1, t_2, \cdots, t_{N-1}$时刻的采样值集合为 $x_1, x_2, \cdots, x_{N-1}$。由式(8-3)可以得到 t_N 时刻采样值的线性预测值

$$\hat{x}_N = \sum_{i=1}^{N-1} a_i x_i = a_1 x_1 + a_2 x_2 + \cdots + a_{N-1} x_{N-1} \tag{8-4}$$

式中，a_i 为预测系数。根据线性预测定义，$\hat{x}_N$ 必须十分逼近 x_N，这就要求 $a_1, a_2, \cdots, a_{N-1}$ 为最佳系数。采用均方误差最小的准则，可得到最佳的 a_i。

设 x_N 的均方误差

$$\begin{aligned} E\{[e_N]^2\} &= E\{[x_N - \hat{x}_N]^2\} \\ &= E\{[x_N - (a_1 x_1 + a_2 x_2 + \cdots + a_{N-1} x_{N-1})]^2\} \end{aligned} \tag{8-5}$$

为使 $E\{[e_N]^2\}$ 最小，在式(8-5)中对 a_i 求微分，即

$$\begin{aligned} \frac{\partial}{\partial a_i} E\{[e_N]^2\} &= \frac{\partial}{\partial a_i} E\{[x_N - (a_1 x_1 + a_2 x_2 + \cdots + a_{N-1} x_{N-1})]^2\} \\ &= -2E\{[x_N - (a_1 x_1 + a_2 x_2 + \cdots + a_{N-1} x_{N-1})]x_i\}, \\ & i = 1, 2, \cdots, N-1 \end{aligned} \tag{8-6}$$

根据极值定义，得到 $N-1$ 个方程组成的方程组

$$\left.\begin{aligned} E\{[x_N - (a_1 x_1 + a_2 x_2 + \cdots + a_{N-1} x_{N-1})]x_1\} = 0 \\ E\{[x_N - (a_1 x_1 + a_2 x_2 + \cdots + a_{N-1} x_{N-1})]x_2\} = 0 \\ \vdots \\ E\{[x_N - (a_1 x_1 + a_2 x_2 + \cdots + a_{N-1} x_{N-1})]x_{N-1}\} = 0 \end{aligned}\right\} \tag{8-7}$$

简记为

$$E\{[x_N - (a_1 x_1 + a_2 x_2 + \cdots + a_{N-1} x_{N-1})]x_i\} = 0 \tag{8-8}$$

假设 x_i 和 x_j 的协方差

$$R_{ij} = E\{x_i, x_j\}, \quad i, j = 1, 2, \cdots, N-1 \tag{8-9}$$

则式(8-9)可表示为

$$R_{iN} = a_1 R_{i1} + a_2 R_{i2} + \cdots + a_{N-1} R_{i(N-1)}, \quad i = 1, 2, \cdots, N-1$$

若所有的协方差 R_{ij} 已知，则在特定的算法下，$N-1$ 个预测系数 a_i 即可解得。

在实用中，对每幅图像都按公式计算 a_i 显得太麻烦，这时参照前人已得的数据选择使用。在静止图像的国际标准 JPEG 方案中，给出了静止图像的一个完整的二维预测器设计方案，它只考虑临近三点 x_1, x_2, x_3，它们的位置关系如图 8-14 所示。第一行或第一列均采用同一行或同一列的前值预测，其他各点基本采用临近三点预测。对任意一点可采用下述预测之一：

$$\begin{aligned} & x_1 \\ & x_2 \\ & x_3 \\ & x_1 + [(x_3 - x_2)/2] \\ & x_3 + [(x_1 - x_2)/2] \\ & x_1 + x_3 - x_2 \\ & (x_1 + x_3)/2 \end{aligned}$$

【例 8-8】 下面对大小为 512×512 像素、灰度级为 256 的标准 Lena 图像进行无损一维预测编码（前值编码）。

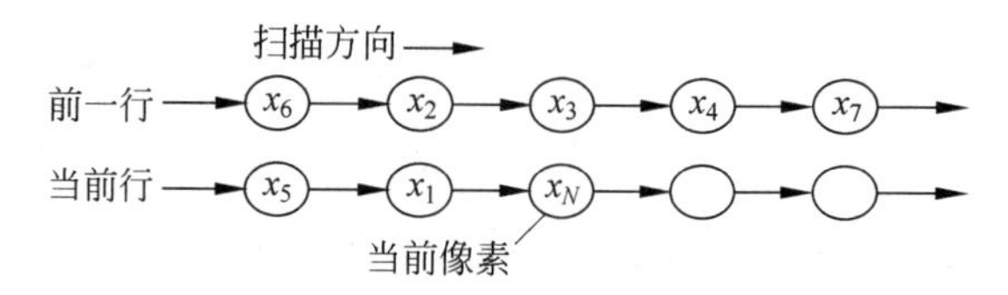

图 8-14　二维预测示意图

```
>> clear all;
X = imread('lena.bmp');
subplot(2,3,1);imshow(X);
title('原始图像');
X = double(X);
Y = ycbm(X);
XX = ycjm(Y);
subplot(2,3,2);imshow(mat2gray(Y));
title('预测误差图像');
e = double(X) - double(XX);
[m,n] = size(e);
erms = sqrt(sum(e(:).^2)/(m * n))
subplot(2,3,4);histogram(X);
title('原图像直方图');
subplot(2,3,5);histogram(Y);
title('预测误差直方图');
XX = uint8(XX);
subplot(2,3,3);imshow(XX);
title('解码图像');
subplot(236);histogram(XX);
title('解码后图像的直方图');
disp('显示各图像的大小：')
whos X XX Y
```

运行程序，输出如下，效果如图 8-15 所示。

```
erms =
     0
显示各图像的大小：
  Name  Size      Bytes     Class    Attributes
  X     512x512   2097152   double
  XX    512x512   262144    uint8
  Y     512x512   2097152   double
```

在以上程序中，利用到自定义编写的最佳线性预测编解码函数，源代码如下：

```
function Y = ycbm(x,f)
% 一维无损预测编码压缩图像
% x,f 为预测系数，如果 f 默认，则 f = 1，即为前值预测
error(nargchk(1,2,nargin))
if nargin < 2
    f = 1;
end
x = double(x);
[m,n] = size(x);
p = zeros(m,n);
```

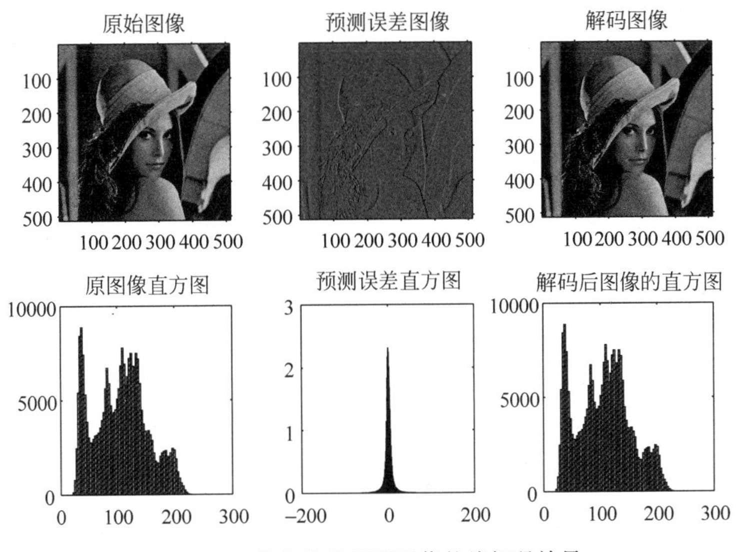

图 8-15　最佳线性预测图像的编解码效果

```
xs = x;
zc = zeros(m,1);
for j = 1:length(f)
    xs = [zc,xs(:,1:end - 1)];
    p = p + f(j) * xs;
end
Y = x - round(p);

function x = ycjm(Y,f)
% 解码函数,与编码程序用的是同一个预测器
error(nargchk(1,2,nargin));
if nargin < 2
    f = 1;
end
f = f(end: - 1:1);
[m,n] = size(Y);
odr = length(f);
f = repmat(f,m,1);
x = zeros(m,n + odr);
for j = 1:n
    jj = j + odr;
    x(:,jj) = Y(:,j) + round(sum(f(:,odr: - 1:1). * x(:,(jj - 1): - 1:(jj - odr)),2));
end
x = x(:,odr + 1:end);
```

8.5.3　增量调制编码

增量调制编码(Delta Modulation Encoding)是利用图像相邻像素值的相关性来压缩每个像素值的位数,达到最终减少图像存储容量的目的。

它是一种预测编码技术,是 PCM 编码的一种变形。PCM 是对每个采样信号的整个幅度进行量化编码,因此具有对任意波形进行编码的能力; DM 是对实际的采样信号与预测信号之差的极性进行编码,将极性变成"0"和"1"这两种可能的取值之一。如果实际的采样信号与预测的采样信号之差为正,则用1表示,为负则用0表示,或者相反。由于DM编码只需用一位对语音信号进行编码,所以DM编码系统又称为"1位系统"。

增量调制与DPCM比较有如下特点:

(1) 在比特率较低时,增量调制的量化信噪比高于DPCM;

(2) 增量调制抗误码性能好,可用于比特误码率为$10^{-2}\sim10^{-3}$的信道,而DPCM则要求信道比特误码率为$10^{-4}\sim10^{-6}$;

(3) 增量调制通常采用单纯的比较器和积分器作编译码器(预测器),结构比DPCM简单。

在增量调制量化过程中存在斜率过载(量化)失真,主要是因为输入信号的斜率较大,调制器跟踪不上而产生的。因为在增量调制中每个抽样间隔内只容许有一个量化电平的变化,所以当输入信号的斜率比抽样周期决定的固定斜率大时,量化阶的大小便跟不上输入信号的变化,因而产生斜率过载失真(或称为斜率过载噪声)。

8.6 标准图像压缩编码JPEG

JPEG(Joint Photographic Experts Group)是一个由ISO和IEC两个组织机构联合组成的专家组,负责制定静态和数字图像数据压缩标准。这个专家组开发的算法称为JPEG算法,并且成为国际上通用的标准,因此又称为JPEG标准。JPEG是一个适用范围很广的静态图像数据压缩标准,既可用于灰度图像压缩又可用于彩色图像压缩。使之满足以下要求:

(1) 必须将图像质量控制在可视保真度高的范围内,同时编码器可被参数化,允许用户设置压缩或质量水平。

(2) 压缩标准可以应用于任何一类连续色调数字图像,并不应受到维数、颜色、画面尺寸、内容、影调的限制。

(3) 压缩标准必须从完全无损到有损范围内可选,以适应不同的存储、CPU和显示要求。

此外,JPEG标准是为连续色调图像的压缩提供的公共标准,连续色调图像并不局限于单色调图像。该标准可适用于各种多媒体存储和通信应用所使用的灰度图像、摄影图像及静止视频压缩文件。

JPEG标准包括图像编码和解码过程以及压缩图像数据的编码表示,它提供了3种压缩算法:基本系统(Baseline System)、扩展系统(Extended System)和无失真压缩(Lossless)。所有的JPEG编码器和解码器必须支持基本系统,另外两种压缩算法适用于特定的应用。

JPEG专家组开发了两种基本的压缩算法,一种是以离散余弦变换DCT为基础的有损压缩算法,另一种是以预测技术为基础的无损压缩算法。使用有损压缩算法时,在压缩比为25∶1的情况下,压缩后还原得到的图像与原始图像相比较,对于非图像专家而言,很难找出它们之间的区别。因此,该压缩技术得到了广泛的应用。为了在保证图像质量的前提下进一步提高压缩比,近年来,JPEG专家组又制定了JPEG 2000(简称JP 2000)标准,JPEG 2000与传统JPEG最大的不同在于,其放弃了JPEG所采用的以离散余弦变换为主的区块编码方式，而改用以小波变换为主的多解析解码方式。采用小波变换的主要目的是为了将图像的频率成分抽取出来。

图 8-16 说明了 JPEG 标准的基本处理框图。

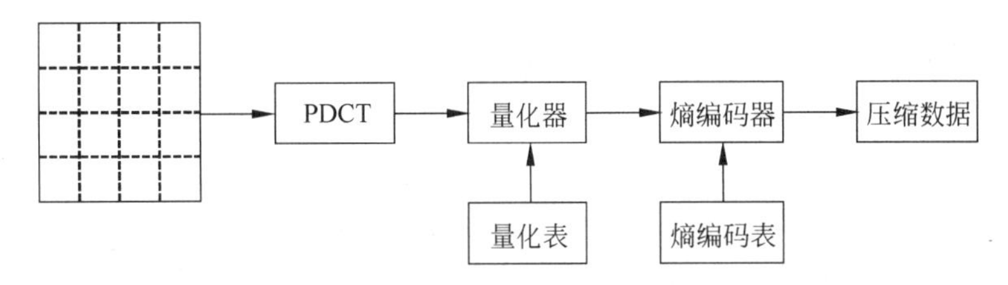

图 8-16 JPEG 标准的基本框图

JEPG 标准将整个图像分成 8×8 的图像块，作为二维离散余弦变换 DCT 的输入。通过 DCT 变换，把能量集中在少数几个系数上，然后对这些系数进行量化。由于人眼对亮度信号比对色差信号更敏感，因此 JEPG 使用了两种量化表：亮度量化值和色差量化值。此外，由于人眼对低频分量的图像比对高频分量的图像更敏感，所以对图像中左上角的量化步长要比右下角的量化步长小。

在经过量化后，进行熵编码过程，将 DCT 系数进行 DPCM 编码，而 AC 系数 Z 形排列之后采用 RLE 编码，最后得到经压缩编码后的数值。

此外，JPEG 还规定了 4 种运行模式，以满足不同的应用需要：

- 基于 DPCM 的无损编码模式，压缩比可以达到 2∶1。
- 基于 DCT 的有损顺序编码模式，压缩比可以达到 10∶1 以上。
- 基于 DCT 的递增编码模式。
- 基于 DCT 的分层编码模式。

JPEG 压缩的有损之处体现在：

(1) 在由 RGB 到 YUV 色度空间变换时，保留每个像素点的亮度信息，而只保留部分像素点的色度信息。

(2) 经过离散余弦变换后的变换系数被进一步量化。量化系数的选取是不均匀的。人眼敏感的低频信号区采用细量化，而高频信号区采用粗量化。这样，人眼感觉不到的高频信号被忽略，仅仅保留了低频信号，从而达到压缩的目的。

尽管基于分块 DCT 变换编码的 JPEG 图像压缩技术已得到了广泛的应用，然而在低比特率压缩时，这种编码的一个主要缺点是产生方块效应，严重影响解码图像的视觉效果。其主要原因是低比特率压缩的粗量化过程在各个方块内引入高频量化误差，各子块独立编码而没有考虑块间的相关性，从而造成块边缘的不连续性。此外，由于舍去了图像的高频信息，因而编码图像的边缘难以很好地保持。

JPEG 压缩编码算法的主要计算步骤为：

(1) 正向离散余弦变换(FDCT)。编码前一般先将图像从 RGB 空间转换到 YCbCr 空间，然后将每个分量图像分割成不重叠的 8×8 像素块，每个 8×8 像素块称为一个数据单元，把采样频率最低的分量图像中 1 个数据单元所对应的像区上覆盖的所有分量上的数据单元按顺序编组为 1 个最小编码单元，以这个最小编码单元为单位，依次将数据单元进行二维离散余弦变换 FDCT，最终得到的 64 个系数代表了该图像块的频率成分。其中低频分量集中在左上角，高频分量集中在右下角。通常将系数矩阵左上角系统称为直流系数(DC),代表了该数据块的平均值;其余63个称为交流系数(AC)。

(2) 量化(quantization)。FDCT处理后得到的64个系数中,低频分量包含了图像亮度等主要信息,在编码时可以忽略高频分量以达到压缩的目的。在JPEG标准中,用具有64个独立元素的量化表来规定DCT域中相应的64个系数的量化精度,使得对某个系数的具体量化阶取决于人眼对该频率分量的视觉敏感程度。

(3) Z字形编码(zigzag scan)。Z扫描是将DCT系数量化后的数据矩阵变为一维数列,为熵编码奠定基础。

(4) 使用差分脉冲编码调制(DPCM)对直流系数(DC)进行编码。直流系数反映了一个8×8数据块的平均亮度。JPEG标准对直流系数进行差分编码。如果直流系数的动态范围为-1024~+1024,则差值的动态范围为-2047~+2047。如果每一个差值赋一个码字,则码表将十分庞大。为此,JPEG标准对码表进行了简化,采用"前缀码(SSSS)+尾码"来表示。

(5) 使用行程长度编码对交流系数进行编码。由于经Z形排列后的交流系数更有可能出现连续0组成的字符串,JPEG标准采用行程编码对数据进行压缩。JPEG标准将一个非零的交流系数及其前面的0行程长度组合成为一个事件,将每个事件编码表示为"NNNN/SSSS+尾码"。

(6) 熵编码。通常采用哈夫曼编码器对量化系数进行编码。

【例8-9】 根据以上步骤,对图像进行JPEG编码。

```
>> clear all;
x = imread('lean.bmp'); % 图像的大小为 512×512
subplot(1,2,1);imshow(x);
y = jpegcode(x,5);
X = huffdecode(y);
subplot(122);imshow(X);
%计算均方根误差
e = double(x) - double(X);
[m,n] = size(e);
erms = sqrt(sum(e(:).^2)/(m * n))
%计算压缩比
cr = imageration(x,y)
```

运行程序效果如图8-17所示,图8-17(b)的压缩比cr=29.8561;其均方根误差erms=7.9322。

(a)

(b)

图8-17 近似JPEG压缩效果

(a) 原始图像;(b) 压缩后图像

在以上程序中，调用了自定义编写的实现JPEG图像压缩编码的函数，函数的源代码如下：

```
%jpegencode函数用来压缩图像,是一种近似的JPEG方法
function y = jpegencode(x,quality)
%x为输入图像
%quality决定了截去的系数和压缩比
error(nargchk(1,2,nargin));              %检查输入参数
if nargin<=2
    quality=1;                           %默认时quality=1
end
x=double(x)-128;                         %像素层次移动-128
[xm,xn]=size(x);
t=dctmtx(8);                             %得到8*8 DCT矩阵
%将图像分割成8*8子图像,进行DCT,然后进行量化
y=blkproc(x,[8 8],'P1*x*P2',t,t');
m=[16 11 10 16 24 40 51 61
    12 12 14 19 26 58 60 55
    14 13 16 24 40 57 69 56
    14 17 22 29 51 87 80 62
    18 22 67 56 68 109 103 77
    24 35 55 64 81 104 113 92
    49 64 78 87 103 121 120 92
    72 92 95 98 112 100 103 99]*quality;
%用m量化步长短对变换矩阵进行量化,即根据式(3-37)量化
yy=blkproc(y,[8 8],'round(x./P1)',m); %将图像块排列成向量
y=im2col(yy,[8 8],'distinct');          %得到列数,也就是子图像个数
xb=size(y,2);                            %变换系数排列次序
order=[1 9 2 3 10 17 25 18 11 4 5 12 19 26 33 ...
41 34 27 20 13 6 7 14 21 28 35 42 49 57 50 ...
43 36 29 22 15 8 16 23 30 37 44 51 58 59 52 ...
45 38 31 24 32 39 46 53 60 61 54 47 40 48 55 62 63 56 64];
   %用Z形扫描方式对变换系数重新排列
   y=y(order,:);
   eob=max(x(:))+1;                      %创建一个块结束符号
   num=numel(y)+size(y,2);
   r=zeros(num,1);
   count=0;
   % 将非零元素重新排列放到r中,-26-3 eob -25 1 eob
   for j=1:xb
       i=max(find(y(:,j)));              %每次对一列(即一块)进行操作
       if isempty(i)
           i=0;
       end
       p=count+1;
       q=p+i;
       r(p:q)=[y(1:i,j);eob];            %截去0并加上结束符号
       count=count+i+1;
   end
   r((count+1):end)=[];                  %删除r没有用的部分
   r=r+128;
   %保存编码信息
   y.size=uint16([xm,xn]);
   y.numblocks=uint16(xb);
```

```
    y.quality = uint16(quality * 100);
    % 对 r 进行 Huffman 编码
    [y.huffman y.info] = huffcode(uint8(r));

% jpegdecode 函数,jpegencode 的解码程序
function x = jpegdecode(y)
error(nargchk(1,1,nargin));                  % 检查输入参数
m = [16 11 10 16 24 40 51 61
    12 12 14 19 26 58 60 55
    14 13 16 24 40 57 69 56
    14 17 22 29 51 87 80 62
    18 22 67 56 68 109 103 77
    24 35 55 64 81 104 113 92
    49 64 78 87 103 121 120 92
    72 92 95 98 112 100 103 99];
order = [1 9 2 3 10 17 25 18 11 4 5 12 19 26 33...
41 34 27 20 13 6 7 14 21 28 35 42 49 57 50...
43 36 29 22 15 8 16 23 30 37 44 51 58 59 52...
45 38 31 24 32 39 46 53 60 61 54 47 40 48 55 62 63 56 64];
rev = order;                                 % 计算逆运算
for k = 1:length(order)
    rev(k) = find(order == k);
end
% ff = max(rev(:)) + 1;
m = double(y.quality)/100 * m;
xb = double(y.numblocks);                    % 得到图像的块数
sz = double(y.size);
xn = sz(1);                                  % 得到行数
xm = sz(2);                                  % 得到列数
x = huffdecode(y.huffman,y.info);            % Huffman 解码
x = double(x) - 128;
eob = max(x(:));                             % 得到块结束符
z = zeros(64,xb);
k = 1;
for i = 1:xb
    for j = 1:64
        if x(k) == eob
            k = k + 1;
        break;
        else
            z(j,i) = x(k);
            k = k + 1;
        end
    end
end
z = z(rev,:);                                % 恢复次序
x = col2im(z,[8 8],[xm xn],'distinct');      % 重新排列成图像块
x = blkproc(x,[8 8],'x.* P1',m);             % 逆量化
t = dctmtx(8);
x = blkproc(x,[8 8],'P1 * x * P2',t',t);     % DCT 逆变换
x = uint8(x + 128);                          % 进行位移
```

在以上程序代码中,调用到以下子程序,其源代码分别为:

```
% Huffencode 函数对输入矩阵 vector 进行 Huffman 编码,返回编码后的向量(压缩数据)及相关
% 信息
function [zippend, info] = huffcode(vector)
% 输入和输出都是 uint8 格式; info 为返回解码需要的结构信息
% info.pad 是添加的比特数; info.huffcodes 是 Huffman 码字
% info.rows 是原始图像行数; info.cols 是原始图像列数
% info.length 是最大码长
if~isa(vector,'uint8')
    eror('input argument must be a uint8 vector');
end
[m,n] = size(vector);
vector = vector(:)';
f = frequency(vector);                    % 计算各符号出现的概率
symbols = find(f~ = 0);
f = f(symbols);
[f,sortindex] = sort(f);                  % 将符号按照出现的概率大小排列
symbols = symbols(sortindex);
len = length(symbols);
symbols_index = num2cell(1:len);
codeword_tmp = cell(len,1);
while length(f)> 1                        % 生成 Huffman 树,得到码字编码表
    index1 = symbols_index{1};
    index2 = symbols_index{2};
    codeword_tmp(index1) = addnode(codeword_tmp(index1),uint8(0));
    codeword_tmp(index2) = addnode(codeword_tmp(index2),uint8(1));
    f = [sum(f(1:2)) f(3:end)];
    symbols_index = [{[index1,index2]} symbols_index(3:end)];
    [f,sortindex] = sort(f);
    symbols_index = symbols_index(sortindex);
end
codeword = cell(256,1);
codeword(symbols) = codeword_tmp;
len = 0;
for index = 1:length(vector)              % 得到整个图像所有比特数
    len = len + length(codeword{double(vector(index)) + 1});
end
string = repmat(uint(0),1,len);
pointer = 1;
for index = 1:length(vector)              % 对输入图像进行编码
    code = codeword{double(vector(index)) + 1};
    len = length(code);
    string(pointer + (0:len - 1)) = code;
    pointer = pointer + len;
end
len = length(string);
pad = 8 - mod(len,8);                     % 非 8 整数倍时,最后补 pad 个 0
if pad > 0
    string = [string uint8(zeros(1,pad))];
end
codeword = codeword(symbols);
codlen = zeros(size(codeword));
weights = 2.^(0:23);
maxcodelen = 0;
for index = 1:length(codeword)
```

```
        len = length(codeword{index});
        if len > maxcodelen
          maxcodelen = len;
        end
        if len > 0
            code = sum(weights(codeword{index} == 1));
            code = bitset(code,len + 1);
            codeword{index} = code;
            codelen(index) = len;
        end
end
codeword = [codeword{:}];
%计算压缩后的向量
cols = length(string)/8;
string = reshape(string,8,cols);
weights = 2.^(0:7);
zipped = uint8(weights * double(string));
%码表存储到一个稀疏矩阵
huffcodes = sparse(1,1);
for index = 1:nnz(codeword)
    huffcodes(codeword(index),1) = symbols(index);
end
%填写解码时所需的结构信息
info.pad = pad;
info.huffcodes = huffcodes;
info.ratio = cols./length(vector);
info.length = length(vector);
info.maxcodelen = maxcodelen;
info.rows = m;
info.cols = n;

%huffdecode函数对输入矩阵vector进行Huffman编码,返回解压后的图像数据
function vector = huffdecode(zipped,info,image)
if ~isa(zipped,'uint8')
    error('input argument must be a uint8 vector');
end
%产生0,1序列,每位占1字节
len = length(zipped);
string = repmat(uint8(0),1,len.*8);
bitindex = 1:8;
for index = 1:len
    string(bitindex + 8.*(index - 1)) = uint8(bitget(zipped(index),bitindex));
end
string = logical(string(:)');
len = length(string);
%开始解码
weights = 2.^(0:51);
vector = repmat(uint8(0),1,info.length);
vectorindex = 1;
codeindex = 1;
code = 0;
for index = 1:len
    code = bitset(code,codeindex,string(index));
    codeindex = codeindex + 1;
```

```
    byte = decode(bitset(code, codeindex), info);
    if byte > 0
        vector(vectorindex) = byte - 1;
        codeindex = 1;
        code = 0;
        vectorindex = vectorindex + 1;
    end
end
vector = reshape(vector, info.rows, info.cols);

% addnode 函数的源程序代码
function codeword_new = addnode(codeword_old, item)
codeword_new = cell(size(codeword_old));
for index = 1:length(codeword_old),
    codeword_new{index} = [item codeword_old{index}];
end

% frequency 函数的源程序代码
function f = frequency(vector)
% FREQUENCY 计算元素出现概率
if ~isa(vector, 'uint8'),
    error('input argument must be a uint8 vector')
end
f = repmat(0,1,256);
% 扫描向量
len = length(vector);
for index = 0:256, %
    f(index + 1) = sum(vector == uint8(index));
end
% 归一化
f = f./len;
```

第9章 数字图像的形态学处理

数学形态学是一门新兴的图像处理与分析学科，其基本理论与方法在文字识别、医学图像处理与分析、图像编码压缩、视觉检测、材料科学以及机器人视觉等诸多领域都取得了广泛的应用。已经成为图像工程技术人员必须掌握的基本知识之一。

9.1 数学形态学的概述

数学形态学是一门建立在集论基础上的学科，是几何形态学分析和描述的有力工具。数学形态学的历史可回溯到19世纪。1964年法国的Matheron和Serra在积分几何的研究成果上，将数学形态学引入图像处理领域，并研制了基于数学形态学的图像处理系统。1982年出版的专著 *Image Analysis and Mathematical Morphology* 是数学形态学发展的重要里程碑，表明数学形态学在理论上趋于完备，并在应用上不断深入。数学形态学蓬勃发展，由于其并行快速，易于硬件实现，引起了人们的广泛关注。目前，数学形态学已在计算机视觉、信号处理与图像分析、模式识别、计算方法与数据处理等方面得到了极为广泛的应用。

数学形态学是由一组形态学的代数运算子组成的，它的基本运算有4个：膨胀（或扩张）、腐蚀（或侵蚀）、开启和闭合，它们在二值图像和灰度图像中各有特点。基于这些基本运算还可推导和组合成各种数学形态学实用算法，用它们可以进行图像形状和结构的分析及处理，包括图像分割、特征抽取、边界检测、图像滤波、图像增强和恢复等。数学形态学方法利用一个称作结构元素的“探针”收集图像的信息，当探针在图像中不断移动时，便可考察图像各个部分之间的相互关系，从而了解图像的结构特征。数学形态学基于探测的思想，与人的FOA(Focus Of Attention)视觉特点有类似之处。作为探针的结构元素，可直接携带知识（形态、大小，甚至加入灰度和色度信息）来探测、研究图像的结构特点。

数学形态学可以用来解决抑制噪声、特征提取、边缘检测、图像分割、形状识别、纹理分析、图像恢复与重建、图像压缩等图像处理问题。

形态学一般使用二值图像，进行边界提取、骨架提取、孔洞填充、角点提取、图像重建。在图 9-1 中给出一个二值图像 X 和一个圆形结构元素 S。结构元素放在两个不同的位置。其中一个位置可以很好地放入结构元素，而另一个位置则无法放入结构元素。通过对图像内适合放入结构元素的位置做标记，便可得到关于图像结构的信息。这些信息与结构元素的尺寸和形状都有关。因而，这些信息的性质取决于结构元素的选择。也就是说，结构元素的选择与从图像中抽取何种信息有密切的关系，构造不同的结构元素，便可完成不同的图像分析，得到不同的分析结果。

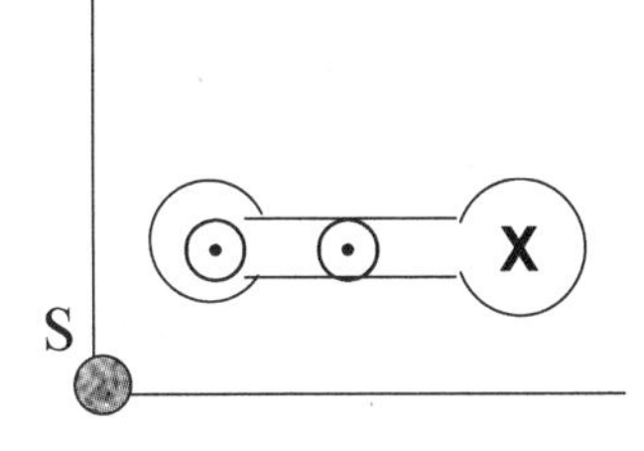

图 9-1　形态学基本运算

9.2　形态学的基本概念

数学形态学的数学基础和所用语言是集合论，因此它具有完备的数学基础，这为形态学用于图像分析和处理、形态滤波器的特性分析和系统设计奠定了坚实的基础。

如果集合 A 的每个元素又是另一集合 B 的一个元素，则集合 A 称为集合 B 的子集，表示为

$$A \subset B$$

两个集合 A 和 B 的并集为 C，则可记为 $C=A\cup B$。这个集合包含了集合 A 和 B 的所有元素。

两个集合 A 和 B 的交集为 C，则可记为 $C=A\cap B$。这个集合包含的元素同时属于集合 A 和 B。

如果两个集合 A 和 B 没有共同元素，则称二者是不相容的或互斥的。此时，$A\cap B=\Phi$。

集合 A 的补集是不包含于集合 A 的所有元素组成的集合，记为 $A^c=\{w|w\notin A\}$。

集合 A 和 B 的差，表示为 $A-B$，定义为

$$A-B=\{w \mid w\in A, w\notin B\}=A\cap B^c$$

以下两个集合的运算在通常的集合论基本概念中极少出现，但却广泛应用在数学形态学的附加定义中。

集合 B 的反射表示为 $\hat{B}$，定义为

$$\hat{B}=\{w \mid w=-b, b\in B\}$$

集合 A 平移到 $z=(z_1,z_2)$，表示 $(A)_z$，定义为

$$(A)_z=\{c \mid c=a+z, a\in A\}$$

9.3　数学形态学的分类

根据不同的图像类型，可以分为不同类型的数学形态学。

1. 二值形态学

数学形态学中二值图像的形态变换是一种针对集合的处理过程。其形态算子的实

质是表达物体或形状的集合与结构元素间的相互作用，结构元素的形状就决定了这种运算所提取的信号的形状信息。形态学图像处理是在图像中移动一个结构元素，然后将结构元素与下面的二值图像进行交、并等集合运算。

在形态学中，结构元素是最重要最基本的概念。结构元素在形态变换中的作用相当于信号处理中的滤波窗口。用 $B(x)$ 代表结构元素，对工作空间 E 中的每一点 x，腐蚀和膨胀的定义为

腐蚀：$X=E\otimes B=\{x:B(x)\subset E\}$

膨胀：$Y=E\oplus B=\{y:B(y)\cap E\neq\Phi\}$

用 $B(x)$ 对 E 进行腐蚀的结果就是把结构元素 B 平移后使 B 包含于 E 的所有点构成的集合。用 $B(x)$ 对 E 进行膨胀的结果就是把结构元素 B 平移后使 B 与 E 的交集非空的点构成的集合。先腐蚀后膨胀的过程称为开运算，它具有消除细小物体、在纤细处分离物体和平滑较大物体边界的作用。先膨胀后腐蚀的过程称为闭运算，它具有填充物体内细小空洞、连接邻近物体和平滑边界的作用。

可见，二值形态膨胀与腐蚀可转化为集合的逻辑运算，算法简单，适于并行处理，且易于硬件实现，适于对二值图像进行图像分割、细化、抽取骨架、边缘提取、形状分析。但是，在不同的应用场合，结构元素的选择及其相应的处理算法是不一样的，对不同的目标图像需设计不同的结构元素和不同的处理算法。结构元素的大小、形状选择合适与否，将直接影响图像的形态运算结果。

2. 灰度数学形态学

二值数学形态学可方便地推广到灰度图像空间。只是灰度数学形态学的运算对象不是集合，而是图像函数。以下设 $f(x,y)$ 是输入图像，$b(x,y)$ 是结构元素。用结构元素 b 对输入图像 f 进行膨胀和腐蚀运算分别定义为

$$(f\oplus b)(s,t)=\max\{f(s-x,t-y)+b(x,y)\mid(s-x,t-y)\in D_{f'}(x,y)\in D_b\}$$

$$(f\otimes b)(s,t)=\min\{f(s+x,t+y)+b(x,y)\mid(s+x,t+y)\in D_{f'}(x,y)\in D_b\}$$

对灰度图像的膨胀（或腐蚀）操作有两类效果：

(1) 如果结构元素的值都为正的，则输出图像会比输入图像亮（或暗）；

(2) 根据输入图像中暗（或亮）细节的灰度值以及它们的形状相对于结构元素的关系，它们在运算中或被消减或被除掉。灰度数学形态学中开启和闭合运算的定义与在二值数学形态学中的定义一致。用 b 对 f 进行开启和闭合运算的定义为

$$f\cdot b=(f\otimes b)\oplus b$$

$$f\cdot b=(f\oplus b)\otimes b$$

3. 模糊数学形态学

将模糊集合理论用于数学形态学就形成了模糊形态学。模糊算子的定义不同，相应的模糊形态运算的定义也不相同。在此，选用 Shinba 的定义方法。模糊性由结构元素对原图像的适应程度来确定。用有界支撑的模糊结构元素对模糊图像的腐蚀和膨胀运算，按它们的隶属函数定义为

$$\mu_{A\otimes B}(x) = \min_{y\in B}[\min[1, 1+\mu_A(x+y)-\mu_B(y)]]$$
$$= \min[1, \min_{y\in B}[1+\mu_A(x+y)-\mu_B(y)]]$$
$$\mu_{A\oplus B}(x) = \max_{y\in B}[\max[0, \mu_A(x-y)+\mu_B(y)-1]]$$
$$= \max[0, \max_{y\in B}[\mu_A(x-y)+\mu_B(y)-1]]$$

其中：$x,y\in Z^2$ 代表空间坐标；μ_A,μ_B 分别代表图像和结构元素的隶属函数。由上式的结果可知，经模糊形态腐蚀膨胀运算后的隶属函数均落在[0,1]区间内。模糊形态学是传统数学形态学从二值逻辑向模糊逻辑的推广，与传统数学形态学有相似的计算结果和相似的代数特性。模糊形态学重点研究 n 维空间目标物体的形状特征和形态变换，主要应用于图像处理领域，如模糊增强、模糊边缘检测、模糊分割等。

9.4 形态学的基本运算

膨胀与腐蚀是数学形态学的基本操作。数学形态学的很多操作都是以膨胀和腐蚀为基础推导的算法。

膨胀一般是给图像中的对象边界添加像素，而腐蚀则是删除对象边界某些像素。在操作中，输出图像中所有给定像素的状态都是通过对输入图像的相应像素及其邻域使用一定的规则进行确定。在膨胀操作时，输出像素值是输入图像相应像素邻域内所有像素的最大值。在二进制图像中，如果任何像素值为1，那么对应的输出像素值为1。而在腐蚀操作中，输出像素值是输入图像相应像素邻域内所有像素的最小值。在二进制图像中，如果任何一个像素值为0，那么对应的输出像素值为0。

图9-2说明了一幅二进制图像的膨胀规则，而图9-3则说明了灰度图像的膨胀过程。

结构元素的原点定义在对输入图像感兴趣的位置。对于图像边缘的像素，由结构元素定义的邻域将会有一部分位于图像边界之外。为了有效处理边界像素，进行形态学运算的函数通常都会给超出图像、未指定数值的像素指定一个数值，这就类似于函数给图像填充了额外的行和列。对于膨胀和腐蚀操作，它们对像素进行填充的值是不同的。

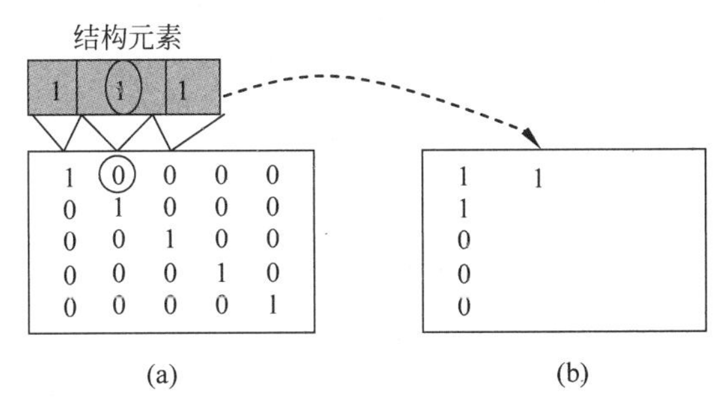

图9-2 二进制图像的膨胀规则

(a) 输入图像；(b) 输出图像

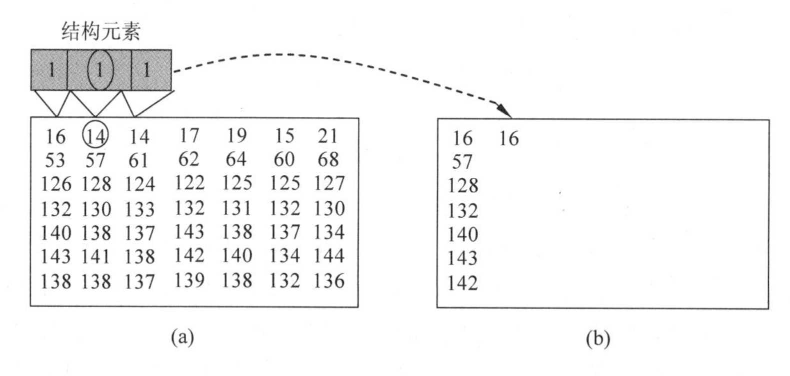

图 9-3 灰度图像的膨胀规则

(a) 输入图像；(b) 输出图像

9.4.1 边界像素

形态学操作函数把结构元素的中心对应于输入图像指定的像素值，对于图像边界上的像素，结构元素定义的部分邻域可以扩展到图像的边界以外。

为了处理图像边界的像素，形态学函数会给这些没有定义的像素指定一个值，就像是函数已经用额外的行和列填充了图像一样。这些填充的像素值会因为膨胀或腐蚀有所不同，表 9-1 描述了对于二值图像和灰度图像膨胀和腐蚀的填充规则。

表 9-1 膨胀和腐蚀运算填充图像的规则

运　算	规　则
膨胀	图像边界外的像素值被指定为图像数据类型的最小值，对于二值图像，这些值设定为 0，对于 uint8 类型的灰度图像，这些值设定为 0
腐蚀	图像边界外的像素值被指定为图像数据类型的最大值，对于二值图像，这些值设定为 1，对于 uint8 类型的灰度图像，这些值设定为 255

通过在膨胀操作中使用最小值，在腐蚀操作中使用最大值，在图像处理中避免了边界效应。边界效应是指输出图像中边界像素的值的分布不像图像中其他部分那样均一。

例如，如果腐蚀操作中使用最小值填充边界，腐蚀图像将会在图像边界产生一个黑色的边框，这是由于这些边界的像素值为 0，也就是所谓的边界效应。

9.4.2 结构元素

膨胀和腐蚀操作的核心内容是结构元素。一般来说结构元素是由元素值为 1 或 0 的矩阵组成。结构元素为 1 的区域定义了图像的邻域，在进行膨胀和腐蚀等形态学操作时要考虑邻域内的像素。

一般来说，二维或平面结构的结构元素要比处理的图像小得多。结构元素的中心像素，即结构元素的原点，与输入图像中感兴趣的像素值（要处理的像素值）相对应。

三维的结构元素使用 0 和 1 来定义 x-y 平面中结构元素的范围，使用高度值定义第三维。

1. 结构元素的原点

形态学操作中使用下面的公式来得到任意形状和维数的结构元素的原点坐标：

```
origin = floor((size(nhood) + 1)/2)
```

其中，nhood 是定义的结构元素的邻域，因为结构元素是 MATLAB 的对象，因此在计算中不能使用 size(strel)来计算其维数大小，而要使用 size(nhood)来计算，strel 为结构元素，nhood 是结构元素 strel 的邻域。

图 9-4 显示了钻石(菱形)结构元素。

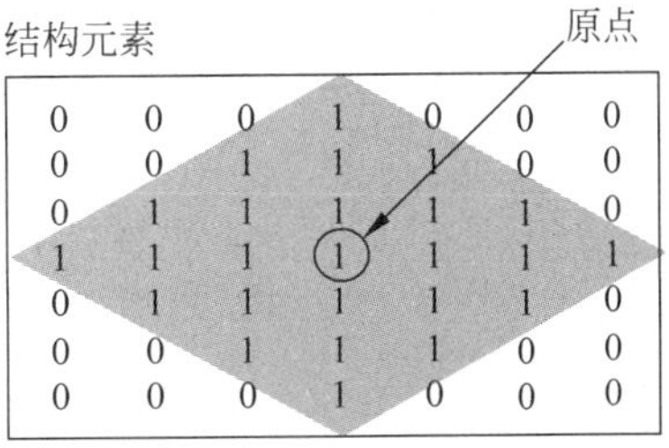

结构元素　　原点

0	0	0	1	0	0	0
0	0	1	1	1	0	0
0	1	1	1	1	1	0
1	1	1	1	1	1	1
0	1	1	1	1	1	0
0	0	1	1	1	0	0
0	0	0	1	0	0	0

图 9-4　菱形结构元素

2. 创建结构元素

在 MATLAB 中，采用 strel 函数创建任意大小和形状的 STREL 对象。函数 strel 支持常用的形状，例如线型(line)、矩形(rectangle)、方形(square)、球形(ball)、钻石型(diamond)和自定义的任意型(arbitrary)等。strel 函数的调用格式为：

(1) SE = strel('diamond', R)，创建一个平面的菱形结构元素，R 为非负整数，指定结构元素的原点到菱形结构的尖端的距离。

(2) SE = strel('disk', R, N)，创建一个平面的圆形结构元素，R 为半径，N 为 0、4、6、8，默认 N 为 4。

(3) SE = strel('line', LEN, DEG)，创建一个平面的线型结构元素，其中 LEN 指定长度，DEG 指定线条与水平轴成逆时针的角度。

(4) SE = strel('octagon', R)，创建一个八角形结构元素，其中 R 为结构元素与八角形水平和垂直边的距离。R 必须为 3 的倍数。

(5) SE = strel('pair', OFFSET)，创建由 2 个元素组成的平面结构元素，一个元素在原点，另一个由 OFFSET 指定，OFFSET 必须为一个二维的整数向量。

(6) SE = strel('periodicline', P, V)，创建一个包含 2×P+1 个元素的平面结构元素。V 是一个二维的整数向量，一个结构元素在原点，其他的在 1×V，−1×V，2×V，−2×V，…，P×V，−P×V 处。

(7) SE = strel('rectangle', MN)，创建一个平面的矩形结构元素，NM 指定大小，MN 必须为二维的非负整数。第一个元素为行的数目，第二个元素为列的数目。

(8) SE = strel('square', W)，创建一个正方形的结构元素，其宽度为 W，W 必须为非负整数。

用 strel 函数创建非平面的结构元素的调用格式为：

(1) SE = strel('arbitrary', NHOOD)或 SE = strel('arbitrary', NHOOD, HEIGHT)，其作用是创建一个非平面的结构元素，其中 NHOOD 指定邻域，HEIGHT 为与 NHOOD 同样大小的矩阵，为包含与 NHOOD 的非 0 元素相关的高度值。

(2) SE = strel('ball', R, H, N),其作用是创建一个非平面的球形结构元素(实际上为一个椭圆体)。在 x-y 平面上的半径为 R,高度为 H,注意 R 必须为一个非负整数,H 必须为一个实数,N 必须为非负的偶数。N 默认值为 8。

【例 9-1】 创建结构元素。

```
>> clear all;
>> se1 = strel('diamond',3)                    %钻石型结构元素
se1 =
Flat STREL object containing 25 neighbors.
Decomposition: 3 STREL objects containing a total of 13 neighbors
Neighborhood:
     0   0   0   1   0   0   0
     0   0   1   1   1   0   0
     0   1   1   1   1   1   0
     1   1   1   1   1   1   1
     0   1   1   1   1   1   0
     0   0   1   1   1   0   0
     0   0   0   1   0   0   0
>> se2 = strel('line',10,60)                   %线性结构元素,角度为 60 度
se2 =
Flat STREL object containing 9 neighbors.
Neighborhood:
     0   0   0   0   1
     0   0   0   0   1
     0   0   0   1   0
     0   0   0   1   0
     0   0   1   0   0
     0   1   0   0   0
     0   1   0   0   0
     1   0   0   0   0
     1   0   0   0   0
```

函数 strel 的返回值为 STREL 类型,可以利用这些结构元素对图像进行膨胀和腐蚀等操作。

3. 结构元素分解

为了增强函数的性能,strel 函数经常把结构元素分解成小块,这种技术称为结构元素的分解。例如,使用一个 11×11 的结构元素对目标进行膨胀,等同于先使用一个 1×11 的结构元素进行膨胀,然后使用 11×1 的结构元素进行膨胀。这个方法理论上会使膨胀操作的速度提高 5.5 倍,但实际上速度提高没有那么多。

对于'disk'或'ball'形状的结构元素,其分解的结果是近似的,对于其他形状的结构元素分解结果是精确的。只有结构元素的邻域都是由 1 组成的平面结构时,可以用于任意结构元素的分解。

使用 getsequence 函数可以查看结构元素分解后的序列。该函数返回一个结构元素数组,每个元素为分解后的结构元素,其调用格式为:

SEQ = getsequence(SE),其中 SE 是要分解的结构元素;SEQ 为分解后要返回的结构元素。

【例 9-2】 对结构元素进行分解。

```
>> sel = strel('diamond',4)                    % 创建钻石型结构元素对象,其中邻域为 41 个像素
sel =
Flat STREL object containing 41 neighbors.
Decomposition: 3 STREL objects containing a total of 13 neighbors
Neighborhood:
     0   0   0   0   1   0   0   0   0
     0   0   0   1   1   1   0   0   0
     0   0   1   1   1   1   1   0   0
     0   1   1   1   1   1   1   1   0
     1   1   1   1   1   1   1   1   1
     0   1   1   1   1   1   1   1   0
     0   0   1   1   1   1   1   0   0
     0   0   0   1   1   1   0   0   0
     0   0   0   0   1   0   0   0   0
>> seq = getsequence(sel)                      % 查看结构元素分解,分解为 3 个 strel 对象
seq =
3x1 array of STREL objects
>> seq(1)
ans =
Flat STREL object containing 5 neighbors.
Neighborhood:
     0   1   0
     1   1   1
     0   1   0
>> seq(2)
ans =
Flat STREL object containing 4 neighbors.
Neighborhood:
     0   1   0
     1   0   1
     0   1   0
>> seq(3)
ans =
Flat STREL object containing 4 neighbors.
Neighborhood:
     0   0   1   0   0
     0   0   0   0   0
     1   0   0   0   1
     0   0   0   0   0
     0   0   1   0   0
```

从运行结果可看出,这个钻石型结构元素被分解成 3 个比较小的结构元素。

9.4.3 膨胀与腐蚀

膨胀和腐蚀是对图像中某区域(线和点是区域的特征)进行计算,形象地说膨胀是使区域从四周向外扩大,而腐蚀是使区域从四周向内缩小。

对于任意图像子集 S,膨胀是不断地把 $\overline{S}$ 的边界点加入到 S 中,而腐蚀是不断地将 S 的边界点消除。对于二值图像来说,如果用 1 值的像素点表示 S,0 值的像素点表示 $\overline{S}$,则

膨胀是将与 S 相邻的 0 值像素点变成 1 值像素点，而腐蚀是不断地将 S 的边界点变成 0 值像素点。

1. 膨胀运算

膨胀(dilation)的运算符为⊕，用 B 对 A 进行膨胀可以记为 $A \oplus B$，定义为

$$A \oplus B = \{x \mid [(\hat{B})_x \cap A] \neq \Phi\} \tag{9-1}$$

其中，$\hat{B}$表示集合 B 的反射，$(\hat{B})_x$ 表示对 B 的反射进行位移 x。因此，式(9-1)表明用 B 膨胀 A 的过程就是先对 B 作关于原点的映射，再将其平移 x，这里 A 与 B 的交集不能为空集。换言之，用 B 来膨胀 A 得到的集合是$\hat{B}$的位移与 A 至少有一个非零元素相交时 B 的原点位置的集合。根据以上解释，式(9-1)也可写成

$$A \oplus B = \{x \mid [(\hat{B})_x \cap A] \subseteq A\}$$

借助卷积的概念来理解膨胀操作是很有帮助的。如果将 B 看作一个卷积模板，膨胀就是先对 B 作关于原点的映射，再将映射连续地在 A 上移动而实现。

在 MATLAB 中，提供了 imdilate 函数实现图像的膨胀操作。函数的调用格式为：

(1) IM2 = imdilate(IM,SE)，使用结构元素矩阵 SE 对图像数据矩阵 IM 执行膨胀操作，得到图像 IM2。IM 可以是灰度图像或二值图像，即分别为灰度膨胀或二值膨胀。如果 SE 为多重元素对象序列，则 imdilate 执行多重膨胀。

(2) IM2 = imdilate(IM,NHOOD)，膨胀图像 IM，这里 NHOOD 为定义结构元素邻域 0 和 1 的矩阵，等价于 imdilate(IM,strel(NHOOD))。imdilate 函数由指令 floor((size(NHOOD)+1)/2)决定邻域的中心元素。

(3) IM2 = imdilate(___,PACKOPT)，用来识别 IM 是否为 packed 二值图像。PACKOPT 取值为 ispacked 或 notpacked。

(4) IM2 = imdilate(___,SHAPE)，用来决定输出图像的大小。SHAPE 可以取值为 same 或 full。当 SHAPE 值为 same 时，可以使得输出图像与输入图像大小相同。如果 PACKOPT 取值为 ispacked，则 SHAPE 只能取值为 same。当 SHAPE 取值为 full 时，将对原图像进行全面的膨胀运算。

【例 9-3】 对二值图像进行膨胀操作。

```
>> clear all;
bw = imread('text.png');
se = strel('line',11,90);                    %生成线型的结构元素
bw2 = imdilate(bw,se);                       %对图像进行膨胀操作
subplot(121);imshow(bw);
title('原始图像')
subplot(122); imshow(bw2);
title('图像膨胀');
```

运行程序，效果如图 9-5 所示。

由图 9-5 可看出，膨胀后的图像，其中垂直方向的字母因为膨胀连接起来，而水平方向的字母没有连接起来。

【例 9-4】 对灰度图像进行膨胀操作。

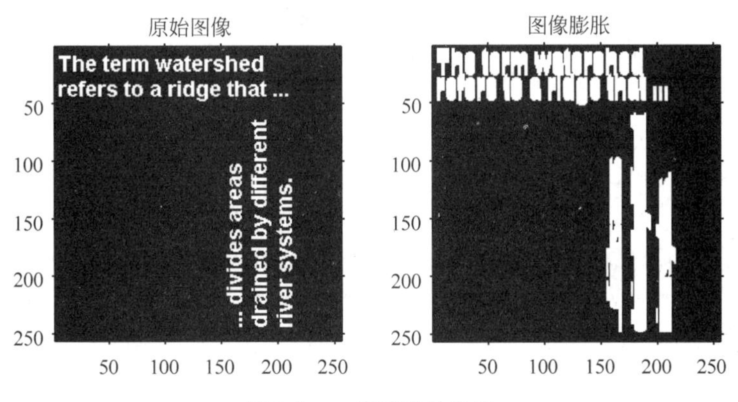

图 9-5　二值图像的膨胀

```
>> clear all;
I = imread('cameraman.tif');
I1 = 256 - I;                          % 对图像进行取反操作
se = strel('ball',5,5);                % 生成球形的结构元素
I2 = imdilate(I,se);                   % 图像膨胀操作
I3 = imdilate(I1,se);                  % 取反进行膨胀
I4 = 256 - I3;                         % 对膨胀后的图像进行取反
subplot(221);imshow(I);
title('原始图像');
subplot(222);imshow(I1);
title('取反图像');
subplot(223); imshow(I2);
title('原始图像膨胀');
subplot(224); imshow(I3);
title('取反后的图像膨胀');
```

运行程序,效果如图 9-6 所示。

图 9-6　灰度图像的膨胀操作

由图 9-6 可知，在图像膨胀中，要先区分要膨胀的目标元素，然后确定是不是需要取反操作来达到膨胀的目的。

2. 图像的腐蚀

腐蚀(erosion)的运算符为⊗，用 B 对 A 进行腐蚀可以记为 $A\Theta B$，其定义为

$$A \otimes B = \{x \mid (B)_x \subseteq A\} \tag{9-2}$$

式(9-2)表明用 B 腐蚀的过程就是将 B 平移 x 的运算，结果是所有 x 的集合，即 B 平移 x 后仍在 A 中。换言之，用 B 腐蚀 A 得到的集合是 B 完全包括在 A 中时 B 的原点位置的集合，即平移后的 B 与 A 的背景并不叠加。根据以上解释，式(9-2)可写为

$$A \otimes B = \{x \mid [(B)_x \cap A^c] \neq \Phi\}$$

MATLAB 中，提供了 imerode 函数实现图像的腐蚀操作。函数的调用格式为：

(1) IM2 = imerode(IM,SE)，对灰度图像或二值图像 IM 进行腐蚀操作，返回结果图像 IM2。SE 为由 strel 函数生成的结构元素对象。

(2) IM2 = imerode(IM,NHOOD)，对灰度图像或二值图像 IM 进行腐蚀操作，返回结果图像 IM2。NHOOD 是一个由 0 和 1 组成的矩阵，指定邻域。

(3) IM2 = imerode(___,PACKOPT,M)，指定用来识别 IM 是否为 packed 二值图像。PACKOPT 取值为 ispacked 或 notpacked。

(4) IM2 = imerode(___,SHAPE)，指定输出图像的大小。字符串参量 SHAPE 指定输出图像的大小，取值为 same(输出图像与输入图像大小相同)或 full(imdilate 对输入图像进行全腐蚀，输出图像比输入图像大)。

【例 9-5】 对二值图像进行腐蚀操作。

```
>> clear all;
originalBW = imread('circles.png');
se = strel('disk',11);
erodedBW = imerode(originalBW,se);
subplot(121);imshow(originalBW);
title('原始图像');
subplot(122);imshow(erodedBW);
title('腐蚀操作');
```

运行程序，效果如图 9-7 所示。

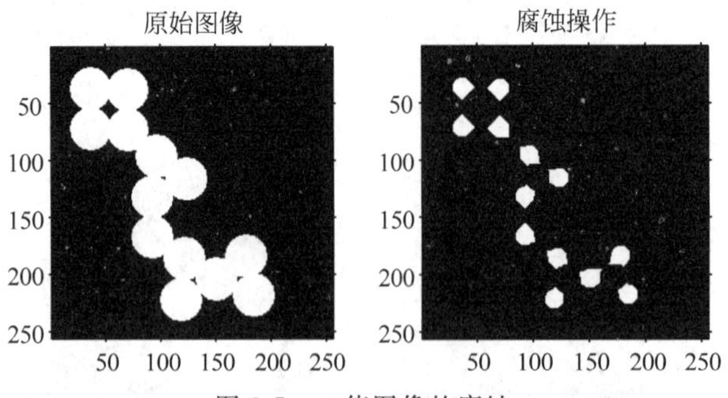

图 9-7　二值图像的腐蚀

由图 9-7 可看到腐蚀后的图像中圆形目标变小，也即是说，腐蚀是指使目标对象被“腐蚀”，从而使目标对象变小，这与膨胀的效果正好相反。

【例 9-6】 对灰度图像进行腐蚀操作。

```
>> clear all;
originalI = imread('cameraman.tif');
se = strel('ball',5,5);
erodedI = imerode(originalI,se);
subplot(121);imshow(originalI);
title('原始图像');
subplot(122); imshow(erodedI);
title('图像腐蚀');
```

运行程序,效果如图 9-8 所示。

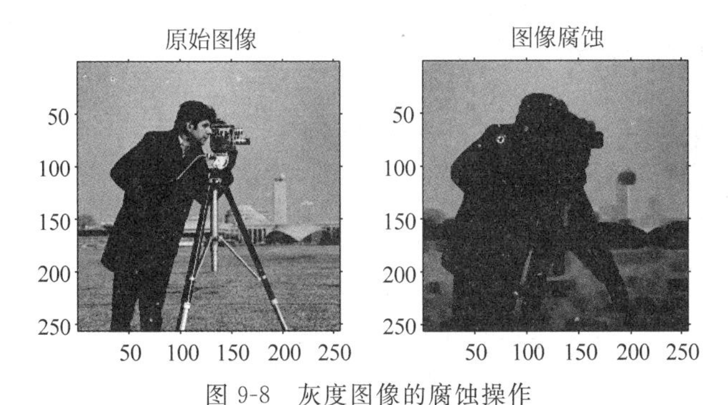

图 9-8 灰度图像的腐蚀操作

【例 9-7】 对二值图像进行腐蚀和膨胀操作。

```
>> clear all;
se = strel('rectangle', [40, 30]);
bw1 = imread('circbw.tif');
bw2 = imerode(bw1, se);
bw3 = imdilate(bw2, se);
figure;
subplot(131); imshow(bw1);
title('原始图像');
subplot(132); imshow(bw2);
title('图像的腐蚀');
subplot(133); imshow(bw3);
title('图像的膨胀');
```

运行程序,效果如图 9-9 所示。

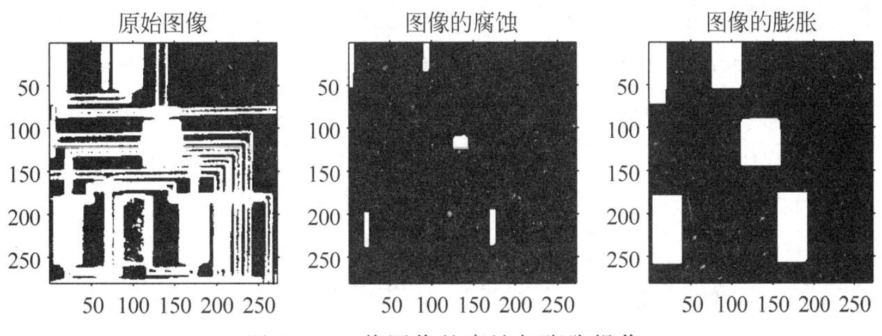

图 9-9 二值图像的腐蚀与膨胀操作

9.4.4 开运算与闭运算

膨胀和腐蚀操作经常一起使用，来对图像进行处理。例如，形态学的开运算就是先对一幅图像进行膨胀，然后再使用相同的结构元素进行腐蚀操作。而闭运算恰恰相反，先对一幅图像进行腐蚀，然后再使用相同的结构元素对图像进行膨胀操作。

1. 开运算

开运算是指先对图像进行腐蚀，然后再作膨胀得到结果。用 B 对 A 进行形态学开操作可以记为 $A \circ B$，它的定义为

$$A \circ B = (A \Theta B) \oplus B$$

根据膨胀和腐蚀的定义，开运算也可以表示为

$$A \circ B = \bigcup \{(B)_z \mid (B)_z \subseteq A\}$$

其中：$\bigcup\{\cdot\}$表示并集；$\subseteq$表示子集。上式的简单几何解释为，$A \circ B$ 是 B 在 A 内完全匹配的平移并集。

2. 闭运算

闭运算是指先对图像进行膨胀，然后再作腐蚀得其结果。用 B 对 A 进行形态学闭运算可以记为 $A \cdot B$，它的定义为

$$A \cdot B = (A \oplus B) \Theta B$$

类似于开运算，闭运算也可以表示为

$$A \cdot B = \{x \mid x \in (\hat{B}_z) \Rightarrow (\hat{B}_z) \cap A = \Phi\}$$

上式表示，用结构元素 B 对 A 进行形态学闭运算的结果包括所有满足以下条件的点：该点可被映射和位移的结构元素覆盖时，A 与经过映射和位移的 B 的交集不为零。从几何上讲，$A \cdot B$ 是所有不与 A 重叠的 B 的平移的并集。

3. 开运算与闭运算实现

MATLAB 中，提供了相对应的函数实现图像的开运算与闭运算，下面给予介绍。

1) imopen 函数

该函数用于对图像进行开运算。函数的调用格式为：

(1) IM2 = imopen(IM,SE)，该函数对图像 IM 进行开运算，采用的结构元素为 SE，返回值 IM2 为开运算后得到的图像。其中 SE 为由函数 strel 得到的结构元素。

(2) IM2 = imopen(IM,NHOOD)，函数中参数 NHOOD 为由 0 和 1 组成的矩阵，在对图像 IM 进行开运算时采用的结构元素为 strel(NHOOD)。

2) imclose 函数

该函数用于对图像进行闭运算。函数的调用格式为：

(1) IM2 = imclose(IM,SE)，对灰度图像或二值图像 IM 时行闭运算，返回闭运算结果图像 IM2。SE 为由 strel 函数生成的结构元素对像。

(2) IM2 = imclose(IM,NHOOD),参量 NHOOD 为一个由 0 和 1 组成的矩阵,用于指定邻域。

【例 9-8】 对灰度图像进行开、闭运算。

```
>> clear all;
bw = imread('lena.bmp');
subplot(231);imshow(bw);
title('原始图像');
bw1 = imnoise(bw,'salt & pepper',0.02);    %添加椒盐噪声
subplot(234);imshow(bw1);
title('带噪声的图像');
s = ones(2,2);
bw2 = imopen(bw1,s);                       %图像的开运算
subplot(232);imshow(bw2);
title('图像开运算 1');
bw3 = imclose(bw1,s);                      %图像的闭运算
subplot(233);imshow(bw3);
title('图像闭运算 1');
s1 = strel('diamond',2);                   %产生结构元素
bw4 = imopen(bw1,s1);                      %图像的开运算
subplot(235);imshow(bw4);
title('图像开运算 2');
bw5 = imclose(bw1,s1);                     %图像的闭运算
subplot(236);imshow(bw5);
title('图像闭运算 2');
```

运行程序,效果如图 9-10 所示。

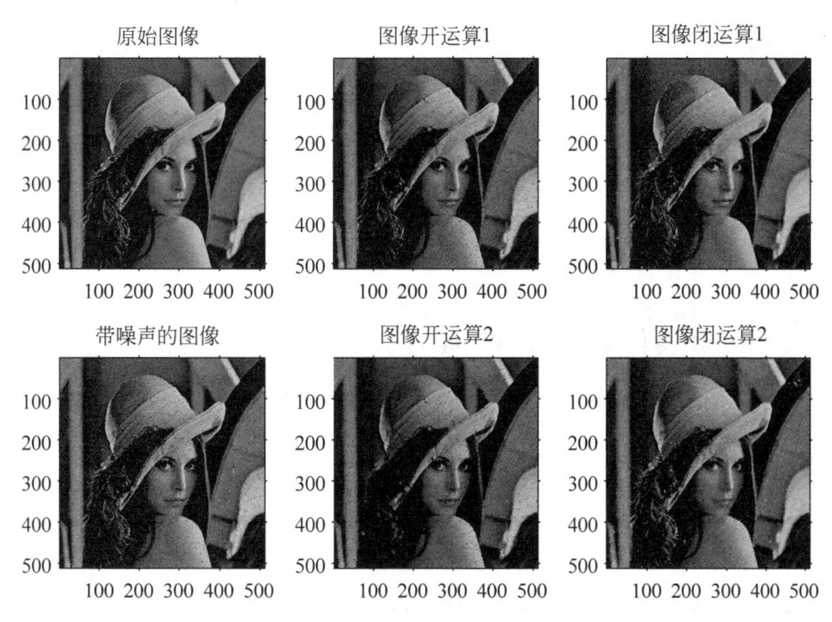

图 9-10 带噪的灰度图像的开闭运算

9.4.5 形态学重构

所谓形态学重构就是根据一幅图像(称之为掩膜图像)的特征对另一幅图像(称之为标记图像)进行重复膨胀操作,直到该图像的像素值不再变化为止。形态学重构是图像形态处理中的重要操作之一,通常用来强调图像中与掩膜图像指定对象相一致的部分,同时忽略图像中的其他对象。形态学重构有如下三个属性:

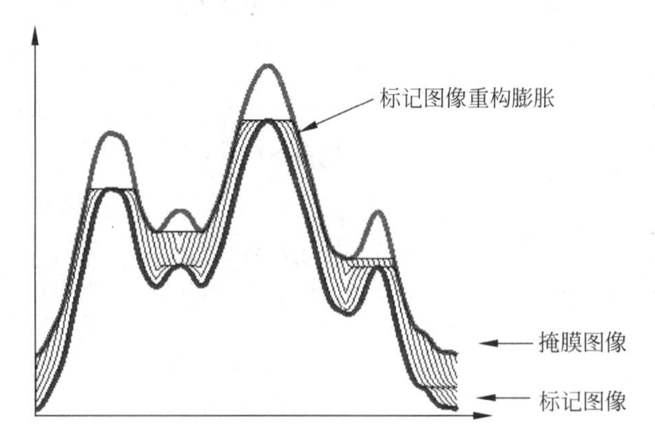

图 9-11 一维图像形态学重构过程

- 处理过程是基于两幅图像——标记图像和掩膜图像,而不是一幅图像和一个结构元素;
- 处理过程反复进行,直到处理结果稳定,例如图像不再变化;
- 处理过程是基于连通性的概念,而不是基于结构元素。

图 9-11 说明了一维图像形态学重构的过程。从图可以看出,每一次连续的膨胀都被限制在掩膜以下,当进一步迭代不再改变图像时,处理过程终止。

最后一次膨胀的结果就是被重构的图像,如图 9-12 所示。

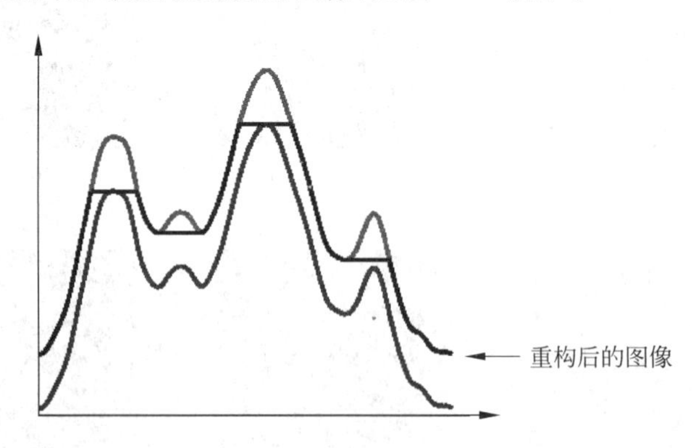

图 9-12 一维图像形态学重构结果

【例 9-9】 下面是用重构做开运算的 MATLAB 实现及与开运算的比较。

```
>> clear all;
f = imread('baboon.jpg');                    % 获取原始图像
```

```
subplot(131);imshow(f);
title('原始图像');
s = ones(3);                          % 定义结构元素
f1 = imerode(f,s);                    % 腐蚀
f2 = imreconstruct(f1,f);             % 由重构做开运算
subplot(132);imshow(f2);
title('重构开运算');
f3 = imopen(f,s);                     % 开运算
subplot(133);imshow(f3);
title('开运算');
```

运行程序,效果如图9-13所示。

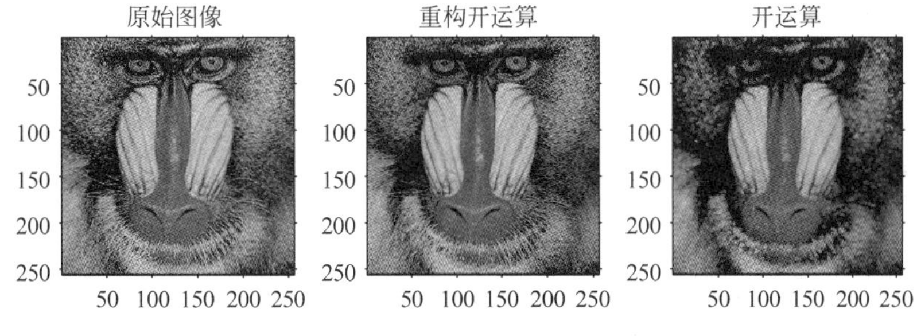

图 9-13　图像重构开运算与开运算的比较

9.5 形态学的应用

前面介绍了腐蚀、膨胀、开闭运算及一些性质,通过对它们的组合可以得到一系列二值形态学和灰度值形态学的实用算法。本节主要介绍形态学滤波、骨架抽取等重要算法。

9.5.1 形态学滤波

形态学中的滤波主要包括高帽滤波和低帽滤波。

图像的形态学高帽滤波(top-hat filtering)定义为

$$H = A - (A \circ B)$$

其中:A 为输入的图像;B 为采用的结构元素,即从图像中减去形态学开操作后的图像。通过高帽滤波可以增强图像的对比度。

图像的形态学低帽滤波(bottom-hat filtering)定义为

$$H = A - (A \bullet B)$$

其中:A 为输入图像;B 为采用的结构元素,即从图像中减去形态学闭操作后的图像。通过低帽滤波可以获取图像的边缘。

MATLAB中,提供了imtophat函数对二值图像或灰度图像进行高帽滤波,imbothat函数进行低帽滤波。imtophat函数的调用格式为:

(1) IM2 = imtophat(IM,SE),函数对图像IM进行高帽滤波操作,采用的结构元素

为 SE，返回值 IM2 为高帽滤波后得到的图像。结构元素 SE 由函数 strel 创建。

(2) IM2 = imtophat(IM,NHOOD)，函数在进行高帽滤波时采用的结构元素为 strel(NHOOD)，其中 NHOOD 为只包含元素 0 和 1 组成的矩阵。等价于 IM2 = imtophat(IM,strel(NHOOD))。

imbothat 函数的调用格式与 imtophat 函数的调用格式相同，参数说明也相同。

【例 9-10】 对灰度图像进行形态学的高帽滤波。

```
>> clear all;
original = imread('rice.png');
subplot(221), imshow(original);
se = strel('disk',12);                    %获取结构元素
tophatFiltered = imtophat(original,se);  %高帽滤波
subplot(222), imshow(tophatFiltered);
title('图像高帽滤波');
Adjusted = imadjust(original);            %原始图像灰度调节
subplot(223);imshow(Adjusted);
title('原始图像的灰度调节');
contrastAdjusted = imadjust(tophatFiltered);   %高帽滤波后图像灰度调节
subplot(224), imshow(contrastAdjusted);
title('高帽滤波后图像灰度调节');
```

运行程序，效果如图 9-14 所示。

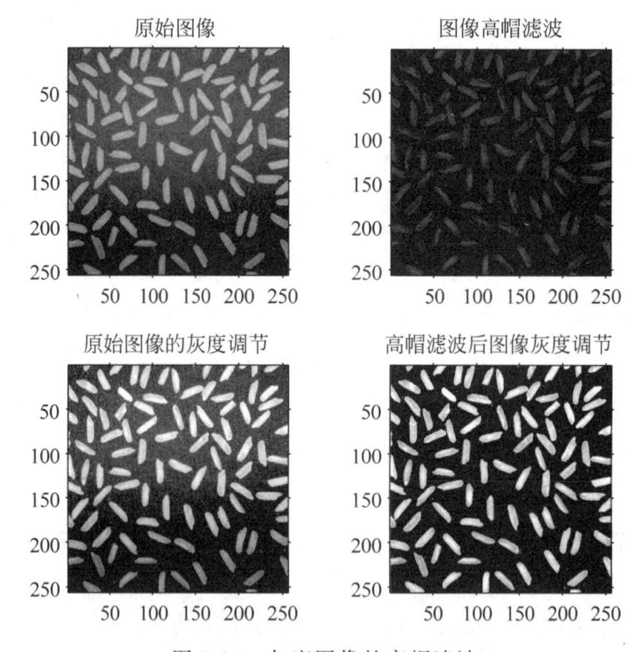

图 9-14 灰度图像的高帽滤波

由图 9-14 可看出，图像高帽滤波后再灰度调节使图像的对比度明显增强了，图像变得更加清晰了。

【例 9-11】 通过高帽滤波和低帽滤波增强图像的对比度。

```
>> clear all;
I = imread('pout.tif');
```

```
subplot(121);imshow(I);
title('原始图像');
se = strel('disk',3);                         %结构元素
J = imsubtract(imadd(I,imtophat(I,se)), imbothat(I,se));  %高帽滤波和低帽滤波增强
subplot(122), imshow(J);
title('高低帽滤波');
```

运行程序,效果如图 9-15 所示。

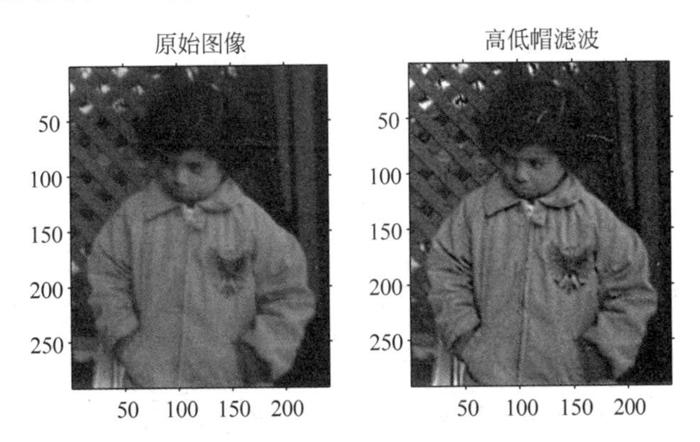

图 9-15 通过高帽滤波和低帽滤波增强对比度

9.5.2 骨架提取

集合 A 使用结构元素进行细化用 $A\odot B$ 表示。细化过程可以根据击中/击不中变换定义为

$$A\odot B = A-(A\otimes B) = A\cap(A\otimes B)^{C}$$

细化可以用两步来实现。第一步是正常的腐蚀,但它是有条件的,也就是说那些被标为去除的像素点并不立即消去。第二步,只将那些消除后并不破坏连通性的点消除,否则保留。以上每一步都是一个 3×3 的邻域运算。细化将一个曲线形物体细化为一条单像素宽的线,从而图像化地显示出其拓扑性质。

集合 A 的骨架可用腐蚀和开操作表达,其表达式可表示为

$$S(A)=\bigcup_{k=0}^{K} S_k(A)$$

而

$$S_k(A)=(A\otimes kB)-(A\otimes kB)\circ B$$

其中,B 为一个结构元素,$A\otimes kB$ 表示对 A 的连续 k 次腐蚀,第 k 次是被腐蚀为空集合前进行的最后一次迭代。

MATLAB 中,提供 bwmorph 函数提取图像中目标的骨架。函数的调用格式为:

(1) BW2 = bwmorph(BW,operation),应用指定的形态学运算处理二值图像 BW。

(2) BW2 = bwmorph(BW,operation,n),应用运算 n 次,n 可以无穷大,直到处理图像不再变化。

参数 operation 的对应可选值如表 9-2 所示。

表 9-2　bwmorph 函数的 operation 参数取值

参数值	说　　明
'bothat'	执行形态学的底帽(bottomhat)运算,先执行闭运算,再减去原图像
'branchpoints'	查找骨架分支点
'bridge'	为未连接的像素搭桥,即如果一个 0 像素的两边有两个非 0 像素,则设此 0 像素为 1
'clean'	移除孤立点
'close'	形态闭运算
'diag'	用对角线填充消除 8 连通的背景
'dilate'	用结构元素 ones(3)来执行膨胀运算
'endpoints'	查找骨架终点
'erode'	用结构元素 ones(3)来执行腐蚀运算
'fill'	填充内部孤立像素点
'hbreak'	移除 H 连通的像素点
'majority'	如果某像素点在 3×3 的邻域中有 5 个以上像素值为 1,则该像素点设为 1
'open'	开运算
'remove'	移除内部像素,如果某像素点的 4 连通邻域都为 1,则该像素点设为 0
'shrink'	n 无穷大,反复进行收缩运算
'skel'	n 无穷大,反复移除目标像素的边界像素,提取图像骨架
'spur'	消除尖刺
'thicken'	n 无穷大,反复对图像进行粗化
'thin'	n 无穷大,反复对图像进行细化
'tophat'	对图像进行高帽(tophat)操作

【例 9-12】 对图像进行骨架提取。

```
>> clear all;
BW = imread('circles.png');
subplot(131);imshow(BW);
title('原始图像');
% 对图像进行 remove 形态学运算,移除内部像素
BW2 = bwmorph(BW,'remove');
subplot(132), imshow(BW2);
title('remove 形态学');
% 对图像进行 skel 形态学运算,移除目标边缘的像素点但不分裂目标
BW3 = bwmorph(BW,'skel',Inf);
subplot(133), imshow(BW3);
title('skel 形态学');
```

运行程序,效果如图 9-16 所示。

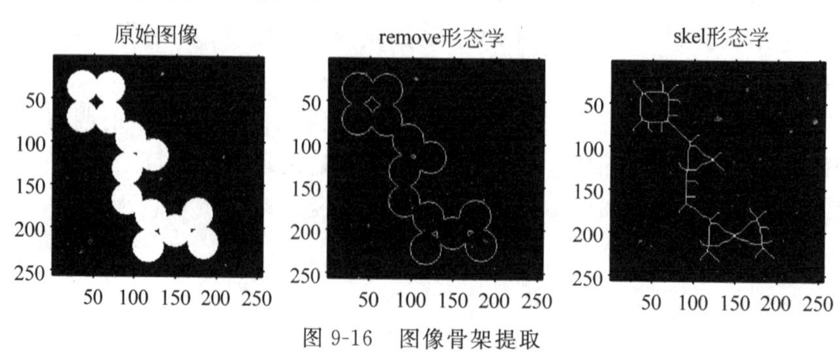

图 9-16　图像骨架提取

9.5.3 边界提取

集合 A 的边界表示为 $\beta(A)$，它可以通过先由 B 对 A 进行腐蚀，然后用 A 减去腐蚀后的图像得到边缘，即

$$\beta(A) = A - (A \otimes B)$$

其中，B 为一个适当的结构元素。类似地，也可以先由 B 对 A 进行膨胀，然后用膨胀后的图像减去 A 得到边缘，即，

$$\beta(A) = (A \oplus B) - A$$

MATLAB 图像处理工具箱中提供了 bwperim 函数用于对图像实现边界提取。其调用格式为：

(1) BW2 = bwperim(BW1)，返回仅包含输入图像 BW1 中目标像素的边界的二值图像 BW2。其中，一个像素确定为边界像素的条件是其值非 0，且它的邻域中至少有一个像素值为 0。

(2) BW2 = bwperim(BW1, conn)，返回仅包含输入图像 BW1 中目标像素边界的二值图像 BW2。参数 conn 为连通数，可以为 4、8、6、18 或 26。当 conn 取 4 或 8 时分别表示二维图像中采用的 4 连通和 8 连通；当 conn 取 6、18 或 26 时分别表示三维图像中采用的 6 连通、18 连通和 26 连通。

【例 9-13】 对图像进行边界提取。

```
>> clear all;
BW1 = imread('circbw.tif');
BW2 = bwmorph(BW1,'skel',Inf);
subplot(221);imshow(BW1)
title('二值图像图像')
subplot(222); imshow(BW2)
title('二值图像的骨架')
BW3 = bwperim(BW1);
subplot(223);imshow(BW1)
title('二值图像图像')
subplot(224), imshow(BW3)
title('二值图像图像边界')
```

运行程序，效果如图 9-17 所示。

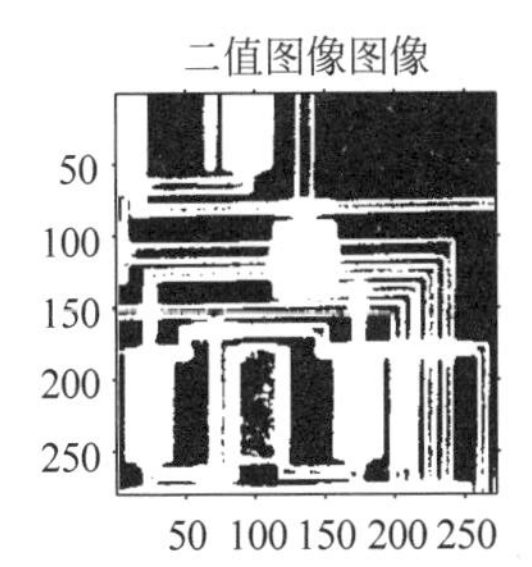

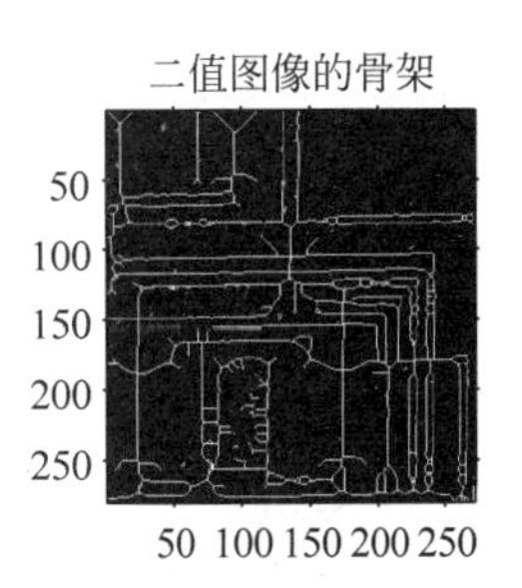

图 9-17 边界提取

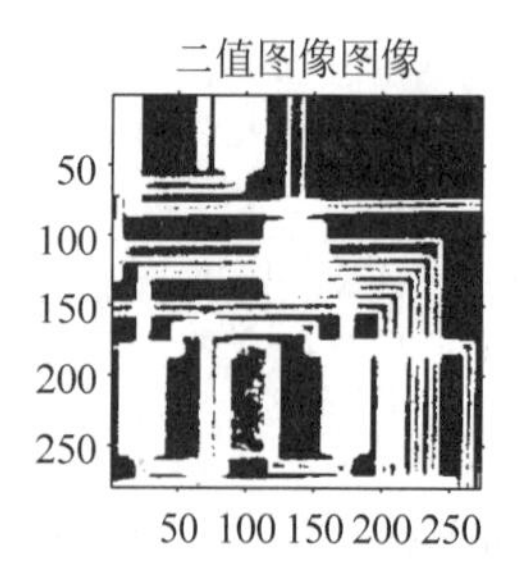

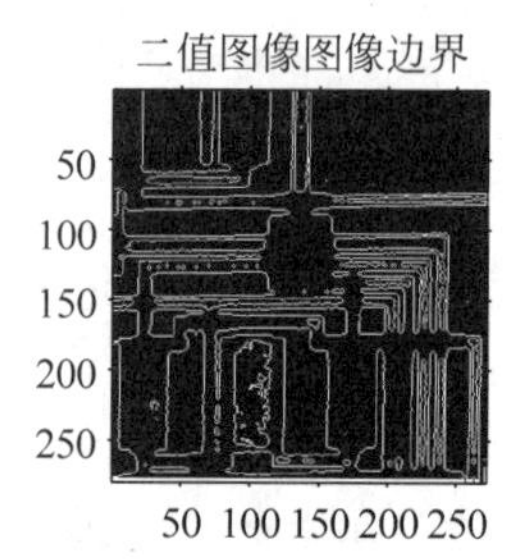

图 9-17 （续）

9.5.4 击中/击不中

通常，能够识别像素的特定形状是很有用的，例如孤立的前景像素或线段的端点像素。击中或击不中变换可以同时探测图像的内部和外部，而不仅仅局限于探测图像的内部或图像的外部。在研究图像中的目标物体与图像背景之间的关系上，击中或击不中变换能够取得很好的效果。所以，常被用于解决目标图像识别等形态学模式识别问题。

A 被 B 击中或击不中变换用符号 $A \otimes B$ 表示。其中，B 是结构元素对，即 $B=(B_1, B_2)$，而不是单个元素。击中或击不中变换的定义为

$$A \otimes B = (A \otimes B_1) \cap (A^c \otimes B_2)$$

这两个结构元素(B_1, B_2)，一个用于探测图像内部，另一个用于探测图像外部。

MATLAB 中，提供了 bwhitmiss 函数实现击中/击不中操作。函数的调用格式为：

(1) BW2 = bwhitmiss(BW1,SE1,SE2)，执行由结构元素 SE1 和 SE2 的击中或击不中操作。击中与击不中操作保存匹配 SE1 形状而不匹配 SE2 形状邻域的像素点。bwhitmiss(BW1,SE1,SE2)等价于 imerode(BW1,SE1)&imerode(~BW1,SE2)。

(2) BW2 = bwhitmiss(BW1,INTERVAL)，执行定义为一定间隔数组的击中与击不中操作。INTERVAL 数组的元素值为 1、0 或 −1。1 值元素组成 SE1 范围，−1 值组成 SE2 范围，0 值将被忽略。bwhitmiss(INTERVAL) 等价于 bwhitmiss(BW1, INTERVAL==1, INTERVAL==−1)。

【例 9-14】 对二值图像实现击中/击不中操作。

```
>> clear all;
BW = imread('circbw.tif');
subplot(1,2,1);imshow(BW);
title('原始图像');
interval = [0  -1  -1;1  1  -1;0  1  0];
BW2 = bwhitmiss(BW,interval);
subplot(1,2,2), imshow(BW2)
title('击中或击不中')
```

运行程序，效果如图 9-18 所示。

数学形态学中的击中或击不中变换常被用于目标图像模式的识别，但是标准击中或击不中变换在实际应用中存在算法时间复杂度高、算法有效性低的缺陷。当击中与击不中结构元素较小时，计算击中或击不中变换的快速方法之一是使用查找表(LUT)。它预

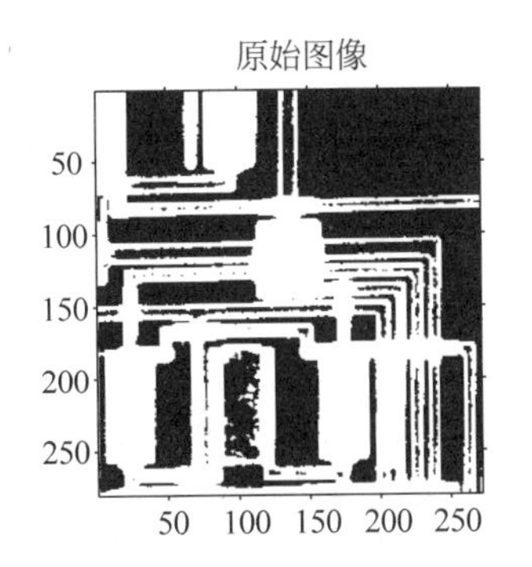

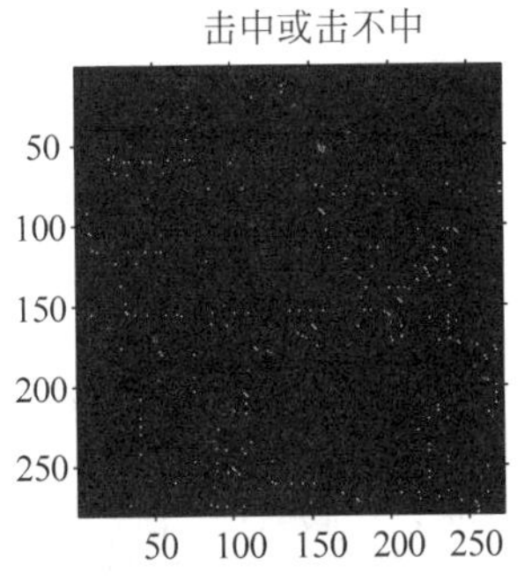

图 9-18　击中/击不中操作

先计算出每个可能邻域像素的值，然后把这些值存储到一个表中以备使用。

9.5.5　图像填充操作

区域填充以集合的膨胀、求补和交集为基础。设 A 表示一个包含子集的集合，其子集的元素均为区域的 8 连通边界点。区域填充的目的是从边界内的一个点开始，用 1 填充整个区域。按照惯例，所有非边界（背景）点标记为 0，则以将 1 赋给 p 开始。下列过程将整个区域用 1 填充：

$$X_k = (X_{k-1} \oplus B) \cap A^g, \quad k = 1,2,\cdots$$

其中，$X_0 = p$，采用 3×3 的“十”字形结构元素。如果 $X_k = X_{k-1}$，则算法在迭代的第 k 步结束。X_k 和 A 的并集包含被填充的集合和它的边界。

MATLAB 中，提供了 imfill 函数对二值图像或灰度图像进行填充操作。函数的调用格式为：

(1) BW2 = imfill(BW)，对二值图像进行填充。

(2) [BW2,locations] = imfill(BW)，同时返回执行二值图像区域填充的起始点位置。

(3) BW2 = imfill(BW,locations)，根据给定二值图像区域填充的起始位置。

(4) BW2 = imfill(BW,locations,conn)，conn 为连通类型，默认为 4 连通。

(5) BW2 = imfill(BW,'holes')，对二值图像 BW 中的目标孔进行填充。

(6) I2 = imfill(I)，对灰度图像 I 中的目标孔进行填充，此时，目标孔定义为被亮灰度值包围的暗灰度值区域。

【例 9-15】　对二值图像及灰度图像进行填充。

```
>> clear all;
BW4 = im2bw(imread('coins.png'));
BW5 = imfill(BW4,'holes');
subplot(221);imshow(BW4);
title('原始二值图像');
subplot(222); imshow(BW5);
title('二值图像的填充');
I = imread('tire.tif');
I2 = imfill(I,'holes');
```

```
subplot(223), imshow(I);
title('原始灰度图像');
subplot(224); imshow(I2);
title('灰度图像的填充');
```

运行程序,效果如图 9-19 所示。

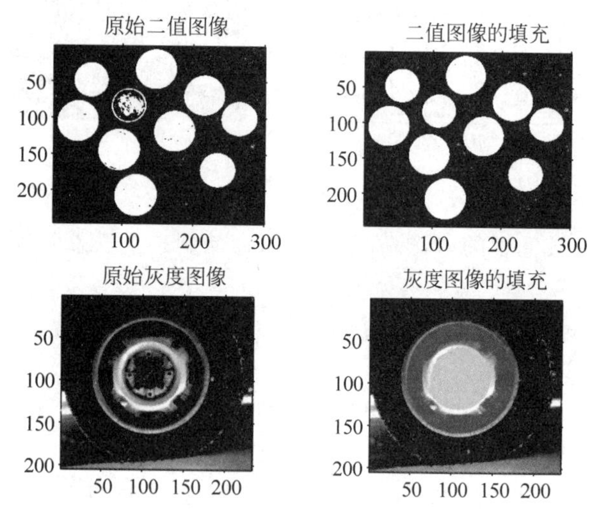

图 9-19　图像的填充效果

9.5.6　最大值最小值

灰度图像可以认为是三维的,x 轴和 y 轴代表像素的位置,z 轴代表像素值的强度。在这种理解中,像素值的强度就像地形图上的海拔一样。在图像中,像素值大和像素值小的区域,就像地形图上的山峰和山谷一样,是很重要的形态学特征,因为它们经常表示相关的图像对象。

例如,在一个包含几个球形对象的图像中,像素值大的点可能代表对象的顶部。在作形态学处理时,用这些最大值可以识别图像中的对象。

1. 什么是最大值/最小值

常用的最大值和最小值术语如表 9-3 所示。

表 9-3　最大值和最小值术语

术　语	定　义
局部极大值	在这个像素的周围区域,像素值都比这个像素值要小
局部极小值	在这个像素的周围区域,像素值都比这个像素值要大
全局最大值	在所有局部极大值中的最大值
全局最小值	在所有局部极小值中的最小值

图 9-20 显示了一维情况下各个极值的概念。

MATLAB 工具箱中用 imregionalmax 和 imregionalmin 函数指定所有的局部极大

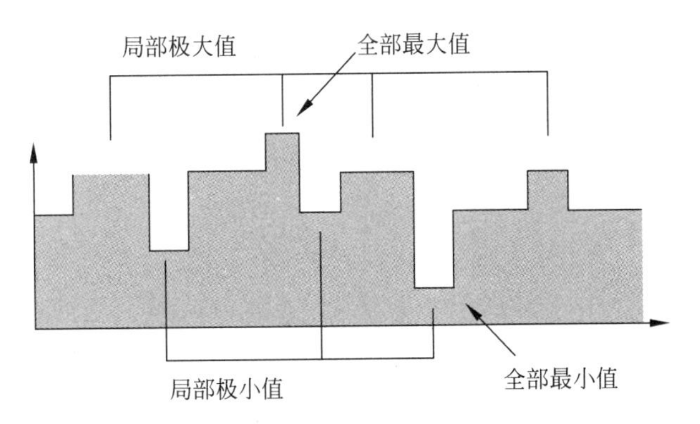

图 9-20　各个极值的概念

值和极小值，用 imextendedmax 和 imextendedmin 函数指定阈值设定的局部极大值和极小值。这些函数的输入图像为灰度图像，而输出图像为二值图像。在输出的二值图像中，局部极小值或极大值设定为 1，其他像素值设定为 0。例如，对于灰度图像 A，包含 2 个主要的局部极大值区域(值为 13 和 45)和一些较小的极小值区域(值为 11)，如下所示：

```
>> A = 10 * ones(10,10);
A(2:4,2:4) = 13;
A(6:8,6:8) = 18;
A(2,7) = 44;
A(3,8) = 45;
A(4,9) = 44;
A =
    10  10  10  10  10  10  10  10  10  10
    10  13  13  13  10  10  44  10  10  10
    10  13  13  13  10  10  10  45  10  10
    10  13  13  13  10  10  10  10  44  10
    10  10  10  10  10  10  10  10  10  10
    10  10  10  10  10  18  18  18  10  10
    10  10  10  10  10  18  18  18  10  10
    10  10  10  10  10  18  18  18  10  10
    10  10  10  10  10  10  10  10  10  10
    10  10  10  10  10  10  10  10  10  10
```

调用 imregionalmax 函数，返回的二值图像查明了这些区域的极大值。

```
>> regmax = imregionalmax(A)
regmax =
     0  0  0  0  0  0  0  0  0  0
     0  1  1  1  0  0  0  0  0  0
     0  1  1  1  0  0  0  1  0  0
     0  1  1  1  0  0  0  0  0  0
     0  0  0  0  0  0  0  0  0  0
     0  0  0  0  0  1  1  1  0  0
     0  0  0  0  0  1  1  1  0  0
     0  0  0  0  0  1  1  1  0  0
     0  0  0  0  0  0  0  0  0  0
     0  0  0  0  0  0  0  0  0  0
```

如果只是想确定图像中那些像素值变化比较大的区域，也即是说像素值的差异大于或小于某个阈值,可以使用 imextendedmax 函数。对上面的矩阵,如果加入阈值 2,其返回矩阵中只有两个极大值区域。

```
>> B = imextendedmax(A,2)
B =
     0   0   0   0   0   0   0   0   0   0
     0   1   1   1   0   0   1   0   0   0
     0   1   1   1   0   0   0   1   0   0
     0   1   1   1   0   0   0   0   1   0
     0   0   0   0   0   0   0   0   0   0
     0   0   0   0   0   1   1   1   0   0
     0   0   0   0   0   1   1   1   0   0
     0   0   0   0   0   1   1   1   0   0
     0   0   0   0   0   0   0   0   0   0
     0   0   0   0   0   0   0   0   0   0
```

下面通过一个例子来显示一个图像及其局部极小值。

【例 9-16】 确定图像的区域局部极小值。

```
>> clear all;
mask = imread('glass.png');
subplot(131);imshow(mask)
title('原始图像');
%创建标记图
marker = false(size(mask));
marker(65:70,65:70) = true;
%选择区域
J = mask;
J(marker) = 255;
subplot(132), imshow(J);
title('标记图像上叠加');
%抑制极小值
K = imimposemin(mask,marker);
subplot(133), imshow(K);
title('抑制极小值')
```

运行程序,效果如图 9-21 所示。

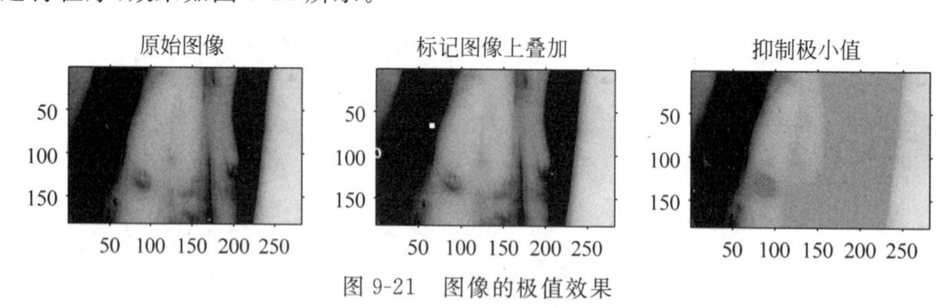

图 9-21 图像的极值效果

2. 抑制极大值、极小值

在一幅图像中,每一个灰度值的小波动都代表了一个局部极大值或极小值。但在多数情况下,人们可能仅对某些有重要意义的极大值或极小值感兴趣,而需要忽略由于背景纹理导致的较小的极小值或极大值。因此,在应用中,要消除这些小的极小值和极大值，同时又要保证重要的极大值和极小值不会改变。

对于以上问题，MATLAB 中，可使用 imhmax 或 imhmin 函数来解决（imhmin 函数的用法与 imhmax 函数相同）。在使用这些函数时，需要指定一个固定的标准或阈值 h，从而压制所有其他灰度值大于 h 的极大值或小于 h 的极小值。以下显示了一幅简单的图像，该图像包含两个局部极小值。利用 imhmax 函数可以删除除两个主要极大值外的所有其他局部极大值，并指定阈值为 2。

```
B = imhmax(A,2)
B =
    10  10  10  10  10  10  10  10  10  10
    10  11  11  11  10  10  43  10  10  10
    10  11  11  11  10  10  10  43  10  10
    10  11  11  11  10  10  10  10  43  10
    10  10  10  10  10  10  10  10  10  10
    10  10  10  10  10  16  16  16  10  10
    10  10  10  10  10  16  16  16  10  10
    10  10  10  10  10  16  16  16  10  10
    10  10  10  10  10  10  10  10  10  10
    10  10  10  10  10  10  10  10  10  10
```

需要注意的是，imhmax 仅仅对极大值产生影响，对其他像素值不起作用。从以上所得的结果中可以看出，两个重要的极大值尽管数值减小了，但还是被很好地保留了下来。

需要说明的是，imregionalmin、imextendedmin 和 imextendedmax 函数还会返回另外一幅标记了图像局部极小值和极大值的二进制图像，而 imhmax 和 imhmin 函数只返回一幅直接在原始图像上进行修改后的图像。

图 9-22 示了用 imhmax 函数对图 9-20 进行第二行的操作过程：极大值都减小，极小值保持不变，来得到图像。

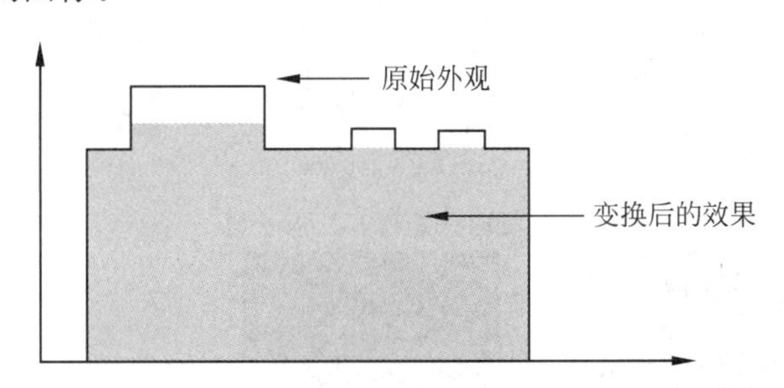

图 9-22　图 9-20 第二行的操作过程

3. 突出极小值

可以使用 MATLAB 中提供的 imimposemin 函数来突出专门的极小值。函数的调用格式为：

(1) I2 = imimposemin(I,BW)，使用重建的方法修改图像 I 的灰度值，使图像 I 中对应二值图像 BW 非零区域的值最小，即为图像的谷点。其中，I 和 BW 的维数相同。默认情况下，imimposemin 采用 8 连通邻域（二维图像）或 26 连通邻域（三维图像）。对于高维图像，连通矩阵为 conndef(ndims(I),'minimum')。

(2) I2 = imimposemin(I,BW,conn),突出图像I的最小值,参量conn表示连通数。

【例 9-17】 检测图像的谷点。

```
>> clear all;
mask = imread('glass.png');                %掩膜图像
subplot(231);imshow(mask);
title('原始图像');
%创建一个与掩膜图像大小一致的二值图像,设置图像中某小区域为1,其余为0
marker = false(size(mask));
marker(65:70,65:70) = true;
%二值图像叠加到掩膜图像中
J = mask;
J(marker) = 255;
subplot(232), imshow(J);
title('值图像叠加到掩膜图像');
%w使用 imimposemin 函数突出掩膜图像中的最小值
K = imimposemin(mask,marker);
subplot(233), imshow(K);
title('突出图像的最小值');
%突出最小值之外的所有极小值,分别计算原始图像与处理后图像的局部极小值区域
BW = imregionalmin(mask);
subplot(234), imshow(BW);
title('原图像局部极小值');
BW2 = imregionalmin(K);
subplot(235), imshow(BW2);
title('处理后图像的局部极小值');
```

运行程序,效果如图 9-23 所示。

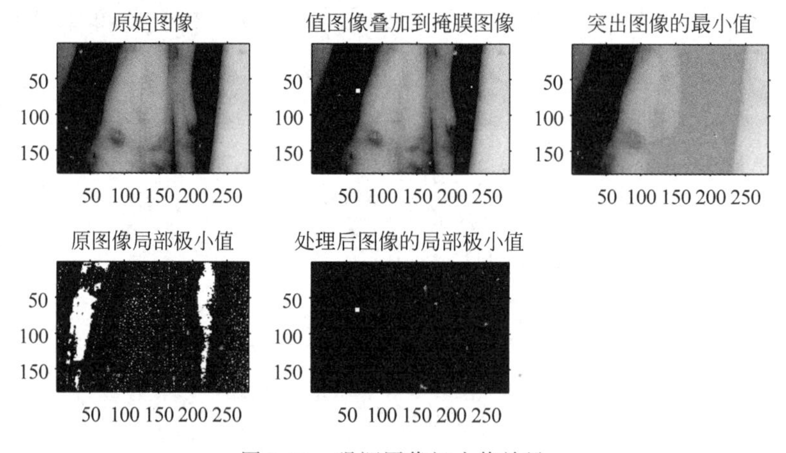

图 9-23 强调图像极小值效果

9.6 距离变换

距离变换是二值图像处理与操作中常用手段,在骨架提取,图像窄化中常有应用。距离变换的结果是得到一张与输入图像类似的灰度图像,但是灰度值只出现在前景区域。并且越远离背景边缘的像素灰度值越大。

根据度量距离的方法不同，距离变换有几种不同的方法，假设像素点 $p_1(x_1,x_2)$，$p_2(x_2,y_2)$，计算距离的方法常见有：

(1) 欧几里德距离，Distance$=\sqrt{(x_1-x_2)^2+(y_1-y_2)^2}$。

(2) 曼哈顿距离(City Block Distance)，Distance$=|x_2-x_1|+|(y_2-y_1)|$。

(3) 象棋距离(Chessboard Distance)，Distance$=\max(|x_2-x_1|,|(y_2-y_1)|)$。

(4) 准欧氏距离(quasi-eucludea)，Distance $=|x_1-x_2|+(\sqrt{2}-1)|y_1-y_2|$，$|x_1-x_2|>|y_1-y_2|(\sqrt{2}-1)|x_1-x_2|+|y_1-y_2|$。

一旦距离度量公式选择，就可以在二值图像的距离变换中使用。一个最常见的距离变换算法就是通过连续的腐蚀操作来实现，腐蚀操作的停止条件是所有前景像素都被完全腐蚀。这样根据腐蚀的先后顺序，就得到各个前景像素点到前景中心骨架像素点的距离。根据各个像素点的距离值，设置为不同的灰度值。这样就完成了二值图像的距离变换。

MATLAB 中，提供了 bwdist 函数用于实现图像的距离变换。函数的调用格式为：

(1) D = bwdist(BW)，对二值图像 BW 计算欧几里德几何学距离变换。对 BW 中每个像素，距离变换指定像素点与 BW 最近非零像素的距离。bwdist 函数默认使用欧几里德几何学距离。参量 BW 可以为任意维，参量 D 的大小和 BW 一致。

(2) [D,L] = bwdist(BW)，也计算最近邻域变换和返回标注数组 L，并具有 BW 和 D 相同的大小。L 中的每个元素包含了 BW 最近非零像素的线性索引。

(3) [D,L] = bwdist(BW,method)，计算距离变换，参量 method 的取值为 chessboard、cityblock、euclidean、quasi-euclidea 其中一个。

【例 9-18】 对图像实现不同的距离变换。

```
>> clear all;
Imgori = imread('flow.jpg');
I = rgb2gray(Imgori);
subplot(2,3,1);imshow(I);
title('原始图像');
Threshold = 100;
F = I > Threshold;
subplot(2,3,4);imshow(F,[]);
title('二值图像');
T = bwdist(F,'chessboard');
subplot(2,3,2);imshow(T,[]);
title('曼哈顿距离')
T = bwdist(F,'cityblock');
subplot(2,3,3);imshow(T,[]);
title('棋盘距离')
T = bwdist(F,'euclidean');
subplot(2,3,5);imshow(T,[]);
title('欧氏距离变换')
T = bwdist(F,'quasi-euclidean');
subplot(2,3,6);imshow(T,[]);
title('准欧氏距离变换')
```

运行程序，效果如图 9-24 所示。

下面的例子说明了在二维情况下使用不同的距离函数求得的距离矩阵。

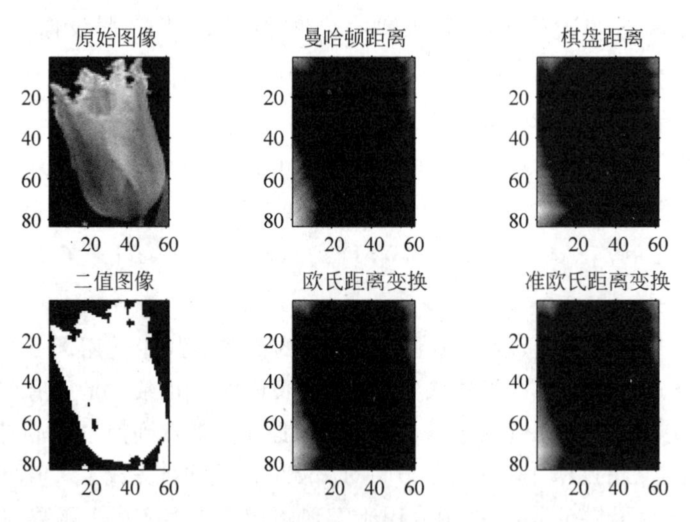

图 9-24 图像的距离变换

【例 9-19】 二维情况下使用不同的距离函数求距离。

```
>> clear all;
bw = zeros(200,200); bw(50,50) = 1;
bw(50,150) = 1;bw(150,100) = 1;
D1 = bwdist(bw,'euclidean');                %欧氏距离
D2 = bwdist(bw,'cityblock');                %曼哈顿距离
D3 = bwdist(bw,'chessboard');               %国际象棋棋盘距离
D4 = bwdist(bw,'quasi-euclidean');          %准欧氏距离
figure
subplot(2,2,1), subimage(mat2gray(D1)),
title('欧氏距离')
hold on, imcontour(D1)
subplot(2,2,2), subimage(mat2gray(D2));
title('曼哈顿距离')
hold on, imcontour(D2)
subplot(2,2,3), subimage(mat2gray(D3));
title('国际象棋棋盘距离')
hold on, imcontour(D3)
subplot(2,2,4), subimage(mat2gray(D4));
title('高斯-欧氏距离')
hold on, imcontour(D4)
```

运行程序,效果如图 9-25 所示。

下面的例子说明了在三维情况下使用不同的距离函数求距离。

【例 9-20】 三维情况下使用不同的距离函数求距离。

```
>> clear all;
bw = zeros(50,50,50); bw(25,25,25) = 1;
D1 = bwdist(bw);
D2 = bwdist(bw,'cityblock');
D3 = bwdist(bw,'chessboard');
D4 = bwdist(bw,'quasi - euclidean');
subplot(2,2,1), isosurface(D1,15),
axis equal, view(3)
camlight, lighting gouraud,
```

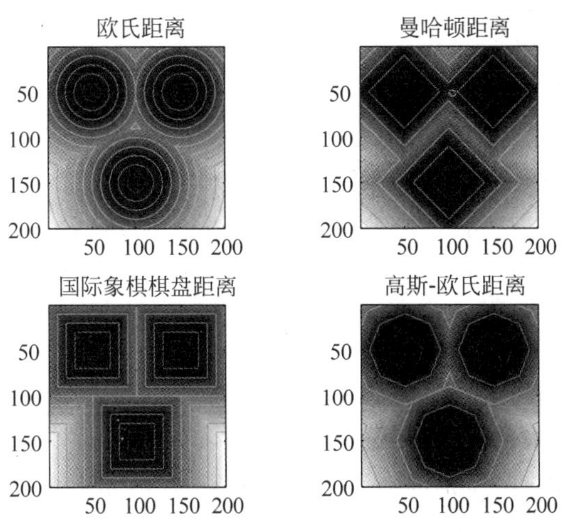

图 9-25 二维情况下的不同距离效果

```
title('欧里几德距离')
subplot(2,2,2), isosurface(D2,15),
axis equal, view(3)
camlight, lighting gouraud,
title('欧氏距离')
subplot(2,2,3), isosurface(D3,15),
axis equal, view(3)
camlight, lighting gouraud,
title('棋盘距离')
subplot(2,2,4), isosurface(D4,15),
axis equal, view(3)
camlight, lighting gouraud,
title('准欧氏距离')
set(gcf,'color','w');                          % 将图像背景设置为白色
```

运行程序,效果如图 9-26 所示。

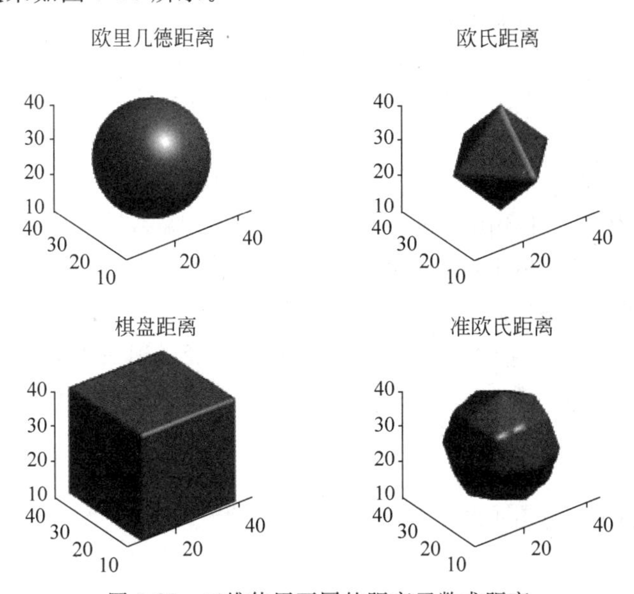

图 9-26 三维使用不同的距离函数求距离

9.7 图像的标记与测量

在对图像进行进一步的处理前，往往首先需要对图像的目标区域进行标记，获取目标区域的相关属性。

9.7.1 连通区域标记

一幅数字图像可以看作是像素点的集合。邻接和连通是图像的基本集合特征之一，主要研究像素或由像素构成目标物之间的关系。

下面讨论图像中某一像素点 P(不在边缘上)，其坐标位置为(x,y)的邻接性问题。邻接通常有3种定义方法：

(1) 4邻接。只取P点的上、下、左、右4个像素点作为邻接点，即$(x+1,y)$，$(x-1,y)$，$(x,y-1)$，$(x,y+1)$。

(2) 8邻接。除了上述4点外，再加上P点的4个对角线像素，即$(x+1,y+1)$，$(x+1,y-1)$，$(x-1,y+1)$，$(x-1,y-1)$。

(3) 6邻接。当用六角形网格进行采样时，即要用6邻接。在此情况下，像素点P的邻接点有6个，除上述4邻接4个点外，再加2个邻接点：当y为奇数时，加$(x-1,y-1)$，$(x-1,y+1)$；当y为偶数时，加$(x+1,y-1)$，$(x+1,y+1)$。

可以将六角形网格看成是由正方形网格派生的，偶数行向右移动半个网格单位所形成的网格。由于数字图像普遍采用矩形网格，而六角形网格不易变成矩形网格，又由于六角形网格不适于卷积和傅里叶分析，因此很少采用。

设A和B为图像的二个子集，如果A中至少有一点，其邻点在B内，称A和B邻接，显然有4邻点邻接和B邻点邻接两个概念。连通的定义如下：设S是图像中的一个子集，P、Q是S中的点。如果从P到Q存在一个全部点都在S中的路径，则称P、Q在S中是连通的。如果这个路径是4邻点路径，则称4连通；如果8邻点路径，则称为8连通。

为了区分连通区域，求得连通区域个数，连通区域的标记是不可缺少的。对属于同一个像素连通区域的所有像素分配相同的编号，对不同的连通区域分配不同的编号的处理，叫做连通区域的标记。

MATLAB中的bwlabel函数和bwlabeln函数可以确定二值图像中对象的个数，并且对这些对象进行标记。bwlabel函数只支持二维的输入，而bwlabeln函数可以支持任意维的输入。函数的调用格式为：

(1) L = bwlabel(BW, n)，输出参数L为返回的经过标注的图像。n为区域的连接数，当n=4时表示采用4连通定义，当n=8时表示采用8连通定义，n的默认值为8。

(2) [L, num] = bwlabel(BW, n)，除了返回经过标注后图像L外，还返回连接对象数num。

【例9-21】 利用bwlabel函数对图像进行标记。

```
>> clear all;
BW = imread('rice.png');
```

```
BW1 = im2bw(BW,graythresh(BW));          % 转化为二值图像
L = bwlabel(BW1);                        % 获得标记矩阵
RGB = label2rgb(L);                      % 标记矩阵的彩色显示
subplot(1,2,1);imshow(BW);
title('原文本图像')
subplot(1,2,2);imshow(RGB);
title('图像标记')
```

运行程序,效果如图 9-27 所示。

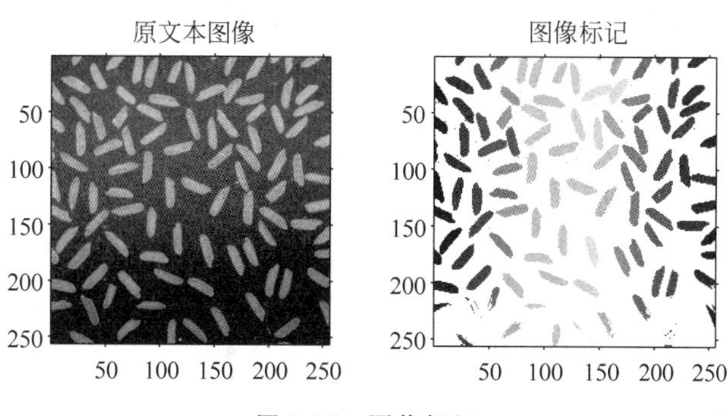

图 9-27　图像标记

9.7.2　边界测定

集合 A 的边界表示为 $\beta(A)$,它可以通过先由 B 对 A 进行腐蚀,然后用 A 减去腐蚀后的图像得到边缘,即

$$\beta(A) = A - (A \otimes B)$$

其中,B 为一个适当的结构元素。类似地,也可以先由 B 对 A 进行膨胀,然后用膨胀后的图像减去 A 得到边缘,即

$$\beta(A) = (A \oplus B) - A$$

对于灰度图像,可以通过形态学的膨胀和腐蚀来获取图像的边缘。通过形态学获取灰度图像边缘的优点是对边缘的方向性依赖比较小。

【例 9-22】 通过膨胀和腐蚀获取灰度图像的边缘。

```
>> clear all;
I = imread('rice.png');                  % 二值图像
se = strel('disk',2);                    % 结构元素
J = imdilate(I,se);                      % 膨胀
K = imerode(I,se);                       % 腐蚀
L = J - K;                               % 膨胀与腐蚀相减
subplot(121);imshow(I);
title('原始图像');
subplot(122);imshow(L);
title('边缘图像');
```

运行程序,效果如图 9-28 所示。

MATLAB 中提供了 bwperim 函数用于确定图像的目标边界边。其调用格式为:

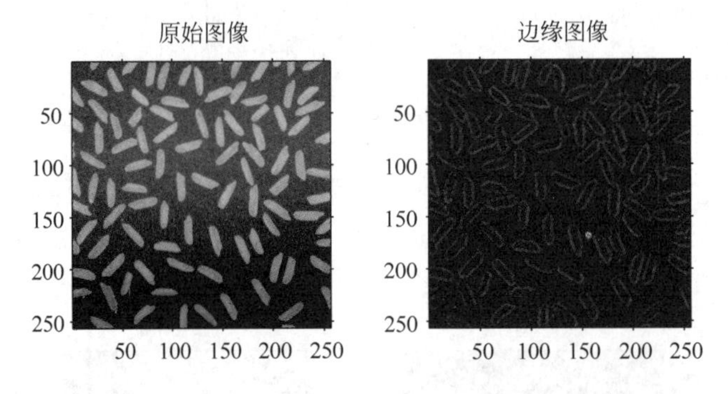

图 9-28 通过膨胀和腐蚀获取灰度图像的边缘

(1) BW2 = bwperim(BW1),返回仅包含输入图像 BW1 中目标像素的边界的二值图像 BW2。其中,一个像素确定为边界像素的条件是其值非 0,且它的邻域中至少有一个像素值为 0。

(2) BW2 = bwperim(BW1, conn),返回仅包含输入图像 BW1 中目标像素边界的二值图像 BW2。参数 conn 为连通数,可以为 4、8、6、18 或 26。当 conn 取 4 或 8 时分别表示二维图像中采用的 4 连通和 8 连通;当 conn 取 6、18 或 26 时分别表示三维图像中采用的 6 连通、18 连通和 26 连通。

【例 9-23】 利用 bwperim 获取二值图像的边缘。

```
>> clear all;
BW = imread('circles.png');
BW2 = bwperim(BW,8);                          % 获取图像的边缘
subplot(121);imshow(BW);
title('原始图像');
subplot(122);imshow(BW2);
title('边缘图像');
```

运行程序,效果如图 9-29 所示。

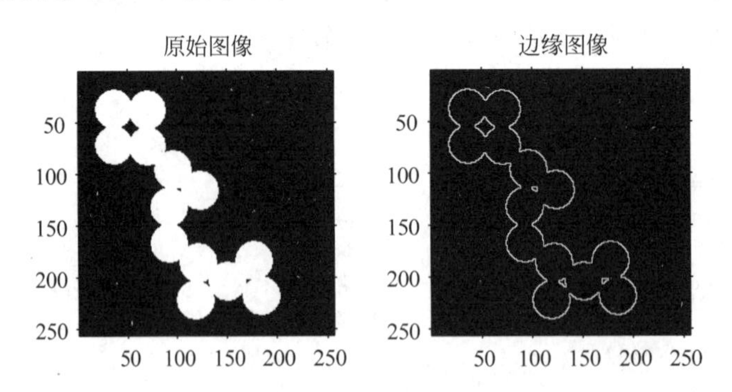

图 9-29 获取图像的边缘

在二值图像中,该点的像素不为 0,并且其邻域内至少有一个像素为 0,则认为该点是边界。

9.7.3 查表操作

MATLAB中,对二值制图像的某些操作,也可以通过使用查表方法,非常容易地实现同样的操作功能。所谓查表操作,就是将经过某一函数进行邻域操作后,像素所有可能的计算结果都记录下来,在进行其他像素处理时直接通过查表,得到该像素的取值,而不必再重复进行计算。查找表通常都是一个列向量,向量中的每一元素都表示边沿中一种可能的像素组合的返回值。

图像处理工具箱提供了函数 makelut,用来产生 2×2 和 3×3 的邻域查找表。一旦创建好查找表,就可以调用函数 applylut,借助所创建的表来完成需要实现的操作。函数中定义的 2×2 和 3×3 邻域如图 9-30 所示。对于 2×2 邻域,总共有 16 种排列方式,因此生成的 2×2 查找表是一个拥有 16 个元素的矢量;对于 3×3 邻域,总共有 512 种排列方式,因此生成的 3×3 查找表是一个拥有 512 个元素的矢量。所有的邻域点都用“x”表示,中心像素点用一个圆圈表示。

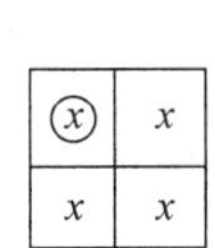

x	x	x
x	ⓧ	x
x	x	x

图 9-30 2×2 和 3×3 邻域

MATLAB中,提供了 makelut 函数实现二值图像的查表操作。函数的调用格式为:

lut = makelut(fun,n),返回用于 applylut 函数的查找表。参数 fun 为包含函数名或内联函数对象的字符串。n 为邻域大小。

采用 makelut 函数建立表单后,可以利用函数 applylut 建立表单。函数的调用格式为:

A = applylut(BW,LUT)——这里 LUT 为 makelut 函数返回的查找表。对于具体的算法说明如下:

(1) 2×2 邻域。这里,每个邻域有 4 个像素,每个像素有 2 个可能值,所有交换的总次数为 16。applylut 函数将二值图像与矩阵$\begin{bmatrix} 8 & 2 \\ 4 & 1 \end{bmatrix}$进行卷积,生成索引矩阵。卷积的结果值的范围为[0,15](整数)。applylut 使用卷积中与输入二值图像矩阵相同大小的中心部分,将每个值都加 1,范围变成[1,16]。然后,将索引矩阵中每个位置上的值用 LUT 中索引值所指定的值置换,构造出 A。

(2) 3×3 邻域。和 2×2 邻域一样,总次数变为 512,二值图像的卷积矩阵为$\begin{bmatrix} 256 & 32 & 4 \\ 128 & 16 & 2 \\ 64 & 8 & 1 \end{bmatrix}$。

【例 9-24】 实现建立表格和查表操作。

```
>> clear all;
```

```
lutfun = @(x)(sum(x(:)) == 4);          %建立匿名函数
lut   = makelut(lutfun,2);              %建立表格
BW1   = imread('text.png');
BW2   = applylut(BW1,lut);              %查表
subplot(121);imshow(BW1);
title('原始图像');
subplot(122);imshow(BW2);
title('极限腐蚀');
```

运行程序，效果如图 9-31 所示。

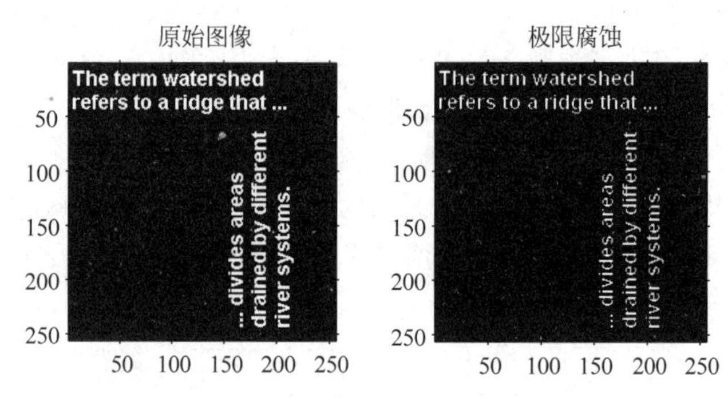

图 9-31　对二值图像的极限腐蚀效果

9.7.4　对象选择

二值图像的对象就是指像素值为 1 的像素组成的图像区域。当只对图像中的特定对象感兴趣时，在 MATLAB 中，可以使用 bwselect 函数在二值图像中选择单个的对象。在进行对象选择时，首先在输入图像中指定一些像素，返回一个包含指定像素的二值图像。bwselect 函数的的调用格式为：

(1) BW2 = bwselect(BW,c,r,n)，返回一个包含像素(r,c)对象的二值图像。r 和 c 为标量或等长的向量。如果 r 和 c 为向量，返回图像 BW2 包含像素点[r(k),c(k)]的对象。参数 n 为 4 或 8，默认值为 8，4 对应 4 连通，8 对应 8 连通。

(2) BW2 = bwselect(BW,n)，用交互的方式来选择对象。BW1 默认为当前轴图像。单击则选择一个像素点(r,c)，按下退格键(Backspace)或删除键(Delete)则移除先前选择的一点，按下 Shift 键同时单击、右击或双击都会选择最后一点，按下回车键表示结束选择。

(3) [BW2,idx] = bwselect(...)，返回选择对象点数的线性索引。

(4) BW2 = bwselect(x,y,BW,xi,yi,n)，为图像 BW 用非默认的空间坐标系统 x 和 y。xi 和 yi 指定这个坐标系中特定点的坐标。

(5) [x,y,BW2,idx,xi,yi] = bwselect(...)，返回 x 和 y 坐标中的属性 XData 和 YData；输出图像 BW2；选择对象所有像素点的线性索引 idx 和 xi、yi 所指定的空间坐标轴。

【例 9-25】　通过 bwselect 函数进行对象的选择。

```
>> clear all;
BW = imread('text.png');
```

```
c = [43 185 212];                          % 对象横坐标
r = [38 68 181];                           % 对象的纵坐标
BW2 = bwselect(BW,c,r,4);                  % 对象选择
subplot(121);imshow(BW);
title('原始图像');
subplot(122);imshow(BW2);
title('对象选择');
```

运行程序,效果如图 9-32 所示。

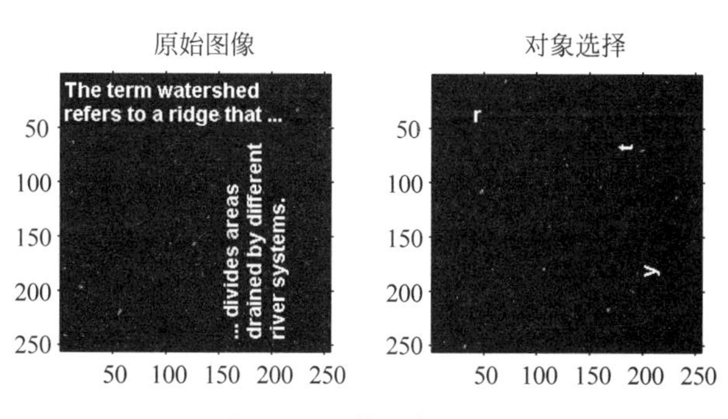

图 9-32 图像对象的选择

9.7.5 图像的面积

在进行图像处理时,会希望获得图像中改变某些特征信息,例如,膨胀和腐蚀从定量的角度上来看就是二值图像中各对象面积的增大或缩小。

MATLAB 图像处理工具箱中提供了 bwarea 函数来计算二进制图像的面积,面积粗略地说就是图像中前景的像素的个数。但是 bwarea 函数并不是仅仅简单地计算非 0 像素的数目,而是在计算面积的过程中,对不同的像素赋予不同的权值,这个加权的过程就是弥补用离散图像代表连续图像产生误差的过程。例如,在图像中一个 50 个像素的对角线比 50 个像素的水平线长。因此,经过加权,bwarea 函数返回 50 个像素长的水平面积为 50,而一个 50 个像素长的对角线为 62.5。

bwarea 函数的调用格式为:

total = bwarea(BW),估算二值图像 BW 的选择对象的面积。参数 totale 为一个标量,概略地看作值为 1(on)的像素点数,但由于不同像素点的权值不同,所以也不能完全相等。例如水平线和对角线上的像素点的权值是不一样的。其实现算法如下:

单个像素点的面积由 2×2 邻域确定。有 6 种不同的方式,分别表示 6 种不同的面积。

(1) 有 0 个 1(对应 on,下同)像素的方式(area=0)。

(2) 有 1 个 1 像素的方式(area=1/4)。

(3) 有 2 个相邻 1 像素的方式(area=1/2)。

(4) 有 2 个对角 1 像素的方式(area=3/4)。

(5) 有 3 个 1 像素的方式(area=7/8)。

(6) 有 4 个 1 像素的方式(area=1)。

注意：每个像素点都有4个不同的2×2的邻域，这就意味着，一个像素点的面积不是简单的上面算法所定义的值，而是分别为4个不同邻域的和值。

【例9-26】 计算图像 circles. tif 在膨胀运算前后图像面积的改变。

```
>> clear all;
BW = imread('circbw.tif');
disp('膨胀前图像面积为：')
bwarea(BW)
SE = ones(5);
BW2 = imdilate(BW,SE);
disp('膨胀后图像面积')
bwarea(BW2)
```

运行程序，输出如下：

```
膨胀前图像面积为：
ans =
  3.7415e+04
膨胀后图像面积
ans =
  50347
```

计算图像中某个区域的面积以及这个区域的周长，根据它们的比值分析该区域所代表的图像形状，这是一种很常用的分析方法。

9.7.6 图像的欧拉数

在几何理论中，欧拉数是对图像拓扑的估计。欧拉数等于图像中所有对象的总数减去这些对象中孔洞的数目。

MATLAB图像处理工具箱中提供了bweuler函数用于欧拉数计算，调用格式为：

eul = bweuler(BW,n)，n表示连通类型，可以用4连通或8连通来进行计算，其默认值为8；BW为二值图像。

【例9-27】 计算circbw图像的欧拉数。

```
>> clear all;
J = imread('circles.png');                 %灰度图像
I = imread('circbw.tif');                  %二值图像
disp('二值图像的的欧拉数：')
e1 = bweuler(I,8)
disp('灰度图像的的欧拉数：')
e2 = bweuler(J,8)
```

运行程序，输出如下：

```
二值图像的的欧拉数：
e1 =
   -85
灰度图像的的欧拉数：
e2 =
   -3
```

第10章 数字图像的小波变换

小波变换(wavelet transform,WT)是一种新的变换分析方法,它继承和发展了短时傅里叶变换局部化的思想,同时又克服了窗口大小不随频率变化等缺点,能够提供一个随频率改变的"时间-频率"窗口,是进行信号时频分析和处理的理想工具。它的主要特点是,通过变换能够充分突出问题某些方面的特征;能对时间(空间)频率进行局部化分析;通过伸缩平移运算对信号(函数)逐步进行多尺度细化,最终达到高频处时间细分,低频处频率细分;能自动适应时频信号分析的要求,从而可聚焦到信号的任意细节;解决了 Fourier 变换的困难问题,成为继 Fourier 变换以来在科学方法上的重大突破。

10.1 小波变换基础

本节先介绍小波变换的数学基础,内容包括小波变换的基本定义及小波变换的实现方法,为后续基于小波变换的图像处理提供理论基础。

10.1.1 小波变换的定义

小波变换在许多领域都得到了成功的应用,特别是小波变换的离散数字算法已被广泛用于许多问题变换的研究中。小波变换越来越引起人们的重视,其应用领域来越来越广泛。

1. 连续小波变换

小波是通过对基本小波进行尺度伸缩和位移得到的。基本小波是一个具有特殊性质的实值函数,其振荡快速衰减,且在数学上满足积分为零的条件:

$$\int_{-\infty}^{\infty} \psi(t)\,\mathrm{d}t = 0 \tag{10-1}$$

其频谱满足条件

$$C_{\psi} = \int_{-\infty}^{\infty} \frac{|\psi(s)|^2}{s}\mathrm{d}s < 0 \tag{10-2}$$

即基本小波在频域也具有好的衰减性质。

一组小波基函数是通过尺度因子和位移因子由基本小波产生的：

$$\psi_{a,b}(x)=\frac{1}{\sqrt{a}}\psi\left(\frac{x-b}{a}\right) \tag{10-3}$$

连续小波变换也称为积分小波变换，定义为

$$W_f(a,b)=\langle f,\psi_{a,b}(x)\rangle=\int_{-\infty}^{\infty}f(x)\psi_{a,b}(x)\mathrm{d}t=\frac{1}{\sqrt{a}}\int_{-\infty}^{\infty}f(x)\psi_{a,b}\left(\frac{x-b}{a}\right)\mathrm{d}x \tag{10-4}$$

其逆变换为

$$f(x)=\frac{1}{C_\psi}\int_0^{\infty}\int_{-\infty}^{\infty}W_f(a,b)\psi_{a,b}(x)\mathrm{d}b\frac{\mathrm{d}a}{a^2} \tag{10-5}$$

二维连续小波基函数定义为

$$\psi_{ab_xb_y}(x,y)=\frac{1}{|a|}\psi\left(\frac{x-b_x}{a},\frac{y-b_y}{a}\right) \tag{10-6}$$

二维连续小波变换为

$$W_f(a,b_x,b_y)=\int_{-\infty}^{\infty}\int_{-\infty}^{\infty}f(x,y)\psi_{ab_xb_y}(x,y)\mathrm{d}x\mathrm{d}y \tag{10-7}$$

二维连续小波逆变换为

$$f(x,y)=\frac{1}{C_\psi}\int_0^{\infty}\int_{-\infty}^{\infty}\int_{-\infty}^{\infty}W_f(a,b_x,b_y)\psi_{ab_xb_y}(x,y)\mathrm{d}b_x\mathrm{d}b_y\frac{\mathrm{d}a}{a^3} \tag{10-8}$$

连续小波变换具有以下重要性质：

(1) 线性性。一个多分量信号的小波变换等于各个分量的小波变换之和。

(2) 平移不变性。如果 $f(t)$ 的小波变换为 $W_f(a,b)$，则 $f(t-\tau)$ 的小波变换为 $W_f(a,b-\tau)$。

(3) 伸缩共变性。若 $f(t)$ 的小波变换为 $W_f(a,b)$，则 $f(ct)$ 的小波变换为 $\frac{1}{\sqrt{c}}W_f(ca,cb)$，$c>0$。

(4) 自相似性。对应不同尺度参数 a 和不同平移参数 b 的连续小波变换之间是自相似的。

(5) 冗余性。连续小波变换中存在信息表述的冗余度。

小波变换的冗余性事实上也是自相似性的直接反映，它主要表现在以下两个方面：

(1) 由连续小波变换恢复原信号的重构分式不是唯一的。也就是说，信号 $f(t)$ 的小波变换与小波重构不存在一一对应关系，而傅里叶变换与傅里叶反变换是一一对应的。

(2) 小波变换的核函数即小波函数 $\psi_{a,b}(t)$ 存在许多可能的选择。例如，它们可以是非正交小波、正交小波、双正交小波，甚至允许是彼此线性相关的。

小波变换在不同的 (a,b) 之间的相关性增加了分析和解释小波变换结果的困难，因此，小波变换的冗余度应尽可能减小，它是小波分析中的主要问题之一。

2. 一维离散小波变换

设 $\psi(t)\in L^2(R)$，其傅里叶变换为 $\hat{\psi}(\bar{\omega})$，当 $\hat{\psi}(\omega)$ 满足允许条件（完全重构条件或恒等分辨条件）

$$C_\psi = \int_R \frac{|\hat{\psi}(\omega)|^2}{|\omega|} d\omega < \infty$$

时，称 $\psi(t)$ 为一个基本小波或母小波。将母函数 $\psi(t)$ 经伸缩和平移后得

$$\psi_{a,b}(t) = \frac{1}{\sqrt{|a|}} \psi\left(\frac{t-b}{a}\right) \quad a,b \in R; a \neq 0$$

称其为一个小波序列。其中 a 为伸缩因子，b 为平移因子。任意函数 $f(t) \in L^2(R)$ 的连续小波变换为

$$W_f(a,b) \leqslant f, \psi_{a,b} \geqslant |a|^{-1/2} \int_R f(t) \overline{\psi\left(\frac{t-b}{a}\right)} dt$$

其重构公式(逆变换)为

$$f(t) = \frac{1}{C_\psi} \int_{-\infty}^{\infty} \int_{-\infty}^{\infty} \frac{1}{a^2} W_f(a,b) \psi\left(\frac{t-b}{a}\right) da db$$

由于基小波 $\psi(t)$ 生成的小波 $\psi_{a,b}(t)$ 在小波变换中对被分析的信号起着观测窗的作用，所以 $\psi(t)$ 还应该满足一般函数的约束条件

$$\int_{-\infty}^{\infty} |\psi(t)| dt < \infty$$

故 $\hat{\psi}(\omega)$ 是一个连续函数。这意味着，为了满足完全重构条件式，$\hat{\psi}(\omega)$ 在原点必须等于 0，即

$$\hat{\psi}(0) = \int_{-\infty}^{\infty} \psi(t) dt = 0$$

为了使信号重构的实现在数值上是稳定的，处理完全重构条件外，还要求小波 $\psi(t)$ 的傅里叶变化满足下面的稳定性条件：

$$A \leqslant \sum_{-\infty}^{\infty} |\hat{\psi}(2^{-j}\omega)|^2 \leqslant B$$

式中 $0 < A \leqslant B < \infty$。

3. 二维离散小波变换

为了将一维离散小波变换推广到二维，只考虑尺度函数是可分离的情况，即

$$\Phi(x,y) = \Phi(x)\Phi(y)$$

式中，$\Phi(x)$ 是一维尺度函数，其相应的小波是 $\psi(x)$。下列 3 个二维基本小波是建立二维小波变换的基础：

$$\psi^1(x,y) = \Phi(x)\psi(y), \quad \psi^2(x,y) = \Phi(y)\psi(x), \quad \psi^3(x,y) = \psi(x)\psi(y)$$

积函数空间 $L^2(R^2)$ 的正交归一，其中

$$\psi_{j,m,n}^l(x,y) = 2^j \psi^l(x - 2^j m, y - 2^j n) \quad j \geqslant 0, l = 1,2,3,\ j,m,n \text{ 都为整数}$$

其中 j 指示图像的尺度。

1) 正变换

从一幅 $N \times N$ 的图像 $f(x,y)$ 开始，其中 N 是 2 的幂。对于 $j=0$，尺度 $2^j = 2^0 = 1$，也就是原图像的尺度。j 值每增加 1 都使尺度加倍，而使分辨率减半。在变换的每一层次，图像都被分解为 4 个四分之一大小的图像，它们都是由原图与一个小波基图像进行内积运算后，再经过在行和列方向进行 2 倍的间隔抽样而生成的。对于第一个层次($j=$

1),可写成

$$f_2^0(m,n)=\langle f_1(x,y),\Phi(x-2m,y-2n)\rangle$$
$$f_2^1(m,n)=\langle f_1(x,y),\psi^1(x-2m,y-2n)\rangle$$
$$f_2^2(m,n)=\langle f_1(x,y),\psi^2(x-2m,y-2n)\rangle$$
$$f_2^3(m,n)=\langle f_1(x,y),\psi^3(x-2m,y-2n)\rangle$$

后续的层次($j>1$)依次类推,形成如图 10-1 所示的形式。

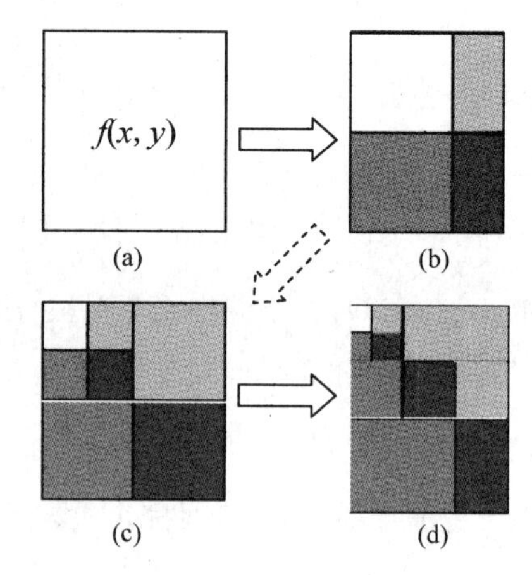

图 10-1 二维离散小波变换

(a) 原图像;(b) 第一层;(b) 第二层;(c) 第三层

如果将内积改写为卷积形式则有

$$f_{2^{j+1}}^0(m,n)=[f_{2^1}^0(x,y)\times\Phi(-x,-y)](2m,2n)$$
$$f_{2^{j+1}}^1(m,n)=[f_{2^1}^0(x,y)\times\psi^1(-x,-y)](2m,2n)$$
$$f_{2^{j+1}}^2(m,n)=[f_{2^1}^0(x,y)\times\psi^{21}(-x,-y)](2m,2n)$$
$$f_{2^{j+1}}^3(m,n)=[f_{2^1}^0(x,y)\times\psi^{31}(-x,-y)](2m,2n)$$

因为尺度函数和小波函数都是可分离的,所以每个卷积都可分解成行和列的一维卷积。例如,在第一层,首先用 $h_0(-x)$ 和 $h_1(-x)$ 分别与图像 $f(x,y)$ 的每行作卷积并丢弃奇数列(以最左列为第 0 列)。接着这个 $(N\times N)/2$ 矩阵的每列再和 $h_0(-x)$ 和 $h_1(-x)$ 相卷积,丢弃奇数行(以最上行为第 0 行)。结果就是该层变换所要求的 4 个 $(N/2)\times(N/2)$ 的数组,如图 10-2 所示。

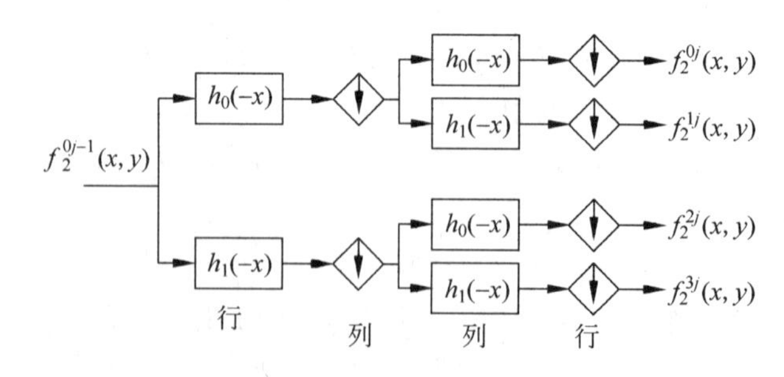

图 10-2 DWT 图像分解步骤

2）逆变换

逆变换与上述过程相似，在每一层，通过在每一列的左边插入一列零来增频采样前一层的4个矩阵；接着用 $h_0(x)$ 和 $h_1(x)$ 来卷积各行，再成对地把这几个 $N/2\times N$ 的矩阵加起来；然后通过在每行上面插入一行0来将刚才所得的两个矩阵增频采样为 $N\times N$；再用 $h_0(x)$ 和 $h_1(x)$ 与这两个矩阵的每列卷积，这两个矩阵的和就是这一层重建的结果。

图10-3给出了逆小波变换图像重建的过程。

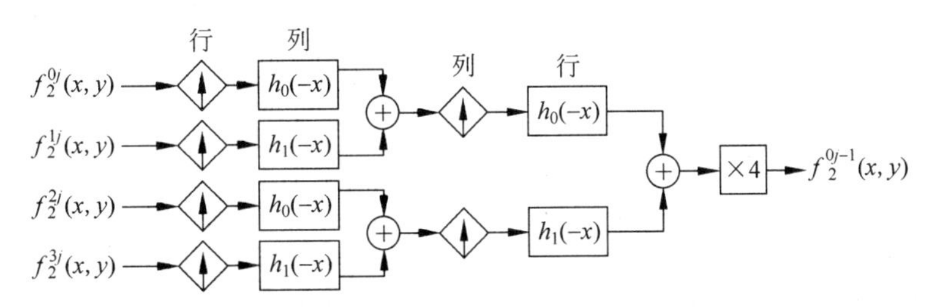

图10-3　DWT图像重建步骤

10.1.2　小波变换的快速算法

为了能够处理二维函数或信号（如图像信号），就必须引入二维小波、二维小波变换及相应的快速算法。二维多分辨分析有两种，可分离的和不可分离的。前一种情况简单且应用广泛，因此本节介绍可由一维多分辨分析的张量积空间构造的二维多分辨分析。不可分离的情况也比较常见，但在图像处理领域应用不多，故这里不作介绍。

用 $L^2(R^2)$ 表示平面上平方可积函数空间，即

$$f(x,y)\in L^2(R^2)\Leftrightarrow\int_{-\infty}^{+\infty}\int_{-\infty}^{+\infty}|f(x,y)|^2\mathrm{d}x\mathrm{d}y<\infty \tag{10-9}$$

容易证明，平面上有限区域中的一幅图像的能量是有限的。如设 $f(x,y)$ 是一幅图像，它的定义域围成的区域的面积为 D，设 $f(x,y)$ 最大的亮度值为 M，即 $f(x,y)\leqslant M$，则

$$\int_{-\infty}^{+\infty}\int_{-\infty}^{+\infty}|f(x,y)|^2\mathrm{d}x\mathrm{d}y\leqslant M^2D<+\infty$$

引入 $L^2(R^2)$ 空间的内积

$$\langle f,g\rangle=\int_{R^2}f(x,y)\overline{g(x,y)}\mathrm{d}x\mathrm{d}y,\quad f,g\in L^2(R^2)$$

相应的范数定义为

$$\|f\|_{L^2(R^2)}=\langle f,f\rangle^{1/2},\quad f\in L^2(R^2)$$

在不发生混淆的情况下，范数也常记为 $\|f\|_{L^2}$。$f(x,y)$ 的 Fourier 变换定义为

$$\hat{f}(\zeta)=\hat{f}(\zeta_1,\zeta_2)=\int_{R^2}f(x,y)e^{-i(x\zeta_1+y\zeta_2)}\mathrm{d}x\mathrm{d}y$$

设 F 和 D 是两个有限维或可数无限维线性空间。F 和 D 的基底分别为 $\cdots,f_{-1},f_0,f_1,\cdots$ 及 $\cdots,d_{-1},d_0,d_1,\cdots$。定义以形如 $f_id_i(i=0,\pm1,\pm2,\cdots;j=0,\pm1,\pm2,\cdots)$ 的元素为基底的空间 H，为 F 与 D 的张量积空间，表示为

$$H=F\otimes D$$

如果 F 和 D 都是函数空间，x 和 y 分别是 F 和 D 中的自变量，则张量积空间 H 中

的元素称为二维张量积函数或张量积曲面。

现在，设$\{V_k^1\}$和$\{V_k^2\}$是由尺度函数$\phi^1(x)$和$\phi^2(y)$生成的两个多分辨分析，则可以得到V_k^1和V_k^2的张量积空间

$$V_k = V_k^1 \otimes V_k^2$$

由于V_k^1的基底为$\{2^{k/2}\phi^1(2^k x-j)\}$，$V_k^2$的基底为$\{2^{k/2}\phi^2(2^k y-l)\}$，所以$V_k$的基底为$\{2^k\phi^1(2^k x-j)\phi^2(2^k y-l)\}$。

对于二元函数$f(x,y)$，引入记号

$$f_{k;j,l}(x,y) = 2^k f(2^k x - j, 2^k y - l)$$

记

$$\phi(x,y) = \phi^1(x)\phi^2(y)$$

则$\{\phi_{k;j,l}(x,y):j,l\in Z\}$是$V_k$的基底。这样$\{V_k\}$就形成$L^2(R^2)$中的一个多分辨分析，$\phi(x,y)$就是相应的尺度函数。

设V_k^1关于V_{k+1}^1的补空间W_k^1，V_k^2关于V_{k+1}^2的补空间W_k^2，即

$$V_{k+1}^1 = V_k^1 \dot{+} W_k^1, \quad V_{k+1}^2 = V_k^2 \dot{+} W_k^2$$

现在，设$\psi^1(x)$生成W_0^1，$\psi^2(x)$生成W_0^2，即

$$W_0^1 := \mathrm{clos}_{L^2(R)}\langle \psi^1(x-k):k\in Z\rangle$$
$$W_0^2 := \mathrm{clos}_{L^2(R)}\langle \psi^2(x-k):k\in Z\rangle$$

这时

$$\begin{aligned} V_{k+1} = V_{k+1}^1 \otimes V_{k+1}^2 &= (V_k^1 \dot{+} W_k^1) \otimes (V_k^2 \dot{+} W_k^2) \\ &= V_k^1 \otimes V_k^2 \dot{+} V_k^1 \otimes W_k^2 \dot{+} W_k^1 \otimes V_k^2 \dot{+} W_k^1 \otimes W_k^2 \\ &= V_k \dot{+} W_k \end{aligned} \tag{10-10}$$

其中

$$W_k = W_k^{(1)} + W_k^{(2)} + W_k^{(3)},$$
$$W_k^{(1)} = V_k^1 \otimes W_k^2, \quad W_k^{(2)} = W_k^1 \otimes V_k^2, \quad W_k^{(3)} = W_k^1 \otimes W_k^2$$

同样，由于V_k^1的基底为$\{2^{k/2}\phi^1(2^k x-j)\}$，$W_k^2$的基底为$\{2^{k/2}\psi^1(2^k y-l)\}$，则$W_k^{(1)}$的基底为$\{2^k\phi^1(2^k x-j)\psi^2(2^k y-l)\}$。记

$$\psi^1(x,y) = \phi^1(x)\psi^2(y)$$

则$W_k^{(1)}$的基底为$\{\psi_{k;j,l}^1:j,l\in Z\}$。类似地，记

$$\psi^2(x,y) = \psi^1(x)\phi^2(y)$$
$$\psi^3(x,y) = \psi^1(x)\psi^2(y)$$

则$W_k^{(2)}$的基底为$\{\psi_{k;j,l}^2:j,l\in Z\}$，$W_k^{(3)}$的基底为$\{\psi_{k;j,l}^3:j,l\in Z\}$。

可以看到，与一维只有一个尺度函数和一个小波函数不同的是，二维情形有一个尺度函数$\phi(x,y)$和3个小波函数$\psi^1(x,y)$，$\psi^2(x,y)$，$\psi^3(x,y)$。

与一维情况类似，直接分解为

$$L^2(R^2) = \cdots \dot{+} W_{-1} \dot{+} W_0 \dot{+} W_1 \dot{+} \cdots$$

则对于$\forall f(x,y)\in L^2(R^2)$都有唯一分解

$$f(x,y) = \cdots + d_{-1}(x,y) + d_0(x,y) + d_1(x,y) + \cdots$$

其中$d_k(x,y)\in W_k$。

如果 $\phi^1(x),\phi^2(y)$ 及 $\psi^1(x),\psi^2(y)$ 都是半正交尺度函数与半正交小波函数，则上面的直和分解就可以变为正交和分解。

$$L^2(R^2)=\cdots\oplus W_{-1}\oplus W_0\oplus W_1\oplus\cdots$$

此时

$$W_k\perp W_n,\quad k\neq n$$

即

$$\langle d_k,d_n\rangle=0,\quad k\neq n$$

其中：$d_k\in W_k$；$d_n\in W_n$。

设 $f_k(x,y)\in V_k,d_k(x,y)\in W_k$，则

$$f_{k+1}(x,y)=f_k(x,y)+d_k(x,y)$$

其中对于任何 $k,f_k\in V_k,d_k\in W_k$。这样对于 $d_k\in W_k$ 还可以进一步分解为

$$d_k=d_k^{(1)}+d_k^{(2)}+d_k^{(3)}$$

其中 $d_k^{(i)}\in W_k^{(i)}(i=1,2,3)$，则有 $f_{k+1}(x,y)\in V_{k+1}$。

利用一维情况下的两尺度方程和小波方程

$$\begin{cases}\phi^1(x)=\sum\limits_n h_n^1\phi^1(2x-n)\\ \psi^1(x)=\sum\limits_n g_n^1\phi^1(2x-n)\end{cases}\quad\begin{cases}\phi^2(x)=\sum\limits_n h_n^2\phi^2(2x-n)\\ \psi^2(x)=\sum\limits_n g_n^2\phi^2(2x-n)\end{cases}$$

可以得到二维张量积两尺度关系为：

$$\begin{cases}\phi(x,y)=\sum\limits_{n,m}h_{n,m}\phi(2x-n,2y-m)\\ \psi^i(x,y)=\sum\limits_{n,m}g_{n,m}^i\phi(2x-n,2y-m),\quad(i=1,2,3)\end{cases}$$

其中

$$\begin{cases}h_{n,m}=h_n^1h_m^2,\quad g_{n,m}^1=h_n^1g_m^2\\ g_{n,m}^2=g_n^1h_m^2,\quad g_{n,m}^3=g_n^1g_m^2\end{cases}$$

现在设

$$f_k(x,y)=\sum_{k;n,m}c_{k;n,m}\phi(2^kx-n,2^ky-m)$$

$$g_k^{(i)}(x,y)=\sum_{n,m}d_{k;n,m}^i\psi^i(2^kx-n,2^ky-m)$$

则由

$$f_{k+1}(x,y)=f_k(x,y)+g_k^{(1)}(x,y)+g_k^{(2)}(x,y)+g_k^{(3)}(x,y)$$

再利用尺度函数 $\phi(x,y)$ 和小波函数 $\psi^1(x,y),\psi^2(x,y),\psi^3(x,y)$ 及其二进伸缩和平移的正交性，可以得到二维 Mallat 算法如下：

(1) 分解算法即为

$$\begin{cases}c_{k;n,m}=\sum\limits_{l,j}h_{l-2n}h_{j-2m}c_{k+1;l,j}\\ d_{k;n,m}^1=\sum\limits_{l,j}h_{l-2n}g_{j-2m}c_{k+1;l,j}\\ d_{k;n,m}^2=\sum\limits_{l,j}g_{l-2n}h_{j-2m}c_{k+1;l,j}\\ d_{k;n,m}^3=\sum\limits_{l,j}g_{l-2n}g_{j-2m}c_{k+1;l,j}\end{cases}$$

(2) 重构算法即为

$$c_{k+1;n,m}=\sum_{l,j}h_{n-2l}h_{m-2j}c_{k;n,m}+\sum_{l,j}h_{n-2l}g_{m-2j}d_{k;n,m}^{1}+\sum_{l,j}g_{n-2l}h_{m-2j}d_{k;n,m}^{2}+\sum_{l,j}g_{n-2l}g_{m-2j}d_{k;n,m}^{3}$$

类似地,利用一维双正交多分辨分析,可以获得二维双正交多分辨分析。只要将相应的分解和重构滤波器置换,就可以得到二维双正交多分辨分析的 Mallat 算法。称序列 $\{c^k,d_k^1,d_k^2,d_k^3\}$ 为 c^{k+1} 的一级二维小波变换。

对应于二维 Mallat 算法的滤波器组表示如图 10-4 所示。

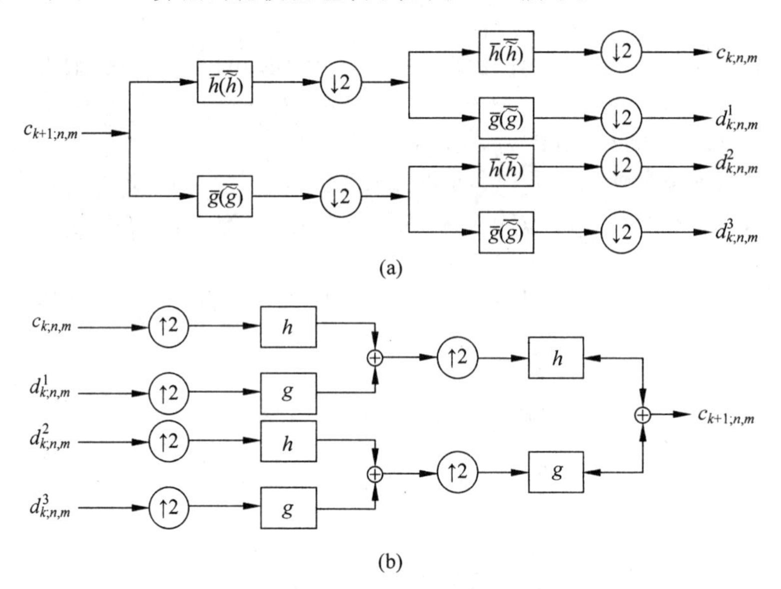

图 10-4　二维二通道 Mallat 算法的滤波器组表示

(a) 二维小波分解(括号中表示双正交滤波器);(b) 二维小波重构

有了上面的分析,现在就可以分析二维离散图像信号的处理方法。设 $\{b_{n,m}\}(n=0,1,\cdots,N-1)$ 是一幅输入图像,其像素点之间的距离为 N^{-1},其中 $N=2^L$。可以将 $b_{n,m}$ 与尺度 2^L 下的一个逼近函数

$$f(x,y)=\sum_{n,m}c_{n,m}^{L}\phi_{L,n,m}(x,y)\in V_L^2$$

联系起来,其中 $c_{n,m}^{L}=\langle f,\tilde{\phi}_{L,n,m}\rangle$,$\phi,\tilde{\phi}$ 是两个对偶尺度函数。使 $b_{n,m}$ 为 $f(x,y)$ 的均匀采样,即 $b_{n,m}=f(N^{-1}n,N^{-1}m)$。另外,根据 $c_{n,m}^{L}=\langle f,\tilde{\phi}_{L,n,m}\rangle$,有

$$Nc_{n,m}^{L}=\int_{-\infty}^{+\infty}\int_{-\infty}^{+\infty}f(u,v)\,\frac{1}{N^{-2}}\tilde{\phi}\left(\frac{u-N^{-1}n}{N^{-1}},\frac{v-N^{-1}m}{N^{-1}}\right)\mathrm{d}u\mathrm{d}v$$

由于 $\int_{-\infty}^{+\infty}\int_{-\infty}^{+\infty}\phi(u,v)\mathrm{d}u\mathrm{d}v=1$,故

$$\int_{-\infty}^{+\infty}\int_{-\infty}^{+\infty}\frac{1}{N^{-2}}\tilde{\phi}\left(\frac{u-N^{-1}n}{N^{-1}},\frac{v-N^{-1}m}{N^{-1}}\right)\mathrm{d}u\mathrm{d}v=1$$

从而,$Nc_{n,m}^{L}$ 是 f 在 $(N^{-1}n,N^{-1}m)$ 的一个小邻域上的加权平均。因此有

$$Nc_{n,m}^{L}\approx f(N^{-1}n,N^{-1}m)=b_{n,m}$$

如果将$\{c_{k+1;n,m}\}$看成是一幅二维图像信号，n 和 m 分别为行下标和列下标，则二维小波变换过程可以如下解释：先利用分析滤波器$\bar{\tilde{h}}$、$\bar{\tilde{g}}$对图像的每 n 行进行小波变换，得到低频部分 $\sum_j \tilde{h}_{j-2m}c_{k+1;l,j}$ 和高频部分$\sum_j \tilde{g}_{j-2m}c_{k+1;l,j}$；然后对得到的数据的每 m 列用分析滤波器$\bar{\tilde{h}}$、$\bar{\tilde{g}}$ 进行小波变换；对 $\sum_j \tilde{h}_{j-2m}c_{k+1;l,j}$ 的各列进行小波变换得到低频系数 $\sum_l \tilde{h}_{l-2n}\left(\sum_j \tilde{h}_{j-2m}c_{k+1;n,m}\right)$，即 $c_{j;n,m}$，及高频系数$\sum_l \tilde{g}_{l-2n}\left(\sum_j \tilde{h}_{j-2m}c_{k+1;n,m}\right)$，即 $d^1_{k;n,m}$。对 $\sum_j \tilde{g}_{j-2m}c_{k+1;l,j}$ 的各列进行小波变换得到低频系数$\sum_l \tilde{h}_{l-2n}\left(\sum_j \tilde{g}_{j-2m}c_{k+1;n,m}\right)$，即 $d^2_{k;n,m}$，及高频系数$\sum_l \tilde{g}_{l-2n}\left(\sum_j \tilde{g}_{j-2m}c_{k+1;n,m}\right)$，即 $d^3_{k;n,m}$。一级小波分解后，图像由 4 部分构成：

$$\begin{bmatrix} (c_{k;n,m}) & (d^1_{k;n,m}) \\ (d^2_{k;n,m}) & (d^3_{k;n,m}) \end{bmatrix}$$

其中，每个子图像都是原始图像大小的 1/4。这样每一级变换得到的低频信号递归地进行分解。同样，重构过程也可类似进行。这样就形成了二维小波变换的塔式结构。

10.1.3 小波包变换

在多分辨分析中，$L^2(R)=\bigoplus_{j\in z} W_j$，表明多分辨分析是按照不同的尺度因子 j 把 Hilbert 空间 $L^2(R)$分解为所有子空间 $W_j(j\in Z)$的正交和的。其中，W_j 为小波函数 $\psi(t)$的闭包（小波子空间）。现在对小波子空间 W_j 按照二进制分式进行频率的细分，以达到提高频率分辨率的目的。

一种自然的做法是将尺度空间 V_j 和小波子空间 W_j 用一个新的子空间 U_j^n 统一起来表征，如果令

$$\begin{cases} U_j^0 = V_j \\ U_j^1 = W_j \end{cases} \quad j\in Z$$

则 Hilbert 空间的正交分解 $V_{j+1}=V_j\oplus W_j$ 即可用 U_j^n 的分解统一为

$$U_{j+1}^0 = U_j^0 \oplus U_j^1 \quad j\in Z \tag{10-11}$$

定义子空间 U_j^n 是函数 $U_n(t)$的闭包空间，而 $U_n(t)$是函数 $U_{2n}(t)$的闭包空间，并令 $U_n(t)$满足双尺度方程

$$\left.\begin{aligned} u_{2n}(t) &= \sqrt{2}\sum_{k\in Z} h(k)u_n(2t-k) \\ u_{2n+1}(t) &= \sqrt{2}\sum_{k\in Z} g(k)u_n(2t-k) \end{aligned}\right\} \tag{10-12}$$

式中，$g(k)=(-1)^k h(1-k)$，即两系数也具有正交关系。当 $n=0$ 时，由式(10-12)得

$$\begin{cases} u_0(t) = \sum_{k\in Z} h_k u_0(2t-k) \\ u_1(t) = \sum_{k\in Z} g_k u_0(2t-k) \end{cases} \tag{10-13}$$

与在多分辨分析中，$\phi(t)$和 $\psi(t)$满足的双尺度方程

$$
\begin{cases}
\phi(t) = \sum\limits_{k\in Z} h_k \phi(2t-k), & \{h_k\}_{k\in Z} \in l^2 \\
\psi(t) = \sum\limits_{k\in Z} g_k \phi(2t-k), & \{g_k\}_{k\in Z} \in l^2
\end{cases} \tag{10-14}
$$

相比较，$u_0(t)$和$u_1(t)$分别退化为尺度函数$\phi(t)$和小波基函数$\psi(t)$。式(10-13)是式(10-11)的等价表示。把这种等价表示推广到$n\in Z_+$(非负整数)的情况，即得到式(10-12)的等价表示为

$$
U_{j+1}^n = U_j^n \oplus U_j^{2n+1}, \qquad j\in Z, n\in Z_+ \tag{10-15}
$$

由式(10-12)构造的序列$\{u_n(t)\}(n\in Z_+)$称为由基函数$u_0(t)=\phi(t)$确定的正交小波包。当$n=0$时，即为式(10-13)的情况。

由于$\phi(t)$由h_k唯一确定，所以又称$\{u_n(t)\}_{n\in Z}$为关于序列$\{h_k\}$的正交小波包。

设非负整数n的二进制表示为$n=\sum\limits_{i=1}^{\infty}\varepsilon_i 2^{i-1}$，$\varepsilon_i=0$或1，则小波包$\hat{u}_n(w)$的傅里叶变换由下式给出：

$$
\hat{u}_n(\bar{w}) = \prod_{i=1}^{\infty} m_{\varepsilon_i}(w/2^j) \tag{10-16}
$$

式中

$$
m_0(\bar{w}) = H(w) = \frac{1}{\sqrt{2}}\sum_{k=-\infty}^{+\infty} h(k)\mathrm{e}^{-jkw}
$$

$$
m_1(\bar{w}) = G(w) = \frac{1}{\sqrt{2}}\sum_{k=-\infty}^{\infty} g(k)\mathrm{e}^{-jkw}
$$

设$\{u_n(t)\}_{n\in Z}$是正交尺度函数$\phi(t)$的正交小波包，则$\langle u_n(t-k), u_n(t-l)\rangle=\delta_{kl}$，即$\{u_n(t)\}_{n\in Z}$构成$L^2(R)$的规范正交基。

10.1.4 小波变换的优点

从图像处理的角度看，小波变换具有以下优点：

(1) 小波分解可以覆盖整个频域(提供了数学上完备的描述)。

(2) 小波变换通过选取合适的滤波器，可以极大地减小或去除所提取的不同特征之间的相关性。

(3) 小波变换具有“变焦”特性，在低频段可用高频率分辨率和低时间分辨率(宽分析窗口)，在高频段可用低频率分辨率和高时间分辨率(窄分析窗口)。

(4) 小波变换的实现有快速算法(Mallat小波分解算法)。

10.2 数字图像的小波变换工具箱

MATLAB没有提供专门的小波图像处理工具箱，而是将与图像有关的小波变换及操作放在小波变换工具箱(Wavelet Toolbox)中。下面主要介绍与图像有关的小波变换工具箱中的函数及相关知识。

1. 支持的图像类型

从数学角度来说，图像可以看成是离散的二元函数的取样，而在 MATLAB 中，它是最基本的数据类型矩阵，也可以看作二元函数，因此很自然地将数值矩阵和图像建立关联。例如，如果一幅图像 $f(x,y)$，用矩阵 $\boldsymbol{I}$ 来表示，那么对于图像 $f(x,y)$ 中某一个特定像素点来说，可以通过矩阵的下标来获取，如 $I(i,j)$ 描述图像 $f(x,y)$ 第 i 行第 j 列的像素对应的值。

MATLAB 中索引图像数据包括图像矩阵 $\boldsymbol{X}$ 与颜色图数组 map，其中颜色图数组 map 是按图像中颜色值进行排序后的数组。对于每个像素，图像矩阵 $\boldsymbol{X}$ 包含一个值，这个值就是颜色图数组 map 中的颜色。颜色图数组 map 为 $m\times 3$ 的双精度矩阵，各行分别指定红(R)、绿(G)、蓝(B)单色值，map=[RGB]，R、G、B 取值域为[0,1]的实数值，m 为索引图像包含的像素个数。例如，在 MATLAB 命令行输入：

```
load clown
>> whos
  Name       Size        Bytes     Class   Attributes
  X          200x320     512000    double
  caption    2x1         4         char
  map        81x3        1944      double
```

运行程序，工作空间产生与该图像数据有关的矩阵 $\boldsymbol{X}$ 和 map，其中 $\boldsymbol{X}$ 为图像矩阵，map 为颜色图像数组，$\boldsymbol{X}$ 矩阵大小与导入图像 clown 大小相等。例如，$\boldsymbol{X}$(64,18)的值是 41，指图像 clown 的像素点为(64,18)，颜色值为 map(41,:)。

小波变换工具箱只支持具有线性单调颜色图的索引图像，通常来说，颜色索引图像的颜色图不是线性单调的，所以在进行小波分解前，需要将其先转换成合适的灰度图像。这里可以直接调用 MATLAB 提供的图像类型转换函数 rgb2gray，也可以通过分离索引图像中 RGB 颜色重新定义灰度级。

2. 母小波

对于同一图像，采用不同的母小波进行小波变换，得到的结果差别很大。因此，如何选择母小波一直是小波工程应用领域的研究热点。MATLAB 小波变换工具箱中提供了多个母小波家族，如表 10-1 所示。这些母小波函数具有不同特点，用户根据工程应用的需求，选择不同母小波函数。

表 10-1 小波变换工具箱提供的母小波

小波家族名称	简　称
Haar wavelet	'haar'
Daubechies wavelets	'db'
Symlets	'sym'
Coiflets	'coif'
Biorthogonal wavelets	'bior'
Reverse biorthogonal wavelets	'rbio'

续表

小波家族名称	简　　称
Meyer wavelet	'meyr'
Discrete approximation of Meyer wavelet	'dmey'
Gaussian wavelets	'gaus'
Mexican hat wavelet	'mexh'
Morlet wavelet	'morl'
Complex Gaussian wavelets	'cgau'
Shannon wavelets	'shan'
Frequency B-Spline wavelets	'fbsp'
Complex Morlet wavelets	'cmor'

部分母小波特点如下：

- Haar小波的特点是，它是唯一一个具有对称性的紧支正交实数小波，支撑长度为1，用它进行小波变换的话，计算量很小。它的缺点是光滑性太差，用它重构的信号会出现“锯齿”现象。
- Marr小波和Morlet小波的特点是，具有清晰的函数表达式，且具有对称性，但是它们的尺度函数不存在，不具有正交性，不能对分解后的信号进行重构。
- Meyer小波的特点是，在频率域定义的紧支撑正交对称小波，无穷次连续可微，有无穷阶消失矩，这都是它的优势。但这种小波没有快速算法，这就会影响计算速度，从处理速度方面考虑，一般不采用Meyer小波。
- Biorthogonal小波系特点是，一类具有对称性的紧支双正交小波，但该小波系中的各小波基不具有正交性，只具有双正交性，所以比起具有同样消失矩阶数的正交小波来说，计算的简便性和计算时间可能会受到影响，应用时要合理选择滤波器的长度。
- Daubechies小波系特点是，一类紧支正交小波，通常表示为db$N$的形式，N对应小波函数的消失矩的阶数，且支撑长度为$2N-1$，正则性随着N的增加而增加，但该类小波对称性很差，导致信号在分解与重构时相位失真严重。
- Symlet小波系特点是，近似对称的一类紧支正交小波函数，它具有Daubechies小波系的一切良好特性，而对对称性方面的改进，又使得该小波在处理信号领域得到较多应用。
- Coiflet小波系的特点是，也是一类具有近似对称性的紧支正交小波。消失距为N时支撑长度为$6N-1$，而且coif$N$小波比sym$N$小波的对称性要好一些。但值得注意的是，这是以支撑长度的大幅度增加为代价的。

MATLAB中，提供了一些了解小波信息及相关的函数。

1) waveletfamilies函数

waveletfamilies函数用于返回小波家族函数的相关信息。函数的调用格式为：

(1) waveletfamilies或waveletfamilies('f')，返回MATLAB中所有可用的小波家族名称。

(2) waveletfamilies('n')，返回MATLAB中所有可用的小波家族名称及成员小波的名称。

(3) waveletfamilies('a'),返回在 MATLAB 中所有可用的小波家族名称、成员小波的名称及其特性。

如在 MATLAB 中命令中输入:

```
waveletfamilies
```

回车后,得:

```
=====================================
Haar                  haar
Daubechies            db
Symlets               sym
Coiflets              coif
BiorSplines           bior
ReverseBior           rbio
Meyer                 meyr
DMeyer                dmey
Gaussian              gaus
Mexican_hat           mexh
Morlet                morl
Complex Gaussian      cgau
Shannon               shan
Frequency B-Spline    fbsp
Complex Morlet        cmor
=====================================
```

结果中返回 MATLAB 中提供的小波家族名称及其对应的简称。用第二种格式调用:

```
waveletfamilies('n')
=====================================
Haar                  haar
=====================================
Daubechies            db
------------------------------
db1   db2   db3   db4
db5   db6   db7   db8
db9   db10        db**
=====================================
Symlets               sym
------------------------------
sym2   sym3   sym4   sym5
sym6   sym7   sym8   sym**
=====================================
Coiflets              coif
------------------------------
coif1   coif2   coif3   coif4
coif5
=====================================
BiorSplines           bior
------------------------------
bior1.1   bior1.3   bior1.5   bior2.2
```

```
bior2.4   bior2.6   bior2.8   bior3.1
bior3.3   bior3.5   bior3.7   bior3.9
bior4.4   bior5.5   bior6.8
====================================
ReverseBior       rbio
------------------------------
rbio1.1   rbio1.3   rbio1.5   rbio2.2
rbio2.4   rbio2.6   rbio2.8   rbio3.1
rbio3.3   rbio3.5   rbio3.7   rbio3.9
rbio4.4   rbio5.5   rbio6.8
====================================
Meyer          meyr
====================================
DMeyer                dmey
====================================
Gaussian              gaus
------------------------------
gaus1   gaus2   gaus3   gaus4
gaus5   gaus6   gaus7   gaus8
gaus **
====================================
Mexican_hat           mexh
====================================
Morlet                morl
====================================
Complex Gaussian      cgau
------------------------------
cgau1   cgau2   cgau3   cgau4
cgau5   cgau **
====================================
Shannon               shan
------------------------------
shan1 - 1.5   shan1 - 1   shan1 - 0.5   shan1 - 0.1
shan2 - 3   shan **
====================================
Frequency B - Spline   fbsp
------------------------------
fbsp1 - 1 - 1.5   fbsp1 - 1 - 1   fbsp1 - 1 - 0.5   fbsp2 - 1 - 1
fbsp2 - 1 - 0.5   fbsp2 - 1 - 0.1   fbsp **
====================================
Complex Morlet        cmor
------------------------------
cmor1 - 1.5   cmor1 - 1   cmor1 - 0.5   cmor1 - 1
cmor1 - 0.5   cmor1 - 0.1   cmor **
====================================
```

结果除了返回家族函数名称和简称外，还提供每个小波家族成员的小波名称。如在 MATLAB 命令行中输入：

```
waveletfamilies('a')
```

回车后，得：

```
Type of Wavelets
```

```
-----------------
type = 1   - orthogonals wavelets     (F.I.R.)
type = 2   - biorthogonals wavelets   (F.I.R.)
type = 3   - with scale function
type = 4   - without scale function
type = 5   - complex wavelet.
---------------------------------------------------------------------
-------------------------
Family Name : Haar
haar
1
no
no
dbwavf
-------------------------
Family Name : Daubechies
db
1
1 2 3 4 5 6 7 8 9 10 **
integer
dbwavf
-------------------------
Family Name : Symlets
sym
1
2 3 4 5 6 7 8 **
integer
symwavf
-------------------------
Family Name : Coiflets
coif
1
1 2 3 4 5
integer
coifwavf
-------------------------
Family Name : BiorSplines
bior
2
1.1 1.3 1.5 2.2 2.4 2.6 2.8 3.1 3.3 3.5 3.7 3.9 4.4 5.5 6.8
real
biorwavf
-------------------------
Family Name : ReverseBior
rbio
2
1.1 1.3 1.5 2.2 2.4 2.6 2.8 3.1 3.3 3.5 3.7 3.9 4.4 5.5 6.8
real
rbiowavf
-------------------------
Family Name : Meyer
meyr
3
no
```

```
no
meyer
-8 8
------------------------
Family Name : DMeyer
dmey
1
no
no
dmey.mat
------------------------
Family Name : Gaussian
gaus
4
1 2 3 4 5 6 7 8 **
integer
gauswavf
-5 5
------------------------
Family Name : Mexican_hat
mexh
4
no
no
mexihat
-8 8
------------------------
Family Name : Morlet
morl
4
no
no
morlet
-8 8
------------------------
Family Name : Complex Gaussian
cgau
5
1 2 3 4 5 **
integer
cgauwavf
-5 5
------------------------
Family Name : Shannon
shan
5
1-1.5 1-1 1-0.5 1-0.1 2-3 **
string
shanwavf
-20 20
------------------------
Family Name : Frequency B-Spline
fbsp
5
```

```
1-1-1.5 1-1-1 1-1-0.5 2-1-1 2-1-0.5 2-1-0.1 **
string
fbspwavf
-20 20
------------------------
Family Name : Complex Morlet
cmor
5
1-1.5 1-1 1-0.5 1-1 1-0.5 1-0.1 **
string
cmorwavf
-8 8
------------------------
```

结果中返回 MATLAB 中提供的小波家族的类型及其对应的信息。

2）waveinfo 函数

waveinfo 函数用于查询小波的信息。函数的调用格式为：

waveinfo('wname')，返回名为'wname'的小波家族的具体信息。

如在 MATLAB 命令窗口中输入：

```
waveinfo('db')
```

回车后，得：

```
Information on Daubechies wavelets.
   Daubechies Wavelets
   General characteristics: Compactly supported
   wavelets with extremal phase and highest
   number of vanishing moments for a given
   support width. Associated scaling filters are
   minimum-phase filters.
   Family                        Daubechies
   Short name                    db
   Order N                       N strictly positive integer
   Examples                      db1 or haar, db4, db15
   Orthogonal                    yes
   Biorthogonal                  yes
   Compact support               yes
   DWT                           possible
   CWT                           possible
   Support width                 2N-1
   Filters length                2N
   Regularity                    about 0.2 N for large N
   Symmetry                      far from
   Number of vanishing
   moments for psi               N
   Reference: I. Daubechies,
   Ten lectures on wavelets,
   CBMS, SIAM, 61, 1994, 194-202.
```

返回结果是对应的小波族名称（Daubechies Wavelets）、特点（General characteristics）、小波家族名（Family）、缩写（Short name）、阶数（Order N）、调用例子

(Examples)、正交与非(Orthogonal)、双正交与否(Biorthogonal)、紧支性(Compact support)、是否可以进行离散小波变换(DWT)、连续小波变换(CWT)、支持长度(Support width)、滤波器长度(Filters length)、规则性(Regularity)、对称性(Symmetry)和消失矩的阶数(Number of vanishing moments for psi),最后给出详细的参考文献(Reference)。

3) wavefun 函数

wavefun 函数用于实现小波函数和尺度函数。函数的调用格式为:

(1) [PHI,PSI,XVAL] = wavefun('wname',ITER),返回小波函数 ψ 和相应的尺度函数 ϕ 的近似值。参数 ITER 决定了反复计算的次数,从而确定了近似值的精度程度。

(2) [PHI1,PSI1,PHI2,PSI2,XVAL] = wavefun('wname',ITER),返回分别用于分解的尺度函数 PHI1、小波函数 PSI1、重构的尺度函数 PHI2 和小波函数 PSI2。

(3) [PHI,PSI,XVAL] = wavefun('wname',ITER),小波函数 wname 指定为 Meyer。

(4) [PSI,XVAL] = wavefun('wname',ITER),小波函数 wname 指定为 Morler 或 Mexican Hat。

(5) [...] = wavefun(wname,A,B)或[...] = wavefun('wname',max(A,B)),A,B 为正整数,它可计算尺度函数和小波函数的近似值并画出图形。

【例 10-1】 利用 wavefun 函数计算小波函数。

```
>> clear all;
%设置迭代和小波的名称
iter = 10;
wav = 'sym4';
%计算近似的小波函数
for i = 1:iter
    [phi,psi,xval] = wavefun(wav,i);
    plot(xval,psi);
    hold on
end
title('小波函数 sym4 的近似值(iter 从 1 到 10)');
hold off;
```

运行程序,效果如图 10-5 所示。

4) wfilters 函数

wfilters 函数用于实现小波滤波器函数。函数的调用格式为:

(1) [Lo_D,Hi_D,Lo_R,Hi_R] = wfilters('wname'),用来计算和正交或双正交小波 wname 相关联的 4 个滤波器。返回的分解的低通滤波器 Lo_D,分解的高通滤波器 Hi_D,重构的低通滤波器 Lo_R 及重构的高通滤波器 Hi_R。

(2) [F1,F2] = wfilters('wname','type'),type 为返回滤波器的类型。当 type=d 时,返回 Lo_D 和 Hi_D(分解滤波器);当 type=r 时,返回 Lo_R 和 Hi_R(重构滤波器);当 type=l 时,返回 Lo_D 和 Lo_R(低通滤波器);当 type=h 时,返回 Hi_D 和 Hi_R(高通滤波器)。

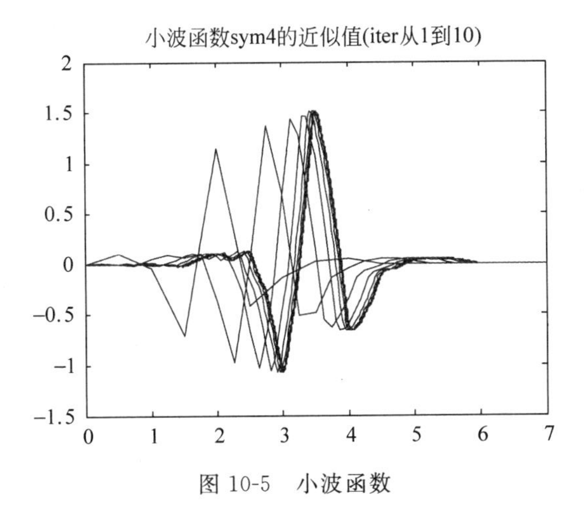

图 10-5　小波函数

【例 10-2】　利用 wfilters 函数计算小波滤波器。

```
>> clear all;
% 设置小波器名称
wname = 'db5';
% 计算与给定小波相关联的 4 个滤波器
[Lo_D,Hi_D,Lo_R,Hi_R] = wfilters(wname);
subplot(221); stem(Lo_D);
title('分解低通滤波器');grid on;
subplot(222); stem(Hi_D);
title('分解高通滤波器'); grid on;
subplot(223); stem(Lo_R);
title('重构低通滤波器'); grid on;
subplot(224); stem(Hi_R);
title('重构高通滤波器'); grid on;
```

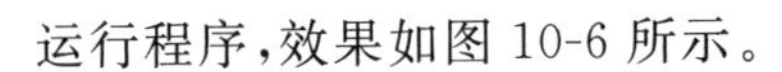
运行程序,效果如图 10-6 所示。

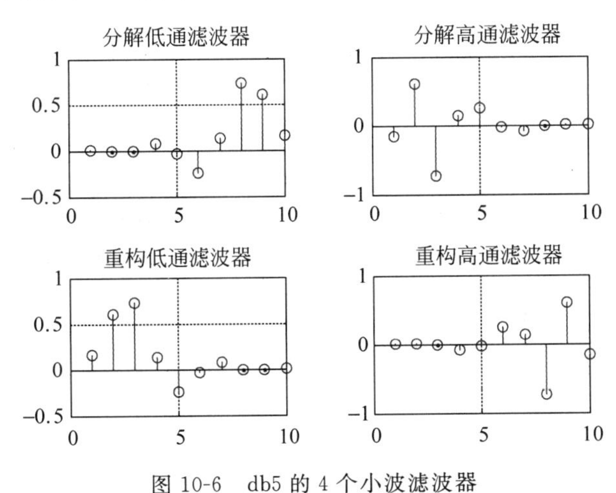

图 10-6　db5 的 4 个小波滤波器

5）wavefun2 函数

wavefun2 函数用于实现二维正交小波函数和尺度函数。函数的调用格式为：

(1) [PHI,PSI,XVAL] = wavefun('wname',iter),尺度函数 PHI 和 PSI 的矢量积;参数 XVAL 为一个从(XVAL,XVAL)的矢量积得到的 $2^{iter} \times 2^{iter}$ 网络,参数 iter 决定了反复计算的次数,从而决定了近似值的精确程度。

(2) [S,W1,W2,W3,XYVAL] = wavefun2('wname',ITER,'plot'),小波函数 W1、W2、W3 分别为(PHI,PSI)、(PSI,PHI)和(PSI,PSI)的矢量积。

(3) [S,W1,W2,W3,XYVAL] = wavefun2(wname,A,B)或[S,W1,W2,W3,XYVAL] = wavefun2('wname',max(A,B)),A 与 B 为整数,它计算小波函数和尺度函数的近似值并画图。

(4) [S,W1,W2,W3,XYVAL] = wavefun2('wname',0)、[S,W1,W2,W3,XYVAL] = wavefun2('wname',4,0)、[S,W1,W2,W3,XYVAL] = wavefun2('wname')或[S,W1,W2,W3,XYVAL] = wavefun2('wname',4),当 A 被设定为零时,计算小波函数和尺度函数的近似值。

【例 10-3】 利用 wavefun2 函数实现二维小波函数和尺度函数。

```
>> clear all;
% 设置迭代和小波的名称
iter = 4;
wav = 'sym4';
% 计算小波函数和尺度函数,并迭代画图
[s,w1,w2,w3,xyval] = wavefun2(wav,iter,0);
```

运行程序,效果如图 10-7 所示。

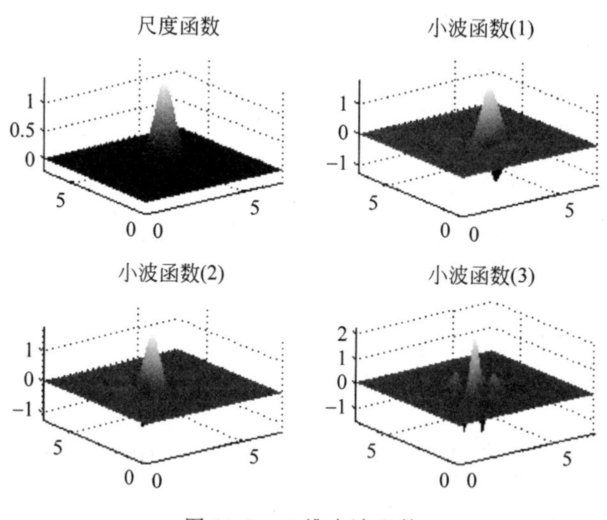

图 10-7 二维小波函数

如果将上述语句 wav = 'sym4'改为 wav = 'bior1.3',运行程序,得到结果为:

```
****************************************
ERROR ...
-----------------------------------------
wavefun2 ---> Invalid Wavelet type.
****************************************
Error using wavefun2 (line 41)
```

```
Invalid Input Argument.
```

原因在于,bior1.3为非正交小波,所以运行结果出错。

6) wmaxlev 函数

wmaxlev 函数实现小波分解最大尺度。函数的调用格式为:

L = wmaxlev(S,'wname'),S为矩阵的大小,wname为小波函数,返回值L为允许的最大分解尺度,一般取值小于此值。通常对于一维信号,尺度取值为5,对于二维信号,尺度取值为3。

【例10-4】 利用 wmaxlev 函数计算信号或数值矩阵的最大小波分解尺度。

```
>> clear all;
s1 = 2^10;                                    %设置分解信号、数值向量、数值矩阵
s2 = [2^10,2^9];
s3 = [2^11,2^9;2^11,2^9];
w1 = 'db1';                                   %设置分解采用的小数
w2 = 'db7';
disp('一维信号 s1 采用 db1 的最大分解层数 L1') %显示最大分解层数
L1 = wmaxlev(s1,w1)
disp('数值向量 s2 采用 db1 的最大分解层数 L2') %显示最大分解层数
L2 = wmaxlev(s2,w1)
disp('数值矩阵 s3 采用 db1 的最大分解层数 L3') %显示最大分解层数
L3 = wmaxlev(s3,w1)
disp('数值矩阵 s3 采用 db7 的最大分解层数 L4') %显示最大分解层数
L4 = wmaxlev(s3,w2)
```

运行程序,输出如下:

```
一维信号 s1 采用 db1 的最大分解层数 L1
L1 =
    10
数值向量 s2 采用 db1 的最大分解层数 L2
L2 =
     9
数值矩阵 s3 采用 db1 的最大分解层数 L3
L3 =
    11   9
数值矩阵 s3 采用 db7 的最大分解层数 L4
L4 =
     7   5
```

在程序中,首先设置待分解的信号s1、数值向量s2和数值矩阵s3及选择小波函数db1、db7,然后利用wmaxlev分别计算最大分解层数,同时还比较了同一数值矩阵s3对不同小波最大分解层数的差异。用户根据此例体会不同类型数据小波分解层数的差异及不同小波对分解层数的影响。

10.3 二维小波函数

MATLAB小波变换工具箱中与图像处理有关的小波函数大体上分为3类:二维小波变换分解函数、二维小波变换重构函数和二维小波分解结构应用函数。

10.3.1 二维小波变换分解函数

下面对几个主要的二维小波变换分解函数作简要的介绍。

1. dwt2 函数

该函数可用于二维单尺度的离散小波变换。函数的调用格式为：

(1) [cA,cH,cV,cD] = dwt2(X,'wname')——用指定的小波函数 wname 对二维离散小波进行分解，近似系数矩阵 cA 和 3 个精确系数矩阵 cH、cV、cD(水平、垂直、对角线)分别返回的低频系数向量和高频系数向量。

(2) [cA,cH,cV,cD] = dwt2(X,Lo_D,Hi_D)——用指定的低通滤波器 Lo_D 和高通滤波器 Hi_D 对二维离散小波进行分解，并返回近似系数矩阵 cA 和 3 个精确系数矩阵 cH(水平)、cV(垂直)、cD(对角线)。

【例 10-5】 利用 dwt2 函数实现图像单层小波分解及显示。

```
>> clear all;
load woman;
wname = 'sym4';
[CA,CH,CV,CD] = dwt2(X,wname,'mode','per');
subplot(221)
imagesc(CA); title('近似系数 A1');
colormap gray;
subplot(222)
imagesc(CH); title('水平细节分量 H1');
subplot(223)
imagesc(CV); title('垂直细节分量 V1');
subplot(224)
imagesc(CD); title('对角细节分量 D1');
figure;                                    %显示原图和小波变换分量组合图像
subplot(121);imshow(X,map);
title('原始图像');
subplot(122);imshow([CA,CH;CV,CD]);
title('小波变换分量组合图像');
```

运行程序，效果如图 10-8 所示。

从图 10-8 可看出，低频图像与原始图像是非常近似的，而高频部分也可以认为是冗余的噪声部分。分解得到 4 个分量大小是原图像大小的四分之一。

2. wavedec2 函数

wavedec2 用于实现多层二维离散小波分解，函数的调用格式为：

(1) [C,S] = wavedec2(X,N,'wname')，用小波函数 wname 对信号 X 在尺度 N 上的二维分解，N 是严格的正整数；返回近似系数 C 和细节系数 L。

(2) [C,S] = wavedec2(X,N,Lo_D,Hi_D)，函数通过低通分解滤波器 Lo_D 和高通分解滤波器(Hi_D)进行二维分解。

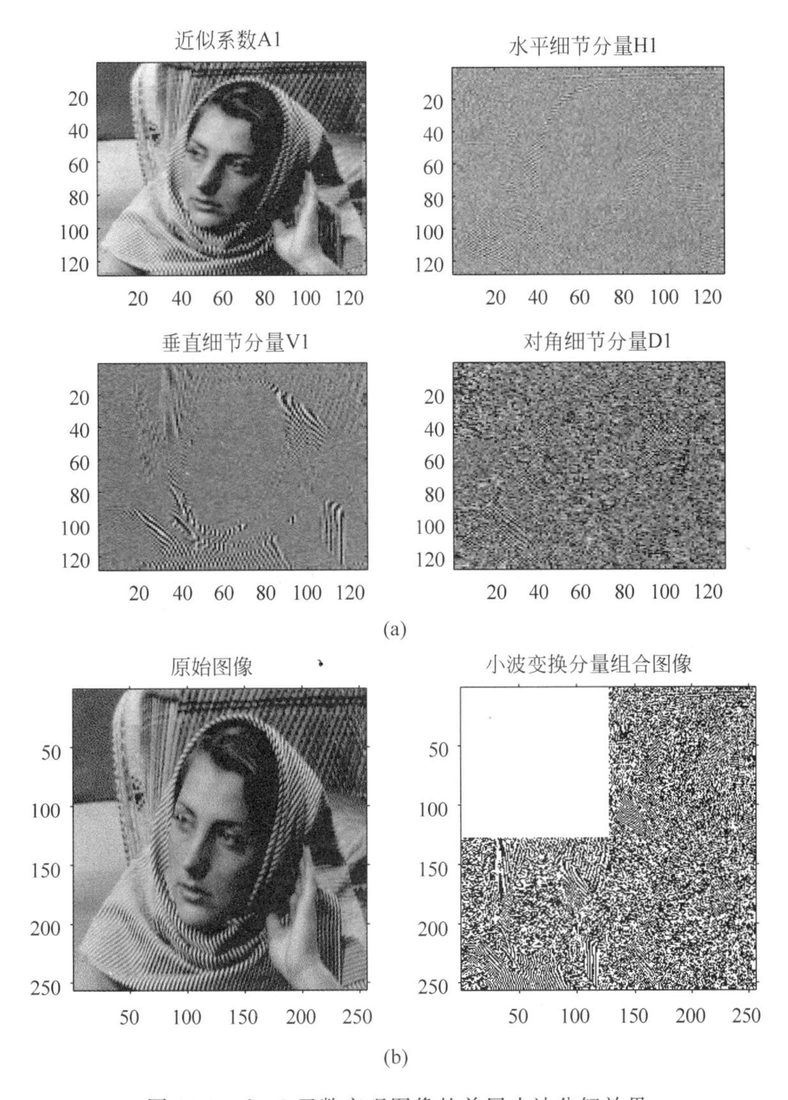

图 10-8 dwt2 函数实现图像的单层小波分解效果

(a) 小波变换的各个分量；(b) 原图与小波变换分量组合图像

【例 10-6】 利用 wavedec2 函数实现图像的多层小波分解及显示。

```
>> clear all;                    % 清空工作空间变量,清除工作空间所有变量
load woman;                      % 读取图像数据
nbcol = size(map,1);
[c,s] = wavedec2(X,2,'db2');     % 采用 db4 小波进行 2 层图像分解
siz = s(size(s,1),:);            % 获取原图像矩阵 X 的大小
% 提取多层小波分解结构 C 和 S 的第 1 层小波变换的近似系数
ca2 = appcoef2(c,s,'db2',2);
% 利用的多层小波分解结构 C 和 S 来提取图像第 1 层的细节系数的水平分量
chd2 = detcoef2('h',c,s,2);
% 利用的多层小波分解结构 C 和 S 来提取图像第 1 层的细节系数的垂直分量
cvd2 = detcoef2('v',c,s,2);
% 利用的多层小波分解结构 C 和 S 来提取图像第 1 层的细节系数的对角分量
cdd2 = detcoef2('d',c,s,2);
```

```
%利用的多层小波分解结构C和S来提取图像第1层的细节系数的水平分量
chd1 = detcoef2('h',c,s,1);
%利用的多层小波分解结构C和S来提取图像第1层的细节系数的垂直分量
cvd1 = detcoef2('v',c,s,1);
%利用的多层小波分解结构C和S来提取图像第1层的细节系数的对角分量
cdd1 = detcoef2('d',c,s,1);
ca11 = ca2 + chd2 + cvd2 + cdd2; %叠加重构近似图像
%提取多层小波分解结构C和S的第1层小波变换的近似系数
ca1  = appcoef2(c,s,'db4',1);
set(0,'defaultFigurePosition',[100,100,1000,500]);   %修改图形图像位置的默认设置
set(0,'defaultFigureColor',[1 1 1])                  %修改图形背景颜色的设置
figure                                               %显示图像结果
subplot(2,4,1); imshow(uint8(wcodemat(ca2,nbcol)));
title('近似系数');
subplot(2,4,2); imshow(uint8(wcodemat(chd2,nbcol)));
title('水平细节分量H2');
subplot(2,4,3); imshow(uint8(wcodemat(cvd2,nbcol)));
title('垂直细节分量V2');
subplot(2,4,4); imshow(uint8(wcodemat(cdd2,nbcol)));
title('对角细节分量D2');
subplot(2,4,5); imshow(uint8(wcodemat(ca11,nbcol)));
title('重构近似系数A1');
subplot(2,4,6); imshow(uint8(wcodemat(chd1,nbcol)));
title('水平细节分量H1');
subplot(2,4,7); imshow(uint8(wcodemat(cvd1,nbcol)));
title('垂直细节分量V1')
subplot(2,4,8); imshow(uint8(wcodemat(cdd1,nbcol)));
title('对角细节分量D1');
disp('小波二层分解的近似系数矩阵ca2的大小: ')      %显示小波分解系数矩阵的大小
ca2_size = s(1,:)
disp('小波二层分解的细节系数矩阵cd2的大小:')
cd2_size = s(2,:)
disp('小波一层分解的细节系数矩阵cd1的大小:')
cd1_size = s(3,:)
disp('原图像大小:')
X_size = s(4,:)
disp('小波分解系数分量矩阵c的长度:')
c_size = length(c)
```

运行程序,输出如下,效果如图10-9所示。

小波二层分解的近似系数矩阵ca2的大小:

```
ca2_size =
    66   66
```

小波二层分解的细节系数矩阵cd2的大小:

```
cd2_size =
    66   66
```

小波一层分解的细节系数矩阵cd1的大小:

```
cd1_size =
   129   129
```

原图像大小：

```
X_size =
   256   256
```

小波分解系数分量矩阵 c 的长度：

```
c_size =
        67347
```

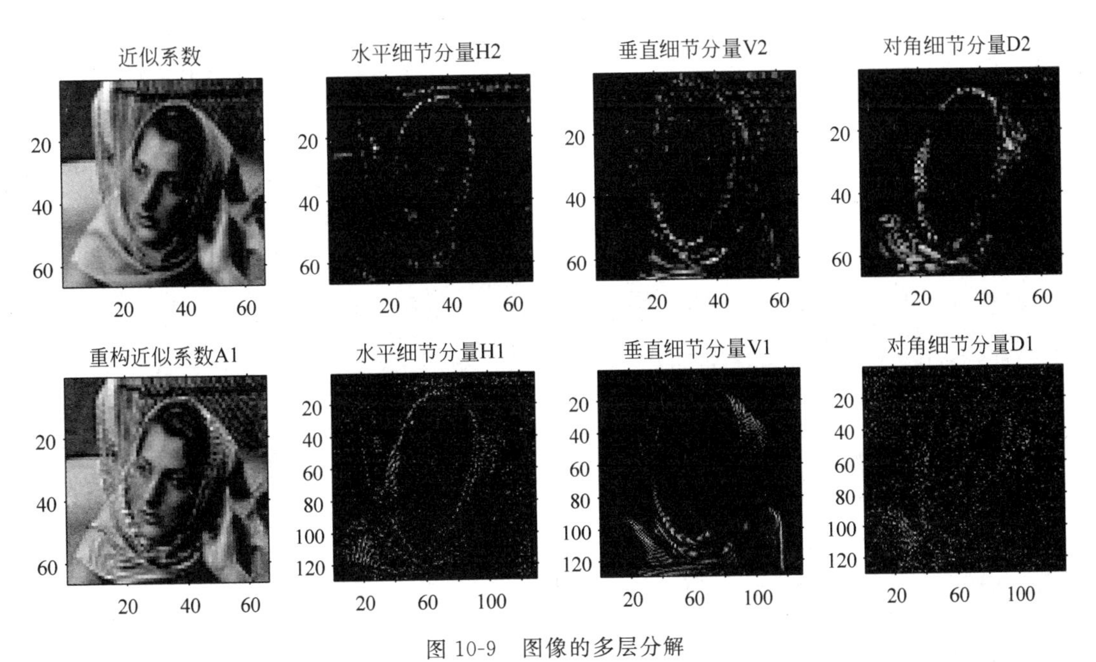

图 10-9 图像的多层分解

10.3.2 二维小波的重构函数

前面已经介绍了两个比较重要的分解函数，下面对几个常用的重构函数进行介绍。

1. idwt2 函数

idwt2 函数用于重构二维小波(单层二维离散小波逆变换函数)。函数的调用格式为：

(1) X = idwt2(cA,cH,cV,cD,'wname')，根据近似系数矩阵 cA 和三个 3 个精确系数矩阵 cH、cV、cD，用指定的 wname 小波函数对小波进行重构。返回向量 X 为单尺度重构后信号的低频系数。

(2) X = idwt2(cA,cH,cV,cD,Lo_R,Hi_R)，根据近似系数矩阵 cA 和三个 3 个精确系数矩阵 cH、cV、cD，用指定的低通滤波器 Lo_R 和高通滤波器 Hi_R 对小波进行重构。如果 size(cA) = size(cH) = size(cV) = size(cD)且滤波器的长度为 lf，则 X 的长度为 size(X)=2 * size(cA)－lf＋2。

(3) X = idwt2(cA,cH,cV,cD,'wname',S)或 X = idwt2(cA,cH,cV,cD,Lo_R,

Hi_R,S),S 用于指定信号重构后的中间长度部分,其必须满足 S<2 * size(cA)−lf+2。

(4) X = idwt2(…,'mode',MODE),用指定的拓展模式 MODE 进行小波重构。

(5) X = idwt2(cA,[],[],[],…),在给定的近似系数 cA 的基础上返回单尺度近似系数矩阵 X。

(6) X = idwt2([],cH,[],[],…),在给定的近似系数 cA 的基础上返回单尺度细节系数矩阵 X。

【例 10-7】 利用 idwt2 函数实现图像的重构效果。

```
>> clear all;                                          %清空工作空间变量,清除工作空间所有
变量
load woman;                                            %读取待处理图像数据
nbcol = size(map,1);                                   %获取颜色映射表的列数
[cA1,cH1,cV1,cD1] = dwt2(X,'db1');                     %对图像数据 X 利用 db1 小波,进行单层图像分解
sX = size(X);                                          %获取原图像大小
A0 = idwt2(cA1,cH1,cV1,cD1,'db4',sX);                  % 用小波分解的第一层系数进行重构
set(0,'defaultFigurePosition',[100,100,1000,500]);     %修改图形图像位置的默认设置
set(0,'defaultFigureColor',[1 1 1])                    %修改图形背景颜色的设置
subplot(131),imshow(uint8(X));
title('原始图像');
subplot(132),imshow(uint8(A0));
title('重构图像');
subplot(133),imshow(uint8(X - A0));
title('差异图像');
```

运行程序,效果如图 10-10 所示。

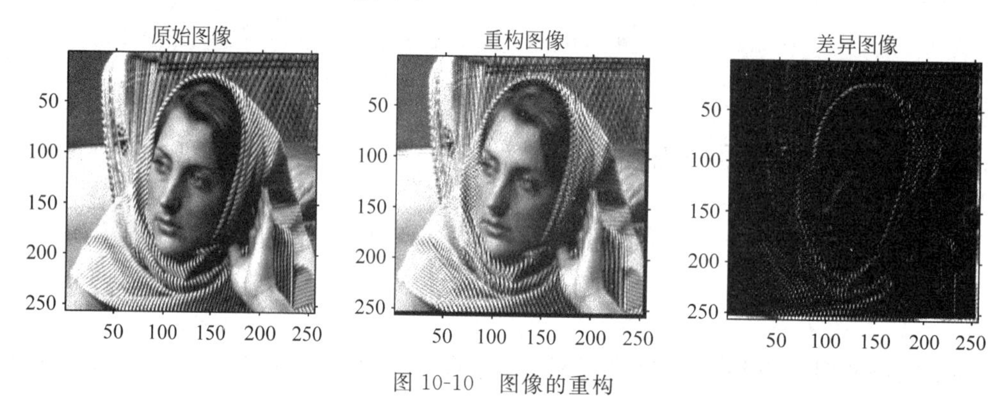

图 10-10　图像的重构

2. waverec2 函数

waverec2 函数用于多层二维离散小波逆变换函数(又叫重构函数)。函数的调用格式为:

(1) X = waverec2(C,S,'wname')或 X = appcoef2(C,S,'wname',0):用指定的小波函数或重构滤波器在小波分解结构[C,S]上对信号 X 进行多尺度二维小波重构,它是 wavedec2 函数的逆函数,即有 waverec2(wavedec2(X,N,'wname'),'wname')。

(2) X = waverec2(C,S,Lo_R,Hi_R):Lo_R 为低通滤波器;Hi_R 为高通滤波器。

【例 10-8】 利用 waverec2 函数实现图像的重构处理。

```
>> clear all;
% 载入图像
load woman;
%利用 sym4 小波函数分解图像
subplot(121);image(X);colormap(map);
title('原始图像');
[c,s] = wavedec2(X,2,'sym4');
%直接利用分解系数重构图像
a0 = waverec2(c,s,'sym4');
subplot(122);image(a0);colormap(map);
title('重构图像');
%检查重构图像的误差
max(max(abs(X - a0)))
```

运行程序,输出如下,效果如图 10-11 所示。

```
ans =
   2.0989e-10
```

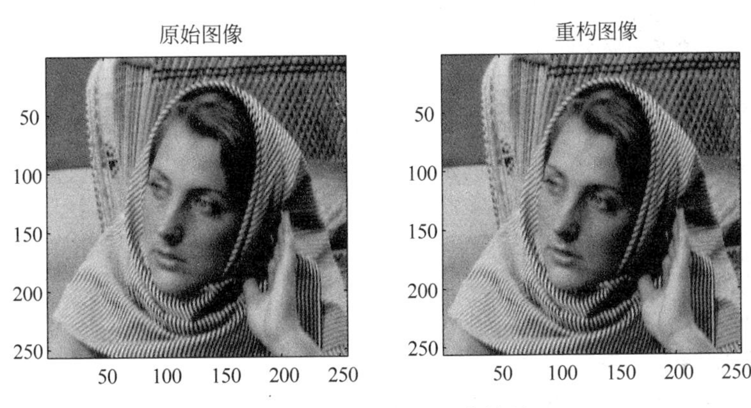

图 10-11　图像重构图像效果

3. wrcoef2 函数

wrcoef2 函数对指定某一层进行二维离散小波逆变换函数(也叫重构函数)。函数的调用格式为:

(1) X = wrcoef2('type',C,S,'wname',N)或 X = wrcoef2('type',C,S,'wname'),对二维信号的分解结构[C,S]用指定的小波函数 wname 进行重构。当 type=a 时,即对信号的低频部分进行重构,此时 N 可以为 0;当 type=h(或 v、d)时,对信号水平(或垂直、对角线/斜线)的高频部分进行重构。N 为正整数,且有:

- 当 type=a 时,0≤N≤size(S,1)-2;
- 当 type=h、v 或 d 时,1≤N≤size(S,1)-2。

(2) X = wrcoef2('type',C,S,Lo_R,Hi_R,N)或 X = wrcoef2('type',C,S,Lo_R,Hi_R),指定重构滤波器进行重构,Lo_R 为低频滤波器,Hi_R 为高频滤波器。

【例 10-9】 利用 wrcoef2 函数对图像进行单支重构。

```
>> clear all;
% 载入图像
load woman;
subplot(231);image(X);colormap(map);
title('原始图像');
%2 尺度,利用 sym5 小波分解图像
[c,s] = wavedec2(X,2,'sym5');
%对小波分解结构[c,s]的低频系数分别进行尺度 1 和尺度 2 上的重构
a1 = wrcoef2('a',c,s,'sym5',1);
subplot(232);image(a1);colormap(map);
title('尺度 1 低频图像');
a2 = wrcoef2('a',c,s,'sym5',2);
subplot(233);image(a1);colormap(map);
title('尺度 2 低频图像');
%对小波分解结构[c,s]的高频系数分别进行尺度 2 上的重构
hd2 = wrcoef2('h',c,s,'sym5',2);
subplot(234);image(hd2);colormap(map);
title('尺度 2 水平高频图像');
vd2 = wrcoef2('v',c,s,'sym5',2);
subplot(235);image(vd2);colormap(map);
title('尺度 2 垂直高频图像');
dd2 = wrcoef2('d',c,s,'sym5',2);
subplot(236);image(dd2);colormap(map);
title('尺度 2 对角高频图像');
%检查重构图像的大小
disp('原始图像大小为: ')
sX = size(X)
disp('尺度 1 低频图像大小为: ')
sa1 = size(a1)
disp('尺度 2 高频水平图像大小为: ')
shd2 = size(hd2)
```

运行程序,输出如下,效果如图 10-12 所示。

```
原始图像大小为:
sX =
   256  256
尺度 1 低频图像大小为:
sa1 =
   256  256
尺度 2 高频水平图像大小为:
shd2 =
   256  256
```

4. upcoef2 函数

upcoef2 函数用于直接进行二维离散小波逆变换(也叫重构函数)。函数的调用格式为:

(1) Y = upcoef2(O,X,'wname',N,S),对向量 X 进行重构并返回中间长度为 S 的部分。参数 N 为正整数,为尺度。如果 O='a',则是对低频系数进行重构; 如果 O='h'

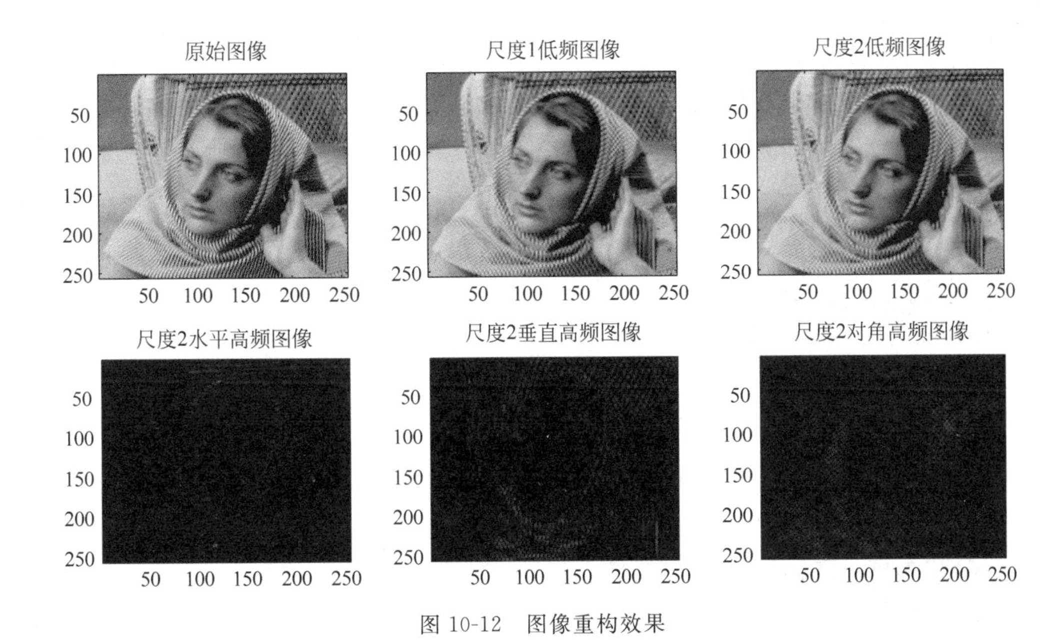

图 10-12　图像重构效果

(或'v'、'd'),则对水平方向(或垂直方向、对角线方向)的高频系数进行重构。

(2) Y = upcoef2(O,X,Lo_R,Hi_R,N,S),指定低通滤波器 Lo_R 及高通滤波器 Hi_R 对 X 进行重构。

(3) Y = upcoef2(O,X,'wname',N)或 Y = upcoef2(O,X,Lo_R,Hi_R,N),对 N 层的小波分解系数进行重构。

【例 10-10】 利用 upcoef2 函数实现图像多层小波重构效果。

```
>> clear all;                                   %清空工作空间变量
X = imread('flower.jpg');                       %读取图像进行灰度转换
X = rgb2gray(X);
[c,s] = wavedec2(X,2,'db4');                    %对图像进行小波 2 层分解
siz = s(size(s,1),:);                           %提取第 2 层小波分解系数矩阵大小
ca2 = appcoef2(c,s,'db4',2);                    %提取第 1 层小波分解的近似系数
chd2 = detcoef2('h',c,s,2);                     %提取第 1 层小波分解的细节系数水平
分量
cvd2 = detcoef2('v',c,s,2);                     %提取第 1 层小波分解的细节系数垂直
分量
cdd2 = detcoef2('d',c,s,2);                     %提取第 1 层小波分解的细节系数对角
分量
a2 = upcoef2('a',ca2,'db4',2,siz);              %利用函数 upcoef2 对提取 2 层小波系数
进行重构
hd2 = upcoef2('h',chd2,'db4',2,siz);
vd2 = upcoef2('v',cvd2,'db4',2,siz);
dd2 = upcoef2('d',cdd2,'db4',2,siz);
A1 = a2 + hd2 + vd2 + dd2;
[ca1,ch1,cv1,cd1] = dwt2(X,'db4');              %对图像进行小波单层分解
a1 = upcoef2('a',ca1,'db4',1,siz);              %利用函数 upcoef2 对提取 1 层小波分解
系数进行重构
hd1 = upcoef2('h',cd1,'db4',1,siz);
vd1 = upcoef2('v',cv1,'db4',1,siz);
dd1 = upcoef2('d',cd1,'db4',1,siz);
```

```
A0 = a1 + hd1 + vd1 + dd1;
set(0,'defaultFigurePosition',[100,100,1000,500]); %修改图形图像位置的默认设置
set(0,'defaultFigureColor',[1 1 1])                %修改图形背景颜色的设置
figure                                             %显示相关滤波器
subplot(241);imshow(uint8(a2));
title('重构的 a2');
subplot(242);imshow(hd2);
title('重构的 hd2');
subplot(243);imshow(vd2);
title('重构的 vd2');
subplot(244);imshow(dd2);
title('重构的 dd2');
subplot(245);imshow(uint8(a1));
title('重构的 a1');
subplot(246);imshow(hd1);
title('重构的 hd1');
subplot(247);imshow(vd1);
title('重构的 vd1');
subplot(248);imshow(dd1);
title('重构的 dd1');
figure;
subplot(131);imshow(X);
title('原始图像');
subplot(132);imshow(uint8(A1));
title('近似图像 A0');
subplot(133);imshow(uint8(A0));
title('近似图像 A1');
```

运行程序，效果如图 10-13 和图 10-14 所示。

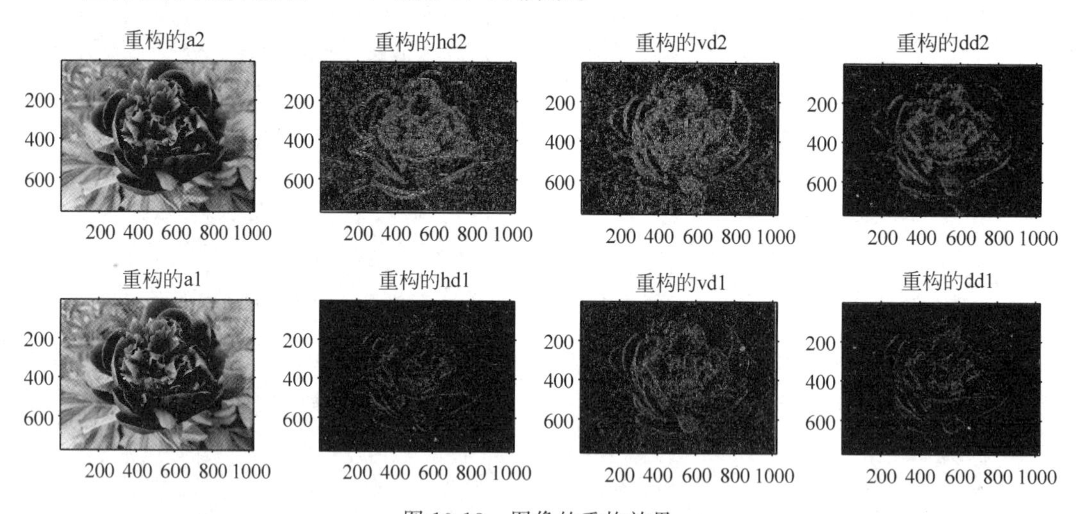

图 10-13　图像的重构效果

在程序中，先读入图像数据 X 并进行图像类型转换，然后利用函数 wavedec2 进行 2 层小波分解，并利用函数 appcoef2 和 detcoef2 提取第 2 层小波分解系数，再利用 upcoef2 函数对提取 2 层小波系数 ca2、ch2、cv2、cd2 进行重构，得到 a2、hd2、vd2、dd2；按照相同的方法，先利用 dwt2 函数对图像进行单层分解，得到小波分解第 1 层分解系数 ca1、ch1、cv1、cd1，再利用 upcoef2 函数重构 a1、hd1、vd1、dd1，最后利用两种方法重构的图像低频

图 10-14 图像的近似效果

和高频分量合成近似图像 A1 和 A0。

5. upwlev2 函数

upwlev2 函数用于实现二维小波变换的单层重构。函数的调用格式为：

(1) [NC,NS,cA] = upwlev2(C,S,'wname')，对小波分解结构[C,S]进行单尺度重构，即对分解结构[C,S]的第 n 步进行重构，返回一个新的分解[NC,NS](第 $n-1$ 步的分解结构)，并提取和最后一尺度的低频系数矩阵，即如果[C,S]为尺度 n 的一个分解结构，则[NC,NS]为尺度 $n-1$ 的一个分解结构，cA 为尺度 n 的低频系数矩阵，C 为原始的小波分解向量，S 为相应的记录矩阵。

(2) [NC,NS,cA] = upwlev2(C,S,Lo_R,Hi_R)，用低通滤波器 Lo_R 和高通滤波器 Hi_R 对图像进行重构。

【例 10-11】 利用 upwlev2 函数实现二维变换的单层重构。

```
>> clear all;                                   %清除工作空间中的变量
% 载入图像
load woman;
%2 尺度，利用 db1 小波分解图像
[c,s] = wavedec2(X,2,'db1');
disp('分解后图像大小为：')
sc = size(c)
val_s = s
%直接利用分解系数重构图像
[nc,ns] = upwlev2(c,s,'db1');
disp('重构图像的大小为：')
snc = size(nc)
val_ns = ns
```

运行程序，输出如下：

```
分解后图像大小为：
sc =
           1   65536
val_s =
    64    64
    64    64
   128   128
```

```
    256   256
重构图像的大小为:
snc =
          1   65536
val_ns =
    128   128
    128   128
    256   256
```

10.3.3 提取系数

下面对两个常的提取二维小波系数的MATLAB函数作介绍。

1. detcoef2 函数

detcoef2 函数用于提取二维小波变换的细节系数。函数的调用格式为:

D = detcoef2(O,C,S,N)——O 为提取系数的类型,其取值有 3 种,当 O='h'表示提取水平系数,O='v'时表示提取垂直系数,O='d'时表示提取对角线系数。[C,S]为分解结构,N 为尺度数,N 必须为一个正整数且 1≤N≤size(S,1)-2。

该函数的用法可参考例 10-11。

2. appcoef2 函数

appcoef2 函数用于提取二维小波变换的近似系数。函数的调用格式为:

(1) A = appcoef2(C,S,'wname',N),计算尺度为 N(N 必须为一个正整数且 0≤N≤length(S)-2),小波函数为 wname,分解结构为[C,S]时的二维分解低频系数。

(2) A = appcoef2(C,S,'wname'),用于提取最后一尺度(N=length(S)-2)的小波变换低频系数。

(3) A = appcoef2(C,S,Lo_R,Hi_R)或 A= appcoef2(C,S,Lo_R,Hi_R,N),用重构滤波器 Lo_R 和 Hi_R 进行信号低频系数的提取。

【例 10-12】 利用 appcoef2 提取图像分解低频系数 3。

```
>> clear all;
%载入信号
load woman;
subplot(131);image(X);colormap(map);
title('原始图像');
%尺度为 2,利用 db1 小波系数分解图像
[c,s] = wavedec2(X,2,'db1');
disp('原始图像的大小为: ')
sizex = size(X)
disp('分解图像后的大小为: ')
sizec = size(c)
val_s = s
```

```
%提取尺度为 2 中的低频信号
ca2 = appcoef2(c,s,'db1',2);
subplot(132);image(ca2);colormap(map);
title('度为 2 中的低频图像');
disp('尺度为 2 低频信号的大小为：')
sizeca2 = size(ca2)
%提取尺度为 1 的低频信号
ca1 = appcoef2(c,s,'db1',1);
subplot(133);image(ca1);colormap(map);
title('度为 1 中的低频图像');
disp('尺度为 1 低频信号的大小为：')
sizeca1 = size(ca1)
```

运行程序，输出如下，效果如图 10-15 所示。

```
原始图像的大小为：
sizex =
   256   256
分解图像后的大小为：
sizec =
           1   65536
val_s =
    64    64
    64    64
   128   128
   256   256
尺度为 2 低频信号的大小为：
sizeca2 =
    64    64
尺度为 1 低频信号的大小为：
sizeca1 =
   128   128
```

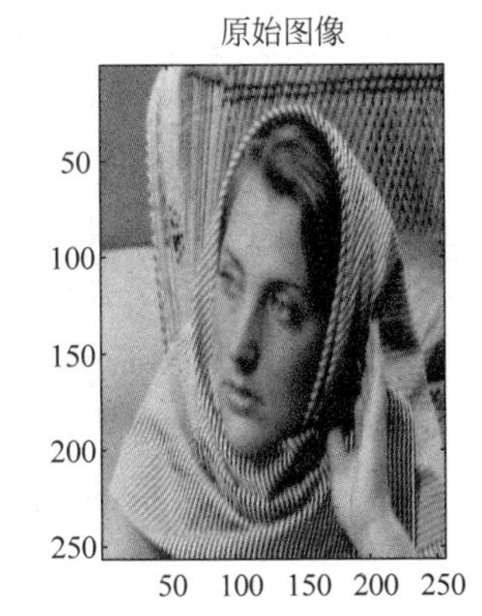

度为2中的低频图像
10 20 30 40 50 60

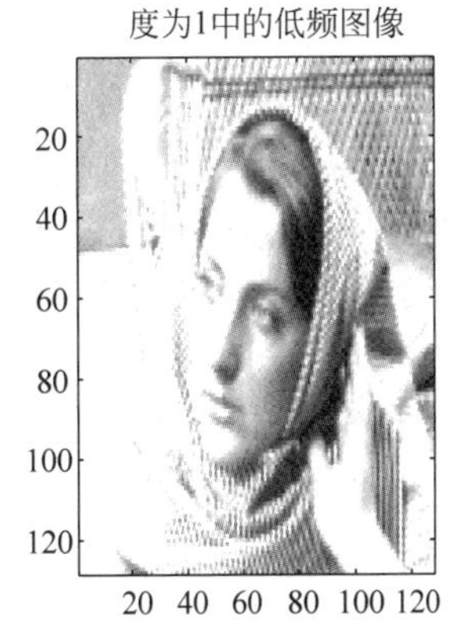

图 10-15 图像的近似系数

10.4 小波用于图像去噪处理

图像在生成或传输过程中,常因受到各种噪声的干扰和影响而使图像的质量下降,对后续的图像处理产生不利影响。因此,图像去噪是图像处理中的一个重要环节。对图像去噪的方法可以分为两类,一类是在空间域内对图像进行去噪,另一类是将图像变换到频域进行去噪的处理。

小波变换属于在频域内对图像进行处理的一种方法。

10.4.1 去噪原理

在图像去噪领域,小波变换以其自身良好的时频局部化特性,开辟了用非线性方法去噪的先河。目前,小波图像去噪的方法可分为3大类。

第一类,利用小波变换模极大值原理去噪,即根据信号和噪声在小波变换各尺度上的不同传播特性,剔除由噪声产生的模极大值点,保留信号所对应的模极大值点,然后利用所余模极大值点重构小波系数,进而恢复信号。

第二类,对含噪信号作小波变换之后,计算相邻尺度间小波系数的相关性,根据相关性的大小区别小波系数的类型,从而进行取舍,然后直接重构信号。

第三类,小波阈值去噪方法,该方法认为信号对应的小波系数含有信号的重要信息,其幅值较大,但数目较少,而噪声对应的小波系数是一致分布的,个数较多,但幅值小。基于这一思想,在众多小波系数中,把绝对值较小的系数置为零,而让绝对值较大的系数保留或收缩,得到估计小波系数,然后利用估计小波系数直接进行信号重构,即可达到去噪的目的。

1)小波变换模极大值去噪方法

信号与噪声的模极大值在小波变换下会呈现不同的变化趋势。小波变换模极大值去噪方法,实质上就是利用小波变换模极大值所携带的信息,具体地说就是信号小波系数的模极大值的位置和幅值,来完成对信号的表征和分析。利用信号与噪声的局部奇异性不一样,其模极大值的传播特性也不一样这些特性对信号中的随机噪声进行去噪处理。

算法的基本思想是,根据信号与噪声在不同尺度上模极大值的不同传播特性,从所有小波变换模极大值中选择信号的模极大值而去除噪声的模极大值,然后用剩余的小波变换模极大值重构原信号。小波变换模极大值去噪方法,具有很好的理论基础,对噪声的依赖性较小,无须知道噪声的方差,非常适合于低信噪比的信号去噪。这种去噪方法的缺点是,计算速度慢,小波分解尺度的选择是难点——小尺度下,信号受噪声影响较大,大尺度下,会使信号丢失某些重要的局部奇异性。

2)小波系数相关性去噪方法

信号与噪声在不同尺度上模极大值的不同传播特性表明,信号的小波变换在各尺度相应位置上的小波系数之间有很强的相关性,而且在边缘处有很强的相关性。而噪声的小波变换在各尺度间却没有明显的相关性,而且噪声的小波变换主要集中在小尺度各层次中。相关性去噪方法去噪效果比较稳定，在分析信号边缘方面有优势，不足之处是计算量较大，并且需要估算噪声方差。

3）小波阈值去噪方法

Donoho 和 Johnstone 于 1992 年提出了小波阈值收缩去噪法（Wavelet Shrinkage），该方法在最小均方误差意义下可达近似最优，并且取得了良好的视觉效果，因而得到了深入广泛的研究和应用。

小波去噪方法之所以成功主要是因为其具有以下重要特点：

(1) 低熵性。小波系数的稀疏分布，使图像变换后的熵降低。

(2) 多分辨率特性。由于采用了多分辨率的方法，所以可以非常好地刻画信号的非平稳特征，如边缘、尖峰、断点等，以便于特征提取和保护。

(3) 去相关性。因小波变换可对信号去相关，且噪声在变换后有白化趋势，所以小波域比时域更利于去噪。

(4) 选基灵活性。由于小波变换有形式多样的小波基可供选择，所以可以针对不同的应用场合选取合适的小波基函数，以获取最佳的去噪效果。

MATLAB 小波处理工具箱中提供了两种阈值函数。

(1) 硬阈值函数。当小波系数的绝对值不小于给定的阈值时，令其保持不变，否则的话，令其为 0，则施加阈值后的估计小波系数 $\tilde{\omega}_{j,k}$ 为

$$\tilde{\omega}_{j,k}=\begin{cases}\omega_{j,k} & |\omega_{j,k}|>\lambda\\ 0 & |\omega_{j,k}|\leqslant\lambda\end{cases}$$

(2) 软阈值函数。当小波系数的绝对值不小于给定的阈值时，令其减去阈值，否则令其为 0，则

$$\tilde{\omega}_{j,k}=\begin{cases}\operatorname{sgn}(\omega_{j,k})\cdot(|\omega_{j,k}|-\lambda) & |\omega_{j,k}|>\lambda\\ 0 & |\omega_{j,k}|\leqslant\lambda\end{cases}$$

其中：阈值函数中的 $\omega_{j,k}$ 为第 j 尺度下的第 k 个小波系数；$\tilde{\omega}_{j,k}$ 为阈值函数处理后的小波系数；λ 为阈值。

10.4.2 去噪实现

MATLAB 中，提供相关函数利用小波实现图像的去噪处理，下面给予介绍。

1. wdencmp 函数

wdencmp 函数用于对图像去噪或压缩处理。函数的调用格式为：

(1) [XC,CXC,LXC,PERF0,PERFL2] = wdencmp('gbl',X,'wname',N,THR,SORH,KEEPAPP)，输入参数 X 为一维或二维信号；参数 gbl 示每层都使用相同的阈值进行处理；N 为小波压缩的尺度；wname 为小波函数名称；THR 为阈值向量；SORH 为软阈值或硬阈值；KEEPAPP 为细节系数，不能阈值化。返回的参数包括消噪或压缩后的信号 XC、CXC 和 LXC 小波分解的结构，PERF0 和 PERFL2 为恢复和压缩的范数百分比。

(2) [XC,CXC,LXC,PERF0,PERFL2]= wdencmp('lvd',X,'wname',N,THR,SORH),参数 lvd 表示每层使用不同的阈值进行分解结构。

(3) [XC,CXC,LXC,PERF0,PERFL2]= wdencmp('lvd',C,L,'wname',N,THR,SORH),参数 C 和 L 为去噪信号的小波分解结构。

2. ddencmp 函数

ddencmp 函数获取图像去噪或压缩阈值选取。函数的调用格式为:

(1) [THR,SORH,KEEPAPP,CRIT] = ddencmp(IN1,IN2,X),返回小波或小波包对输入向量或矩阵 X 进行压缩或消噪的默认值。参量 THR 表示阈值;参量 SORH 表示软、硬阈值;参量 KEEPAPP 允许保留近似系数;参量 CRIT 表示熵名(只用于小波包)。输入参量 IN1 取值为'den'时表示消噪,取值为'cmp'是表示压缩;当 IN2 为'wv'时表示小波,为'wp'时表示小波包。

(2) [THR,SORH,KEEPAPP] = ddencmp(IN1,'wv',X),IN1='den'时,返回 X 消噪的默认值;IN1='cmp'时,返回 X 压缩的默认值。这些值可应用于 wdencmp 函数。对于小波包时输出 4 个参量。

(3) [THR,SORH,KEEPAPP,CRIT] = ddencmp(IN1,'wp',X),IN1='den'时,返回 X 消噪的默认值;IN1='cmp'时,返回 X 压缩的默认值。这些值可应用于 wpdencmp 函数。

3. wthcoef2 函数

wthcoef2 函数用于二维信号的小波系数阈值处理。函数的调用格式为:

(1) NC= wthcoef2('type',C,S,N,T,SORH),对小波分解结构[C,S]进行阈值处理后,返回'type'(水平、对角线或垂直)方向上的小波分解向量 NC。

(2) NC= wthcoef2('type',C,S,N),type='h'(或'v'、'd')时,函数返回将在 N 中定义的尺度的高频系数全部置 0 后的 type 方向系数。

(3) NC = wthcoef2('a',C,S),返回将低频系数全部置 0 后的系数。

(4) NC = wthcoef2('t',C,S,N,T,SORH),返回对小波分解结构[C,S]经过阈值处理后的小波分解向量 NC。N 为一个包含高频尺度向量,T 为与尺度向量 N 相对应的阈值向量,它定义每个尺度相应的阈值,N 和 T 长度相等。参数 SORH 用来对阈值方式进行选择,当 SORH='h'时为硬阈值,当 SOHR='s'时为软阈值。

【例 10-13】 利用小波分解和小波阈值对含噪的图像进行去噪处理。

```
>> clear all;                      % 清除工作空间变量
load noiswom;                      % 载入带噪声的图像
init = 2055615866;                 % 生成含噪图像并显示
randn('seed',init)
XX = X + 2 * randn(size(X));
[c,l] = wavedec2(XX,2,'db2');      % 对图像进行消噪处理,用 db2 小波函数对 x 进行两层分解
a2 = wrcoef2('a',c,l,'db2',2);     % 重构第二层图像的近似系数
n = [1,2];                         % 设置尺度向量
p = [10.28,24.08];                 % 设置阈值向量
nc = wthcoef2('t',c,l,n,p,'s');    % 对高频小波系数进行阈值处理
mc = wthcoef2('t',nc,l,n,p,'s');   % 再次对高频小波系数进行阈值处理
```

```
X2 = waverec2(mc,l,'db2');          % 图像的二维小波重构
colormap(map)
subplot(131),image(XX),axis square;
title('含噪图像');
subplot(132),image(a2),axis square;
title('小波分解去噪');
subplot(133),image(X2),axis square;
title('小波阈值去噪');
Ps = sum(sum((X - mean(mean(X))).^2));   % 计算信噪比
Pn = sum(sum((a2 - X).^2));
disp('利用小波 2 层分解去噪的信噪比')
snr1 = 10 * log10(Ps/Pn)
disp('利用小波阈值去噪的信噪比')
Pn1 = sum(sum((X2 - X).^2));
snr2 = 10 * log10(Ps/Pn1)
```

运行程序，输出如下，效果如图 10-16 所示。

```
利用小波 2 层分解去噪的信噪比
snr1 =
    7.4651
利用小波阈值去噪的信噪比
snr2 =
    9.9988
```

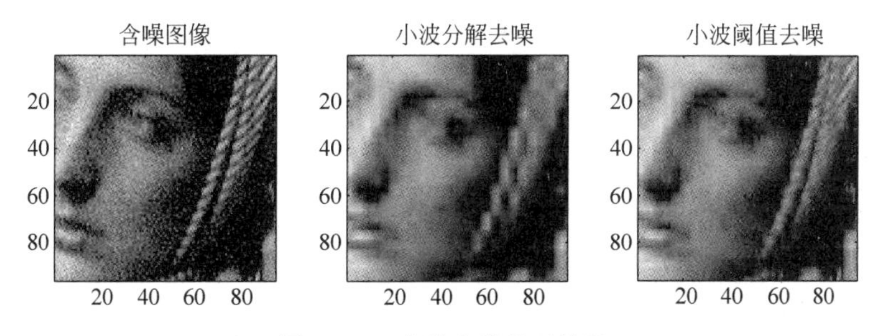

图 10-16　小波去噪处理效果

在程序中，先利用随机函数的方法产生带噪声图像，然后采用两种方式实现图像去噪。一种是基于小波分解，即先利用函数 wavedec2 对图像进行 2 层小波分解，再利用函数 wrcoef 直接提取第 2 层的近似系数 a2，根据小波分解的滤波器特性，a2 即是原图像经过两次低通滤波后的结果。第二种是基于小波阈值去噪，也是先利用函数 wavedec2 对图像进行 2 层小波分解，然后利用 wthcoef2 函数对图像进行两次高频系数进行阈值去噪，再经过 waverec2 函数实现图像的重构。

【例 10-14】 利用不同的阈值对实现图像的去噪处理。

```
>> clear all;                      % 清除工作空间中的变量
load facets;
subplot(221);image(X);
colormap(map);
title('原始图像');
axis square
% 产生含噪声图像
init = 2055615866;randn('seed',init)
```

```
x = X + 50 * randn(size(X));
subplot(222);image(x);
colormap(map);
title('含噪声图像');
axis square
%下面进行图像的去噪处理
%用小波画数 coif3 对 x 进行 2 层小波分解
[c,s] = wavedec2(x,2,'coif3');
%提取小波分解中第一层的低频图像,即实现了低通滤波去噪
%设置尺度向量 n
n = [1,2];
%设置阈值向量 p
p = [10.12,23.28];
%对三个方向高频系数进行阈值处理
nc = wthcoef2('h',c,s,n,p,'s');
nc = wthcoef2('v',c,s,n,p,'s');
nc = wthcoef2('d',c,s,n,p,'s');
%对新的小波分解结构[nc,s]进行重构
x1 = waverec2(nc,s,'coif3');
subplot(223);image(x1);
colormap(map);
title('第一次去噪后的图像');
axis square;
xx = wthcoef2('v',nc,s,n,p,'s');
x2 = waverec2(xx,s,'coif2');      %图像的二维小波重构
subplot(2,2,4);image(x2);
colormap(map);
title('第二次消噪后图解');
axis square;
```

运行程序,效果如图 10-17 所示。第一次消噪滤去了大部分高频噪声,但与原图比较,依然有不少高频噪声。第二次消噪在第一次消噪基础上,再次滤去高频噪声,消噪效果较好,但图像质量比原图稍差。

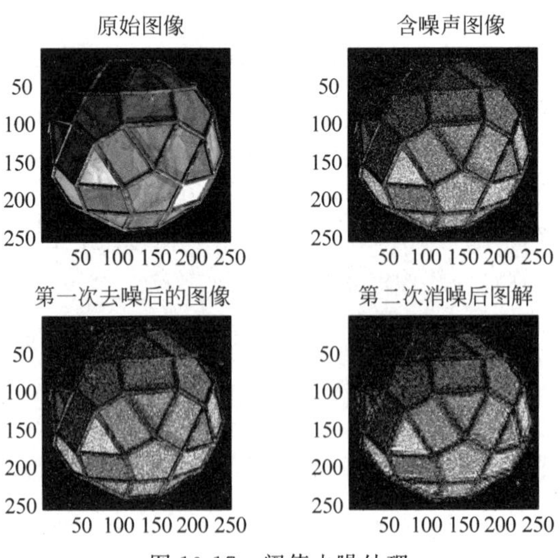

图 10-17　阈值去噪处理

【例 10-15】 分别利用小波变换和中值滤波实现图像去噪。

```
>> clear all;                    % 关闭当前所有图形窗口,清空工作空间变量,清除工作空间所有变量
X = imread('flower.jpg');              % 把原图像转化为灰度图像
X = double(rgb2gray(X));
init = 2055615866;                     % 生成含噪图像并显示
randn('seed',init)
X1 = X + 25 * randn(size(X));          % 生成含噪图像并显示
[thr,sorh,keepapp] = ddencmp('den','wv',X1);  % 消噪处理: 设置函数 wpdencmp 的消噪参数
X2 = wdencmp('gbl',X1,'sym4',2,thr,sorh,keepapp);
X3 = X;                                % 保存纯净的原图像
for i = 2:577;
    for j = 2:579
         Xtemp = 0;
          for m = 1:3
               for n = 1:3
                      Xtemp = Xtemp + X1((i + m) - 2,(j + n) - 2); % 对图像进行平滑处理以增
强消噪效果(中值滤波)
               end
          end
          Xtemp = Xtemp/9;
          X3(i - 1,j - 1) = Xtemp;
    end
end
figure
subplot(221);imshow(uint8(X)); axis square;
title('原图像');
subplot(222);imshow(uint8(X1));axis square;
title('含噪声图像');
subplot(223),imshow(uint8(X2)),axis square;
title('全局阈值滤波去噪');
subplot(224),imshow(uint8(X3)),axis square;
title('中值滤波去噪');
Ps = sum(sum((X - mean(mean(X))).^2));  % 计算信噪比
Pn = sum(sum((X1 - X).^2));
Pn1 = sum(sum((X2 - X).^2));
Pn2 = sum(sum((X3 - X).^2));
disp('未处理的含噪声图像信噪比')
snr = 10 * log10(Ps/Pn)
disp('采用小波全局阈值滤波的去噪图像信噪比')
snr1 = 10 * log10(Ps/Pn1)
disp('采用中值滤波的去噪图像信噪比')
snr2 = 10 * log10(Ps/Pn2)
```

运行程序,输出如下,效果如图 10-18 所示。

```
未处理的含噪声图像信噪比
snr =
    5.6872
采用小波全局阈值滤波的去噪图像信噪比
snr1 =
   15.2927
采用中值滤波的去噪图像信噪比
snr2 =
   16.3344
```

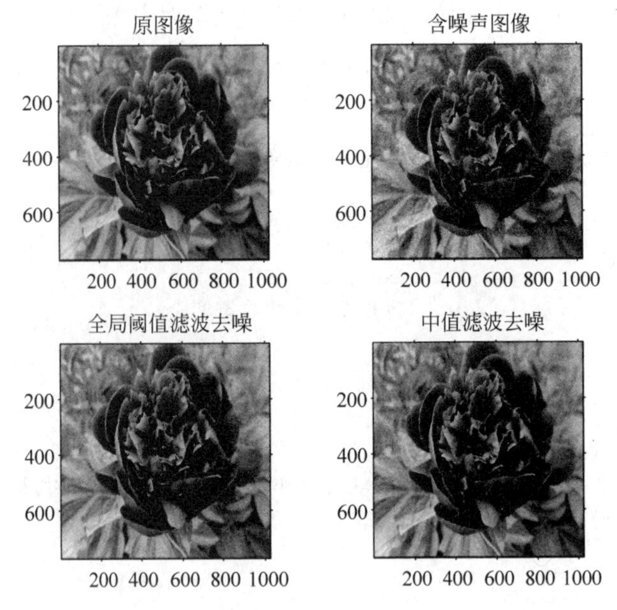

图 10-18 图像去噪法

在程序中，分别采用小波的全局阈值滤波和中值滤波实现花瓣图像的去噪，实际上这两种方法相当于分别从频域和时域对图像进行滤波。

10.5 小波用于图像压缩

图像压缩是将原来较大的图像用尽量少的字节表示和传输，并要求图像有较好的质量。通过图像压缩，可以减轻图像存储和传输的负担，提高信息传输和处理速度。

10.5.1 压缩原理

图像数据之所以能够进行压缩，其数学原理主要有下面两点。

(1) 原始图像数据往往存在各种信息的冗余(如空间冗余、视觉冗余和结构冗余等)，数据之间存在相关性，邻近像素的灰度(将其看成随机变量)往往是高度相关的。

(2) 在多媒体应用领域中，人眼作为图像信息的接收端，其视觉对于边缘急剧变化敏感，以及人眼存在对图像的亮度信息敏感，而对颜色分辨率弱等，因此在高压缩比的情况下，解压缩后的图像信号仍有满意的主观质量。

虽然图像的数据是非常巨大的，但是可以采用适当的坐标变换去除相关，从而达到压缩数据的目的。传统的 K-L 变换就是以这种思想为基础的，它把信号的一小块看成是一个独立的随机向量，它的基函数由余弦函数组成。

小波变换通过多分辨分析过程将一幅图像分成近似和细节两部分，细节对应的是小尺度的瞬变，它在本尺度内很稳定。因此将细节存储起来，对近似部分在下一个尺度下进行分解，重复该过程即可，如图 10-19 所示。近似与细节在正交镜像滤波器算法中分别对应于高通和低通滤波，这种变换通过尺度去掉相关性，在视频压缩中被证明是有效的。

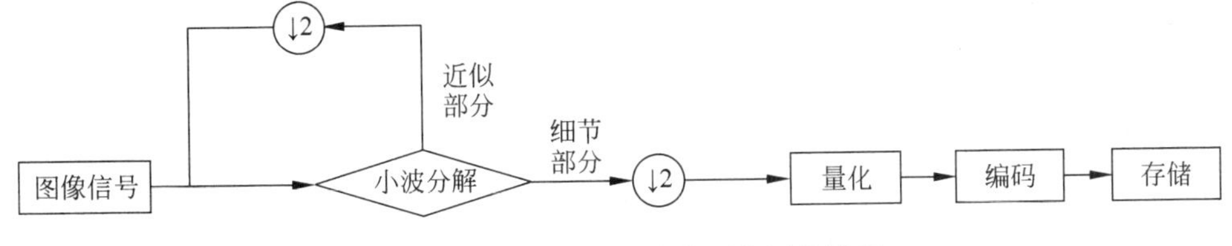

图 10-19 基于小波变换的图像压缩过程

小波图像压缩的特点在于压缩比高，压缩速度快，压缩后能保持信号与图像的特征基本不变，且在传递过程可以抗干扰等。

不同于傅里叶分析，小波基不是唯一的，显然难点在于如何选择最优的小波基用于图像压缩。一般情况下需要考虑以下几个因素：

（1）小波基的正则性和消失矩。

（2）小波基的线性相位。

（3）所处理图像与小波基的相似性。

（4）小波函数的能量集中性。

（5）综合考虑压缩效率和计算复杂度。

正则性是函数光滑性的一种描述，也反映了函数频域能量集中的程度。正则性对图像压缩效果有一定的影响，如果图像大部分是光滑的，一般选择正则性好的小波。例如Haar小波是不连续的（即不光滑的），会造成复原图像中出现方块效应，而采用其他的小波基则方块效应会消失。

10.5.2 压缩实现

应用MATLAB小波工具箱进行图像压缩，有两种方法。

1. *方法一*

对图像作小波分解后，可得到一系列不同分辨率的子图像（它们所对应的频率不相同）。而对于图像来说，表征它的最主要部分是低频部分，而高频部分大部分点的数值均接近于0，而且频率越高，这种现象越明显。因此，利用小波分解去掉图像的高频部分而仅保留图像的低频部分是一种最简单的图像压缩方法。即用二维离散小波变换函数dwt2对图像进行小波分解后，再用upcoef2函数对分解后图像进行重构，最后用wcodemat函数进行量化编码。wcodemat函数的调用格式为：

（1）Y = wcodemat(X,NBCODES,OPT,ABSOL)，如果ABSOL=0，则返回输入矩阵X的编码，如果ABSOL≠0，则返回ABS(X)。参量NBCODES为最大编码值。如果OPT='row'或'r'，以行形式编码；如果OPT='col'或'c'，则以列方式编码；如果OPT='mat'或'm'，以矩阵方式编码。

（2）Y = wcodemat(X,NBCODES,OPT)，等价于Y = wcodemat(X,NBCODES,OPT,1)。

(3) Y = wcodemat(X,NBCODES),等价于 Y = wcodemat(X,NBCODES,'mat',1)。

(4) Y = wcodemat(X),等价于 Y = wcodemat(X,16,'mat',1)。

【例 10-16】 扩展二维图像的伪彩色矩阵比例。

```
>> clear all;
load woman;
subplot(1,3,1);image(X);
colormap(map);
title ('原始图像')
% colormap 的范围
NBCOL = size(map,1);
% 利用 db1 对图像进行单层二维离散分解
[cA1,cH1,cV1,cD1] = dwt2(X,'db1');
subplot(1,3,2);image(cA1);
colormap(map);
title ('未缩放的图像');
% 对图像进行缩放
cD = wcodemat(cA1,NBCOL);
subplot(1,3,3);image(cD);
colormap(map);
title('缩放图像');
```

运行程序,效果如图 10-20 所示。

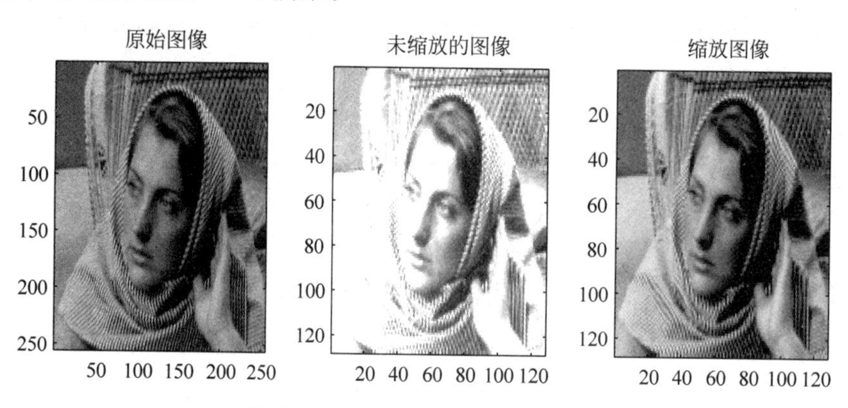

图 10-20 wcodemat 图像压缩处理

2. 方法二

利用小波工具箱中专用的阈值压缩图像函数 wdencmp。

【例 10-17】 利用 wdencmp 函数实现图像分层压缩。

```
>> clear all;                     % 清空工作空间变量
load detfingr;                    % 导入图像数据
nbc = size(map,1);
[C,S] = wavedec2(X,2,'db4');      % 图像小波分解
thr_h = [21 46];                  % 设置水平分量阈值
thr_d = [21 46];                  % 设置对角分量阈值
thr_v = [21 46];                  % 设置垂直分量阈值
```

```
thr = [thr_h;thr_d;thr_v];
[Xcompress2,cxd,lxd,perf0,perfl2] = wdencmp('lvd',X,'db3',2,thr,'h');        % 进行分层压缩
set(0,'defaultFigurePosition',[100,100,1000,500]);              % 修改图形图像位置的默认设置
set(0,'defaultFigureColor',[1 1 1])                            % 修改图形背景颜色的设置
Y = wcodemat(X,nbc);
Y1 = wcodemat(Xcompress2,nbc);
figure                                                    % 显示原图像和压缩图像
colormap(map)
subplot(221),image(Y),axis square
title('映射数组压缩前图像');
subplot(222),image(Y1),axis square
title('映射数组压缩后图像');
subplot(223),image(Y),axis square
title('彩色方式下压缩前原图像');
subplot(224),image(Y1),axis square
title('彩色方式下压缩后图像');
disp('小波系数中置 0 的系数个数百分比：') % 显示压缩能量
perfl2
disp('压缩后图像剩余能量百分比：')
perf0
```

运行程序，输出如下，效果如图 10-21 所示。

```
小波系数中置 0 的系数个数百分比：
perfl2 =
   98.1000
压缩后图像剩余能量百分比：
perf0 =
   91.4960
```

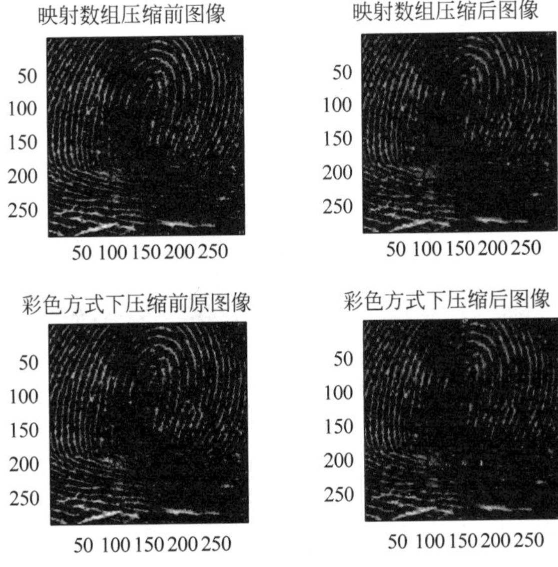

图 10-21　图像的分层压缩处理

10.6 小波在图像增强中的应用

通过前面介绍，读者已经知道图像增强是图像处理中最基本的技术之一，这里只介绍基于多层方法的增强技术。小波变换将一幅图像分解为大小、位置和方向均不相同的分量，在作逆变换前，可根据需要对不同位置、不同方向上的某些分量改变其系数的大小，从而使得某些感兴趣的分量放大而使某些不需要的分量减小。其基本框图如图 10-22 所示。

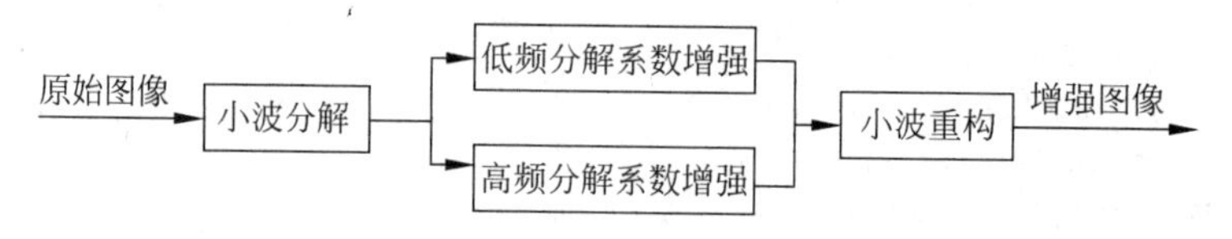

图 10-22　通过小波变换进行图像增强

【例 10-18】 用小波分析法通过对低频分解系数进行增强处理，对高频分解系数进行衰减处理，从而达到图像增强的效果。

```
>> clear all;
load sinsin
subplot(121);image(X);                      %画出原始图像
colormap(map);
title('原始图像');
axis square
%下面进行图像的增强处理
%用小波函数 sym4 对 X 进行 2 层小波分解
[c,s] = wavedec2(X,2,'sym4');
sizec = size(c);
%对分解系数进行处理以突出轮廓部分,弱化细节部分
for i = 1:sizec(2)
   if(c(i)> 350)
      c(i) = 2 * c(i);
   else
      c(i) = 0.5 * c(i);
   end
end
xx = waverec2(c,s,'sym4');                  %下面对处理后的系数进行重构
%画出重构后的图像
subplot(122);image(xx);
colormap(map);
title('增强图像');
axis square
```

运行程序，效果如图 10-23 所示。

分解后的图像，其主要信息(即轮廓)由低频部分来表征，而其细节部分则由高频部分表征。因此，在上述的例子中，对分解后的低频系数加权进行增强，而对高频部分加权进行弱化，经过如此处理，即达到了增强图像的目的。

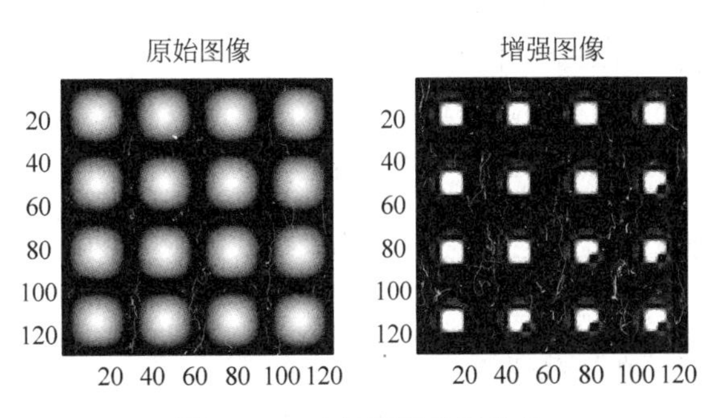

图 10-23 小波图像增强效果

10.7 小波的图像融合

图像融合是综合两幅或多幅图像的信息，以获得对同一场景更为准确、更为全面、更为可靠的图像描述。按照处理层次由低到高一般可分为 3 级：像素级图像融合、特征级图像融合和决策级图像融合。它们有各自的优缺点，在实际应用中根据具体需求来选择。但是，像素级图像融合是最基本的图像融合方法，它是最低层次的融合，也是后两级融合处理的基础。像素级图像融合方法大致分为 3 类：简单的图像融合方法、基于塔形分解的图像融合方法和基于小波变换的图像融合方法。

10.7.1 融合原理

如果一个图像进行 L 层小波分解，将得到$(3L+1)$层子带，其中包括低频的基带 C_j 和 $3L$ 层的高频子带 D^{h}、D^{v} 和 D^{d}。用 $f(x,y)$代表原图像，记为 C_0，设尺度系数 $\phi(x)$和小波系数 $\psi(x)$对应的滤波器系数矩阵分别为 $\boldsymbol{H}$ 和 $\boldsymbol{G}$，则二维小波分解算法可描述为

$$\begin{cases} C_{j+1} = \boldsymbol{H}C_j\boldsymbol{H}' \\ D_{j+1}^{\mathrm{h}} = \boldsymbol{G}C_j\boldsymbol{H}' \\ D_{j+1}^{\mathrm{v}} = \boldsymbol{H}C_j\mathbf{G}' \\ D_{j+1}^{\mathrm{D}} = \boldsymbol{G}C_j\mathbf{G}' \end{cases}$$

式中：j 表示分解层数；h、v、d 分别表示水平、垂直、对角分量；$\boldsymbol{H}'$和 $\boldsymbol{G}'$分别是 $\boldsymbol{H}$ 和 $\boldsymbol{G}$ 的共轭转置矩阵。

小波重构算法为

$$C_{j-1} = \boldsymbol{H}'C_j\boldsymbol{H} + \boldsymbol{G}'D_j^{\mathrm{h}}\boldsymbol{H} + \boldsymbol{H}'D_j^{\mathrm{v}}\boldsymbol{G} + \boldsymbol{G}'D_j^{\mathrm{d}}\boldsymbol{G}$$

基于二维 DWT 的融合过程如图 10-24 所示，IamgeA 和 IamgeB 代表两幅原图像 A 和 B，ImageF 代表融合后的图像，具体步骤为：

(1) 图像的预处理：

- 图像滤波。对失真变质的图像直接进行融合必然导致图像噪声融入融合效果，所以在进行融合前，必须对原始图像进行预处理以消除噪声。
- 图像配准。多种成像模式或多焦距提供的信息常常具有互补性，为了综合使用多种成像模式和多焦距以提供更全面的信息，常常需要将有效信息进行融合，使多

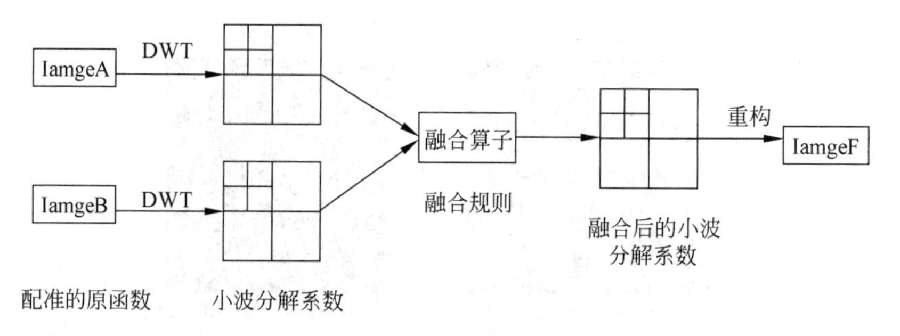

图 10-24　基于 DWT 图像融合过程

幅图像在空间域中达到几何位置的完全对应。

(2) 对 ImageA 和 ImageB 进行二维 DWT 分解,得到图像的低频和高频分量。

(3) 根据低频和高频分量的特点,按照各自的融合算法进行融合。

(4) 对以上得到的高低频分量,经过小波逆变换重构得到融合图像 ImageF。

10.7.2　融合实现

MATLAB 中并没有提供专门的图像融合函数,都是基于小波分解和重构函数及其他函数实现图像融合,下面通过几个实例来演示小波图像融合技术。

【例 10-19】 利用二维小波变换将两幅图像融合在一起。

```
>> clear all;
load woman;
X1 = X;                                    %复制
map1 = map;                                %复制
subplot(1,3,1);imshow(X1,map1);
xlabel('(a)原始 woman 图像');
axis square;
load wbarb;
X2 = X;
map2 = map;
for i = 1:256;
    for j = 1:256;
        if(X2(i,j)> 100)
            X(i,j) = 1.3 * X2(i,j);
        else
            X2(i,j) = 0.6 * X2(i,j);
        end
    end
end
subplot(1,3,2);imshow(X2,map2);
xlabel('(b)原始 wbarb 图像');
[C1,S1] = wavedec2(X1,2,'sym5');           %进行二层小波分解
sizec1 = size(C1);                         %处理分解系数,突出轮廓,弱化细节
for i = 1:sizec1(2)                        %小波系数处理
    C1(i) = 1.3 * C1(i);
end
[C2,S2] = wavedec2(X2,2,'sym5');           %进行二层小波分解
```

```
C = C1 + C2;
C = 0.6 * C;
x = waverec2(C,S1,'sym5');                    %小波变换进行重构
subplot(1,3,3);imshow(x,map);
xlabel('(C)图像融合');
axis square;
```

运行程序,效果如图 10-25 所示。

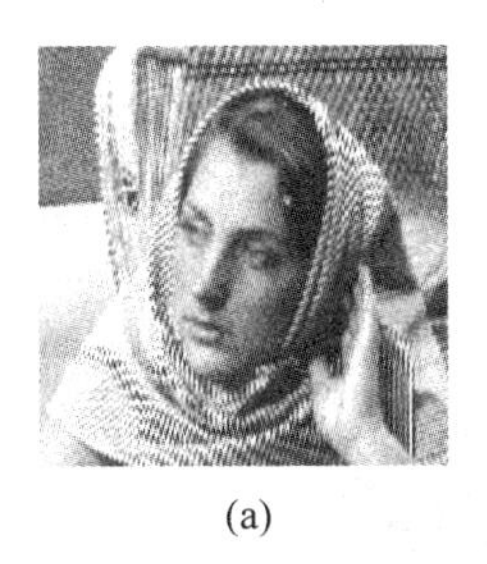
(a)

(b)

(c)

图 10-25 图像的融合效果图
(a) 原始 woman 图像; (b) 原始 wbarb 图像; (c) 图像融合

由图 10-25 可见,一幅图像和它某一部分放大后的图像融合,融合后的图像给人一种朦胧梦幻般的感觉,对较深的背景部分则作淡化处理。

此外,利用 MATLAB 中提供的实现图像融合函数 wfusing 实现简单的图像整合。函数的调用格式为:

(1) XFUS = wfusimg(X1,X2,WNAME,LEVEL,AFUSMETH,DFUSMETH),返回两个源图像 X1 和 X2 融合后的图像 XFUS。其中 X1 和 X2 的大小相等,参数 WNAME 表示分解的小波函数,LEVEL 表示对源函数 X1 和 X2 进行小波分解的层数,AFUSMETH 和 DFUSMETH 表示对源图像低频分量和高频分量进行融合的方法。融合规则可以是 max、min、mean、img1、img2 和 rand,对应的低频或高频融合规则为取最大值、最小值、均值、第 1 幅图像像素、第 2 幅图像像素、随机选择。

(2) [XFUS, TXFUS, TX1, TX2] = wfusimg (X1, X2, WNAME, LEVEL, AFUSMETH,DFUSMETH),该函数中参数含义与上述调用格式相同,只是返回更多的参数,除了返回矩阵 XFUS 外,还有对应于 XFUS、X1、X3 的 WDECTREE 小波分解树的 3 个对象 XFUS、TX1、TX2。

(3) wfusimg(X1,X2,WNAME,LEVEL,AFUSMETH,DFUSMETH,FLAGPLOT),该函数直接画出 TXFUS、TX1 和 TX2 这 3 个对象。

【例 10-20】 利用 wfusimg 函数对两幅图像进行图像融合。

```
>> clear all;                                 %清除空间变量
load mask;
X1 = X;
load bust;
X2 = X;
%通过 wfusimg 函数实现两种图像的平均融合
XFUSmean = wfusimg(X1,X2,'db2',5,'mean','mean');
%通过 wfusimg 函数实现两种图像的最大最小值融合
XFUSmaxmin = wfusimg(X1,X2,'db2',5,'max','min');
```

```
colormap(map);
subplot(221), image(X1), axis square,
title('原始 Mask 图像')
subplot(222), image(X2), axis square,
title('原始 Bust 图像')
subplot(223), image(XFUSmean), axis square,
title('图像的平均融合');
subplot(224), image(XFUSmaxmin), axis square,
title('图像的最大最小值融合');
```

运行程序,效果如图 10-26 所示。

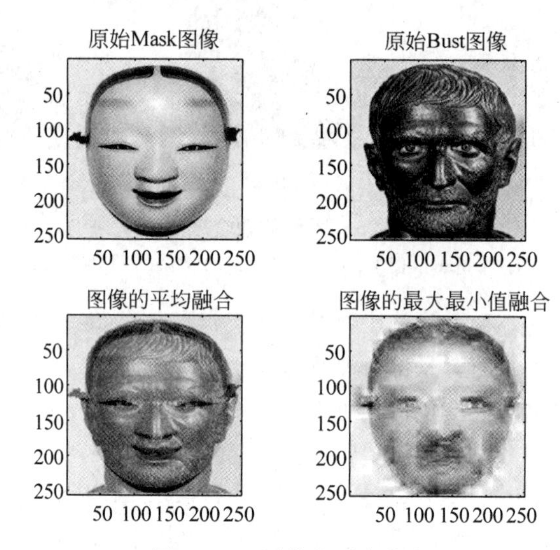

图 10-26　图像的融合技术

以上程序中,首先通过 load 函数载入图像,存入矩阵 X1 和 X2 中,然后利用 wfusimg 函数对两幅图像进行融合。方案 1 对图像低频和高频分量都采用 mean 进行融合;方案 2 对图像低频利用 max 进行融合,对图像高频成分利用 min 进行融合。

【例 10-21】 利用图像融合方法从模糊图像中恢复图像。

```
>> clear all;
load cathe_1;
X1 = X;
% 调入第二幅模糊图像
load cathe_2;
X2 = X;
% 基于小波分解的图像融合
XFUS = wfusimg(X1,X2,'sym4',5,'max','max');
colormap(map);
subplot(1,3,1);image(X1);
axis square;
title('模糊图 1');
subplot(1,3,2);image(X2);
axis square;
title('模糊图 2');
subplot(1,3,3);image(XFUS);
```

```
axis square;
title('恢复后图像');
```

运行程序，效果如图 10-27 所示。

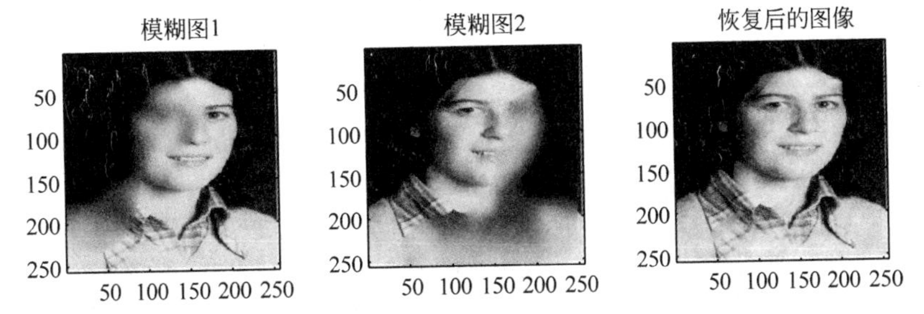

图 10-27 利用融合实现图像恢复

除此之外，另外一种参数独立法，需要两个步骤实现图像融合。

(1) 图像融合方法设置为：

Fusmeth = struct('name', nameMETH, 'param', paramMETH)，该函数中 nameMETH 的取值可以是'UD_fusion'、'DU_fusion'、'LR_fusion'、'RL_fusion'和'UserDFF'，分别表示上-下融合、下-上融合、左-右融合、右-左融合和用户自定义融合。

(2) 利用 wfusmat 函数调用设置的图像融合法，实现图像融合。函数 wfusmat 的调用格式为：

C = wfusmat(A,B,METHOD)，函数返回图像矩阵 A 和 B 按照 METHOD 的方法进行图像融合的结果 C，其中，A、B 和 C 的大小相等。

【例 10-22】 利用用户自定义的方法进行图像融合。

根据需要，编写自定义融合规则函数，代码为：

```
function C = myfus_FUN(A,B)
% 定义融合规则
D = logical(triu(ones(size(A))));     % 提取矩阵的下三角部分
t = 0.3;                              % 设置融合比例
C = A;                                % 设置融合图像的初始值为 A
C(D) = t * A(D) + (1 - t) * B(D);     % 融合后图像 C 的下三角融合规则
C(~D) = t * B(~D) + (1 - t) * A(~D); % 融合后图像 Dd 的上三角融合规则
```

通过 wfusmat 函数调用融合规则，实现图像融合，代码为：

```
>> clear all;                         % 清除空间变量
load mask; A = X;
load bust;
B = X;
% 定义融合规则和调用函数名
Fus_Method = struct('name','userDEF','param','myfus_FUN');
C = wfusmat(A,B,Fus_Method);          % 设置图像融合方法
figure;
colormap(pink(220))
subplot(1,3,1), image(A), axis square
title('原始图像 mask'),
subplot(1,3,2), image(C), axis square
```

```
title('融合图像'),
subplot(1,3,3), image(B), axis square
title('原始图像 bust'),
```

运行程序,效果如图 10-28 所示。

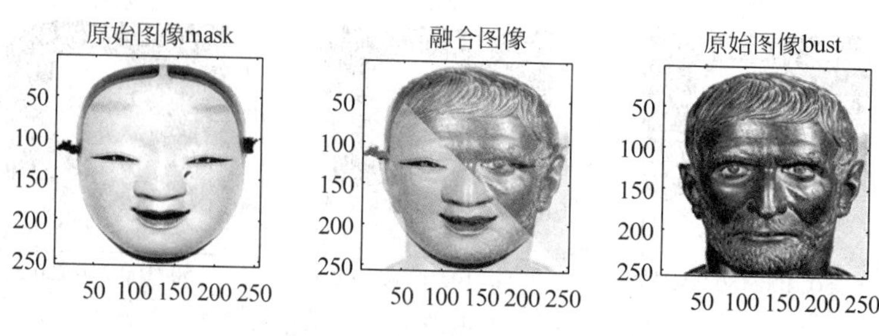

图 10-28　图像自定义融合

10.8　小波包的图像边缘检测

小波包分解后得到的图像序列由近似部分和细节部分组成,近似部分是原图像对高频部分进行滤波所得的近似表示。经滤波后,近似部分去除了高频分量,因此能够检测到原图像中所检测不到的边缘。

对近似图像进行边缘检测的结果和直接原图像进行边缘检测的结果相比,前一种方法的效果更好。

【例 10-23】 利用小波包分解法实现二维图像的边缘检测。

```
>> clear all;
load bust;                              %装载并显示原始图像
%加入含噪
init = 2055615866;
randn('seed',init);
X1 = X + 20 * randn(size(X));
subplot(2,2,1);image(X1);
colormap(map);
title('原始图像');
axis square;
%用小波 db4 对图像 X 进行一层小波包分解
T = wpdec2(X1,1,'db4');
%重构图像近似部分
A = wprcoef(T,[1 0]);
subplot(2,2,2);image(A);
title('图像的近似部分');
axis square;
%%原图像的边缘检测
BW1  =  edge(X1,'prewitt');
subplot(2,2,3);imshow(BW1);
title('原图像的边缘');
axis square;
%%图像近似部分的边缘检测
BW2 =  edge(A,'prewitt');
```

```
subplot(2,2,4);imshow(BW2);
title('图像近似部分的边缘');
axis square;
```

运行程序,效果如图 10-29 所示。

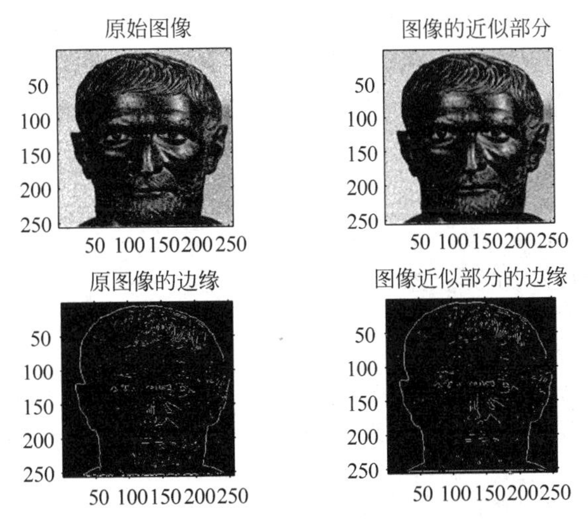

图 10-29　小波包实现图像边缘检测

参考文献

[1] 刘浩，韩晶. MATLAB R2014a 完全自学一本通[M]. 北京：电子工业出版社，2015.

[2] 杨帆. 数字图像处理与分析[M]. 3版. 北京：北京航空航天大学出版社，2015.

[3] 杨丹，等. MATLAB图像处理实例详解[M]. 北京：清华大学出版社，2013.

[4] 张强，王正林. 精通 MATLAB 图像处理[M]. 2版. 北京：电子工业出版社，2012.

[5] 秦襄培. MATLAB图像处理与界面编程宝典[M]. 北京：电子工业出版社，2009.

[6] 王爱玲，叶明生，邓秋香. MATLAB R2007 图像处理技术与应用[M]. 北京：电子工业出版社，2007.

[7] 高成，等. MATLAB图像处理与应用[M]. 2版. 北京：国防工业出版社，2007.

[8] 陈天华. 数字图像处理处理[M]. 北京：清华大学出版社，2007.

[9] 赵小川. MATLAB 图像处理——能力提高与应用案例[M]. 北京：北京航空航天大学出版社，2014.

[10] 张德丰. 数字图像处理(MATLAB版)[M]. 北京：人民邮电出版社，2009.

[11] 张倩，占君，陈珊. 详解 MATLAB图像函数及其应用[M]. 北京：电子工业出版社，2011.

[12] Gonzalez Rafael C，Woods Richard E，Eddins Steven L. 数字图像处理的 MATLAB 实现[M]. 2版. 阮秋琦，译. 北京：清华大学出版社，2013.